全国高等院校“十二五”规划教材

理论力学

刘荣昌　肖念新　主编

中国农业科学技术出版社

图书在版编目（CIP）数据

理论力学/刘荣昌，肖念新主编．—北京：中国农业科学技术出版社，2012.8
ISBN 978-7-5116-0942-7

Ⅰ.①理…　Ⅱ.①刘…②肖…　Ⅲ.①理论力学—高等学校—教材　Ⅳ.①O31

中国版本图书馆 CIP 数据核字（2012）第 121850 号

责任编辑　闫庆健　马广洋
责任校对　贾晓红

出 版 者　中国农业科学技术出版社
北京市中关村南大街 12 号　邮编：100081
电　　话　（010）82106632（编辑室）（010）82109704（发行部）
（010）82109709（读者服务部）
传　　真　（010）82106632
网　　址　http://www.castp.cn
经 销 者　各地新华书店
印 刷 者　秦皇岛市昌黎文苑印刷有限公司
开　　本　787 mm×1 092 mm　1/16
印　　张　15.125
字　　数　354 千字
版　　次　2012 年 8 月第 1 版　2012 年 8 月第 1 次印刷
定　　价　25.00 元

《理论力学》编委会

主　　编　刘荣昌　肖念新

副 主 编　刘春霞　于玉真　李锦泽

参 编 者　侯桂凤　刘春霞　李承志

李锦泽　刘荣昌　肖念新

于玉真　张海龙　郑玉才

主　　审　薛隆泉

前　言

本教材结合普通高等学校非力学类专业理论力学课程基本要求进行编写。在编写过程中，既重视理论基础研究方法，又注重工程实践，还特别重视概念的更新与拓宽、工程应用的加强及教学内容的精选，力求使新编教材具有新内容。根据人才培养目标，明确教材的层次和定位，结合教师教学和学生学习的特点，做到结构体系编排科学、合理，由浅入深，通俗易懂，方便学生学习。在编写过程中，吸收了有关院校的教学内容和课程体系改革的成果，又加入编者多年的教学经验和教学改革成果。在内容编排上，静力学部分按照力系进行自然划分，精练了内容与体系，但在概念的叙述和例题的选择分析上力求通俗易懂，而且注意了对学生工程意识和科学思维方法的培养，并以一题多解的形式开发学生的思维，为学生探索新事物、培养创新能力奠定基础。全书适用于50～80学时的理论力学课程选用，也可根据各专业不同要求和学时对内容进行删减。

本教材由河北科技师范学院机电工程学院机械基础教学部编写。

本教材由西安理工大学机械与精密仪器工程学院教授，陕西省机械工程学会理事薛隆泉主审。

参加本教材编写工作的有：河北科技师范学院刘荣昌（第2章、第10章），肖念新（第4章、第8章、第9章），刘春霞（第1章、附录），郑玉才（第6章），于玉真（第3章），李锦泽（第12章），侯桂凤（第5章），李承志（第7章），张海龙（第11章）。

限于编者水平，书中难免有错误和不妥之处，敬请读者批评指正。

编　者

2012年5月

内容提要

本教材在妥善处理传统内容的继承和现代科学成果的引进以及知识的传承和能力、素质培养方面，进行了积极探索，是一套具有新内容、新体系，论述严谨，重视基础与工程应用，重视能力培养的新教材。

本教材包括静力学、运动学和动力学三大篇章。其中静力学包括静力学基础、汇交力系与力偶系、力系的简化和平衡方程以及摩擦。运动学部分包括点的运动、刚体的基本运动、点的合成运动以及刚体的平面运动。动力学部分包括质点运动的微分方程、动量定理、动量矩定理、动能定理以及附录。各章均有小结、思考题、习题及答案。

本书可作为不同层次高等学校工科本科各专业的教材，也可供高等学校工科专科、高等职业学校和成人教育学院师生及有关工程技术人员参考。

目　录

运动学

动力学

绪　论

工程力学包括理论力学和材料力学两部分，这两部分都是工程设计中最基本的知识。

理论力学是研究机械运动一般规律的科学。物体在空间的位置随时间的改变，称为机械运动。机械运动是人们在生活和生产实践中最常见的一种运动，平衡是机械运动的特殊情况。材料力学的主要任务是研究构件在外力作用下的变形规律和材料的力学性能，从而建立构件满足强度、刚度和稳定性要求所需的条件，为安全、经济地设计构件提供必要的理论基础和科学的计算方法。因此，工程力学既是自然科学的理论基础，又是现代工程技术的理论基础。在日常生活和生产实际中具有非常广泛的应用。

理论力学内容分为静力学、运动学和动力学三部分：静力学主要研究受力物体平衡时作用力所应满足的条件；同时也研究物体受力的分析方法及力系简化的方法等。运动学只从几何观点研究物体的运动规律，而不研究引起物体运动的原因。动力学是研究作用于物体上的力与运动变化之间的关系。

材料力学的内容主要包括：分析并确定构件所受各种外力的大小和方向；研究在外力作用下构件的内部受力、变形和失效的规律；提出保证构件具有足够强度、刚度和稳定性的设计准则和方法。强度是指构件在载荷作用下抵抗破坏的能力；刚度是指构件在载荷作用下抵抗变形的能力；稳定性是指构件在载荷作用下保持其原有平衡形态的能力。

工程力学的发展与生产、科学研究紧密地联系着，中国历代劳动人民有很多发明创造，为人类社会的进步作出了杰出的贡献。在中国古代工程力学就有过辉煌的发展，例如，都江堰、长城、赵州桥的修建，表明中国很早以前，工程力学的水平就居于世界前列。中华人民共和国成立以来，社会主义建设事业取得了突飞猛进的发展，人造地球卫星的发射和回收中的力学课题的解决，表明了中国工程力学的水平已跃进了世界先进行列。21 世纪，现代机械向着高速、高效、精密的方向发展，许多高新技术工程如各种机械、设备和结构的设计，机器的自动控制和调节、新材料的研制和利用等，都对工程力学提出了许多迫切要求解决的问题，所以生产的发展推动了工程力学的发展，工程力学的发展又反过来促进了生产的发展。

同任何一门科学一样，工程力学的研究方法也遵循认识过程的客观规律。即从观察、实践和科学实验出发，经过分析、综合和归纳，总结出最为基本的概念和规律；在对事物观察和实验的基础上，经过抽象建立起力学模型，作出表征问题实质的科学假设，然后进行推理和数学分析，得出正确的具有实用意义的结论和定理，构成工程力学理论。然后再回到实际中去验证理论的正确性，并在更高的水平上指导实践，同时从这个过程中获得新的材料，这些材料的积累又为工程力学理论的完善和发展奠定了基础。

工程力学是一门理论性实践性较强的技术基础课。学习工程力学，可以为解决工程问题打下一定的基础。同时工程力学与机械、土建等专业许多课程有密切联系，它以先修课程高等数学、物理等为基础，并为机械原理、机械零件、结构力学等其他技术基础课和专业课提供必要的理论基础和计算结果。学习工程力学可以为一系列后续课程的学习打下重要的基础。

工程力学的分析和研究方法在科学研究中具有一定的典型性，通过工程力学的学习，有助于培养学生的辨证唯物主义世界观，培养正确的分析问题和解决问题的能力，使学生在整个学习过程中，逐步形成正确的逻辑思维，在获取知识的同时，学到科学的思想方法，培养创新能力。

工程力学的学习方法较高等数学、物理有所不同，一定要有工程观点，如理论研究与实验分析相结合的观点等。掌握把复杂的研究对象抽象为简单力学模型的技巧，掌握数学推理的技巧，在学习中不仅要理解数学推导过程，更要理解推导的结果，这样才能使所学的知识融会贯通，扩充与延伸，做到理论联系实际。

静力学

静力学是研究物体在力的作用下的平衡条件的科学。它的任务可归纳为以下3项。

1. 物体的受力分析。即分析某个物体共受几个力，以及每个力作用线的位置、大小和方向。

2. 力系的简化。作用在物体上的力往往是复杂的。通常把作用在物体上的一群力称为力系。若一个力系可以用另一个力系代替而不改变物体的原有状态，则称这两个力系等效。力系的简化就是将作用在物体上的力系代换为另一个与它等效且较为简单的力系。

3. 研究力系的平衡条件。即研究物体平衡时，作用在物体上的力系所应满足的条件。

第 1 章　静力学基础

静力学的基本概念是从长期的生产实践和科学实验中总结概括出来的，是研究力系的简化和平衡的基础。本章将研究静力学的基本概念和静力学公理，以及约束和约束反力。

1.1　静力学基本概念和公理

1.1.1　静力学基本概念

（1）力的概念

力是物体之间的相互机械作用。这种作用能使物体的运动状态发生改变，称为力的外效应；也可使物体发生变形，称为力的内效应。理论力学主要研究力的外效应，而内效应是材料力学研究的内容。

力的作用效果决定于 3 个要素，即力的大小、力的方向和力的作用点。因此，力是一个矢量，用 $\vec{F}$ 表示。

在国际单位制中，力的单位是牛顿（N），有时也以（kN）作为单位。

$$1\text{kN} = 1\,000\text{N}$$

（2）刚体

在力的作用下，其内部任意两点间的距离始终保持不变，这样的物体称之为刚体。它是一个抽象化的力学模型。实际上物体在力的作用下，都会产生程度不同的变形，因此，绝对的刚体是不存在的。但一个物体在力的作用下变形很小，不影响研究物体的实质，就可将其看成刚体。静力学研究的物体只限于刚体，故称为刚体静力学，它是研究变形体力学的基础。

1.1.2　静力学公理

静力学公理概括力的一些基本性质，是经过实践反复检验，被确认是符合客观实际的最一般的规律。是静力学全部理论的基础。

（1）力的平行四边形规则

作用在物体上的同一个点的两个力可以合成为一个力。合力也作用在该点；合力的大小和方向，由这两个力为边构成的平行四边形的对角线确定，如图 1－1。或者说合力等于

原两力的矢量和，即

$$\vec{R}=\vec{F}_1+\vec{F}_2$$

式中的“+”号为向量相加，即按平行四边形法则相加。它是力系简化的重要基础。

(2) 二力平衡公理

作用在刚体上的两个力，使刚体保持平衡的必要与充分条件是：这两个力大小相等，方向相反，作用在一条直线上，如图 1－2 所示。

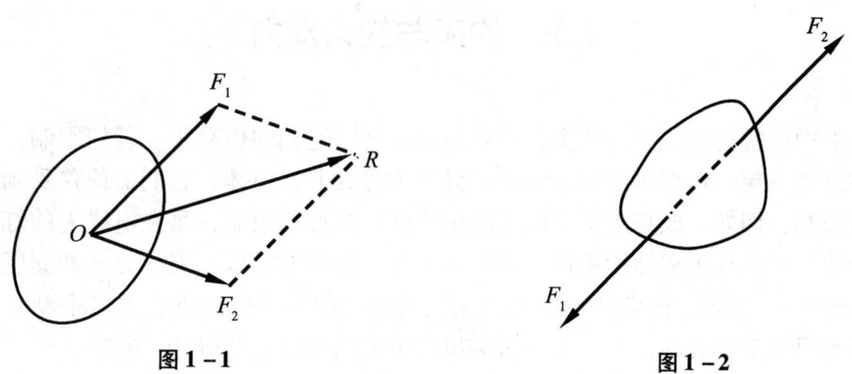

图 1－1　　图 1－2

必须指出，对于刚体这个条件既是必要的又是充分的。但对于非刚体，这个条件是不充分的。例如，软绳受两个等值反向的拉力作用可以平衡，而受两等值反向的压力作用就不能平衡。工程中把只受两个力作用而处于平衡状态的构件称为二力构件（或二力杆）。二力构件上的两个力必须满足二力平衡公理。

(3) 加减平衡力系公理

在已知力系上加上或减去一个平衡力系，并不改变原力系对刚体的作用效果。这个公理也只适用于刚体，这是力系简化的重要依据。

根据上述公理可以导出下列推论。

推论 1　力的可传性

作用于刚体上某点的力，可以沿着它的作用线移到刚体内任意一点，并不改变该力对刚体的作用。此推论可由二力平衡公理和加减平衡力系公理导出，读者可以自己证明。

因此，对于刚体来说，力的作用点不再是力的三要素之一，它已为作用线代替。作用在刚体上的力矢可沿作用线移动，这种矢量称为滑动矢量。

推论 2　三力平衡汇交定理

若一刚体上受三个力作用且处于平衡状态，其中两个力的作用线相交于一点，则此三力必在同一平面内，且第三个力的作用线必通过汇交点。

证明　如图 1－3 所示，在刚体的 A_1、A_2、A_3 三点上，分别作用三个相互平衡的力 $\vec{F}_1$、$\vec{F}_2$ 和 $\vec{F}_3$。根据力的可传性，将力 $\vec{F}_1$ 和 $\vec{F}_2$ 移到汇交点 O，然后根据力的平行四边形规则，得合力 $\vec{R}$，则力 $\vec{F}_3$ 应与 $\vec{R}$

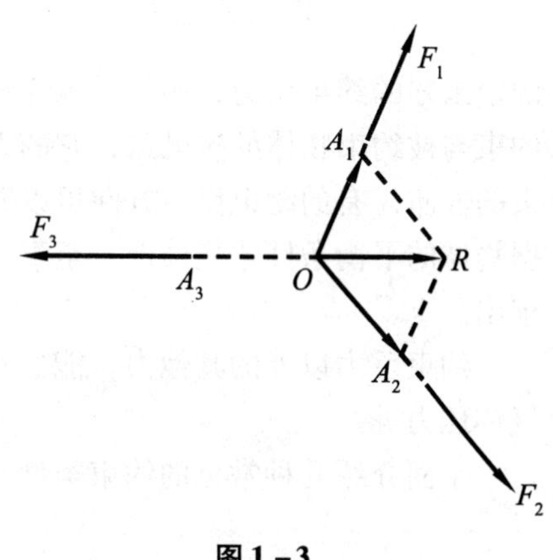

图 1－3

平衡。由于两力平衡必须共线，所以力 $\vec{F}_3$ 必与 $\vec{F}_1$ 和 $\vec{F}_2$ 共面，且通过其汇交点。

(4) 作用与反作用定律

两个物体之间的作用力与反作用力总是大小相等，方向相反，作用在同一条直线上。

在应用这个公理时，必须注意：作用力与反作用力同时存在，同时消失；分别作用在两个相互作用的物体上。

1.2 约束与约束反力

在力学中通常把物体分为两类：一类是自由体，它们的位移不受任何限制，例如鸟儿在天空中自由飞翔，鱼在水中自由游动；另一类称为非自由体，它们的位移受到了预先给定条件的限制，例如，放在桌子上的书的位移受到桌面的限制，吊在电线上的灯泡的位移受到电线的限制，在工程结构中每一构件都根据工作的要求以一定的方式和周围其他构件相连，如图 1－4 所示，曲柄冲压机冲头受到滑道的限制只能沿垂直方向平动，飞轮受到轴承的限制只能绕轴转动，由以上分析引出约束和约束反力的概念。

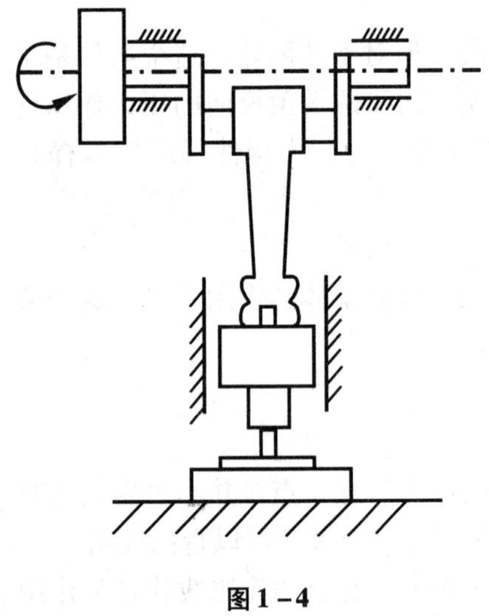

图 1－4

1.2.1 约束和约束反力

对非自由体的某些位移起限制作用的周围物体称为约束，或者说对某一构件的运动起限制作用的其他构件，就称为这一构件的约束，例如，前面提到的桌面、电线、滑道，轴承等就分别是书、灯泡、冲头、飞轮的约束。

约束既然限制某一构件的运动，也就是说约束能够起到改变物体运动状态的作用，所以约束就必须承受物体对它的作用力，与此同时，它也给被约束物体以反作用力，这种力称为约束反力（或简称反力）。

约束反力是由于阻碍物体运动而引起的，所以属于被动力、未知力。静力学分析的重要任务之一就是确定未知的约束反力，例如轴承给轴的力，轨道给机车车轮的力等。约束反力的作用点在约束与被约束物体的接触点，它的方向总是与约束所能阻止物体的位移方向相反。根据约束的性质，有的约束反力方向可以直接定出，有的约束反力的方向则不能直接定出，要根据物体的平衡条件才能确定。至于约束反力的大小，一般是未知的，要由力系的平衡条件求出。

约束反力以外的其他力，能主动改变物体的运动状态，这种力称为主动力。如重力、气体压力等。

下面介绍几种常见的约束类型和确定约束反力方向的方法。

1.2.2　约束的基本类型

（1）柔性约束

柔性约束由绳索、胶带或链条等柔软体构成，它们只能承受拉力而不能抵抗压力和弯曲（忽略其自重和伸长），这种类型的约束称为柔性约束，所以，柔性约束的约束反力只能承受拉力，其方向一定沿着柔性体的轴线背离物体，例如，图 1-5 所示的用铁链吊起重物，带轮所受的皮带拉力。

（2）光滑面约束

指两物体接触表面的摩擦忽略不计，接触面是光滑的。这类约束的特点是不论平面或曲面都不能阻碍物体沿接触面的公切线方向运动，只能限制物体沿接触面公法线方向运动，也就是说物体可以沿接触面滑动或沿接触面在接触点的公法线方向脱离接触，但不能沿公法线方向压入接触面，所以，光滑接触面给被约束物体的约束反力的作用线沿接触面在接触点的公法线上，其方向指向被约束物体。

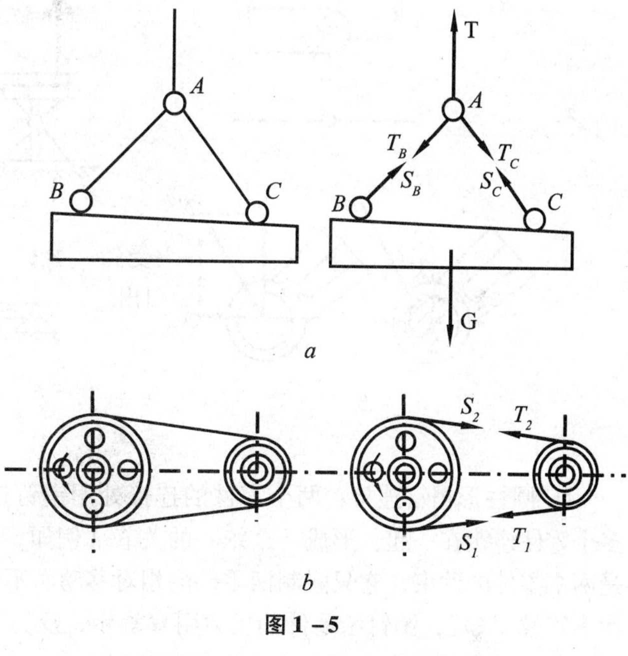

图 1-5

如物体受到光滑面的约束（图 1-6a），约束反力就沿接触面的公法线方向指向被约束的物体，接触点就是约束反力的作用点。又如图 1-6b 所示的凸轮机构，如将凸轮看成是顶杆的约束，当接触面光滑时约束反力亦在接触处指向上，在齿轮传动时相啮合的一对轮齿以它们的齿廓相接触，如不计摩擦可以认为是光滑接触（图 1-6c），约束反力沿两轮齿廓接触点的公法线。

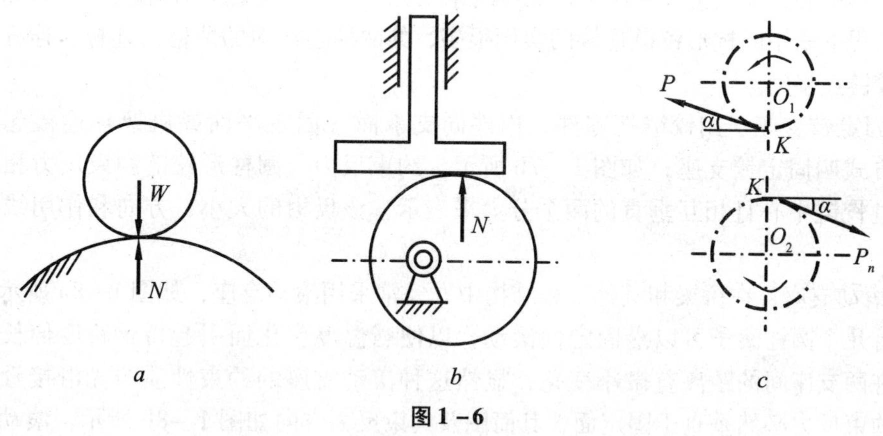

图 1-6

(3) 光滑铰链约束

通常由一个圆孔套在一个圆轴外面构成光滑铰链约束，它在工程中有多种具体形式，现将其中主要的几种分述如下。

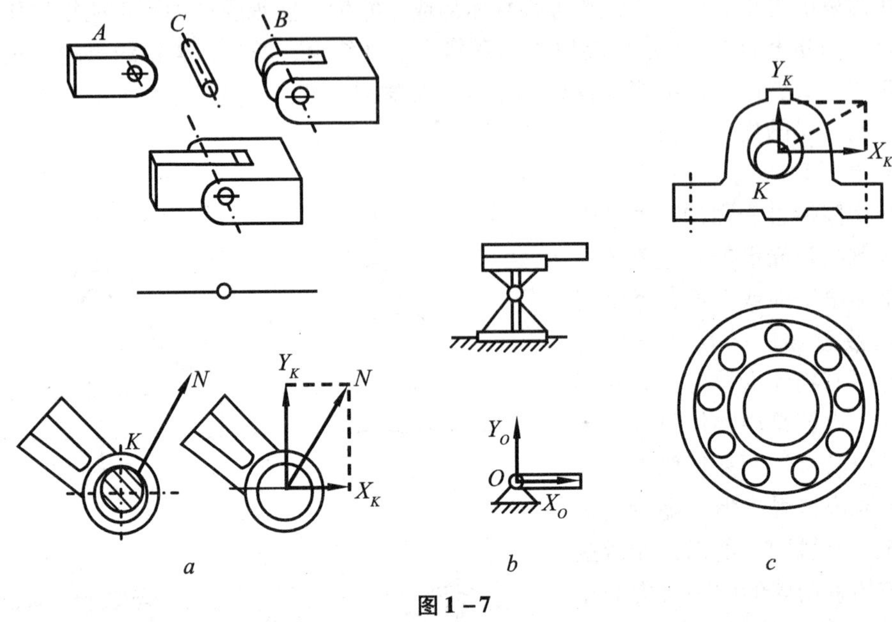

图 1－7

① 圆柱形销钉连接：两个零件的连接处用销钉连接起来，或用一个销钉将两个或更多个零件连接在一起，形成一个统一的关节（例如，合页）就构成圆柱形铰链，而销钉就是两个零件的约束，它只限制两零件的相对移动而不限制两零件的相对转动（图 1－7a），代表符号“○”，销钉给零件的反力用 $\vec{N}$ 表示，反力 $\vec{N}$ 的方向应该沿圆柱面在接触点 K 的公法线上（即销钉 K 的半径方向），通过铰链中心，指向被约束的物体，但销钉与零件接触点位置是随作用力的方向改变而改变的，当主动力尚未确定时其约束反力 $\vec{N}$ 的方向不能预先定出，然而，无论约束反力朝向何方，它的作用线必垂直于轴线并通过销钉中心。在受力分析时将圆柱形销钉的反力分解为两个互相垂直的分力 $\vec{X}_K$ 和 $\vec{Y}_K$，反力的作用线一定通过销钉的中心，如图 1－7a 所示，铰链约束反力的大小、方向、作用线均是未知而待求的量。工程上采用圆柱形铰链连接的实例很多，如曲柄连杆中的曲柄与连杆、连杆和滑块都是用铰链连接的。

② 固定铰支座：用铰链把零件、构件同支承面（固定平面或机架）连接起来，这种连接方式叫固定铰支座，如图 1－7b 所示。约束反力与圆柱形铰链约束反力相同，也是用通过铰链中心且相互垂直的两个分力来表示，该反力的大小、方向和作用线均为待求量。

③ 滚动支座：在桥梁和其他工程结构中，经常采用滚动支座，如图 1－8a 所示。这种支座中有几个圆柱滚子可以沿固定面滚动，以便当温度变化而引起桥梁跨度伸长或缩短时，允许两支座间的距离有微小变化，显然这种滚动支座的约束性质与光滑接触表面相同，其约束反力必然垂直于固定面，其简图及约束反力方向如图 1－8b 所示。滚动支座与光滑接触面之间区别在于这种支座有特殊装置，能阻止支座离开接触面（支承面）方向运

动，所以活动铰支座可以看作双向约束，反力方向有时也向下，和主动力的方向有关。

④ 向心轴承：包括向心滑动轴承和向心滚动轴承，如图 1-7c 所示，只限制轴的移动而不限制轴的转动，这一约束性质与铰链相同，所以向心轴承的反力也用两个正交分力 $\vec{X}_K$、$\vec{Y}_K$ 来表示。

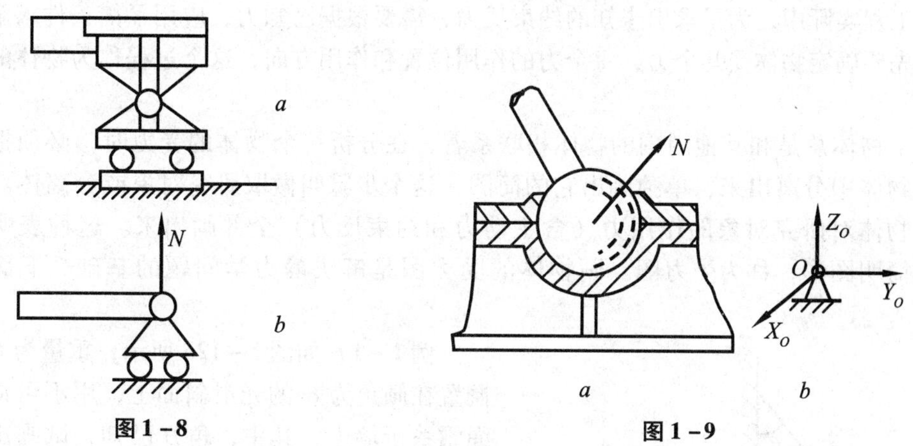

图 1-8　　图 1-9

⑤ 球形铰链约束：其结构如图 1-9 所示，杆端为球形，它被约束在一个固定的球窝中（简称球铰），球和球窝半径近似相等，球心是固定不动的，杆只能绕此点在空间任意转动，与圆柱铰链约束类似，球和球窝的接触点的位置不能由约束的性质来决定，而取决于被约束物体上所受的力，但是可以肯定的是在光滑接触的情况下，约束反力的作用线必通过球心，通常把它沿坐标轴分解为三个正交分力，用 $\vec{X}_O$、$\vec{Y}_O$、$\vec{Z}_O$ 表示如图 1-9b 所示。

（4）止推轴承

止推轴承是机器中常见的一种约束，它的结构简图如图 1-10a 所示。止推轴承能在垂直于轴线平面内提供任意方向的径向反力 $\vec{X}_A$、$\vec{Y}_A$，还能提供轴向约束反力 $\vec{Z}_A$。这种约束的结果虽然与球铰不同，但其约束反力的特征与球铰相同。其力学简图如图 1-10b。

（5）固定端约束

这种约束类型如钉子钉入墙壁，电线杆埋入地中，均为物体一端固定，称为固定端约束。这种约束除了限制物体在水平方向和铅直方向移动外，还能限制物体在平面内的转动，因此除了有约束反力 X_A、Y_A 还有约束反力偶 m_A，如图 1-11 所示。

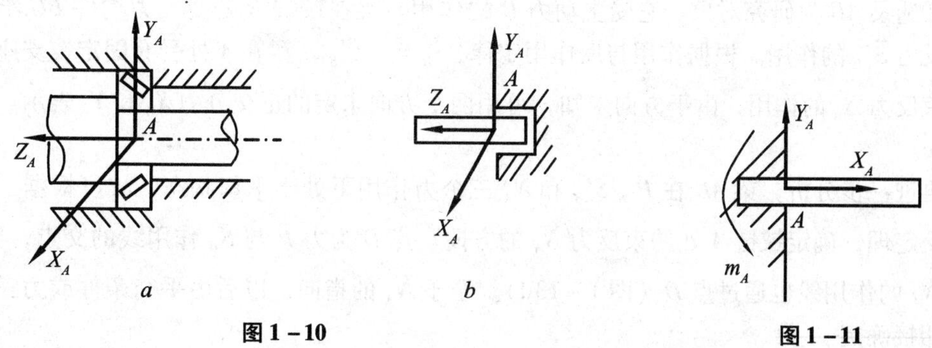

图 1-10　　图 1-11

1.3 物体的受力分析和受力图

在工程实际中，为了求出未知的约束反力，需要根据已知力，应用平衡条件求解。为此，首先要确定物体受几个力，每个力的作用位置和作用方向，这个过程称为物体的受力分析。

一个物体总是和其他周围的物体相联系着，在分析一个物体的受力时，必须把它从周围的物体中分离出来，单独画出它的简图，这个步骤叫做取研究对象或分离体。然后把施力物体对研究对象的作用力（含主动力和约束反力）全部画出来。这种表明物体受力的简明图形，称为受力图。画物体的受力图是解决静力学问题的基础。下面举例说明。

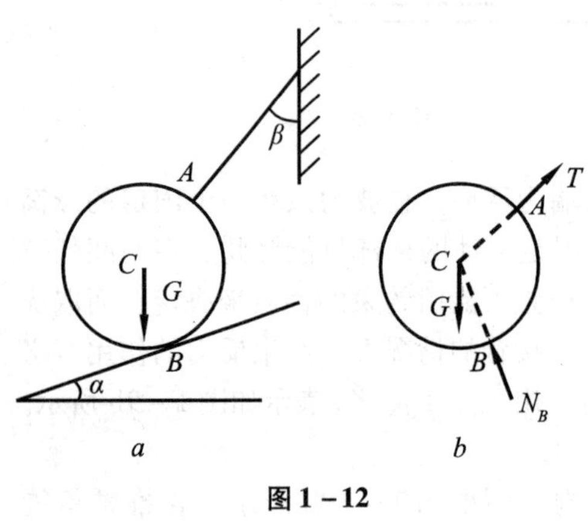

图 1－12

例 1－1　如图 1－12a 所示，重量为 $\vec{G}$ 的球搁置在倾角为 α 的光滑斜面上，用不可伸长的绳索系于墙上，其中，角 β 已知，试画出球的受力图。

解　①取球为研究对象，并单独画出其简图。

②画主动力。有重力 $\vec{G}$ 作用于球心。

③画约束反力。球在 B 处受到光滑面约束，约束反力 $\vec{N}_B$ 沿 B 点公法线而指向球心。在 A 处受到绳索约束，约束反力 $\vec{T}$ 为沿绳索背离球的拉力。

球的受力图如图 1－12b 所示。

例 1－2　图 1－13a 所示为三角形支架 ABC，其上作用铅垂力 $\vec{P}$，杆重略去不计，试分析杆 BC 和梁 AB 的受力图。

解　①先选杆 BC 为研究对象．由于其自重不计．因此只在杆的两端分别受铰链的约束反力 $\vec{S}_B$ 和 $\vec{S}_C$ 的作用，根据二力平衡公理，这两个力的作用线沿 B、C 两点连线且等值、反向（图 1－13b）。

②选梁 AB 为研究对象。它受主动力 $\vec{P}$ 的作用。梁在铰链 B 处受二力构件 BC 给它的约束反力 $\vec{S}'_B$ 的作用。根据作用与反作用定律，$\vec{S}_B=-\vec{S}'_B$。梁在 A 处受有固定铰支座给它的约束反力 $\vec{N}_A$ 的作用，由于方向未知，可用两个方向未定的正交分力 $\vec{X}_A$ 和 $\vec{Y}_A$ 表示，如图 1－13c。

再进一步分析，梁 AB 在 $\vec{P}$、$\vec{S}'_B$ 和 $\vec{N}_A$ 三个力作用下处于平衡状态，故可根据三力平衡汇交定理，确定铰链 A 处约束反力 $\vec{N}_A$ 的方向。点 D 为力 $\vec{P}$ 与 $\vec{S}_B$ 作用线的交点，因此，反力 $\vec{N}_A$ 的作用线也通过点 D（图 1－13d）。至于 $\vec{N}_A$ 的指向，以后由平衡条件或力三角形首尾相接确定。

例 1－3　图 1－14a 所示折梯，其 AC 和 BC 两部分在 C 处铰接，在 D、E 两点用水平

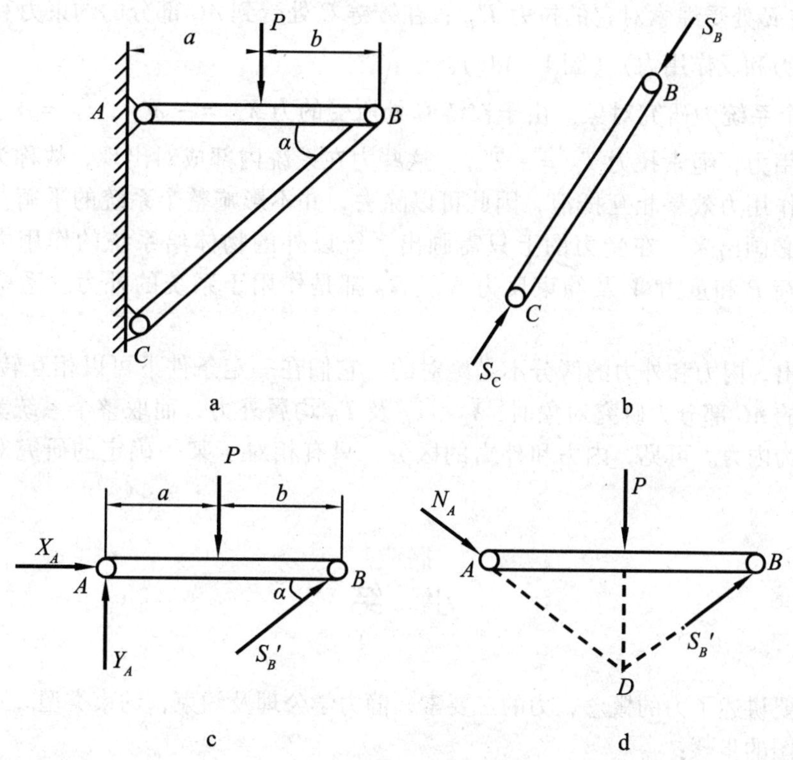

图1-13

绳索连接，折梯放在光滑水平面上，在点 H 处作用一铅直荷载 $\vec{P}$ ，若折梯两部分的重量均为 W。试分别画出 AC、BC 两部分以及整个系统的受力图。

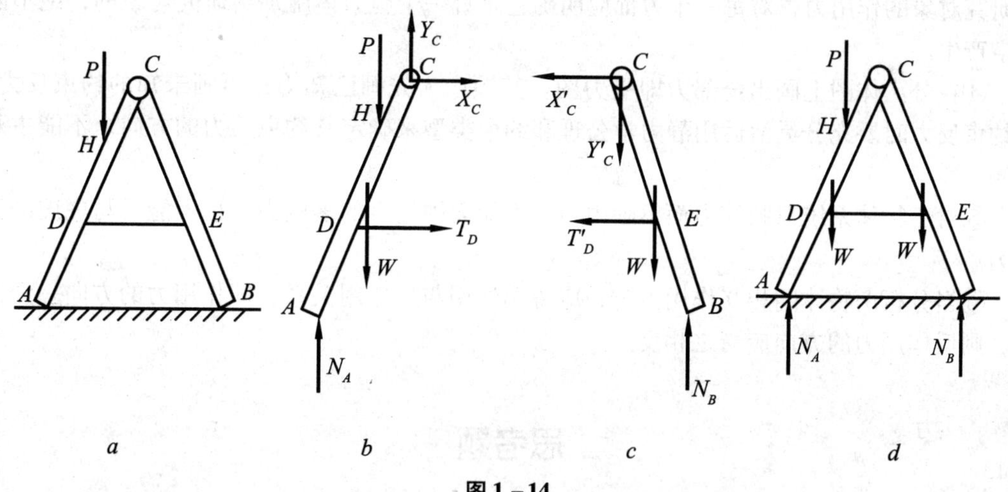

图1-14

解 ①取折梯的 AC 部分为研究对象。它所受的主动力为 $\vec{P}$ 和 $\vec{W}$ 。在 A 处受光滑面的约束，约束反力为法向反力 $\vec{N}_A$ ；在 D 处受绳索约束，约束反力为沿绳索的拉力 $\vec{T}_D$ ；在铰链 C 处，受 BC 的约束反力 $\vec{X}_C$ 、$\vec{Y}_C$ 。其受力如图 1-14b 所示。

②取折梯的 BC 部分为研究对象。BC 所受主动力为 $\vec{W}$ 。在 B 处受光滑面对它的法向

反力 $\vec{N}_B$；在 E 处受绳索对它的拉力 $\vec{T}'_D$；在铰链 C 处受到 AC 部分的约束力和（与 $\vec{X}_C$、$\vec{Y}_C$ 互为作用力和反作用力）（图 1－14c）。

③以整个系统为研究对象。由于铰链 C 处所受的力 $\vec{X}_C = -\vec{X}'_C$，$\vec{Y}_C = \vec{Y}'_c$，互为作用力和反作用力，绳索拉力 $\vec{T}_D = -\vec{T}'_D$。这些力在系统内部成对出现，故称为内力。内力对系统的作用力效果相互抵消，因此可以除去，并不影响整个系统的平衡。故内力在受力图上不必画出来。在受力图上只需画出系统以外的物体给系统的作用力，称为外力。这里载荷 $\vec{P}$ 和重力 $\vec{W}$ 及约束反力 $\vec{N}_A$、$\vec{N}_B$ 都是作用于系统的外力。系统受力如图 1－14d 所示。

必须指出，内力和外力的区分不是绝对的，它们在一定条件下可以相互转化。例如，当选取折梯的 AC 部分为研究对象时，$\vec{X}_C$、$\vec{Y}_C$ 及 $\vec{T}_D$ 均属外力，而取整个系统为研究对象时，它们均为内力。可见，内力和外力的区分，只有相对于某一确定的研究对象时才有意义。

小　结

本章主要讲述了力的概念，力的三要素，静力学公理及约束，约束类型。

画受力图的步骤：

①明确研究对象：明确是研究整个系统受力还是只研究其中某一单个物体的受力。

②画出研究对象的分离体图。

③分析研究对象的受力：首先分析该研究对象与周围什么物体相联系，找出其他物体对研究对象的作用力，对每一个力都应明确它是哪一个施力体施加给研究对象的，绝不能凭空产生。

④在分离体图上画出全部力即受力图。其顺序为先画已知力，再画未知的约束反力，画约束反力时要充分灵活运用静力学公理和约束类型来确定其约束反力的方向，不能主观臆测。

⑤对于物体系统只画外力而不画内力，不能无中生有的多画力，也不能马马虎虎的丢掉力。

⑥当分析两物体间相互作用力时，应遵循作用与反作用关系，即作用力的方向一经假定，则反作用力的方向应与之相反。

思考题

1－1　思考题 1－1 图所示的两个大小相等的力矢 $\vec{F}_1$、$\vec{F}_2$，问这两个力对刚体的作用是否等效？

1－2　说明下列式子的意义和区别：

$$\vec{P}_1 = \vec{P}_2 \quad P_1 = P_2$$

$$\vec{R} = \vec{F}_1 + \vec{F}_2 \quad R = F_1 + F_2$$

在什么情况下，$\vec{R} = \vec{F}_1 + \vec{F}_2$ 和 $R = F_1 + F_2$ 两式结果是相同的？

1－3　什么叫二力杆？凡是两端用光滑铰链连接的杆是否都是二力杆，分析平衡的二力构件的受力与构件的形状是否有关？

1－4　以什么原则确定约束反力的方向？有几种约束类型？

1－5　二力平衡公理与作用反作用公理有何区别？

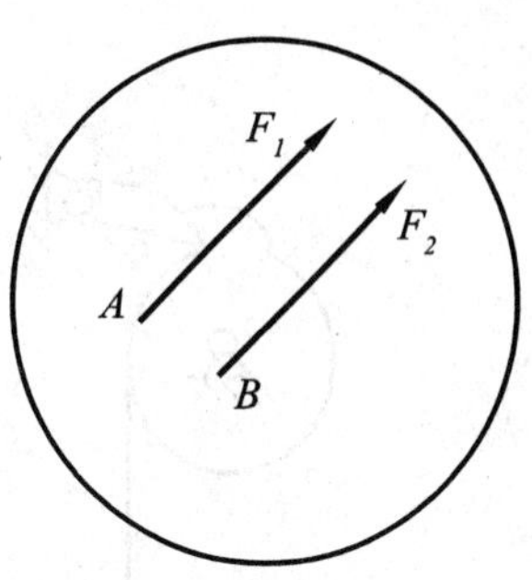

思考题1－1图

习　题

1－1　画出下列各图中指定物体的受力图，接触处可看作光滑，没有画出重力的物体都不考虑自重。

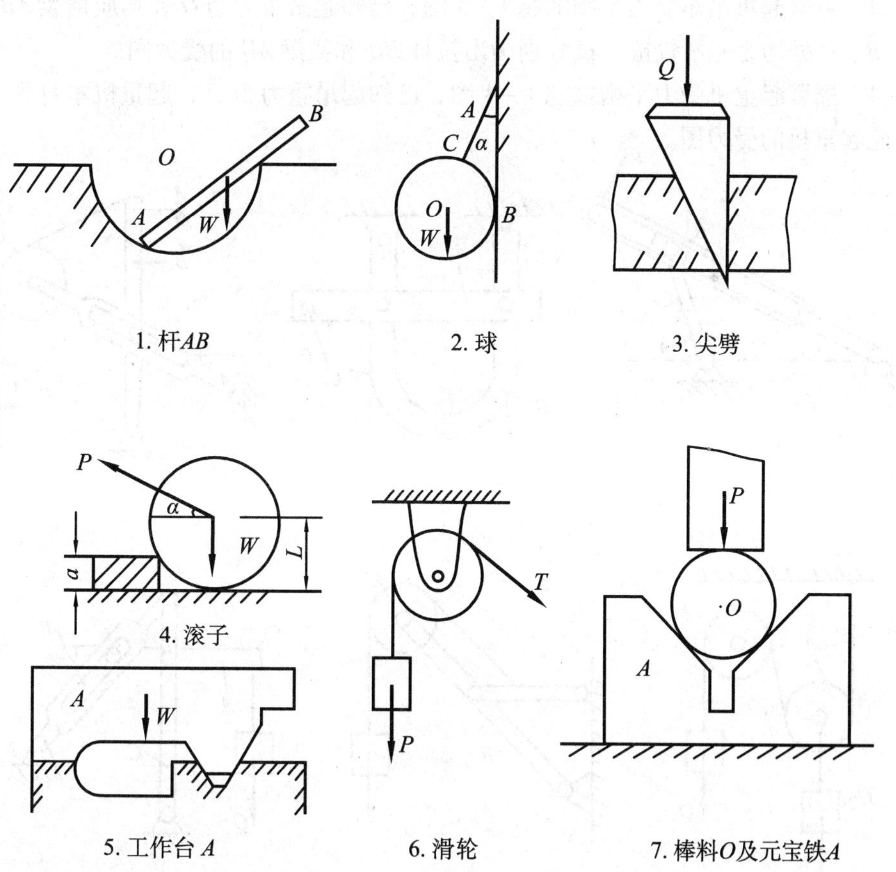

1. 杆AB　2. 球　3. 尖劈　4. 滚子　5. 工作台A　6. 滑轮　7. 棒料O及元宝铁A

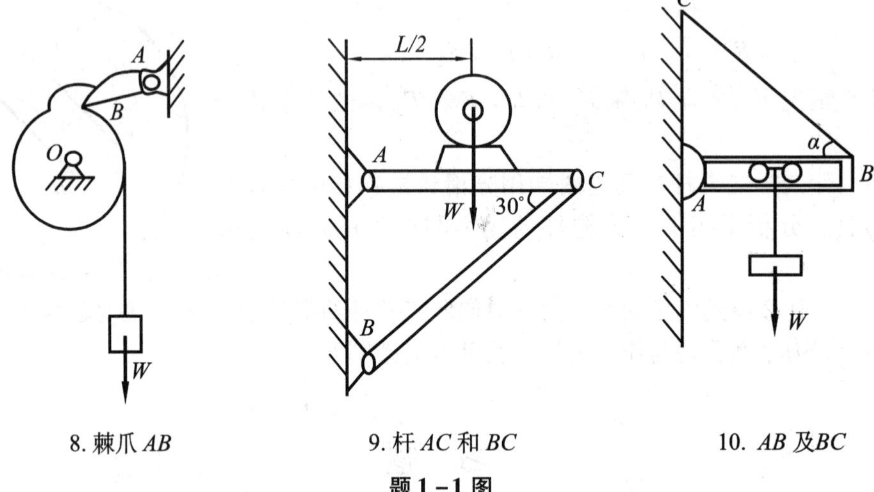

8. 棘爪 AB 9. 杆 AC 和 BC 10. AB 及 BC

题 1－1 图

1－2 分析 1－2 图示各系统中 A、B、C 刚体与 ABC 物系的受力。假定所有的接触面都是光滑的，其中没有画重力矢 $\vec{G}$ 的物体不用考虑重量。

1－3 悬臂起重吊车受力平衡如题 1－3 图，已知起吊重力为 $\vec{Q}$，均质横梁 AB 自重为 $\vec{G}$，A、B、C 处均为光滑铰链，试分别画出拉杆 BC 和横梁 AB 的受力图。

1－4 摇臂起重机受力平衡如题 1－4 图，已知起吊重力为 $\vec{Q}$，起重机本身重力为 $\vec{G}$。试画出此起重机的受力图。

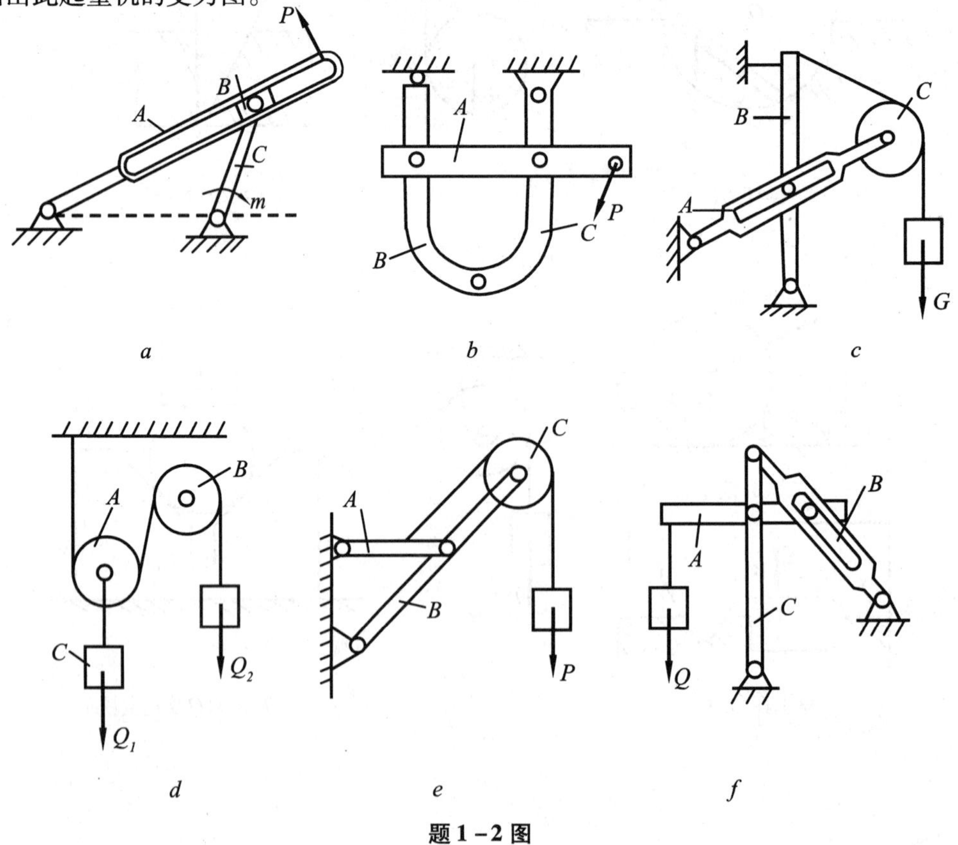

题 1－2 图

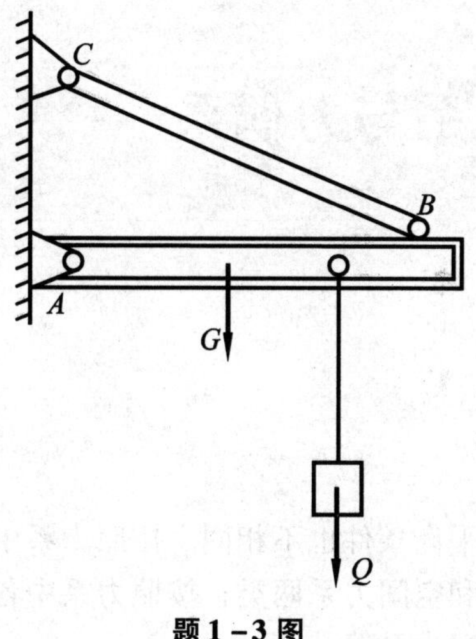

题 1 -3 图

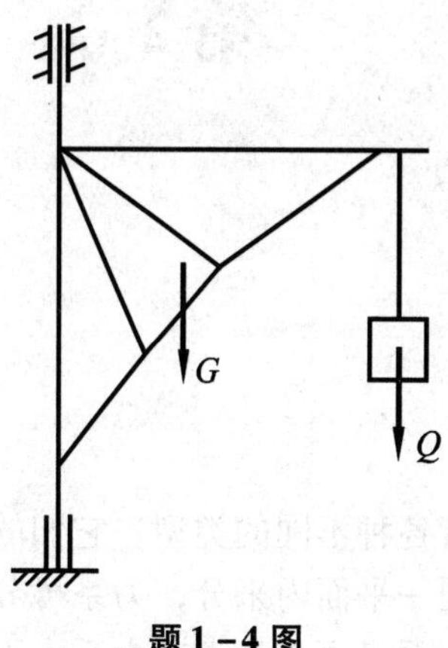

题 1 -4 图

第2章　汇交力系与力偶系

力系有各种不同的类型，它们的合成结果和平衡条件也不相同。按照力系中各力作用线是否在同一平面内来分，力系可分为平面力系和空间力系两类；按照力系中各力是否相交来分，力系又可分为汇交力系、平行力系和一般力系等。

2.1　力在坐标轴上的投影与合力投影定理

2.1.1　力在空间直角坐标轴上的投影

按数学中矢量在坐标轴上投影的定义（图2－1），力 $\vec{F}$ 在坐标轴 x、y、z 上的投影分别为：

$$X = F\cos\alpha, Y = F\cos\beta, Z = F\cos\gamma \tag{2-1}$$

式中 α、β、γ 分别为力 $\vec{F}$ 与坐标轴 x、y、z 正向的夹角。

如果已知一力在正交轴上的投影分别为X、Y和Z，则该力的大小和方向为：

$$\left.\begin{aligned} &F = \sqrt{X^2 + Y^2 + Z^2} \\ &\cos\alpha = X/F \\ &\cos\beta = Y/F \\ &\cos\gamma = Z/F \end{aligned}\right\} \tag{2-2}$$

即

$$\vec{F} = X \cdot \vec{i} + Y \cdot \vec{j} + Z \cdot \vec{k}$$

若已知力 $\vec{F}$ 和平面直角坐标轴 x、y 正向的夹角为 α、β（图2－2），则力 $\vec{F}$ 在该平面坐标轴上的投影为：

$$X = F\cos\alpha, Y = F\cos\beta$$

以上投影法称为直接投影法，另外还常用二次投影法（图2－1）。

若已知力 $\vec{F}$ 的大小，它与 Z 轴的夹角 γ，以及它在平面 OXY 上的投影 F_{xy} 与平面上某轴（如 x 轴）的夹角 φ，则力 $\vec{F}$ 在直角坐标轴上3个投影表达式如下。

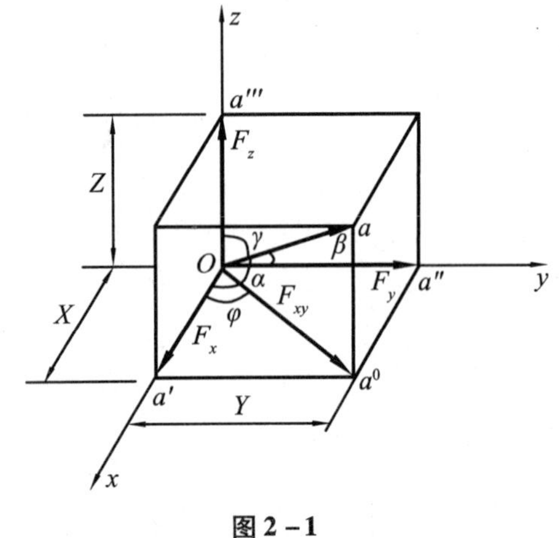

图2－1

$$X = F\sin\gamma\cos\varphi, Y = F\sin\gamma\sin\varphi, Z = F\cos\gamma$$

由图2-2可以看出，当力$\vec{F}$沿两个正交的坐标轴x、y分解为$\vec{F}_x$、$\vec{F}_y$两力时，这两个分力的大小分别等于力$\vec{F}$在两轴上的投影X、Y的绝对值。但当x、y两轴不相互垂直时，如图2-3所示，沿两轴的分力$\vec{F}_x$、$\vec{F}_y$在数值上不等于力$\vec{F}$在两轴上的投影X、Y。此外还需要注意，力在轴上的投影是代数量，而力沿轴的分力为矢量，二者不可混淆。

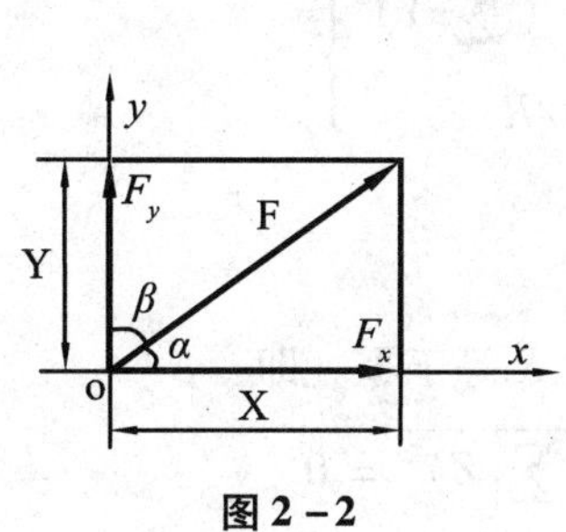

图2-2

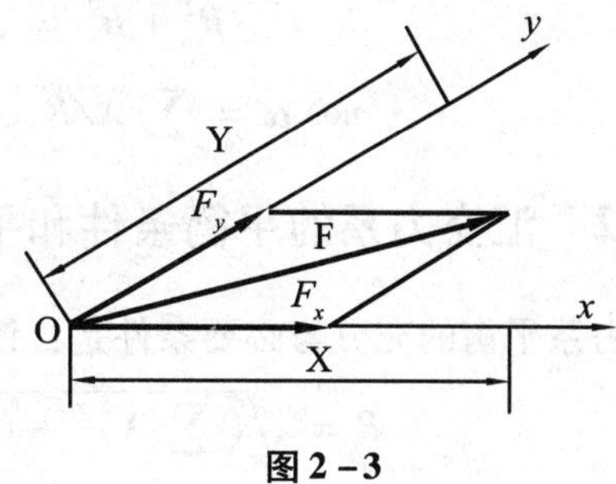

图2-3

2.1.2　合力投影定理

在物理中，已学习过平面汇交力系合成的几何法，也就是用力多边形求合力的方法，如图2-4a所示，$\vec{F}_1$、$\vec{F}_2$、$\vec{F}_3$、$\vec{F}_4$汇交于O，则将这四个力首尾相接构成一折线$ABCDE$，连接$\overline{AE}$的矢量即为合力$\vec{R}$（图2-4b）。将力多边形投影到x轴上，则

$$ae = ab + bc + cd - de$$

根据投影的定义，上式左端为合力$\vec{R}$的投影，右端为四个分力投影的代数和，即

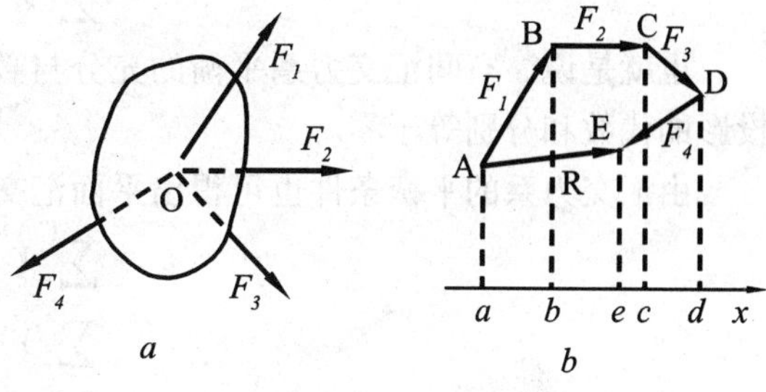

图2-4

$$R_x = X_1 + X_2 + X_3 + X_4$$

显然，上式可推广到任意多个力的情况，即

$$R_x = X_1 + X_2 + \cdots + X_n = \sum_{i=1}^{n} X_i \qquad (2-3)$$

也就是说，合力在任意轴上的投影等于各个分力在同一轴上投影的代数和。这就是合力投影定理。

2.2　汇交力系的合成及平衡条件

2.2.1　汇交力系的合成

汇交力系合成的结果为一合力$\vec{R}$，如果将汇交力系的每个分力在直角坐标轴上的投影计算出来，则根据合力投影定理就可求得合力$\vec{R}$的大小和方向，即在空间有：

$$\left.\begin{aligned} R &= \sqrt{R_x^2 + R_y^2 + R_z^2} = \sqrt{(\sum X)^2 + (\sum Y)^2 + (\sum Z)^2} \\ \cos\alpha &= \sum X/R, \cos\beta = \sum Y/R, \cos\gamma = \sum Z/R \end{aligned}\right\} \quad (2-4)$$

式中 α、β、γ 分别为合力 $\vec{R}$ 与 x、y、z 轴正向之间的夹角。

在平面上有:

$$\left.\begin{aligned} R &= \sqrt{R_x^2 + R_y^2} = \sqrt{(\sum X)^2 + (\sum Y)^2} \\ \cos\alpha &= \sum X/R, \cos\beta = \sum Y/R \end{aligned}\right\} \quad (2-5)$$

2.2.2 汇交力系的平衡条件和平衡方程

汇交力系平衡的充分与必要条件是：该力系的合力 $\vec{R}$ 等于零。即

$$R = \sqrt{(\sum X)^2 + (\sum Y)^2 + (\sum Z)^2} = 0$$

由此可得空间汇交力系的平衡方程式:

$$\left.\begin{aligned} \sum X = 0 \\ \sum Y = 0 \\ \sum Z = 0 \end{aligned}\right\} \quad (2-6)$$

也就是说，空间汇交力系平衡的充分与必要条件是：该力系中所有力在空间三个轴上投影的代数和分别等于零。

由汇交力系的平衡条件也可得出平面汇交力系的平衡方程:

$$\left.\begin{aligned} \sum X = 0 \\ \sum Y = 0 \end{aligned}\right\} \quad (2-7)$$

例 2-1 如图 2-5a 所示，重物 $P = 20\text{kN}$，用钢丝绳挂在支架的滑轮 B 上，钢丝绳的另一端缠绕在绞车 D 上。杆 AB 与 BC 铰接，并以铰链 A、C 与墙连接。如两杆和滑轮的自重不计，并忽略摩擦和滑轮的大小，试求平衡时杆 AB 和 BC 所受的力。

解 ①AB、BC 两杆都是二力杆，假设杆 AB 受拉力，杆 BC 受压力（图 2-5b）。为了求出这两个未知力，可通过求两杆对滑轮的约束反力来解决。因此选取滑轮为研究对象。

②滑轮受到钢丝绳的拉力 $\vec{T}_1$ 和 $\vec{T}_2$（图 2-5c）。已知 $T_1 = T_2 = P$ 。由于滑轮的大小可忽略不计，故这些力可看作汇交力系。

③选取坐标轴（图 2-5c）。为使每个未知力只在一个轴上有投影，在另一轴上的投影为零，坐标轴应尽量取与未知力作用线垂直的方向。

④列平衡方程:

$$\sum X = 0, \quad -S_{AB} + T_1\cos 60° - T_2\cos 30° = 0$$

$$\sum Y = 0, \quad S_{BC} - T_1\cos 30° - T_2\cos 60° = 0$$

⑤求解方程:

$$S_{AB} = -0.366P = -7.32(\text{kN})$$

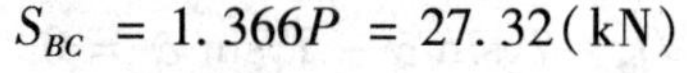

$$S_{BC} = 1.366P = 27.32(\text{kN})$$

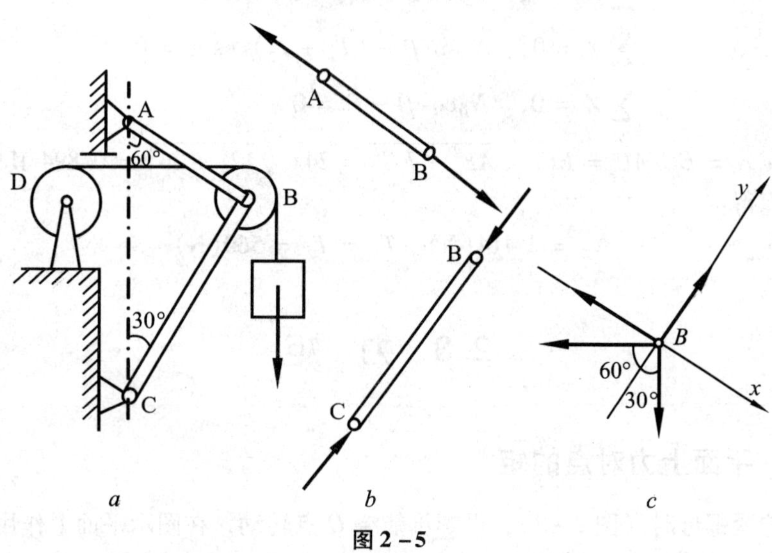

图 2－5

所求结果 S_{BC} 为正值，表示这力的假设方向与实际方向相同，即 BC 杆受压；S_{AB} 为负值，表示这力的假设方向与实际方向相反，即杆 AB 也受压。

例 2－2　起重杆 CD 在 D 处用铰链与铅垂面连接，另一端 C 被位于同一水平面的绳子 AC 与 BC 拉住，C 点挂一重量为 P 的物体，这时起重杆处于平衡（图 2－6a）。已知 $P=1\,000\text{N}$，$AE=BE=0.12\text{m}$，$EC=0.24\text{m}$，$\beta=45°$，不计杆 CD 的重量，求铰链 D 和绳子 AC、BC 对杆的约束反力。

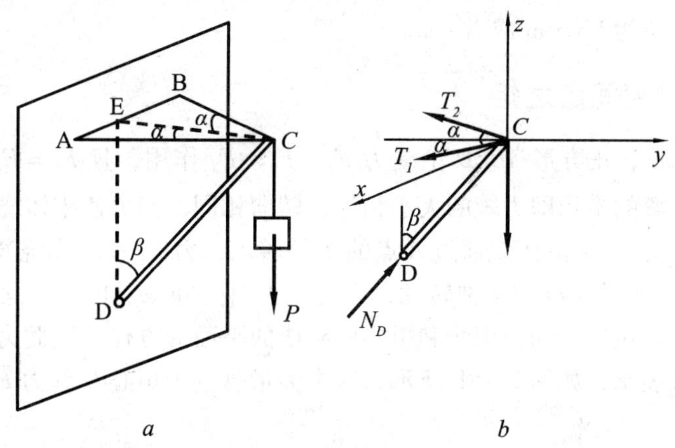

图 2－6

解　①选取 CD 杆为研究对象。

②分析杆 CD 的受力，并画出受力图（图 2－6b）。作用在 CD 杆上的力有物体的重力 $\vec{P}$，绳子的拉力 $\vec{T}_1$ 和 $\vec{T}_2$，铰链 D 的约束反力为 $\vec{N}_D$（沿着 CD 杆的轴线）。

③建立直角坐标系，如图 2－6b 所示。

④列平衡方程：

$$\sum X = 0,\quad T_2\sin\alpha - T_1\sin\alpha = 0$$

$$\sum Y = 0,\quad N_D\sin\beta - (T_1 + T_2)\cos\alpha = 0$$

$$\sum Z = 0,\quad N_D\cos\beta - P = 0$$

$\cos\alpha = EC/AC = EC/\sqrt{AE^2 + EC^2} = 24/\sqrt{12^2 + 24^2} = 0.894$ 其中

⑤解方程得：

$$N_D = 1\ 414(\mathrm{N})\quad T_1 = T_2 = 560(\mathrm{N})$$

2.3 力 矩

2.3.1 平面上力对点的矩

用扳手拧紧螺母时（图 2－7），设螺母能绕 O 点转动，在图示平面上作用于板手上的力为 $\vec{F}$，从矩心到 $\vec{F}$ 的垂直距离为 h，称为力臂。由经验知，力使螺母转动的作用效果取决于力和力臂的乘积 $F\cdot h$ 及力使物体转动的方向。所以平面上力对点的矩只取决于力的大小和转向两个因素。因此可以用一个代数量完整地表示出来。所以，平面上力对点的矩是一个代数量，力矩的大小等于力的大小与力臂的乘积。其正负号规定：力使物体绕矩心逆时针转动为正；反之为负。常用符号 $m_O(\vec{F})$ 表示，即

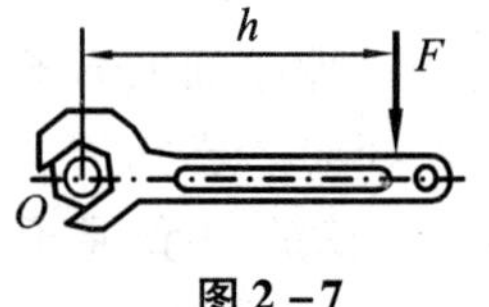

图 2－7

$$m_O(\vec{F}) = \pm F\cdot h \tag{2-8}$$

力矩常用的单位为 kN · m 或 N · m。

2.3.2 力对空间点之矩

如图 2－8a 所示，正方形 $ABCD$ 上受力 F_1、F_2、F_3 作用，且 $F_1 = F_2 = F_3$，力与点 A 到力的作用线的距离的乘积即力矩的大小相等，转向相同。但力使刚体绕 A 点所产生的转动效应完全不同。力 F_1 使刚体绕通过 A 点的 Z 轴转动，力 F_2 使刚体绕通过 A 点的 x 轴转动，力 F_3 使刚体绕通过 A 点的 y 轴转动，因此，力对空间一点的矩，除了包括力矩的大小和转向外，还必须包括力的作用线和矩心所组成的平面的方位，因此力对空间一点的矩必须用一个矢量来表示，如图 2－8b 所示，这个矢量垂直于矩心 O 和力 $\vec{F}$ 的作用线所决定

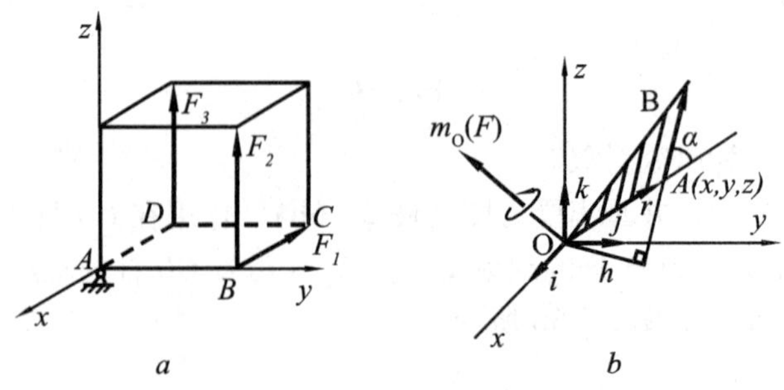

图 2－8

的平面，用 $\vec{m}_O(\vec{F})$ 或 $\vec{m}_O$ 表示，其大小为 $m_O(\vec{F}) = \pm F \cdot h$ ，其指向按右手螺旋法则决定，它应画在矩心 O 上，是一个定位矢量，其大小和方向都与矩心的位置有关。

力对空间一点的矩还可以用一个矢积来表示，令 $\vec{r} = OA$ ，$\vec{r}$ 称为 A 点的矢径，它表示力 $\vec{F}$ 始点 A 相对于矩心 O 的位置。由图 2－8b 知，

$$|\vec{m}_O(\vec{F})| = 2S_{\Delta OAB} = Fh = Fr\sin\alpha$$

$$\vec{m}_O(\vec{F}) = \vec{r} \times \vec{F} \tag{2-9}$$

由此可见，力对空间任一点的矩等于矩心到该力作用点的矢径与该力的矢积。此力矩矢积全面地反映了力对绕某定点（或矩心）转动刚体的转动效应。

以 O 为原点建立直角坐标系 $Oxyz$（图 2－8b）。则 $\vec{F} = X\vec{i} + Y\vec{j} + Z\vec{k}$ ，$\vec{r} = x\vec{i} + y\vec{j} + z\vec{k}$，可得：

$$\vec{m}_O(\vec{F}) = \vec{r} \times \vec{F} = \begin{vmatrix} \vec{i} & \vec{j} & \vec{k} \\ x & y & z \\ X & Y & Z \end{vmatrix} = (yZ - zY)\vec{i} + (zX - xZ)\vec{j} + (xY - yX)\vec{k} \tag{2-10}$$

式中 X、Y、Z 为力在三个坐标轴上的投影，x、y、z 为力的作用点坐标。$\vec{i}$、$\vec{j}$、$\vec{k}$ 分别为坐标轴 x、y、z 的方向矢量。

2.3.3　合力矩定理

设汇交力系各力的作用线通过 A 点，其合力为 $\vec{R}$ ，取空间任意点 O 为矩心，OA 为 A 点对矩心的矢径 $\vec{r}$ ，则

$$\vec{m}_O(\vec{R}) = \vec{r} \times \vec{R} = \vec{r} \times \sum_{i=1}^{n} \vec{F}_i = \sum_{i=1}^{n} (\vec{r} \times \vec{F}_i) = \sum_{i=1}^{n} \vec{m}_O(\vec{F}_i)$$

在平面上则有：

$$m_O(\vec{R}) = \sum_{i=1}^{n} m_O(\vec{F}_i) \tag{2-11}$$

由此得出汇交力系的合力矩定理如下：汇交力系的合力对空间（平面）任意点的矩，等于各分力对同一点的矩的矢量和（代数和）。

由推证这一定理的过程可以看出，该定理适用于所有有合力的其他力系，在解题计算中若计算力臂不方便时，常可以将力分解，应用上述合力矩定理来求力对点之矩。

例 2－3　力 $\vec{F}$ 作用于支架上的 C 点（图 2－9），已知 $F = 1\,200\text{N}$，$a = 140\text{mm}$，$b = 120\text{mm}$，试求力 $\vec{F}$ 对其作用面内 A 点之矩。

解　此题直接求力臂 h 较麻烦，而利用合力矩定理就比较方便。

把力 $\vec{F}$ 分解为水平分力 $\vec{F}_x$ 和垂直分力 $\vec{F}_y$ ，由合力矩定理得：

$$m_A(\vec{F}) = m_A(\vec{F}_x) + m_A(\vec{F}_y) = -F\cos 30^\circ \cdot b + F\sin 30^\circ \cdot a$$

$$m_A(\vec{F}) = -1\,200 \times 0.866 \times 0.2 + 1\,200 \times 0.5 \times 0.14 = -40.7(\text{N} \cdot \text{m})$$

负号表示力矩顺时针转向。

例 2－4　水平梁 AB 受按三角形分布的载荷作用，如图 2－10 所示。载荷的最大值为 q、梁长为 l 。试求合力的大小及合力作用线的位置。

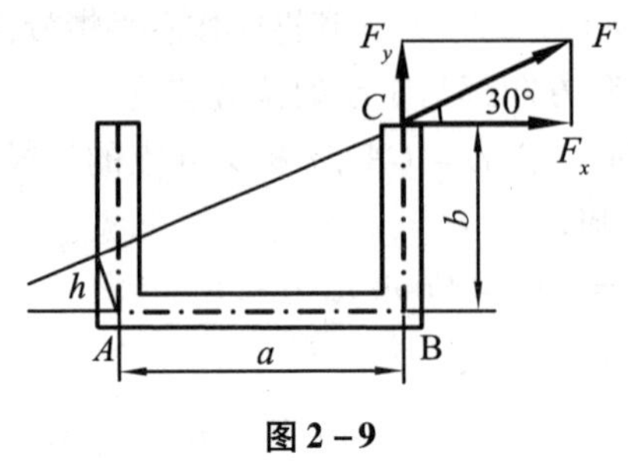

图 2-9

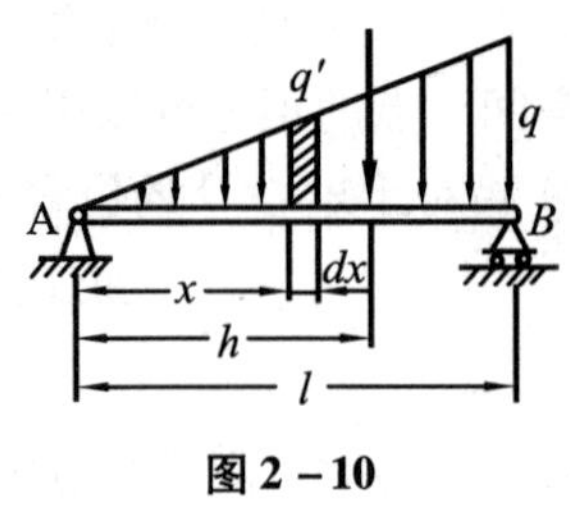

图 2-10

解　在梁上距 A 端为 x 处取长度 dx，则在 dx 上作用力的大小为 $q'dx$，其中 q' 为该处的载荷强度。由图可知，$q' = xq/l$。因此载荷的合力大小为：

$$Q = \int_0^l q'dx = \int_0^l \frac{x}{l}qdx = \frac{1}{2}ql$$

设合力作用线距 A 点为 h，根据合力矩定理有：

$$Qh = \int_0^l q'xdx$$

将 q',Q 值代入上式积分得：

$$h = 2l/3$$

2.3.4　力对轴的矩

在生活中和工程实际中经常遇到力使刚体绕定轴转动的情况，例如用柱铰链安装的门窗、带有轴承的车轮和各种旋转机械等。为了度量力对绕定轴转动刚体的作用效果，必须引入力对轴的矩的概念。

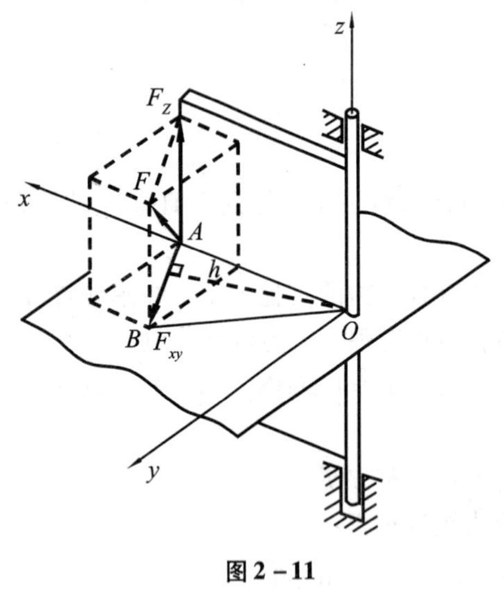

图 2-11

如图 2-11 所示，在门上 A 点作用一力 $\vec{F}$，此力使其绕固定轴 z 转动，现将力 $\vec{F}$ 分解为两个互相垂直的分力 $\vec{F}_z$ 和 $\vec{F}_{xy}$，其中 $\vec{F}_z$ 平行于 z 轴，$\vec{F}_{xy}$ 在垂直于 z 轴并通过 $\vec{F}$ 的始点 A 的平面（分力 $\vec{F}_{xy}$ 的大小等于 $\vec{F}$ 在垂直于 Z 轴的 Oxy 平面上的投影），由经验可知，分力 $\vec{F}_z$ 不能使门绕 z 轴转动。只有分力 $\vec{F}_{xy}$ 才能使门绕 z 轴转动。以 h 表示平面 Oxy 与 z 轴的交点 O 到力 $\vec{F}_{xy}$ 作用线的垂直距离，则力 $\vec{F}_{xy}$ 对 O 点的矩 $m_O(\vec{F}_{xy}) = \pm F_{xy} \cdot h$ 可用来度量力 $\vec{F}$ 使门绕固定轴 Oz 的转动作用，称为力 $\vec{F}$ 对 Oz 轴的矩，以 $m_z(\vec{F})$ 表示，则有：

$$m_z(\vec{F}) = m_O(\vec{F}_{xy}) = \pm F_{xy} \cdot h = \pm 2S_{\Delta OAB} \tag{2-12}$$

于是，可得力对轴之矩定义如下：力对轴的矩是力使刚体绕该轴转动效果的量度，它是一个代数量，其绝对值等于此力在垂直于该轴的平面上的投影对于平面与该轴的交点的矩。

正负号的确定，从 z 轴的正端向负端看去，若力的这个投影使物体绕该轴按逆时针转向转动，则取正号；反之取负号。也可以按右手螺旋定则来确定其正负号，即把右手四指按力使刚体绕轴的转向卷曲起来而把轴握于手心中，若大拇指的指向与轴的正向相同则取正号；反之取负号。

由上述可知，当力沿其作用线滑动时，不改变力对轴的矩，当力与轴相交或力与轴平行时，力对轴的矩等于零，也就是说当力与轴共面时，力对轴的矩等于零。

力对轴的矩也可用解析式表示，如图 2－12 所示。设力 $\vec{F}$ 在坐标轴上的投影为 X、Y、Z。力作用点 A 的坐标为 x、y、z。由式（2－12）和合力矩定理得：

$$m_z(\vec{F}) = m_o(\vec{F}_{xy}) = m_O(X) + m_O(Y)$$

即

$$m_z(\vec{F}) = xY - yX \tag{2-13}$$

同理可得：

$$\left.\begin{aligned} m_x(\vec{F}) &= yZ - zY \\ m_y(\vec{F}) &= zX - xZ \end{aligned}\right\} \tag{2-14}$$

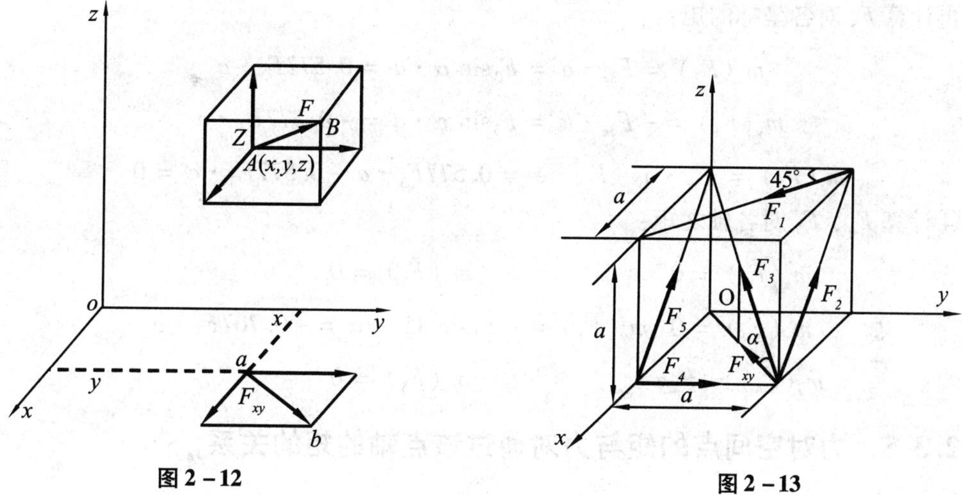

图 2－12　　　　图 2－13

例 2－5　试计算图 2－13 中各力在三个坐标轴上的投影及对三个坐标轴的矩。设已知正方体的边长为 a。

解　①首先计算 $\vec{F}_1$ 对各轴分力的大小：

$$F_{1x} = F_1\sin 45°$$

$$F_{1y} = -F_1\cos 45°$$

$$F_{1z} = 0$$

再计算 $\vec{F}_1$ 对各轴之矩：

$$m_y(\vec{F}_1) = F_{1x}\cdot a = F_1\sin 45°\cdot a = 0.707F_1a$$

$$m_z(\vec{F}_1) = -F_{1x}\cdot a = -F_1\sin 45°\cdot a = -0.707F_1a$$

$$m_x(\vec{F}_1) = F_{1y}\cdot a = F_1\cos 45°\cdot a = 0.707F_1a$$

②计算 $\vec{F}_2$ 对各轴分力的大小：

$$F_{2x} = -F_2\cos 45°$$

$$F_{2y} = 0$$

$$F_{2z} = F_2\sin 45°$$

再计算 $\vec{F}_2$ 对各坐标轴的矩：

$$m_x(\vec{F}_2) = F_{2z} \cdot a = F_2\sin 45° \cdot a = 0.707F_2 \cdot a$$

$$m_y(\vec{F}_2) = -F_{2z} \cdot a = -F_2\sin 45° \cdot a = -0.707F_2 \cdot a$$

$$m_z(\vec{F}_2) = F_{2x} \cdot a = F_2\cos 45° \cdot a = 0.707F_2 \cdot a$$

③计算 $\vec{F}_3$ 对各轴分力的大小：

$$\alpha = 35.26°$$

$$F_{3x} = -F_3\cos\alpha \cdot \sin 45° = -0.577F_3$$

$$F_{3y} = -F_3\cos\alpha \cdot \cos 45° = -0.577F_3$$

$$F_{3z} = F_3\sin\alpha = F_3\sin 35.26° = 0.577F_3$$

再计算 $\vec{F}_3$ 对各坐标的矩：

$$m_x(\vec{F}_3) = F_{3z} \cdot a = F_3\sin\alpha \cdot a = 0.577F_3 \cdot a$$

$$m_y(\vec{F}_3) = -F_{3z} \cdot a = F_3\sin\alpha \cdot a = -0.577F_3 \cdot a$$

$$m_z(\vec{F}_3) = F_{3x} \cdot a - F_{3y} \cdot a = 0.577F_3 \cdot a - 0.577F_3 \cdot a = 0$$

④计算 F_4、F_5 对各轴之矩：

$$m_x(\vec{F}_4) = 0 \qquad m_x(\vec{F}_5) = 0$$

$$m_y(\vec{F}_4) = 0 \quad m_y(\vec{F}_5) = -F_5\sin 45° \cdot a = -0.707F_5 \cdot a$$

$$m_z(\vec{F}_4) = F_4a \qquad m_z(\vec{F}_5) = 0$$

2.3.5　力对空间点的矩与力对通过该点轴的矩的关系

由式（2－10）得：

$$\vec{m}_O(\vec{F}) = (yZ - zY)\vec{i} + (zX - xZ)\vec{j} + (xY - yX)\vec{k}$$

可知单位矢量 $\vec{i}$、$\vec{j}$、$\vec{k}$ 前面的三个系数，应分别表示力对点的矩矢 $\vec{m}_O(\vec{F})$ 在三个坐标轴上的投影，即

$$[\vec{m}_O(\vec{F})]_x = yZ - zY$$

$$[\vec{m}_O(\vec{F})]_y = zX - xZ$$

$$[\vec{m}_O(\vec{F})]_z = xY - yX$$

力对轴之矩的表达式为：

$$m_x(\vec{F}) = yZ - zY$$

$$m_y(\vec{F}) = zX - xZ$$

$$m_z(\vec{F}) = xY - yX$$

由以上两组表达式可以看出：

$$\left.\begin{aligned}[\vec{m}_O(\vec{F})]_x &= m_x(\vec{F})\\ [\vec{m}_O(\vec{F})]_y &= m_y(\vec{F})\\ [\vec{m}_O(\vec{F})]_z &= m_z(\vec{F})\end{aligned}\right\} \tag{2-15}$$

说明力对点的矩矢在通过该点的某轴上的投影，等于此力对该轴的矩。这就是力对点的矩与力对通过该点的轴的矩的关系式。

2.4　力偶及其性质

2.4.1　力偶及力偶矩矢的概念

(1) 平面力偶

在研究力对物体的转动作用时，常会遇到这样一种情况：物体受大小相等、方向相反、作用线互相平行、却不在一条直线上的两个力作用。如图 2－14 所示的司机旋转方向盘时，图 2－16 所示的丝锥攻螺丝时，作用在方向盘或丝锥板手上的都是这样一对平行力。

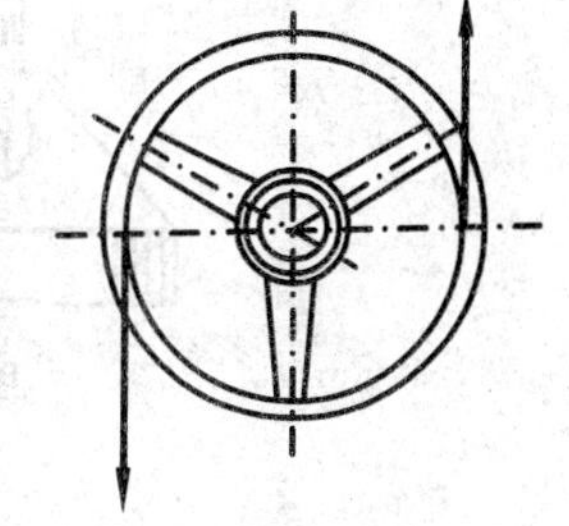

图 2－14

从物理学中可知，若两个反向的平行力，大小相等，则其合力 $R=0$。但由于它们不共线而不能相互平衡，这一对等值、反向、作用线平行的力所组成的力系称为力偶，力偶是一个最简单的特殊力系，是另一个基本力学量。它对物体的作用，是使物体的转动状态发生改变。

如图 2－17 所示，将力偶 $(\vec{F}、\vec{F}')$ 作用的平面称为力偶的作用面。力偶的两个力之间的垂直距离 d 称为力偶臂。力偶中任一力的大小与力偶臂的乘积 Fd，称为力偶矩，用 m 表示。

平面力偶的作用效果只取决于两个因素，即力偶矩的大小和转向，因此，可以用一个代数量表示，$m = \pm Fd$。正负号规定为：力偶使物体逆时针转动为正，反之为负，常用单位有 N · m 或 kN · m 等。

(2) 空间力偶矩矢

如图 2－15 所示的三个力偶，分别作用在三个同样的物体上，力偶矩都等于 200N · m。因前两个力偶的转向相同，作用面又相互平行，因此这两个力偶对物体的作用效果相同（图 2－15a、b）。第三个力偶作用在平面 Ⅱ 上（图 2－15c），虽然力偶矩的大小相同，但是它与前两个力偶对物体的作用效果不同，前者使物体绕平行于 x 的轴转动，而后者使物体绕平行于 y 的轴转动。

综上所述，空间力偶对物体的作用效果取决于三个因素：一是力偶作用面在空间的方位；二是力偶矩的大小；三是力偶使物体转动的方向。

因此空间力偶必须用矢量表示（图 2－17）。具体方法如下：矢量的长度代表力偶矩的大小，矢量的方位垂直于力偶的作用面，指向按右手螺旋法则确定。称之为力偶矩矢，

通常用符号 $\vec{m}$ 表示。

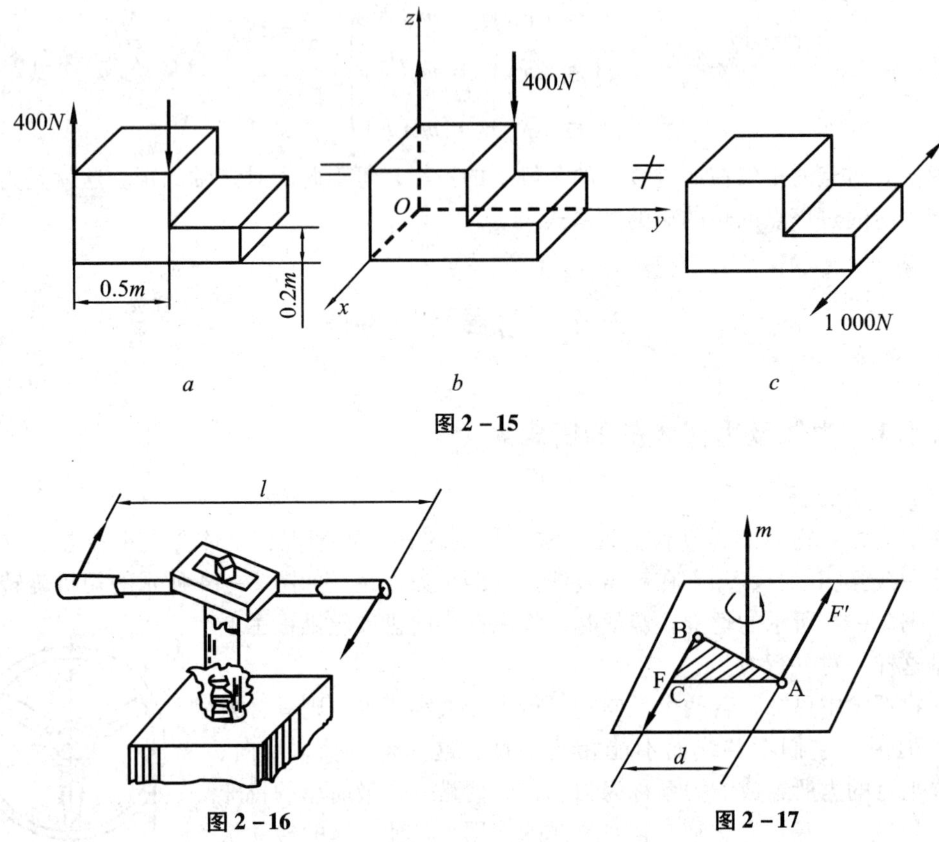

图 2－15

图 2－16

图 2－17

2.4.2 力偶的基本性质

①力偶和力一样是静力学的两个基本要素，它在任何情况下都不能合成为一个力，或用一个力来等效替换。因此力偶不能用一个力来平衡，而只能用力偶来平衡。

②组成力偶的两个力对空间任意点的矩的矢量和或对平面内任意一点的矩的代数和与矩心的选择无关：恒等于力偶矩矢量或力偶矩，即 $\vec{m} = \vec{m}_O(\vec{F}) + \vec{m}_O(\vec{F}')$（在平面上此式转化为代数方程），故力偶矩矢用 $\vec{M}$ 或 $\vec{m}$ 表示，而不用下脚标标出矩心，空间力偶矩矢没有具体的作用点，称为自由矢量。

③力偶对物体的转动效果只决定于力偶矩，只要力偶矩保持不变，则力偶对物体的作用效果也不会改变。

④在保持力偶矩的大小和转向不变的条件下，可任意改变力偶中力的大小和力偶臂的长短，如图 2－18 所示，用 12cm 长的绞杠攻丝施加 20N 的力，与用 24cm 长的绞杠攻丝，施加 10N 的力，其作用效果是相同的。

⑤作用在刚体上的力偶，只要保持其转向及力偶矩的大小不变，可在其力偶作用面内任意转移位置。如图 2－19 所示将作用在方向盘上的力偶转一个角度，只要保持力偶矩不变，其作用效果也不会改变。

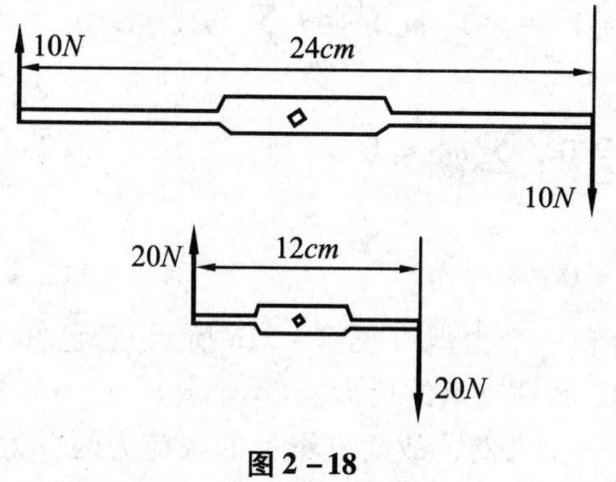

图 2－18

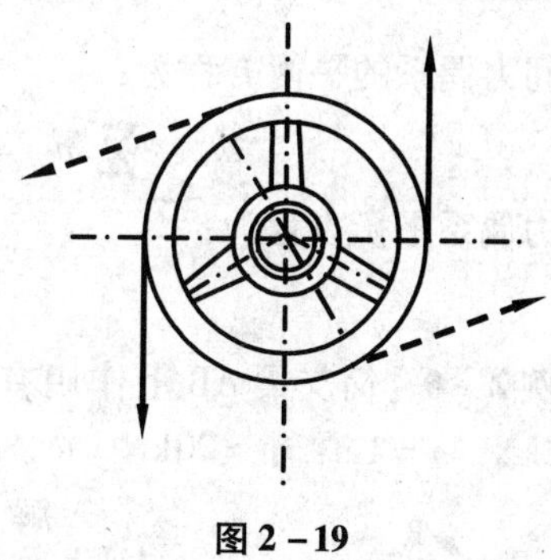

图 2－19

⑥作用在刚体上的力偶，可以转移到与其作用面相平行的任何平面上而不改变原力偶的作用效果。

设有 $\vec{m}(\vec{F}、\vec{F}')$ 作用在 P 平面上，现在要将它转移到与 P 平面相平行的 Q 平面上去，而不改变它的作用效应。其作法如下：在两平行平面间作一平行四边形 ABA_1B_1（图 2－20），其对角线交点 O，在 A_1、B_1 点分别加一对平衡力 $\vec{F}_1\vec{F}'_1$、$\vec{F}_2\vec{F}'_2$ 平行于 $\vec{F}$，并使 $F_1 = F_2 = F$（由加减平衡力系公理可知，不影响原力系对刚体的作用效果），将 $\vec{F}$、$\vec{F}_1$ 和 $\vec{F}'$、$\vec{F}'_2$ 按同向平行力合成法合成为 $\vec{R}$ 和 $\vec{R}'$，显然 $\vec{R}$ 和 $\vec{R}'$ 共线、反向、等值，它们组成一对平衡力，可以从力系中减掉，不影响对刚体的作用效果，剩余 $\vec{F}'_1$ 和 $\vec{F}'_2$ 组成一个新的力偶 $\vec{m}'$，可见 $\vec{m}'$ 与原力偶 $\vec{m}$ 等效，它作用在 Q 平面上。

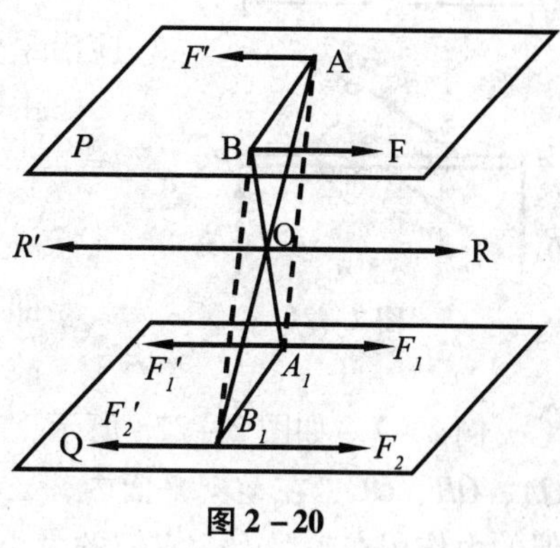

图 2－20

2.5　力偶系的合成与平衡

空间力偶系的合成遵循矢量合成规则，即力偶系的合力偶矩矢 $\vec{M}$ 等于该力偶系中各分力偶矩矢的矢量和。即

$$\vec{M} = \sum \vec{m}_i \tag{2-16}$$

这就是空间力偶系的合成定理。

作用在同一平面上力偶系的合成应用代数量相加，即合力偶矩 M 等于各分力偶矩的代数和：

$$M = \sum m_i \tag{2-17}$$

空间力偶系平衡时，其合力偶矩矢等于零。即空间力偶系平衡的必要和充分条件是该力偶系的合力偶矩矢等于零，即

$$\vec{M} = \sum \vec{m} = 0$$

由 $$M = \sqrt{M_x^2 + M_y^2 + M_z^2} = \sqrt{\left(\sum m_x\right)^2 + \left(\sum m_y\right)^2 + \left(\sum m_z\right)^2}$$

得空间力偶系的平衡方程为：

$$\sum m_x = 0\ ;\ \sum m_y = 0\ ;\ \sum m_z = 0 \tag{2-18}$$

平面力偶系平衡方程为：

$$\sum m = 0 \tag{2-19}$$

例 2-6 简支梁 AB 上作用有两个平行力和一个力偶（图 2-21a 所示），已知 $P = P' = 2\text{kN}$，$a = 1\text{m}$，$m = 20\text{kN}\cdot\text{m}$，$l = 5\text{m}$。求 A、B 两支座的反力。

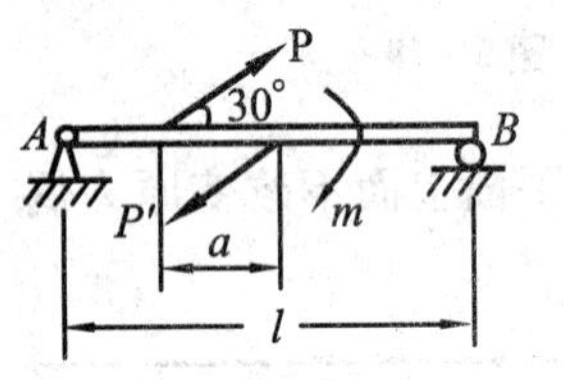

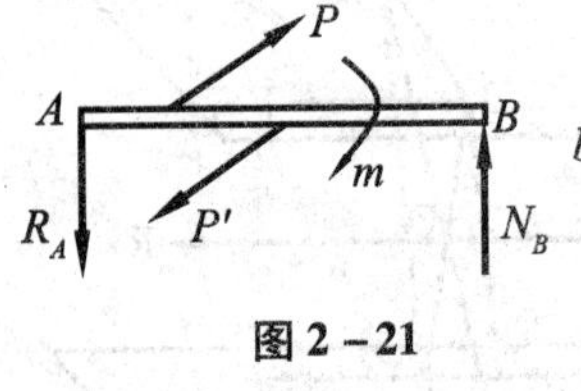

图 2-21

解 $\vec{P}$、$\vec{P}'$组成一个力偶，故简支梁上的载荷为两个力偶。由于力偶只能被力偶所平衡，故支座 A、B 处反力必须组成一个力偶。B 为滚动支座、约束反力 $\vec{N}_B$ 应沿支承面的法线即铅垂线，固定支座 A 的约束反力 $\vec{R}_A$，它与 $\vec{N}_B$ 应组成一力偶，故也应沿铅垂线而与 $\vec{N}_B$ 方向相反，且 $R_A = N_B$

由平面力偶系平衡方程：

$$\sum m = 0$$

$$-Pa\sin 30° - m + N_B \cdot l = 0$$

即 $$-2\times 1\times 0.5 - 20 + N_B\cdot 5 = 0$$

故 $$N_B = 4.2\text{kN} = R_A$$

例 2-7 如图 2-22a 所示，三圆盘 A、B、C 的半径分别为 15cm、10cm、5cm，三轴 OA、OB、OC、在 xOy 平面内，$\angle AOB$ 为直角，在这三圆盘上分别作用有力偶，组成各力偶的力作用在轮缘上，它们的大小分别等于 5N、10N 和 P，如这圆盘所构成的物系是自由的，不计物系重量，求能使此物系平衡的力 $\vec{P}$ 的大小和角 α。

解 取物系为研究对象。作用于物系上的力系构成一空间力偶系。各力偶矩的大小为：

$$m_A = 5\ (2\times 0.15)\ = 1.5\ (\text{N}\cdot\text{m})$$

$$m_B = 10\ (2\times 0.1)\ = 2\ (\text{N}\cdot\text{m})$$

$$m_C = P\times 0.1 = 0.1P\ (\text{N}\cdot\text{m})$$

并用矢量表示如图 2-22 所示，建立坐标系，列平衡方程：

$$\sum m_x = 0 \quad m_c\sin\beta - m_A = 0 \tag{a}$$

$$\sum m_y = 0 \quad m_c\cos\beta - m_B = 0 \tag{b}$$

因此

$$\text{tg}\beta = m_A/m_B = 3/4,\ \beta = 36°52'$$

$$\alpha = 180 - \beta = 143°08'$$

将 α 值代入（a）式得：

$$m_c = 50\text{N}\cdot\text{m}$$

$$P = m_c/0.1 = 500\text{N}$$

例 2-8 设在直角坐标的三个垂直平面上，作用有 $\vec{m}_1$、$\vec{m}_2$、$\vec{m}_3$ 三个力偶，它们的大

小分别为 $m_1=60\text{N}\cdot\text{m}$，$m_2=240\text{N}\cdot\text{m}$，$m_3=80\text{N}\cdot\text{m}$，方向如图 2－23 所示，求合力偶矩矢。

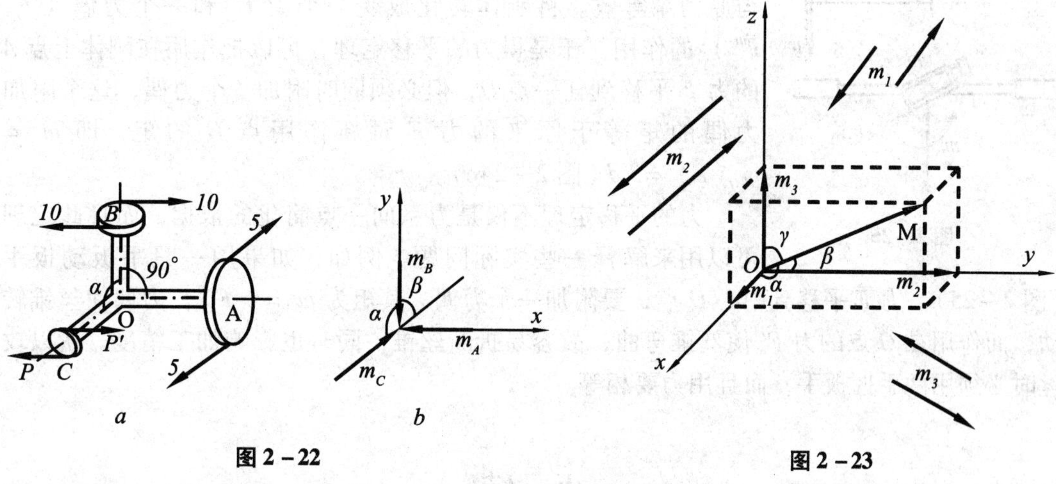

图 2－22　　　　　　　　　　　　　　图 2－23

解　将坐标平面上的力偶用力偶矩矢 $\vec{m}_1$、$\vec{m}_2$、$\vec{m}_3$ 表示在坐标轴上，其合力偶矩的大小为：

$$M=\left|\sum\vec{m}_i\right|=\sqrt{m_1^2+m_2^2+m_3^2}$$

$$\therefore M=\sqrt{60^2+240^2+80^2}=260(\text{N}\cdot\text{m})$$

合力偶矩矢 M 的方向可用其方向余弦确定：

$$\cos\alpha=m_1/M=60/260=0.239\quad \alpha=76.658^\circ$$

$$\cos\beta=m_2/M=240/260=0.923\quad \beta=22.628^\circ$$

$$\cos\gamma=m_3/M=80/260=0.308\quad \gamma=72.08^\circ$$

式中 α、β、γ 分别为 $\vec{M}$ 与 x、y、z 轴正向之夹角。

2.6　力的平移定理

力系向一点简化是一种较为简便并且有普遍性的力系简化方法。此方法的理论基础是力的平移定理。

设在刚体上某点 A 作用着力 $\vec{F}$。为了使这个力作用到刚体内任一点 O（图 2－24a），而不改变原来对刚体的效应，可进行下列变换。

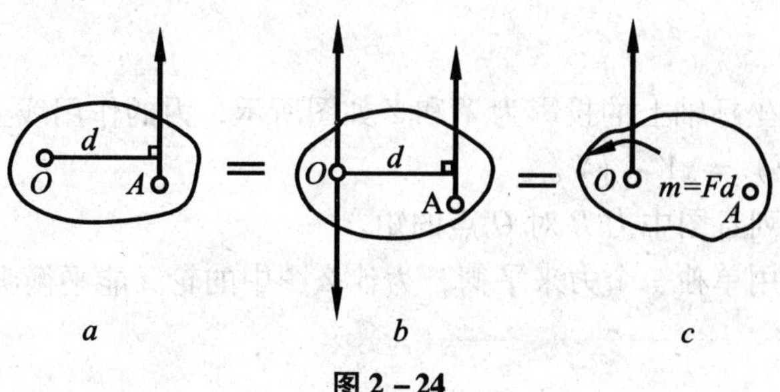

图 2－24

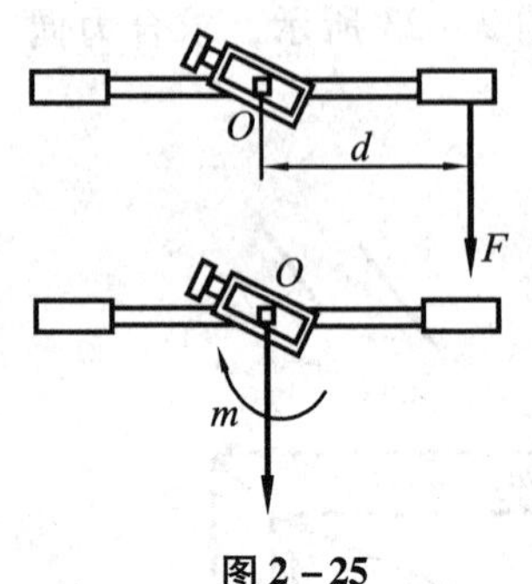

图 2-25

在点 O 上添加一对与原来力 $\vec{F}$ 平行的平衡力 $\vec{F}'$、$\vec{F}''$，且令力矢 $\vec{F}' = -\vec{F}'' = \vec{F}$（图 2-24b）。显然，这三个力组成的力系与原力系等效。将刚体转化成受一个力 $\vec{F}'$ 和一个力偶（$\vec{F}$, $\vec{F}''$）的作用。于是得力的平移定理，可以把作用在刚体上点 A 的力 $\vec{F}$ 平移到任一点 O，但必须同时附加一个力偶，这个附加力偶的矩等于原来的力 $\vec{F}$ 对新作用点 O 的矩，即 $m = m_O(\vec{F}) = Fd$（图 2-24c）。

力的平移定理不仅是力系向一点简化的依据，而且此定理可以用来解释一些实际问题。例如，如果用一只手扳动扳手（图 2-25），力 $\vec{F}$ 平移到中心 O 点，要附加一个力偶，其矩为 $m = -Fd$，力偶使丝锥转动，而作用在 O 点的力 $\vec{F}'$ 使丝锥弯曲，故容易折断丝锥，同时也影响加工精度。所以攻丝时必须用两手握扳手，而且用力要相等。

小　结

①汇交力系合成的解析法，其理论基础为合力投影定理。必须注意，力在轴上的投影为一个代数量。对于空间汇交力系平衡方程数目是三个，平面汇交力系平衡方程数目是两个。为便于求解平衡方程，取投影轴时可令其与某一未知力垂直。

②力对点之矩是一个定位矢。$\vec{m}_O(\vec{F}) = \vec{r} \times \vec{F}$。力对轴之矩是一个代数量。它与力对点之矩的关系为 $m_z(\vec{F}) = [\vec{m}_O(\vec{F})]_Z$。在平面上，力对点的矩可以用代数量表示。

③力偶是由等值、反向、平行的两个力组成的一种特殊力系。它的特点有：其一，力偶的两个力对空间任一点之矩的矢量和为一常量，等于力偶矩矢。其二，空间力偶对物体的作用效果取决于力偶矩矢。其三，力偶不能与一个力等效，也不可能被一个力所平衡。

④力偶系可简化为一个合力偶。空间力偶系的平衡方程数目为三个。平面力偶由于可以用一个代数量描述，因此，平面力偶系的平衡方程数目为一个。

⑤力的平移定理。

思考题

2-1　设力 F 在坐标轴上的投影为 X 和 Y 如图所示，力的作用线上任意点 A 的坐标为 (x, y)。证明：$m_O(F) = xY - yX$。

2-2　试计算下列各图中力 P 对 O 点的矩。

2-3　力偶不能用单独一个力来平衡，为什么图中的轮又能平衡呢？

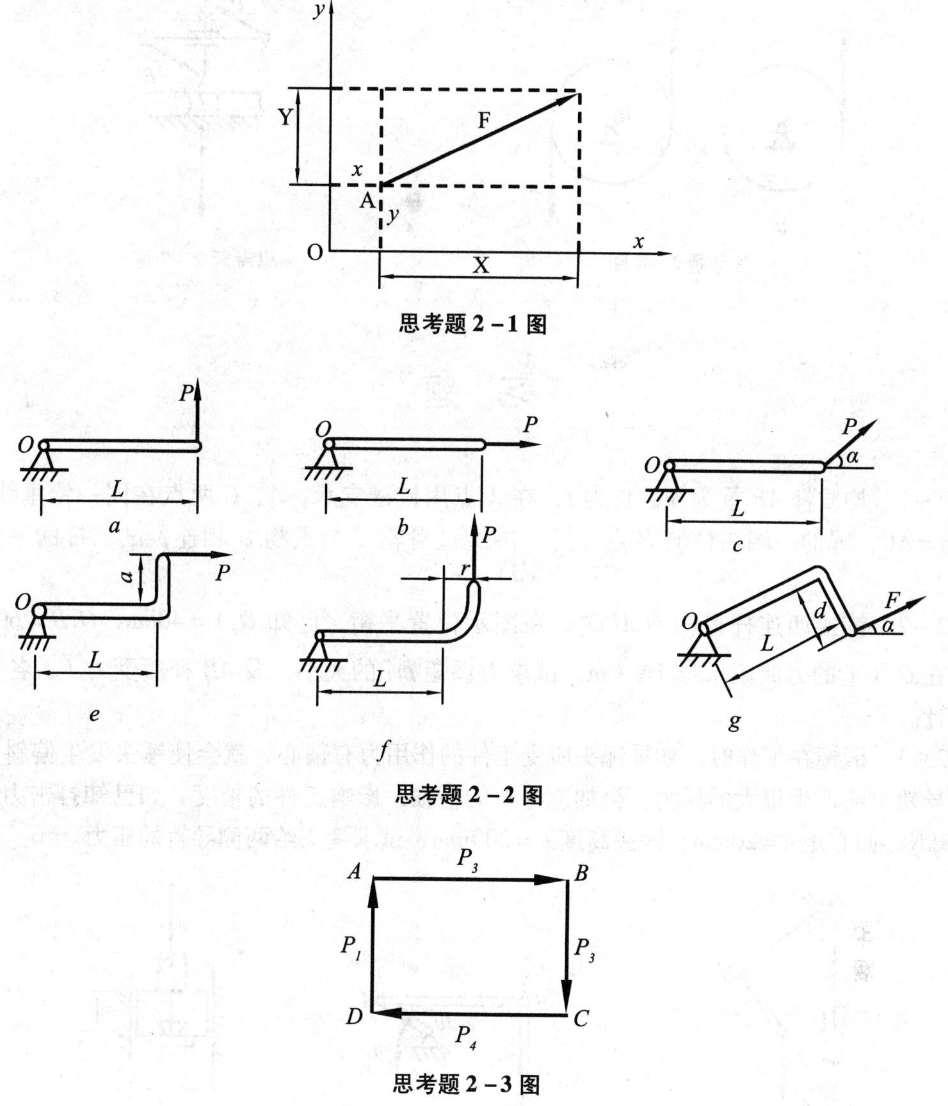

思考题 2－1 图

思考题 2－2 图

思考题 2－3 图

2－4　四个力作用在同一物体的 A、B、C、D 四点（物体未画出），设 $\vec{P}_1$ 与 $\vec{P}_3$ 、$\vec{P}_2$ 与 $\vec{P}_4$ 大小相等，方向相反，且作用线互相平行，由该四个力所作的力多边形封闭，试问物体是否平衡？为什么？

2－5　力偶中的两个力，作用与反作用的两个力，二力平衡条件中的两个力，三者间有什么相同点？有什么不同点？

2－6　试用力的平移定理，说明图示力 F 和力偶（ F' 和 F'' ）对轮的作用是否相同？轮轴支承 A 和 B 的约束反力有何不同？设轮轴静止，$F' = F'' = \dfrac{1}{2}F$ ，轮的半径为 r。

2－7　从力偶理论知道，力不能用以平衡力偶，但为什么螺旋压榨机（其主要部分如图示）上，力偶（ P,P' ）却似乎可以用被压榨物体的反力 N 来平衡呢？试说明其实质。

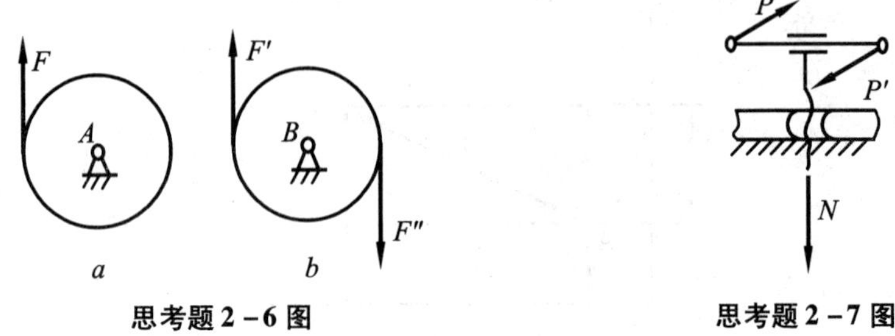

思考题 2－6 图　　　　思考题 2－7 图

习　题

2－1　均质杆 AB 重为 $\bar{w}$，长为 l，在 A 点用铰链支承，A、C 两点在同一铅垂线上，且 $AB=AC$，绳的一端在杆的 B 点，另一端经过滑轮 C 与重物 Q 相连，试求杆的平衡位置 θ。

2－2　铰接四连杆机构 O_2ABO_1，在图示位置平衡，已知 $O_2A=40\text{cm}$，$O_1B=60\text{cm}$，作用在 O_2A 上的力偶矩 $m_1=1\text{N}\cdot\text{m}$，试求力偶矩 m_2 的大小，及 AB 杆所受力 $\vec{F}$，各杆重量不计。

2－3　锻锤在工作时，如果锤头所受工件的作用力有偏心，就会使锤头发生偏斜，这样在导轨上将产生很大的压力，会加速导轨的磨损，影响工件的精度，如已知打击力 $P=1\ 000\text{kN}$，偏心矩 $e=20\text{mm}$，锤头高度 $h=200\text{mm}$，试求锤头给两侧导轨的压力。

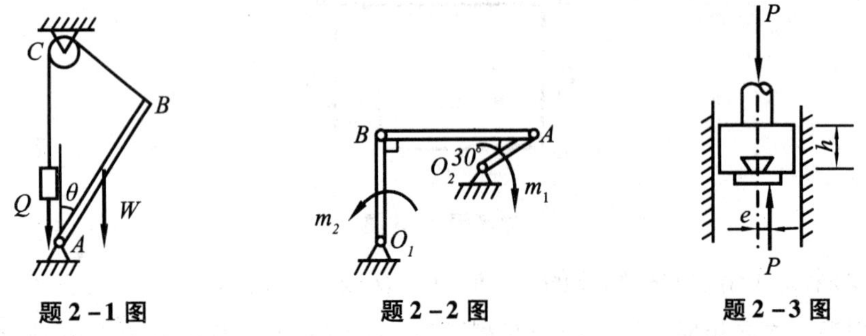

题 2－1 图　　　　题 2－2 图　　　　题 2－3 图

2－4　卷扬机结构如图示，重物放在小台车 C 上，小台车装有 A、B 轮，可沿垂直导轨 ED 上下运动，已知重物 $Q=2\ 000\text{N}$，试求导轨加给 A、B 两轮的约束反力。

2－5　剪切钢筋的机构，由杠杆 AB 和杠杆 DEO 用连杆 CD 连接而成，图上长度尺寸单位是毫米，如在 A 处作用一水平力 $\vec{P}(P=10\text{kN})$，试求 E 处的臂力 Q 为多大?

2－6　曲柄 OA 长 $R=230\text{mm}$，当 $\alpha=20°$，$\beta=3.2°$ 时达到最大冲击压力 $P=312\text{N}$。因转速较低，故可近似地按静平衡问题计算。如略去摩擦，求在最大冲击压力 P 的作用情况下，导轨给滑块的侧压力和曲柄上所加的转矩 m，并求这时轴承 O 的反力。

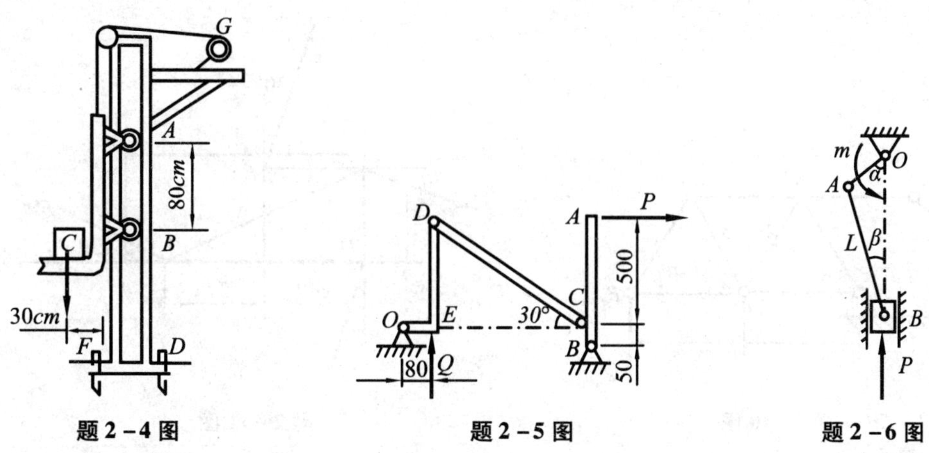

题2-4图　　题2-5图　　题2-6图

2-7　电动机重 $P=1\ 500$N，放在水平梁 AB 的中间，梁 AB 长为 l，梁的 A 端以铰链固定，C 端用杆 BC 支持，BC 与梁的交角为 30°，如忽略梁和杆的重量，求杆 BC 的受力及支座 A 处的反力。

2-8　拔桩架如图所示，在 D 点用力 F 向下拉，即有较 F 大若干倍的力将桩拔起。若 AB 及 BD 各为铅直及水平方向，BC 及 DE 各与铅直及水平方向成角 $\alpha=4°$，$F=40$kg，试求桩上所受的力。

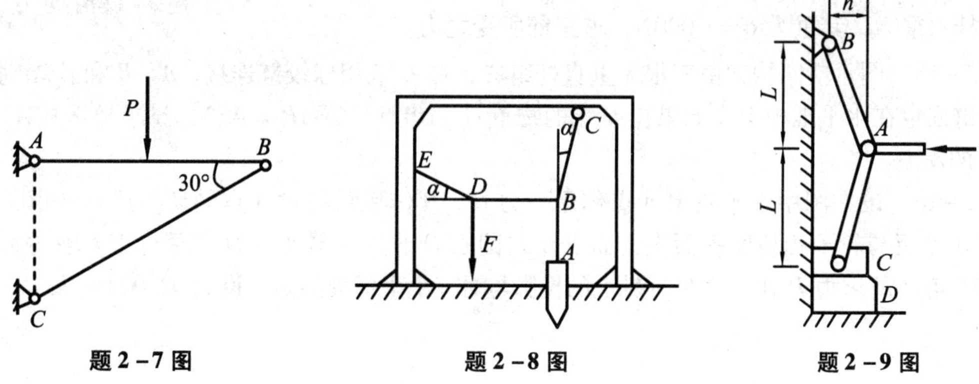

题2-7图　　题2-8图　　题2-9图

2-9　压榨机由 AB、AC 杆及 C 块组成，尺寸如图。B 点固定，且 $AB=AC$，由在 A 处的水平力 P 的作用使 C 块压紧物块 D，如不计压榨机本身的重量，各接触面视为光滑，试求物块 D 所受的压力 S。

2-10　桁架如图所示，在 B 点作用一垂直于地面的力 $Q=1\ 000$kg，求桁架各杆所受的力。杆的重量不计，各杆长均为 a。

2-11　如图所示 A、B、C、D 均为滑轮，经过 B、D 两滑轮的绳子两端拉力方向相反，大小均为400N，绕过 A，C 两滑轮的绳子，两端拉力方向相反，大小均为300N，已知两力偶位于同一平面内，结构尺寸如图，略去滑轮的大小，试求该两力偶的合力矩的大小和转向。

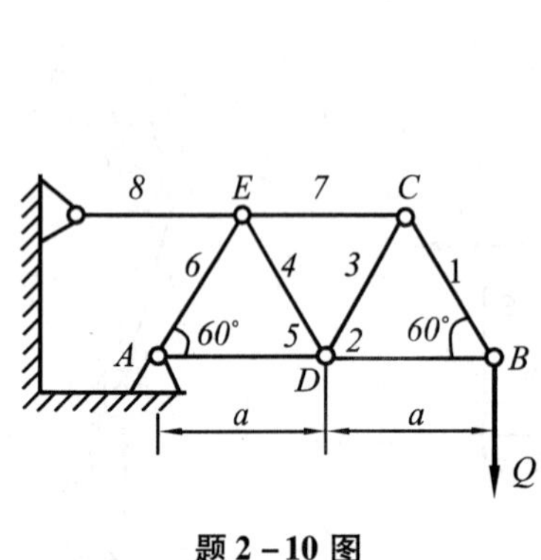

题 2－10 图

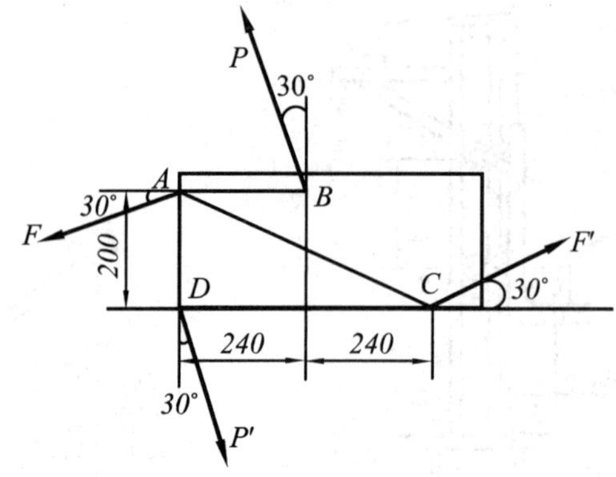

题 2－11 图

2－12 沿直角三棱柱边作用两个力偶，其作用力大小 $F_1 = F_2 = F_3 = F_4 = F$, $AO = a$, $\angle COC_1 = 60°$ 。试求此两力偶的合力偶矩矢的大小和方向。

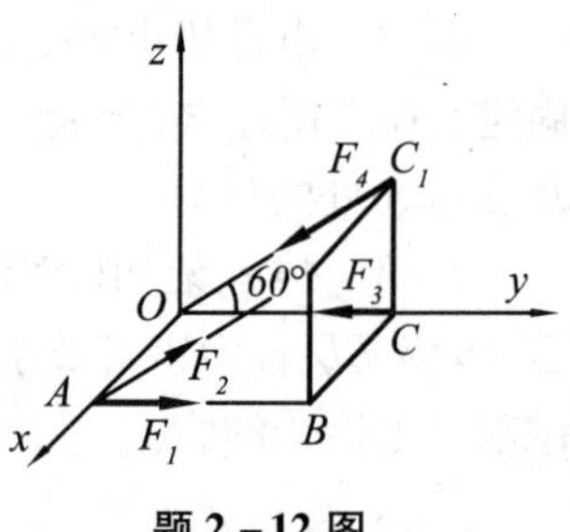

题 2－12 图

2－13 齿轮箱有三根轴，其中 A 轴水平，B 和 C 位于铅垂面 xOz 内，轴上作用力偶如图，求合力偶。

2－14 挂物架如图所示，三杆的重量不计，用铰链连接于 O 点，平面 BOC 是水平的，且 $BO = OC$，角度如图示。若在 O 点挂一重物，其重为 $G = 1\ 000$N，求三杆所受之力。

2－15 图示空间构架由三根无重直杆组成，在 D 端用球铰链连接，A、B 和 C 端则用球铰链固定在水平地板上，如果在 D 端的物重 $G = 10$kN，$\angle DAB = 45°$，试求铰链在 A、B 和 C 的反力。

2－16 设在图中水平轮上 A 点作用一力 P，其作用线与过 A 点的切线成 60° 角，且在过 A 点而与轮子相切的平面内，而点 A 与圆心 O 的连线与通过 O 点平行于 y 轴的直线成 45° 角，试求力 P 在三个坐标轴上的投影与对三个坐标轴的矩。设 $P = 1\ 000$N, $h = r = 1$m 。

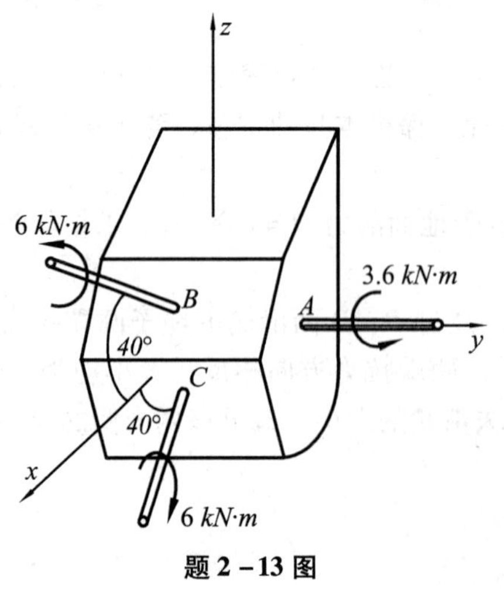

题 2－13 图

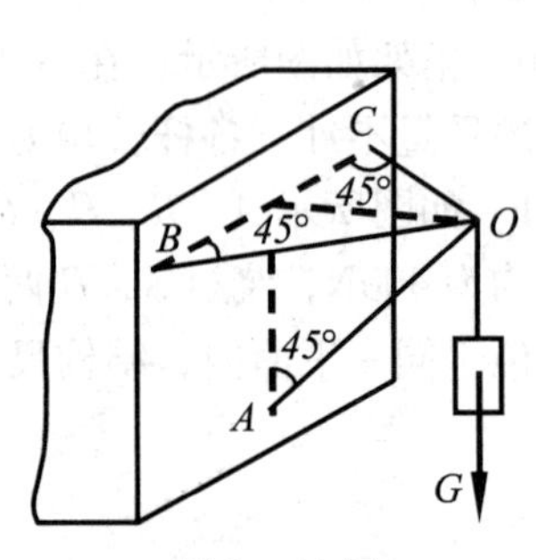

题 2－14 图

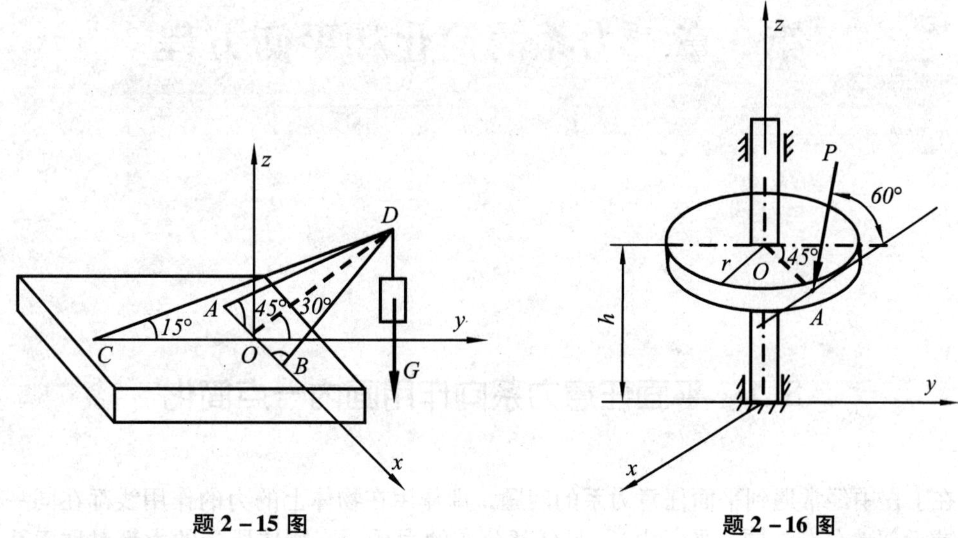

题 2 - 15 图　　题 2 - 16 图

第3章 力系的简化和平衡方程

3.1 平面任意力系向作用面内一点简化

在工程中经常遇到平面任意力系的问题，即作用在物体上的力的作用线都在同一平面内（或近似地分布在同一平面内），且任意分布的力系，当物体所受的力都对称于某一平面时，也可将它视为平面任意力系的问题，本节主要讨论平面任意力系的简化，平面任意力系向作用面内一点简化的理论基础是力的平移定理。

3.1.1 平面任意力系向作用面内一点简化、主矢和主矩

设刚体上作用一平面任意力系 $\vec{F}_1, \vec{F}_2 \cdots\cdots \vec{F}_n$（图 3－1）。根据力的平移定理，将力系中诸力向平面内任一点 O 点平移，O 点称为简化中心。这样得到作用于 O 点的力系 $\vec{F}'_1$，$\vec{F}'_2 \cdots\cdots \vec{F}'_n$，以及相应的附加力偶系 $M_1, M_2 \cdots\cdots M_n$。这些力偶作用在同一平面内，它们的矩分别等于力 $\vec{F}_1, \vec{F}_2 \cdots\cdots \vec{F}_n$ 对 O 点的矩，即：

$$M_1 = M_O(\vec{F}_1) \quad M_2 = M_O(\vec{F}_2) \quad M_3 = M_O(\vec{F}_3)$$

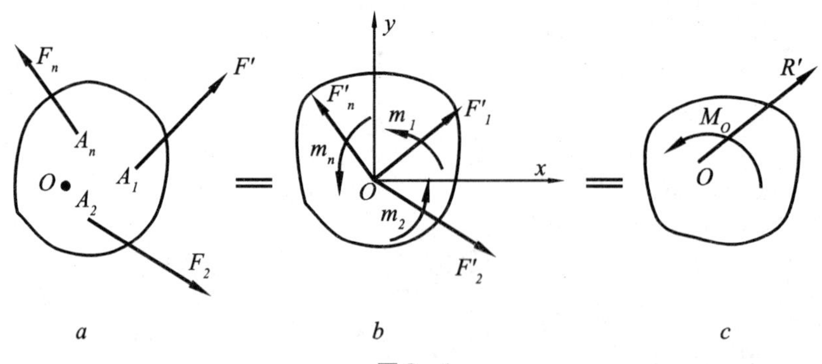

图 3－1

这样，平面任意力系分解成了两个简单力系：平面汇交力系和平面力偶系。

平面汇交力系可以进一步合成为一个力 $\vec{R}'$，该力的作用线通过简化中心 O，其大小和方向由各分力的矢量和决定，即

$$\vec{R}' = \sum_{i=1}^{n} \vec{F}'_i = \sum_{i=1}^{n} \vec{F}_i \tag{3-1}$$

$\vec{R}'$ 称为原力系主矢。若过 O 点作直角坐标系 Oxy，则主矢在 x，y 轴上的投影是

$$R'_x = \sum_{i=1}^{n} X_i \quad R'_y = \sum_{i=1}^{n} Y_i \tag{3-2}$$

由此可求主矢的大小和方向为：

$$R' = \sqrt{R'^2_x + R'^2_y} = \sqrt{(\sum X)^2 + (\sum Y)^2}$$

$$\cos\alpha \frac{\sum X}{R'}, \cos\beta = \frac{\sum Y}{R'} \tag{3-3}$$

式中 α，β 分别为主矢与 x，y 轴间的夹角。

平面力偶系可合成为一个力偶，这个力偶的矩等于各个附加力偶矩的代数和。它称为原力系对 O 点的主矩，用 M_O 表示，即

$$M_O = \sum m_i = \sum_{i=1}^{n} m_O(\vec{F}_i) \tag{3-4}$$

结论：平面任意力系向作用面内一点 O 简化，可得一主矢和主矩，主矢等于力系中各个力的矢量和，作用线通过简化中心 O。主矩等于力系中各力对 O 点的力矩。

由于主矢等于各力的矢量和，所以它和简化中心的选择无关，而主矩等于各力对简化中心力矩的代数和，当取不同的点为简化中心时，各力的力臂将有改变，各力对简化中心的矩也有改变，所以在一般情况下主矩和简化中心的选择有关，以后说到主矩时，必须指明是力系对哪一点的主矩。

3.1.2　简化结果的讨论

由于平面任意力系对刚体的作用决定于力系的主矢和主矩，因此，可由这两个物理量来研究力系简化的最后结果。

①若主矢 $\vec{R}' = 0$，主矩 $M_O \neq 0$，则原力系与一力偶等效。此力偶称为平面任意力系的合力偶，合力偶矩等于 $M_O = \sum_{i=1}^{n} m_O(\vec{F}_i)$。由力偶的性质可知，力偶对任意点的力矩恒等于力偶矩，所以，这时主矩与简化中心无关。

②若主矢 $\vec{R}' \neq 0$，主矩 $M_O = 0$，则原力系等效于作用线通过简化中心 O 的一个合力。

③若主矢 $\vec{R}' \neq 0$，主矩 $M_O \neq 0$，现将矩为 M_O 的力偶用两个力 $\vec{R}$ 和 $\vec{R}''$ 表示，并令 $\vec{R}' = \vec{R} = \vec{R}''$，去掉平衡力系 $\vec{R}'$ 和 $\vec{R}''$ 于是将作用于点 O 的力 $\vec{R}'$ 和力偶 $(\vec{R},\vec{R}'')$ 合成为一个作用在点 O' 的力 $\vec{R}$ 如图 3-2 所示。

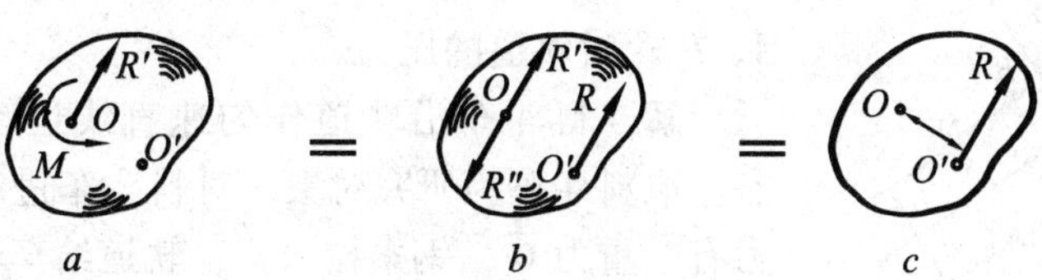

图 3-2

这个力 $\vec{R}$ 就是原力系的合力，合力矢等于主矢，合力的作用线在 O 的哪一侧，需根据主矢和主矩的方向确定；合力作用线到点 O 的距离 d，可按下式计算。

$$d = \frac{M_O}{R}$$

④若主矢 $\vec{R}' = 0$，主矩 $M_O = 0$，原力系平衡，这种情形将在下节讨论。

3.2 平面任意力系的平衡条件和平衡方程

3.2.1 平面任意力系的平衡方程

现在讨论静力学中最重要的情形，即平面任意力系的主矢和主矩都等于零的情形：

$$\begin{aligned} \vec{R} &= 0 \\ M_O &= 0 \end{aligned} \qquad (3-5)$$

显然，主矢等于零，表明作用于简化中心 O 的平面汇交力系为平衡力系；主矩等于零，表明附加平面力偶系也是平衡力系，所以原力系必平衡，因此式（3-5）为平面任意力系平衡的条件。反之，只有当主矢和主矩都等于零时，力系才能平衡，因此式（3-5）又为平面任意力系平衡的必要条件。

于是平面任意力系平衡的必要和充分条件是：力系的主矢和对任一点的主矩都等于零。

若用解析式来表示，则有

$$\begin{aligned} \sum X &= 0 \\ \sum Y &= 0 \\ \sum m_O(\vec{F}) &= 0 \end{aligned} \qquad (3-6)$$

由此可得结论，平面任意力系平衡的解析条件是：所有各力在两个任选的坐标轴上投影的代数和分别为零，以及各力对于任一点的矩的代数和也为零。式（3-6）称为平面任意力系的平衡方程且为基本形式。

式（3-6）有 3 个方程，只能求解 3 个未知量。

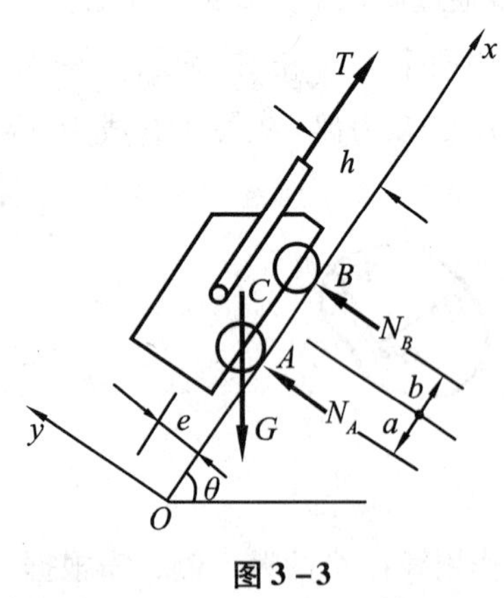

图 3-3

例 3-1 冲天炉的加料装置如图 3-3 所示，料斗车沿与水平成 $\theta = 70°$ 的倾斜轨道匀速上升，已知料斗车和炉料共重 $G = 9\ 807\text{N}$，重心在 C 点，图上尺寸为 $a = 0.4\text{m}$，$b = 0.5\text{m}$，$e = 0.2\text{m}$，$h = 0.3\text{m}$，试求钢索拉力 T 和 A、B 轮对轨道的压力。

解 料斗车沿轨道作匀速直线运动，故处于平衡状态。取料斗车为研究对象，对料斗车进行受力分析，所受力有：重力 $\vec{G}$，钢索拉力 $\vec{T}$，轨道给车轮 A 和 B 的约束反力 $\vec{N}_A$ 和 $\vec{N}_B$，车轮和轨道之间的摩擦力略去不计，受力图如图 3-3，取 x 轴沿轨道方向，y 轴垂直于轨道。

根据平衡条件，列出平衡方程：

$$\sum X = 0,\ T - G\sin\theta = 0 \tag{a}$$

$$\sum Y = 0,\ N_A + N_B - G\cos\theta = 0 \tag{b}$$

$$\sum m_A = 0,\ N_B(a+b) - T\cdot h + G\sin\theta\cdot e - G\cos\theta\cdot a = 0 \tag{c}$$

由式（a）

$$T = G\sin\theta = 9\ 807 \times \sin 70° = 9\ 218\ (\text{N})$$

将 T 值代入（c）得

$$N_B = \frac{Th - G\sin\theta\cdot e + G\cos\theta\cdot a}{a+b}$$

$$\therefore\ N_B = \frac{9\ 218 \times 0.3 - 9\ 807 \times \sin 70° \times 0.2 + 9\ 807 \times \cos 70° \times 0.4}{0.4 + 0.5} = 2\ 510\ (\text{N})$$

再将 N_B 值代入式（b）得：

$$N_A = G\cos\theta - N_B = 9\ 807 \times \cos 70° - 2\ 510 = 843\ (\text{N})$$

由作用反作用力定律可知，轨道给 A 轮和 B 轮的约束力的大小就等于 A 和 B 轮对轨道的压力，本题计算的结果是：

钢索拉力：

$$T = 9\ 218\ \text{N}$$

A 和 B 轮对轨道的压力：

$$N_A = 843\ \text{N} \quad N_B = 2\ 510\ \text{N}$$

实际上 A 和 B 处左、右各有两轮，这里 $\vec{N}_A$ 和 $\vec{N}_B$ 分别是左右两轮的总压力。

例 3－2　一端固定的悬臂梁 AB 如图 3－4a 所示，梁上作用有均布载荷，载荷集度（梁的单位长度力的大小）为 q，在梁的自由端还受一集中力 $\vec{p}$ 和一力偶矩为 m 的力偶作用，梁的长度为 L，试求固定端 A 处的约束反力。

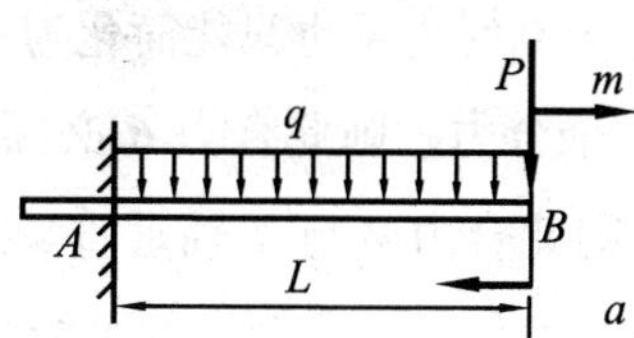

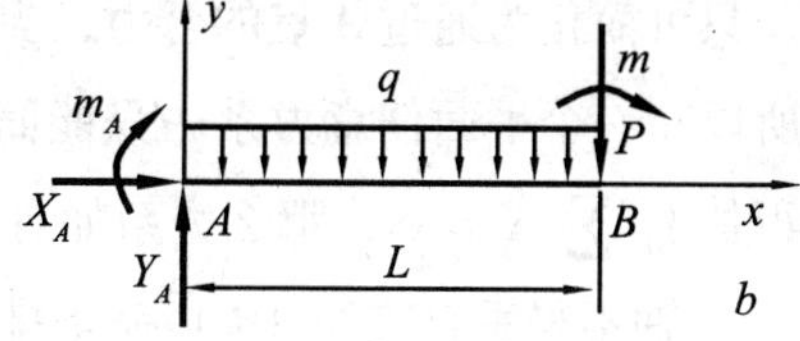

图 3－4

解　取悬臂梁 AB 为研究对像，受力分析：它受主动力 $q,\vec{p},m$ 和固定端约束力 X_A、Y_A 和 m_A 的作用，受力图如图 3－4（b），取坐标系如图示，列平衡方程：

$$\sum X = 0,\ X_A = 0 \tag{a}$$

$$\sum Y = 0,\ Y_A - qL - p = 0 \tag{b}$$

$$\sum m_A = 0,\ -m_A - qL\cdot\frac{L}{2} - pL - m = 0 \tag{c}$$

解得

$$X_A = 0\ ,\ Y_A = qL + p,\ m_A = -\left(\frac{1}{2}qL^2 + pL + m\right)$$

例 3－3　图 3－5 所示的混凝土浇灌器连同荷载共重 $P = 60$ kN（重心在 C 处），用缆索沿铅垂导轨（摩擦不计）匀速吊起，已知 $a = 0.3$ m，$b = 0.6$ m，$\alpha = 10°$，求导轮 A 和

B 上的压力以及缆索的拉力。

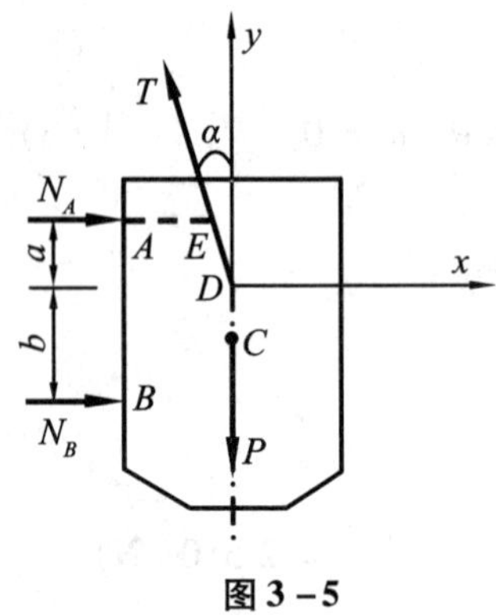

图 3-5

解 混凝土浇灌器处于平衡状态，其受力图如图 3-5，导轮 A 和 B 处的反力 N_A 与 N_B 的方向均与导轨垂直，取坐标系如图，列出平衡方程：

$$\sum X = 0, \quad N_A + N_B - T\sin\alpha = 0 \qquad (a)$$

$$\sum Y = 0, \quad T\cos\alpha - p = 0 \qquad (b)$$

$$\sum m_D = 0, \quad bN_B - aN_A = 0 \qquad (c)$$

由式（b）求得

$$T = \frac{p}{\cos\alpha}$$

T 值代入（a）并与（b）联立求解得：

$$N_A = \frac{b}{a+b}p\mathrm{tg}\alpha, N_B = \frac{a}{a+b}p\mathrm{tg}\alpha$$

代入已知数据得

$$T = 60.9\ \mathrm{kN}, N_A = 7.05\ \mathrm{kN}, N_B = 3.52\ \mathrm{kN}$$

在本例中若取力 $\vec{T}$ 与 $\vec{N}_A$ 的作用线的交点 E 为矩心，将式（a）改换为 $\sum m_E = 0, (a+b)N_B - ap\mathrm{tg}\alpha = 0$，就可直接求得 N_B 而不需解联立方程。

平面任意力系的平衡方程除了基本形式外，还有以下两种形式：

二力矩式：

$$\sum X = 0, \sum m_A = 0, \sum m_B = 0 \qquad (3-7)$$

其中，A、B 两点的连线 AB 不能与 x 轴垂直。因为当 $\sum m_A = 0$ 时，力系不可能简化为一个力偶，只可简化为通过 A 点的合力，当 $\sum m_B = 0$ 时力系也只能简化为一个通过 B 点的合力，所以在一个平面任意力系中只能简化为一个合力，则此合力 $\vec{R}$ 必须通过 A、B 两点。如果再加上 $\sum X = 0$，那么力系如有合力，则此合力必与 X 轴垂直。式（3-7）的附加条件（X 轴不得垂直连线 AB）完全排除了力系简化为一个合力的可能性，故所研究的力系必为平衡力系。

三力矩式：

$$\sum m_A = 0, \sum m_B = 0, \sum m_C = 0 \qquad (3-8)$$

其中，A、B、C 三点不能共线。为什么必须有这个附加条件，读者可自行证明。

这样，平面任意力系共有 3 种不同形式的平衡方程式，究竟选哪一种形式，需根据具体条件确定。对于受平面任意力系作用的单个刚体的平衡问题也只可以列出 3 个独立的平衡方程，求解 3 个未知量，任何第四个平衡方程都是前 3 个方程的线性组合，而不是独立的，但可利用这个方程来校核计算的结果。

3.2.2 平面平行力系的平衡方程

各力作用线在同一平面内并相互平行的力系称为平面平行力系。例如，起重机、桥梁等结构上所受的力系为平面平行力系。平面平行力系是平面任意力系的一种特殊情况，当它平衡时，应满足平面任意力系的平衡方程。如选择 Oy 轴与力系中各力平行（图3－6所示），则不论力系是否平衡，这些力在 x 轴上的投影恒为零，即 $\sum X = 0$ ，于是平面平行力系的独立平衡方程只有两个，即

$$\sum Y = 0, \sum m_O(\vec{F}) = 0 \tag{3-9}$$

平面平行力系的平衡方程也可以表示为两力矩式，即

$$\sum m_A = 0, \sum m_B = 0 \tag{3-10}$$

条件是 A 、B 连线不能与诸力平行。

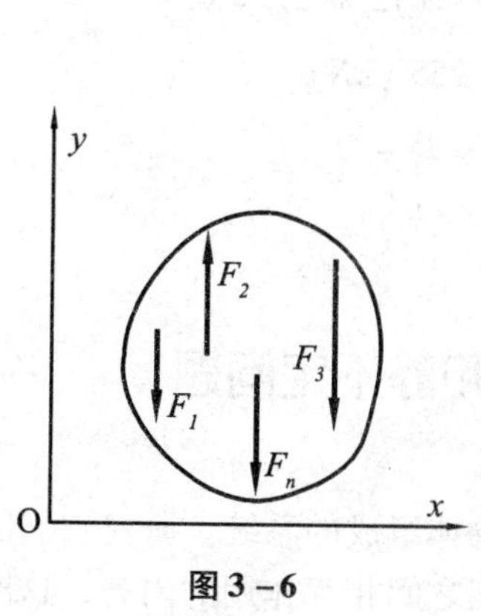

图3－6

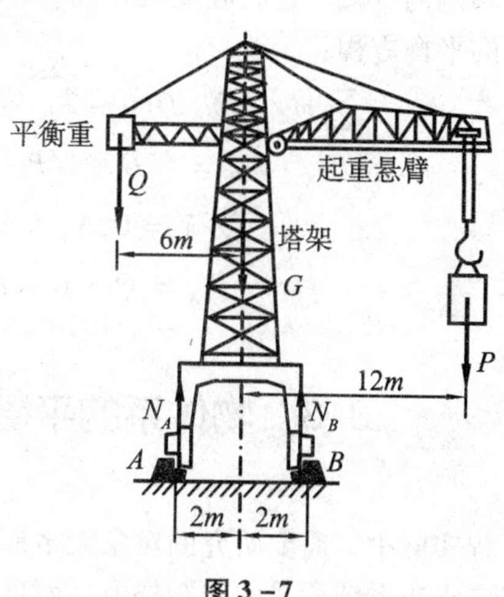

图3－7

例3－4 图3－7表示一塔式起重机，机身重 $G = 220$ kN，作用线通过塔架的中心，已知最大起吊重量 $P = 50$ kN，起重悬臂长12 m，轨道 AB 的间距为4m，平衡重 Q 到机身中心线的距离为6m，试求能保证起重机不会翻倒时平衡重 Q 的大小，及当 $Q = 30$ kN 而起重机满载时，轮子 A 、B 对轨道的压力等于多少。

解 取塔式起重机整体为研究对像，起重机在起吊重物时，作用在它上面的力都可简化在起重机的对称面上，机身自重 $\vec{G}$ ，平衡重 $\vec{Q}$ ，起吊重量 $\vec{P}$ 以及轨道对轮子 A 、B 的约束反力 $\vec{N}_A$, $\vec{N}_B$，所有这些力组成了平面平行力系（图3－7所示）。

首先求起重机不会翻倒时平衡重 $\vec{Q}$ 的大小，要保证起重机不会翻倒，就是要保证起重机在满载时不向载荷一边翻倒，空载时不向平衡重一边翻倒，这就要求作用在起重机上的各力在以上两种情况下都能满足平衡方程。

满载时（ $P = 50$ kN)，起重机平衡的临界情况（即将翻未翻时）表现为 $N_A = 0$ ，这时由平衡方程求出的是平衡重的最小值 $Q_{\min}$ ，由图3－7可列出平面平行力系平衡方程：

$$\sum m_B = 0, 2G + Q_{\min}(6+2) - P(12-2) = 0$$

求得

$$Q_{\min} = \frac{1}{8}(10P - 2G) = 7.5\ (\text{kN})$$

空载时（ $P = 0$ ）起重机平衡的临界情况表现为 $N_B = 0$ ，这时由平衡方程求出的是

平衡重的最大值 Q_{max}，由平面平行力系平衡方程：

$$\sum m_A = 0, Q_{max}(6-2) - G\times 2 = 0$$

可得
$$Q_{max} = 2G/4 = 110\ (\mathrm{kN})$$

上面的 Q_{min} 和 Q_{max} 是在满载和空载两种极限平衡状态下求得的，起重机实际工作时当然不允许处于这种危险状态，因此要保证起重机不会翻倒，平衡重 Q 的大小应在这两者之间，即

$$7.5\mathrm{kN} < Q < 110\ \mathrm{kN}$$

再取 $Q=30\mathrm{kN}$，求满载时的约束反力 $\vec{N}_A$，$\vec{N}_B$，正常工作时，起重机既没有向右，也没有向左倾倒的可能，这时起重机在图 3－7 所示的各力作用下处于平衡状态。列出平面平行力系的平衡方程：

$$\sum m_A = 0 \quad Q(6-2) - 2G + 4N_B - P(12+2) = 0$$

可得
$$N_B = (2G + 14P - 4Q)/4 = 255\ (\mathrm{kN})$$

$$\sum Y = 0, N_A + N_B - Q - G - P = 0$$

可得
$$N_A = Q + G + P - N_B = 45\ (\mathrm{kN})$$

3.3 物体系的平衡·静定和静不定问题

在工程实际中，需要研究的对象大多都是由几个物体组成的系统。研究它们的平衡问题，不仅要求出系统所受的未知外力，而且要求出它们之间相互作用的内力，这时，就要把某些物体分开来单独研究。另外，即使不要求求出内力，对于物体系统的平衡问题，有时也要把物体分开来研究，才能求出所有的未知外力。因此，对物体系统平衡的研究是静力学平衡方程极为重要的综合应用。

当物体系统平衡时，组成该系统的每一个物体都处于平衡状态。这是解决这类问题的基本思路。设一物体系统由 n 个物体组成，每个受平面力系作用的物体最多可列出三个独立平衡方程，而整个系统共有 $3n$ 个独立平衡方程，如果系统中有的物体受平面平行力系或平面汇交力系作用时，则系统的平衡方程的数目相应减少。当系统中的未知量的数目等于独立的平衡方程的数目时可求解全部未知力，则该系统是静定的；否则就是静不定的或称超静定的。图 3－8 中 a、b、c 都是静定的，因为未知量的数目与所列出的平衡方程的数目相等。而 d、e、f 所示各图都是静不定的，因为未知量的数目多于所列平衡方程式的数目。

静不定问题是材料力学、结构力学的研究范畴，这里就不再讨论。

求解静定的物体系统的平衡问题，其基本途径有两条。一是先取整个系统为研究对象，列出平衡方程解出一些未知力，然后根据问题的要求，再选取系统中某些物体为研究对象，列出另外的平衡方程求解未知力。另一条途径是分别选取系统中每一个物体为研究对象，列出全部的平衡方程然后求解；并且需要注意在选择研究对象和列平衡方程时，应使每一个平衡方程中的未知量的数目尽可能少，最好是只含有一个未知量，以避免求解联立方程。进行受力分析时两个物体之间的相互作用力，要符合作用反作用定律。

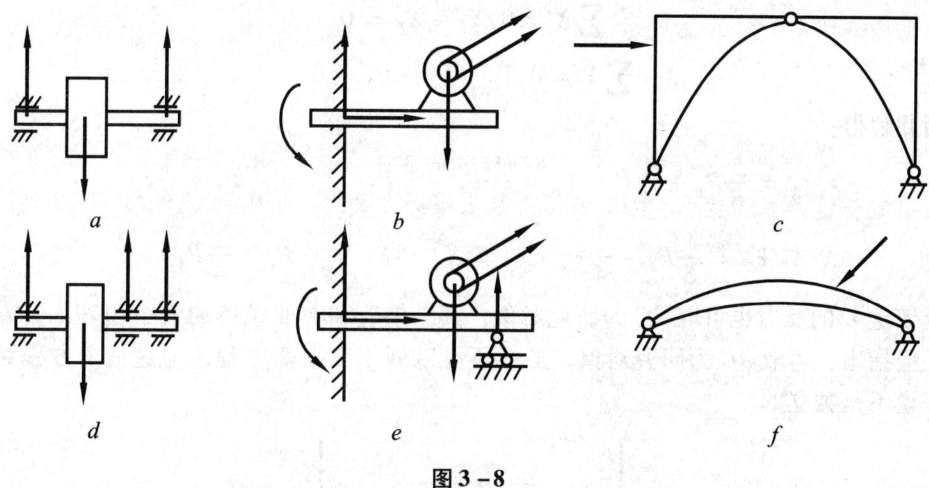

图 3－8

例 3－5　三铰拱 AB 跨度为 $2l$，中间铰 C 比支座 A、B 高 L，在铰链 C 左右两边 $\frac{2}{3}l$ 和 $\frac{1}{2}l$ 处有载荷 P_1 P_2 作用如图 3－9a。求支座 A、B 的反力和铰链 C 所受的力。

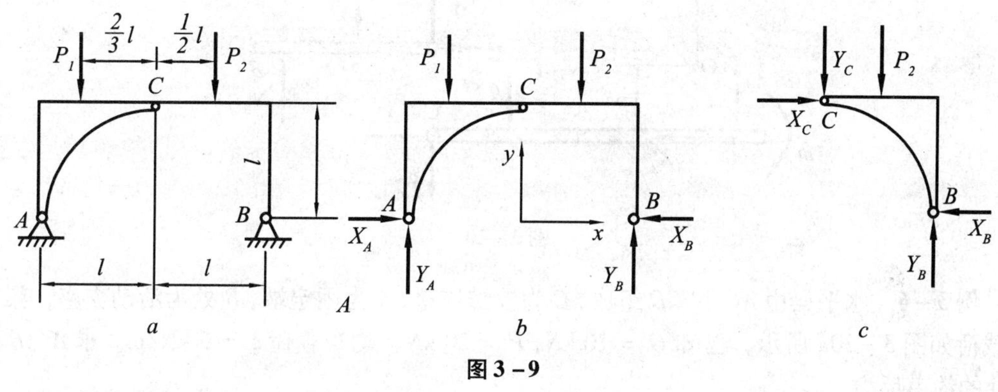

图 3－9

解　这是由两个物体所组成的系统的平衡问题。首先取整个系统为研究对象，整个系统的受力图如图 3－9b 所示，作用在系统上的力是有外力 P_1 P_2 及支座 A、B 的反力，图中 4 个未知力中有 3 个力的作用线分别通过 A、B，因此选取 A、B 为矩心列出平衡方程最有利。取坐标系如图，列平衡方程：

$$\sum m_A = 0 \quad 2lY_B - \frac{1}{3}lP_1 - \frac{3}{2}lP_2 = 0 \tag{a}$$

$$\sum m_B = 0 \quad \frac{5}{3}lP_1 + \frac{1}{2}lP_2 - 2lY_A = 0 \tag{b}$$

$$\sum X = 0 \quad X_A - X_B = 0 \tag{c}$$

再取 BC 为研究对象，其受力图如图 3－9c 所示，作用在其上力除外力 P_2 及支座 B 的反力外，还有铰链 C 的约束反力，列平衡方程：

$$\sum m_C = 0, lY_B - lX_B - \frac{1}{2}lP_2 = 0 \tag{d}$$

$$\sum X = 0, X_C - X_B = 0 \tag{e}$$

$$\sum Y = 0, Y_B - Y_C - P_2 = 0 \tag{f}$$

由此解得：

$$Y_A = \frac{5}{6}P_1 + \frac{1}{4}P_2 \quad Y_B = \frac{1}{6}P_1 + \frac{3}{4}P_2 \quad X_B = \frac{1}{6}P_1 + \frac{1}{4}P_2$$

$$Y_C = \frac{1}{6}P_1 - \frac{1}{4}P_2 \quad X_A = X_B = X_C = \frac{1}{6}P_1 + \frac{1}{4}P_2$$

求铰链 C 的反力也可取 AC 为研究对象，其结果应和上面求得的大小相等，但方向相反。还应指出，再取 AC 为研究对象，虽然还可以列三个平衡方程，但这三个方程对以上六式来说不是独立的。

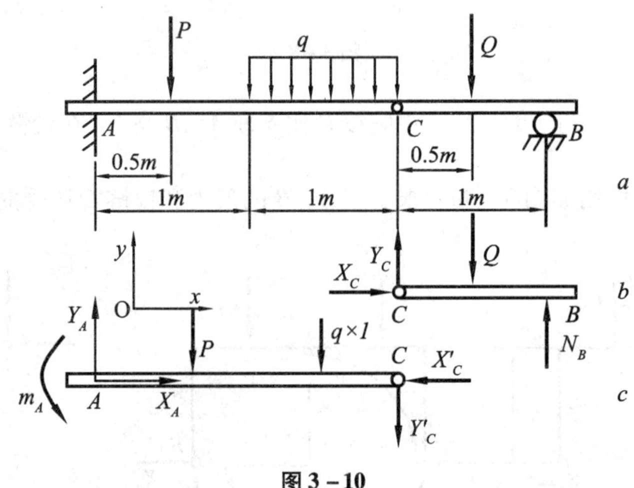

图 3-10

例 3-6 水平梁由 AC 和 CB 组成，C 为铰链连接，A 为固定端，B 处为活动支座，梁所受载荷如图 3-10a 所示，已知 $Q = 10$ kN，$P = 20$ kN，均布载荷 $q = 5$ kN/m。求 A 、B 和 C 处的约束反力。

解 首先取 CB 为研究对象，其受力图和坐标选取如图 3-10b，它是一个平面任意力系，有三个平衡方程，可解 X_C 、Y_C 和 N_B 三个未知力。

$$\sum X = 0 \qquad X_C = 0$$

$$\sum Y = 0 \qquad Y_C + N_B - Q = 0$$

$$\sum m_C = 0 \quad N_B \times 1 - Q \times 0.5 = 0$$

由此解得：

$$N_B = Y_C = 5\text{kN}$$

其次取 AC 梁为研究对象，受力图和坐标选取如图 3-10c 所示，作用在 AC 梁上的力系是平面任意力系，可列出三个平衡方程，求解 X_A, Y_A, m_A 三个未知力，即

$$\sum X = 0 \quad X_A - X'_C = 0$$

$$\sum Y = 0 \quad Y_A - P - q \times 1 - Y'_C = 0$$

$$\sum m_A = 0 \quad m_A - P \times 0.5 - q \times 1 \times 1.5 - Y'_C \times 2 = 0$$

由此解得：

$$X_A = X_C = 0, Y_A = 30\ \text{kN},\ m_A = 27.5\ \text{kN}$$

3.4　平面简单桁架内力计算

桁架是一种由杆件彼此在两端用铰链连接而成的结构，它在受力后几何形状不变。广泛用于起重机、飞机、船舶、桥梁、建筑物等。它的优点是：可以充分发挥材料的性能，减轻结构的重量，节约材料。

如桁架所有的杆件都在同一平面内，这种桁架称为平面桁架，连接桁架各杆件的铰链接头称为节点。

我们分析桁架就是要求出桁架的内力作为设计的依据。为了简化它的计算，常作如下的假定：各杆件都是直杆；杆与杆的连接是光滑铰链；载荷都作用在节点上且在桁架平面内（均布载荷可平均分配在两端的节点上）；桁架各杆的重量略去不计或平均分配在杆的两端节点上。在这些假定下，各杆均视为二力杆。

下面介绍两种用解析法求简单静定桁架内力的方法：节点法和截面法。

3.4.1　节点法

桁架的每个节点都受一个平面汇交力系的作用。为了求每一个杆件的内力，可以逐个地取节点为研究对象，用已知力求出全部未知力（杆件的内力），这就是节点法。

例 3－7　试求图 3－11a 所示的平面桁架中各件的内力。已知 $F_1 = 40\text{kN}$，$F_2 = 10\text{kN}$。

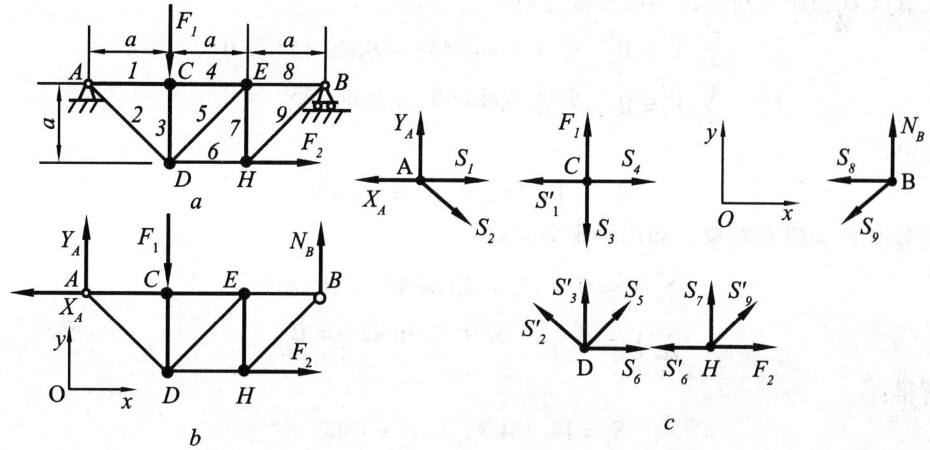

图 3－11

解　首先求桁架的支座反力。取桁架整体为研究对像，受力图如图 3－11b，桁架上受平面任意力系作用，列出平衡方程：

$$\sum X = 0 \qquad F_2 - X_A = 0$$
$$\sum m_A = 0 \qquad 3aN_B + F_2 a - F_1 a = 0$$
$$\sum Y = 0 \qquad Y_A + N_B - F_1 = 0$$

可解得:

$$X_A = 10 \text{ kN}, Y_A = 30 \text{ kN}, N_B = 10 \text{ kN}$$

再求各杆件内力时，假想将杆件截断，取出每个节点为研究对象，桁架的每个节点都在外载荷，支座反力和杆件内力作用下平衡，因此求桁架杆件的内力就是求解平面汇交力系的平衡问题。于是我们从只包含两个未知力的节点开始计算，解题时先假定各杆件都受拉力，结果为正值即为拉力，结果为负值即为压力。各节点受力图如图 3 - 11c。

取节点 A 为研究对象，杆件 1、2 的内力 S_1 、S_2 为未知力，列出平衡方程:

$$\sum Y = 0 \qquad Y_A - S_2 \sin 45° = 0$$
$$\sum X = 0 \qquad S_1 + S_2 \cos 45° - X_A = 0$$

解得:

$$S_1 = -20 \text{ kN}, S_2 = 42.4 \text{ kN}$$

因假设各杆件都受拉力，但解出 S_1 为负值，S_2 为正值，故知杆 1 受压力，杆 2 受拉力。取节点 C 为研究对象，列出平衡方程:

$$\sum X = 0 \qquad S_4 - S_1 = 0$$
$$\sum Y = 0 \qquad -F_1 - S_3 = 0$$

解得:

$$S_4 = S_1 = -20 \text{ kN}, S_3 = -40 \text{ kN}$$

取节点 D 为研究对象，列出平衡方程:

$$\sum X = 0 \qquad S_6 + S_5 \cos 45° - S_2 \sin 45° = 0$$
$$\sum Y = 0 \qquad S_3 + S_5 \sin 45° + S_2 \cos 45° = 0$$

解得:

$$S_5 = 14.14 \text{ kN}, S_6 = 20 \text{ kN}$$

取节点 H 为研究对象，列出平衡方程:

$$\sum X = 0 \qquad F_2 + S_9 \cos 45° - S_6 = 0$$
$$\sum Y = 0 \qquad S_7 + S_9 \sin 45° = 0$$

解得:

$$S_9 = 14.14\text{kN}, \quad S_7 = -10\text{kN}$$

最后取节点 B 为研究对象，这时只剩下杆 8 的内力 S_8 未知，列出平衡方程:

$$\sum X = 0 \qquad -S_8 - S_9 \cos 45° = 0$$

解得:

$$S_8 = -10\text{kN}$$

另一个平衡方程 $\sum Y = 0$ 用来核算所得结果。于是全部杆件的内力为:

$S_1 = S_4 = -20\text{kN}$（压力）　　$S_2 = 42.4\text{kN}$（拉力）

$S_3 = -40\text{kN}$（压力）　　$S_7 = S_8 = -10\text{kN}$（压力）

$S_6 = 20\text{kN}$（拉力）　　$S_5 = S_9 = 14.14\text{kN}$（拉力）

3.4.2　截面法

如果只要求出平面桁架内某几个杆件的内力，可以适当的选取一截面，假想地将桁架截开，取其中的一部分为研究对象，该部分在外力和被截杆件的内力作用下保持平衡，故可利用平面任意力系平衡方程求出被截杆件的内力，这种方法称为截面法。

例3-8　求图3-12a所示桁架中杆件8、9、10的内力，已知 $a=12\text{m}$，$h=10\text{m}$，$F=50\text{kN}$。

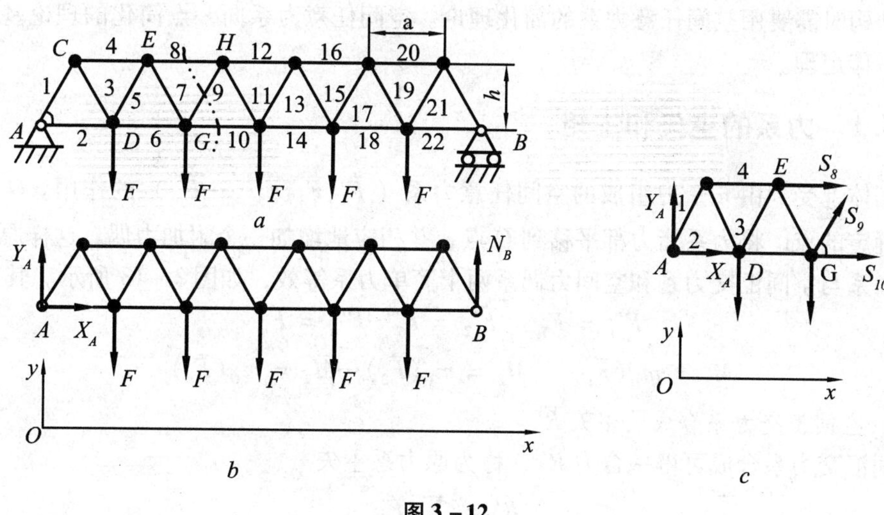

图3-12

解　先求桁架的支座反力：

取桁架整体为研究对象，受力分析如图3-12b所示，列出平面任意力系平衡方程：

$$\sum X = 0, X_A = 0$$

$$\sum Y = 0, Y_A + N_B - 5F = 0$$

$$\sum m_A = 0, 6aN_B - F(a + 2a + 3a + 4a + 5a) = 0$$

可解得：

$$X_A = 0,\ Y_A = 125\text{kN},\ N_B = 125\text{kN}$$

再求杆件8、9、10的内力。

用截面1-1将8、9、10三杆截开，取桁架左半段为研究对象，受力图如图3-12c所示，写出平衡方程：

$$\sum m_G = 0, aF - 2aY_A - hS_8 = 0$$

$$\sum m_H = 0, F(1.5a + 0.5a) - 2.5aY_A + S_{10}h = 0$$

$$\sum Y = 0, Y_A - 2F + S_9 \sin\alpha = 0$$

可解得

$S_8 = -240\text{kN}$（压力）　$S_9 = -30\text{kN}$（压力）　$S_{10} = 255\text{kN}$（拉力）

若要求其他杆件的内力，可取另外截面求解，注意到平面任意力系只有三个独立平衡方程，因此，用截面每次截取的内力未知的杆件不应超过三根。

3.5　空间任意力系的简化

空间任意力系是力系中最普通的情形，其他各种力系都是它的特殊情形，因此从理论上说，研究空间任意力系的简化和平衡将使我们对静力学基本原理有一个全面的完整的了解，此外，从工程实际上来说，许多工程结构的构件都受空间任意力系的作用，当设计计算这些结构时需要用空间任意力系的简化理论。空间任意力系向一点简化的理论基础，仍是力的平移定理。

3.5.1　力系的主矢和主矩

设刚体上受到由 n 个力组成的空间任意力系（$\vec{F}_1,\vec{F}_2,\vec{F}_3\cdots\cdots\vec{F}_n$）的作用。$O$ 为空间中任意确定的点，将力系诸力都平移到 O 点，并相应地增加一个附加力偶。这样原来的空间任意力系与空间汇交力系和空间力偶系两个简单力系等效，如图 3 – 13 所示。其中

$$\vec{F}'_1 = \vec{F}_1 \quad \vec{F}'_2 = \vec{F}_2 \cdots \vec{F}'_n = \vec{F}_n$$

$$\vec{M}_1 = m_O(\vec{F}_1) \quad \vec{M}_2 = m_O(\vec{F}_2) \cdots \vec{M}_n = m_O(\vec{F}_n)$$

（1）空间汇交力系合成　主矢 $\vec{R}'$

空间汇交力系合成可得一合力 $\vec{R}'$，称为原力系主矢

$$\vec{R}' = \sum \vec{F}_i \tag{3-11}$$

主矢等于力系中各力的矢量和。主矢的大小和方向与简化中心的选择无关。但力系简化后主矢作用线应过简化中心 O 点。

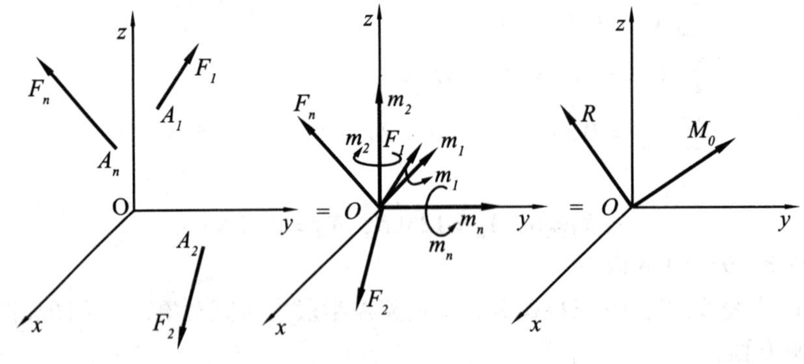

图 3 – 13

在实际计算时，常采用解析式。可由简化中心 O 作直角坐标系 $Oxyz$。则

$$\left.\begin{aligned} R' &= \sqrt{R'^2_x + R'^2_y + R'^2_z} = \sqrt{(\sum X)^2 + (\sum Y)^2 + (\sum Z)^2} \\ \cos\alpha &= \sum X/R', \cos\beta = \sum Y/R', \cos\gamma = \sum Z/R' \end{aligned}\right\} \tag{3-12}$$

式中 α、β、γ 分别为主矢 $\vec{R}'$ 与 x、y、z 轴的夹角。

（2）空间力偶系的合成　主矩 $\vec{M}_O$

空间力偶系合成得一合力偶，其矩为 $\vec{M}_O$，称为原力系主矩。

$$\vec{M}_O = \sum \vec{m}_i \tag{3-13}$$

根据力的平移定理，附加力偶矩矢等于各力对点 O 的矩矢。因此有

$$\vec{M}_O = \sum \vec{m}_i = \sum \vec{m}_o(\vec{F}_i) \tag{3-14}$$

同样，以 M_{ox}、M_{oy}、M_{oz} 分别表示主矩 $\vec{M}_O$ 在 x、y、z 轴上的投影。应用力对点之矩与力对轴之矩的关系式，可得：

$$\left.\begin{aligned} M_{ox} &= \left[\sum \vec{m}_O(\vec{F})\right]_x = \sum m_x(\vec{F}) \\ M_{oy} &= \left[\sum \vec{m}_O(\vec{F})\right]_y = \sum m_y(\vec{F}) \\ M_{oz} &= \left[\sum \vec{m}_O(\vec{F})\right]_z = \sum m_z(\vec{F}) \end{aligned}\right\}$$

因此

$$\left.\begin{aligned} M_O = \sqrt{M_{ox}^2 + M_{oy}^2 + M_{oz}^2} = \sqrt{\left[\sum m_x(\vec{F})\right]^2 + \left[\sum m_y(\vec{F})\right]^2 + \left[\sum m_z(\vec{F})\right]^2} \\ \cos\alpha' = M_{ox}/M_O, \quad \cos\beta' = M_{oy}/M_O, \quad \cos\gamma' = M_{oz}/M_O \end{aligned}\right\} \tag{3-15}$$

式中 α'、β'、γ' 为主矩与 x、y、z 坐标轴的夹角。

不难看出，当选取不同的点为简化中心时，主矩也不相同，也就是说，主矩与简化中心的选取有关。因此当谈到力系的主矩时，必须指明对哪一点的主矩。

3.5.2　空间力系简化结果的讨论

① $\vec{R}' = 0$，$\vec{M}_O = 0$

即空间任意力系处于平衡的状态，这就是空间力系的平衡条件。

② $\vec{R}' = 0$，$\vec{M}_O \neq 0$

空间任意力系简化为一个合力偶，其力偶矩矢等于力系对简化中心的主矩，即 $\vec{M}_0 = \sum m_O(\vec{F}_i)$，这种情况下，力系的主矩与简化中心的位置无关。

③ $\vec{R}' \neq 0$，$\vec{M}_O = 0$

空间任意力系简化为一个合力，这力与原力系等效。其作用线通过简化中心 O，其大小和方向等于原力系的主矢，$\vec{R} = \vec{R}'$。

④ $\vec{R}' \neq 0$，$\vec{M}_O \neq 0$

此种情况又分为三种情况。

A. 当 $\vec{M}_O \perp \vec{R}'$ 时，如图 3-14 所示，选好适当的力偶臂 $d = M_O/R'$，把力偶矩矢 $\vec{M}_O$ 的力偶用（$\vec{R}, \vec{R}_1$）表示，而且通过移转，使力偶中的一力 $\vec{R}_1 = -\vec{R}'$ 作用在简化中心 O 上，使之与 $\vec{R}'$ 处于同一直线上，而另一力 $\vec{R}$ 则作用在 A 点，$AO = d = M_O/R'$，现在原力系等效于三个力，$\vec{R}$、$\vec{R}_1$ 和 $\vec{R}'$，而 $\vec{R}'$ 与 $\vec{R}_1$ 组成一对平衡力系，根据加减平衡力系公理可以

除去，于是剩下一个作用在 A 点的力 $\vec{R}$，与原力系 $\vec{R}'$、$\vec{M}_O$ 等效。根据合力的定义可知，$\vec{R}$ 就是原力系的合力，即知合力 $\vec{R}$ 大小、方向和作用线。

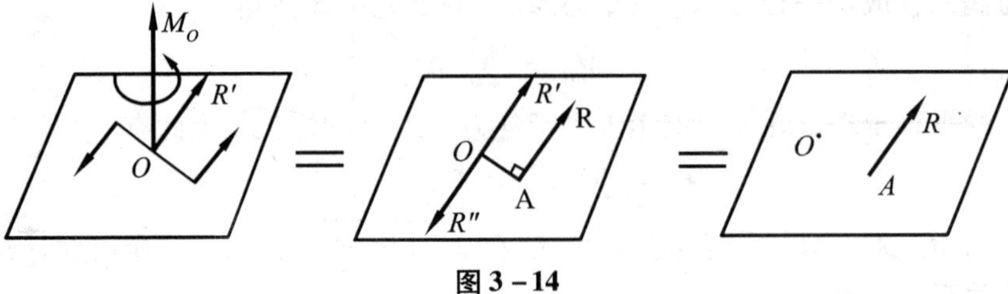

图 3-14

当空间任意力系简化为一合力时，可以推导出空间任意力系的合力矩定理，若空间任意力系可以简化为一个合力时，则其合力对任一点（或轴）之矩，等于力系各力对于同一点（或同一轴）之矩的矢量和（或代数和）。

证明：由上述空间任意力系向一点简化的情况可知，空间力系的合力 $\vec{R}$ 对 O 点之矩矢等于力系向 O 点简化的主矩矢 $\vec{M}_O$，即 $\vec{M}_O = \vec{m}_O(\vec{R})$，另一方面由式 $\vec{M}_O = \sum_{i=1}^{n} \vec{m}_{oi} = \sum \vec{m}_O(\vec{F}_i)$ 可知力系对 O 点的主矩等于力系中各力对 O 点之矩的矢量和。比较上面两个式子可知；

$$\vec{m}_O(\vec{R}) = \sum \vec{m}_O(\vec{F}) \tag{3-16}$$

即力系的合力对任一点之矩等于力系中各分力对同一点之矩的矢量和，称为合力矩定理。

如果通过 O 点作直角坐标轴，上式两端向 x、y、z 轴投影得到：

$$\left.\begin{aligned} [\vec{m}_O(\vec{R})]_x &= m_x(\vec{R}) = \sum m_x(\vec{F}) \\ [\vec{m}_O(\vec{R})]_y &= m_y(\vec{R}) = \sum m_y(\vec{F}) \\ [\vec{m}_O(\vec{R})]_z &= m_z(\vec{R}) = \sum m_z(\vec{F}) \end{aligned}\right\} \tag{3-17}$$

即力系的合力对任一轴的矩，等于力系中各分力对同一轴的矩的代数和。

B. 当 $\vec{M}_O // \vec{R}'$ 时（图 3-15），此时力系已无法合成，这样一力与垂直的平面内的一个力偶的组合称为力螺旋，力螺旋中心 $\vec{R}'$ 的作用线称为力螺旋中心轴，矢量 $\vec{R}'$ 和 $\vec{M}_0$ 称为力螺旋的要素。若 $\vec{M}_O$ 与 $\vec{R}'$ 方向相同则称为右螺旋；若 $\vec{M}_O$ 与 $\vec{R}'$ 方向相反则称为左螺旋。力螺旋也是最简单的力系之一。例如，钻孔时钻头对工件的作用及拧木螺钉时螺丝刀对螺钉的作用都是力螺旋的实例。

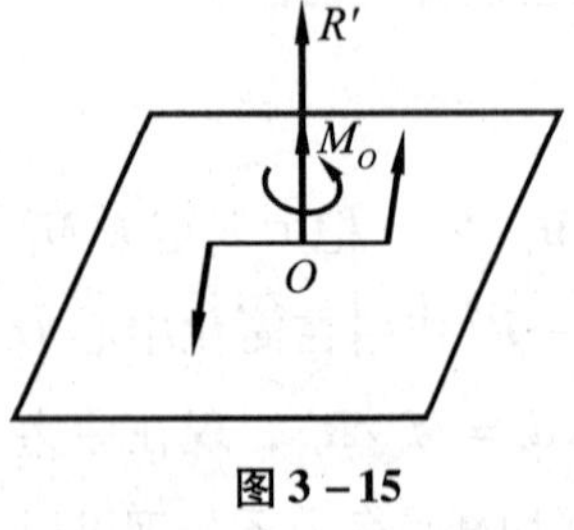

图 3-15

C. 当 $\vec{R}'$ 与 $\vec{M}_O$ 成任意角度 $\alpha(\alpha \leqslant \frac{\pi}{2})$，如图 3-16 所示，这时可将主矩矢 $\vec{M}_O$ 沿着与主矢 $\vec{R}'$ 平行和垂直两个方向分解为 $\vec{M}_{O_1}$ 和 $\vec{M}_{O_2}$，显然 $\vec{M}_{O_2}$ 的作用平面为 H 面，可按上述 $\vec{M}_{O_2} \perp \vec{R}'$ 的情况进一步简化为作用于 A 点的力矢 $\vec{R}$，且 $R = R'$，其作用线与简化中心 O 的垂直距离为 $d = M_{O_2}/R'$，剩下还有作用于 O 点的 M_{O_1}，由于力偶矩是自由矢量，又可将 M_{O_1} 平行移动至 A 点，

这样又与 $\vec{M}_O // \vec{R}'$ 的情况相同，可进一步简化为力螺旋。其中心轴不在简化中心 O 点，而是通过 A 点的力螺旋。

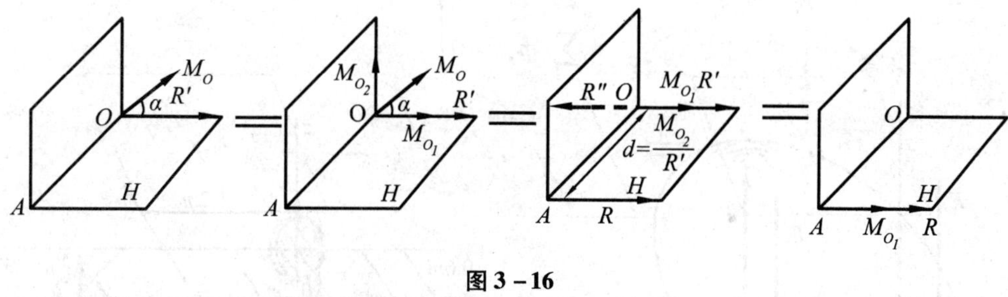

图 3 – 16

3.6　空间任意力系的平衡方程

3.6.1　空间任意力系的平衡方程

由上面的讨论可知，空间任意力系平衡的必要和充分条件是：力系的主矢 $\vec{R}'$ 和力系对任一点的主矩 $\vec{M}_O$ 都等于零。即 $\vec{R}' = 0$，$\vec{M}_O = 0$。取直角坐标系 Oxyz，则

$$R' = \sqrt{\left(\sum F_x\right)^2 + \left(\sum F_y\right)^2 + \left(\sum F_z\right)^2} = \sqrt{\left(\sum X\right)^2 + \left(\sum Y\right)^2 + \left(\sum Z\right)^2} = 0$$

$$M_O = \sqrt{M_{ox}^2 + M_{oy}^2 + M_{oz}^2} = \sqrt{\left[\sum m_x(\vec{F})\right]^2 + \left[\sum m_y(\vec{F})\right]^2 + \left[\sum m_z(\vec{F})\right]^2} = 0$$

上式成立则必须有：

$$\left.\begin{aligned} \sum X &= 0 \\ \sum Y &= 0 \\ \sum Z &= 0 \\ \sum M_x &= 0 \\ \sum M_y &= 0 \\ \sum M_z &= 0 \end{aligned}\right\} \tag{3-18}$$

这就是空间任意力系的平衡方程式，它说明了空间任意力系平衡的必要和充分条件是：力系中所有各力在三个任选的坐标轴上的投影的代数和等于零，以及各力对三个坐标轴的力矩的代数和也都等于零。

3.6.2　空间平行力系的平衡方程

设一物体受空间平行力系的作用，如图 3 – 17 所示，令 Z 轴与各力平行，则各力对于 Z 轴的矩等于零，又由于 X 轴和 Y 轴都与这些力垂直，所以各力在 X 轴、Y 轴上的投影也等于零，因而，空间任意力系六个平衡方程式中，第一、第二和第六个平衡方程式成了恒等式。因此空间平行力系只有三个平衡方程式，可求解三个未知量，即：

$$\left.\begin{aligned}\sum Z &= 0\\ \sum m_x &= 0\\ \sum m_y &= 0\end{aligned}\right\} \tag{3-19}$$

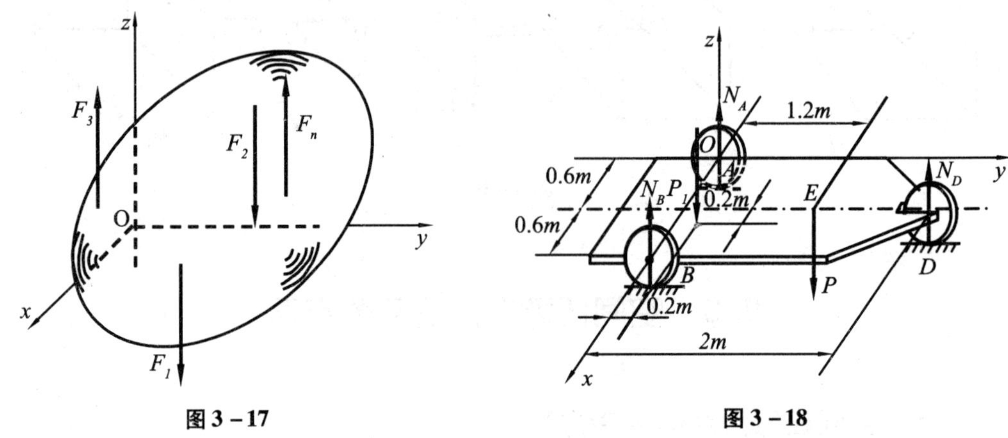

图 3-17　　图 3-18

例 3-9　如图 3-18 所示的三轮小车，自重 $P=8\text{kN}$，作用于 E 点，载荷 $P_1=10\text{kN}$，作用于 C 点，求小车静止时，地面对小车的反力。

解　取小车为研究对象，受力如图 3-18 所示，其中 $\vec{P}_1\ \vec{P}$ 为主动力，$\vec{N}_A$、$\vec{N}_B$、$\vec{N}_D$ 为地面的约束反力，此五个力相互平行，组成空间平行力系，取坐标系 $Oxyz$ 如图示，列平衡方程如下：

$$\sum Z = 0\quad -P_1+P+N_A+N_B+N_D=0 \tag{a}$$

$$\sum m_x = 0\quad -0.2P_1-1.2P+2N_D=0 \tag{b}$$

$$\sum m_y = 0\quad -0.8P_1+0.6P-0.6N_D-1.2N_B=0 \tag{c}$$

由（b）式得　　$N_D=5.8\ \text{kN}$

代入（c）式得　　$N_B=7.777\text{kN}$

代入（a）式得　　$N_A=4.423\text{kN}$

3.6.3　空间力系平衡问题举例

空间任意力系有 6 个平衡方程式，只能求解 6 个未知量，如果未知量多于 6 个，即为静不定问题，因此解题时必须进行受力分析。空间力系平衡问题的解题思路是：

首先必须搞清题意，根据已知条件和要求解的未知量，选取研究对象，选取坐标系。

其次分析作用在研究对象上的全部主动力和约束反力，画出研究对象的受力图。

第三，根据所画的受力图，判断它是否为空间任意力系，然后选取适当的坐标轴，列出平衡方程式求解。

例 3-10　电动机通过皮带传动，等速地将重物提升如图 3-19 所示。已知 $r=10\text{cm}$，$R=20\text{cm}$，$L=30\text{cm}$，$L'=40\text{cm}$，$Q=10\text{kN}$，$T_1=2T_2$，求皮带的拉力以及轴承 A、B 处的约束反力（其他尺寸如图）。

解 选取传动轴、鼓轮和重物所组成的系统为研究对象，作用在系统上的力有：重物所受的重力 $\vec{Q}$，皮带的拉力 $\vec{T}_1$ 和 $\vec{T}_2$，轴承 A 和 B 的约束反力 $\vec{X}_A$、$\vec{Z}_A$、$\vec{X}_B$、$\vec{Z}_B$，系统的受力图如图 3－19 所示，选取如图所示的坐标轴。

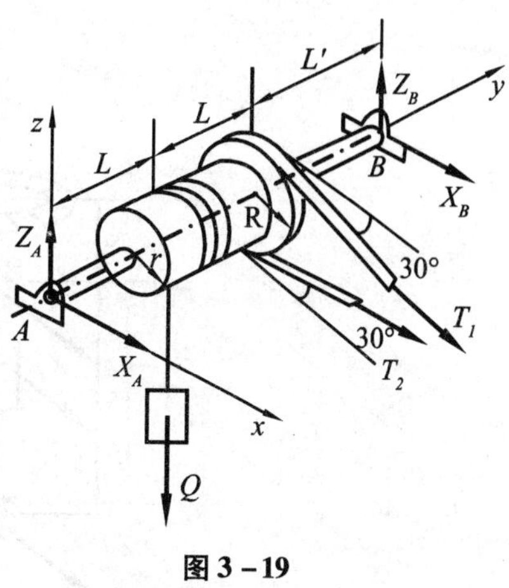

图 3－19

作用在系统上的力系是空间任意力系，列出其平衡方程式为：

$$\sum m_y = 0, RT_1 - RT_2 - rQ = 0$$

将 $T_1 = 2T_2$ 代入上式得：

$$T_1 = 2T_2 = \frac{2rQ}{R} = \frac{2 \times 10 \times 10}{20} = 10(\text{kN})$$

$$T_2 = 5(\text{kN})$$

$$\sum m_x(\vec{F}) = 0, 100 \times Z_B - 30 \times Q + 60 \times T_2 \sin 30^\circ - 60 \times T_1 \sin 30^\circ = 0$$

解得

$$Z_B = \frac{1}{100}(-60 \times T_2 \sin 30^\circ + 60 \times T_1 \sin 30^\circ + 30 \times Q) = 4.5(\text{kN})$$

$$\sum m_z(\vec{F}) = 0, -100 \times X_B - 60 \times (T_1 + T_2)\cos 30^\circ = 0$$

$$X_B = -\frac{60}{100}(T_1 + T_2)\cos 30^\circ = -7.80(\text{kN})$$

$$\sum X = 0, X_A + (T_1 + T_2)\cos 30^\circ + X_B = 0$$

$$X_A = -(T_1 + T_2)\cos 30^\circ - X_B = 5.2(\text{kN})$$

$$\sum Z = 0, Z_A - Q - T_1 \sin 30^\circ + T_2 \sin 30^\circ + Z_B = 0$$

$$Z_A = Q + (T_1 - T_2)\sin 30^\circ - Z_B = 8(\text{kN})$$

例 3－11 水涡轮转子的轴是由径向轴承 A 和止推轴承 B 支承在铅垂位置如图 3－20 所示，使转子转动的力偶矩 $m = 1.5\text{kN} \cdot \text{m}$，锥齿轮半径 $R = 0.6\text{m}$，在齿轮 D 上作用有压力 $\vec{N}$，$\vec{N}$ 在与 Bxy 平面成夹角 $\alpha = 60^\circ$ 的平面内，与 x 轴成夹角 $\beta = 20^\circ$，转子连同齿轮共重 $Q = 150\text{kN}$，$a = 1\text{m}$，$b = 3\text{m}$，求轴承 A、B 的反力。

解 选取水涡轮转子和轴所组成的系统为研究对象，作用在系统上的力有：重力 $\vec{Q}$，力偶矩 m，轮齿 D 上的压力 $\vec{N}$ 和轴承 A、B 的支反力。A 为径向轴承，仅能约束轴沿 Bxy 平面上移动，故反力分解为 X_A、Y_A 两个分力；B 为止推轴承，它不但能阻止轴沿 Bxy 平面移动还阻止沿 z 轴方向移动，所以它的反力应分解为 X_B、Y_B 和 Z_B 三个分力，系统的受力图如图 3－20 所示。

首先将 $\vec{N}$ 分解为沿直角坐标轴上的三个分力，得 $N_x = N\cos\beta$，$N_y = N\sin\beta\cos\alpha$，$N_z = N\sin\beta\sin\alpha$ 并注意力偶在任意轴上的投影为零。

作用在系统上的力系是空间任意力系，可以列出六个平衡方程式，求解六个未知数。列出平衡方程为：

$$\sum m_Z(\vec{F}) = 0, m - N_x R = 0$$

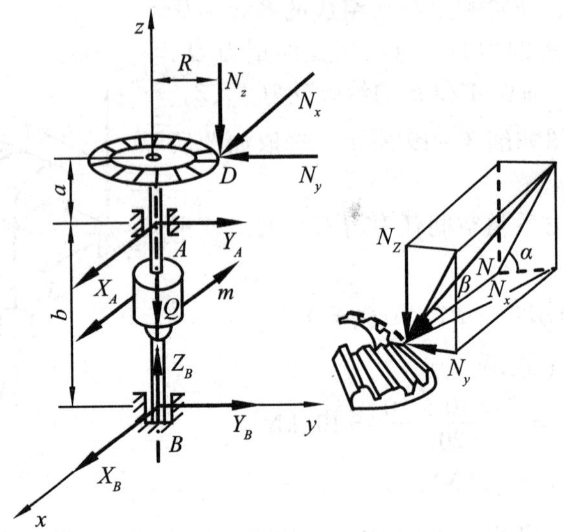

图 3 − 20

解得

$$N_x = \frac{m}{R} = \frac{1.5}{0.6} = 2.5(\text{kN})$$

$$N = \frac{N_x}{\cos\beta} = \frac{2.5}{0.94} = 2.66(\text{kN})$$

$$N_y = N\sin\beta\cos\alpha = 2.66 \times 0.342 \times 0.5 = 0.455(\text{kN})$$

$$N_z = N\sin\beta\sin\alpha = 2.66 \times 0.342 \times 0.866 = 0.788(\text{kN})$$

$$\sum m_y(\vec{F}) = 0, X_A \cdot b + N_x(a+b) = 0$$

$$X_A = -N_x(a+b)/b = -2.5 \times 4/3 = -3.33(\text{kN})$$

$$\sum m_x(\vec{F}) = 0, -Y_A \cdot b + N_Y(a+b) - N_Z \cdot R = 0$$

$$Y_A = \frac{N_y(a+b) - N_Z \cdot R}{b} = \frac{0.455 \times 4 - 0.788 \times 0.6}{3} = 0.449(\text{kN})$$

$$\sum X = 0, X_A + X_B + N_x = 0$$

$$X_B = -(X_A + N_A) = -(-3.33 + 2.5) = 0.83(\text{kN})$$

$$\sum Y = 0, Y_A + Y_B - N_y = 0$$

$$Y_B = N_Y + Y_A = 0.455 - 0.449 = 0.006(\text{kN})$$

$$\sum Z = 0, Z_B - Q - N_Z = 0$$

$$Z_B = Q + N_Z = 15 + 0.788 = 15.788(\text{kN})$$

由此求得轴承 A 反力的大小为:

$$R_A = \sqrt{X_A^2 + Y_A^2} = \sqrt{(-3.33)^2 + (0.449)^2} = 3.36(\text{kN})$$

轴承 B 的反力大小为:

$$R_B = \sqrt{X_B^2 + Y_B^2 + Z_B^2} = \sqrt{0.83^2 + 0.118^2 + 15.79^2} = 15.8(\text{kN})$$

3.7　平行力系中心·重心

3.7.1　平行力系中心

设有一空间同向平行力系 $\vec{F}_1$、$\vec{F}_2$、$\vec{F}_3$ 分别作用在物体上的 A_1、A_2、A_3 各点，如图 3－21 所示，按照两个同向平行力系合力的求法，先将力 $\vec{F}_1$ 和 $\vec{F}_2$ 合成为一个力 $\vec{R}_1$，其大小为 $R_1 = F_1 + F_2$，其作用线和 A_1A_2 相交于 C_1 点，则 $C_1A_1 : C_1A_2 = F_2 : F_1$，再将 $\vec{R}_1$ 与 $\vec{F}_3$ 合成为一个力 $\vec{R}$。这就是该空间同向平行力系的合力，其大小为 $R = R_1 + F_3 = F_1 + F_2 + F_3$，其作用线和 C_1A_3 线相交于 C 点，则 $CC_1 : CA_3 = F_3 : R_1$。如果将 $\vec{F}_1$、$\vec{F}_2$ 各绕其作用点向同一方向转过一角度 a，$\vec{R}$ 也将向同一方向转过同一角度 a（图 3－21），因为 $C_1A_1 : C_1A_2 = F_2 : F_1$ 的关系在转动后仍然成立，所以 $\vec{R}_1$ 仍通过 C_1 点，转过同样的角度。同理，力系的合力 $\vec{R}$ 也绕 C 点转过同样的角度。

由此可知，点 C 的位置仅与各平行力的大小和作用点的位置有关，而与各平行力的方向无关。点 C 就称为该平行力系的中心。

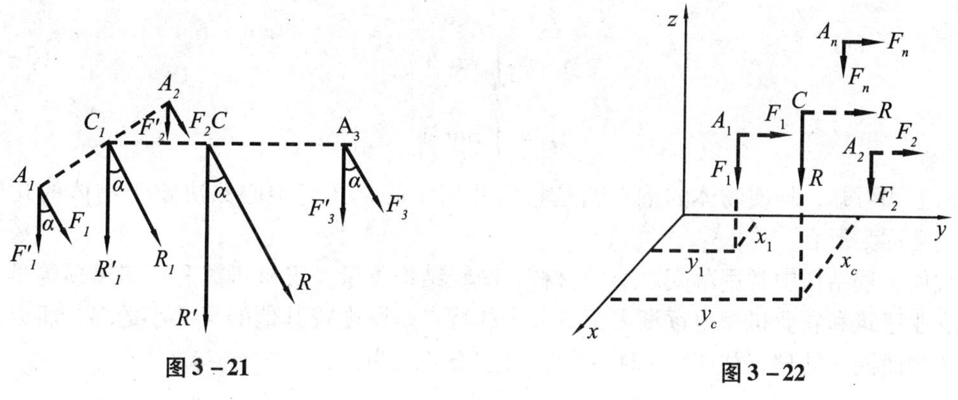

图 3－21　　　　图 3－22

为了求得平行力系的中心坐标，可以将平行力系中的各个力绕各自的作用点转动，使之先后平行于任意坐标轴（图 3－22），分别使用合力矩定理，即可求得平行力系中心 C 的坐标公式如下：

$$\left.\begin{aligned} X_C &= \sum x_iF_i / \sum F_i \\ Y_C &= \sum y_iF_i / \sum F_i \\ Z_C &= \sum z_iF_i / \sum F_i \end{aligned}\right\} \qquad (3-20)$$

3.7.2　物体重心的坐标公式

如将物体分割成许多微小体积，每一小块体积受的重力为 $\vec{P}_i$，其作用点为 $M_i(x_i, y_i, z_i)$，如图 3－23 所示，则重力为一平行力系。平行力系的合力 $\vec{P}$ 的大小 $P = \sum P_i$，称为物体的重量。而此平行力系的中心称为物体的重心。

物体重心坐标公式可以根据平行力系中心的坐标公式直接导出：

$$\left.\begin{aligned} x_C &= \sum px/\sum p = \sum px/P \\ y_C &= \sum py/\sum p = \sum py/P \\ z_C &= \sum pz/\sum p = \sum pz/P \end{aligned}\right\} \quad (3-21)$$

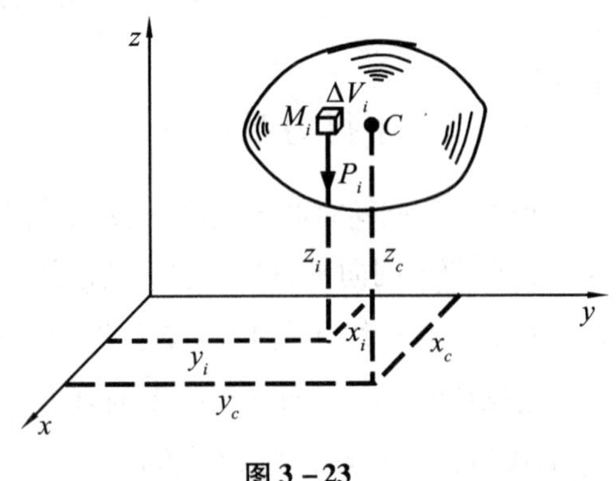

图 3－23

物体分割的越多，即每一小块体积越小，则按公式（3－19）计算的重心位置愈准确。在极限情况下，可用积分计算得公式如下：

$$\left.\begin{aligned} x_C &= \int_v \gamma\cdot x\cdot dv/\int_v \gamma\cdot dv \\ y_C &= \int_v \gamma\cdot y\cdot dv/\int_v \gamma\cdot dv \\ z_C &= \int_v \gamma\cdot z\cdot dv/\int_v \gamma\cdot dv \end{aligned}\right\} \quad (3-22)$$

式中 γ 为物体单位体积重量；v 为物体的体积。

对于均质物体，γ 是常数，上式写成：

$$\left.\begin{aligned} x_C &= \int_v xdv/v \\ y_C &= \int_v ydv/v \\ z_C &= \int_v zdv/v \end{aligned}\right\} \quad (3-23)$$

由上式可知，均质物体的重心就是它的几何中心，几何中心只决定于物体的几何形状，通常称为形心。

现代工程结构中常用薄壳以节约材料，减轻结构重量，飞机机翼和厂房屋顶等早已采用。农业建筑和农业机械也逐渐采用。薄壳的特点是厚度较其他的尺寸小的多，所以，可将它作为曲面来处理，如图 3－24 所示，其重心公式为：

$$\left.\begin{aligned} x_C &= \int_s xds/s \\ y_C &= \int_s yds/s \\ z_C &= \int_s zds/s \end{aligned}\right\} \quad (3-24)$$

式中 s 为整个薄壳的面积，注意薄壳的重心常不在薄壳上。

图 3－25 是一根等截面均质曲杆，它的重心坐标公式为：

$$\left.\begin{aligned} x_C &= \int_L xdL/L \\ y_C &= \int_L ydL/L \\ z_C &= \int_L zdL/L \end{aligned}\right\} \quad (3-25)$$

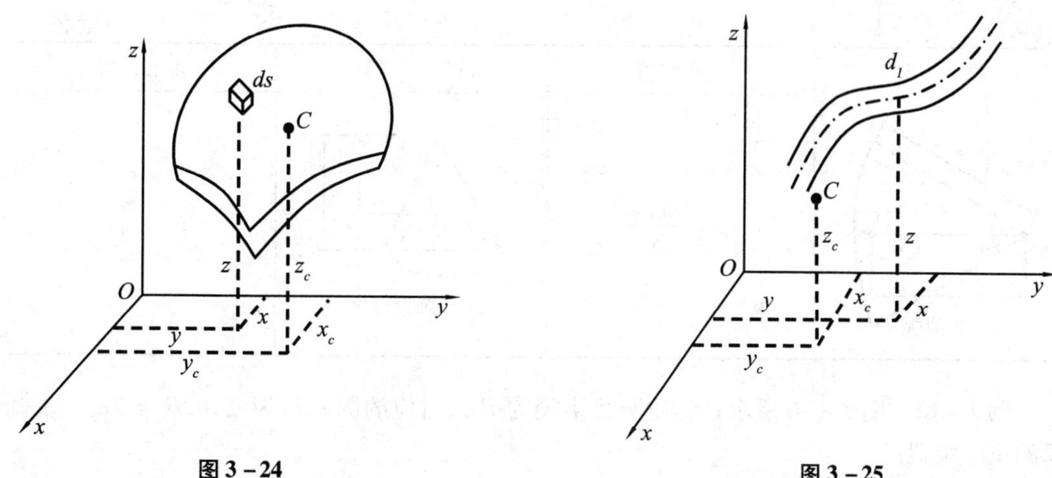

图 3－24　　　　图 3－25

式中 L 为曲杆的长度，注意曲杆的重心一般不在曲杆上。

当物体的质量分布具有对称面、对称轴或对称中心时，则物体的重心一定在它的对称面、对称轴或对称中心上。

简单形状均质物体的重心坐标公式，可查工程手册有关部分，现摘录几种常用的以供参考，见表 3－1。

表 3－1　重心表

图　形	重心位置	图　形	重心位置
三角形	在中线的交点 $y_c = \frac{1}{3}h$	部分圆环	$x_c = \frac{2}{3} \cdot \frac{(R^3 - r^3)\sin\alpha}{(R^2 - r^2)\alpha}$
梯形	$y_c = \frac{h(a+2b)}{3(a+b)}$	抛物线面	$x_c = \frac{3}{5}a$ $y_c = \frac{3}{8}b$
方形	$x_c = \frac{2}{3} \cdot \frac{r^3 \sin^3\alpha}{A}$ A：面积 $= \frac{r^2(2a - \sin 2a)}{2}$	半球	$z_c = \frac{3}{8}r$

续表

图　　形	重心位置	图　　形	重心位置
圆弧	$x_c = \dfrac{r\sin\alpha}{\alpha}$	圆锥体	$z_c = \dfrac{1}{4}h$

例 3－12　图 3－26 所示一匀质圆弧半径为 R，对应的圆心角为 $\angle AOB = 2\alpha$，求圆弧的重心位置。

解　选坐标系 Oxy（图 3－26），图形对称于 x 轴，所以重心在 x 轴上，即 $y_C = 0$，现在来求 x_C。应用公式 $x_C = \int_L xdL/L$。

其中 $dL = Rd\varphi$，而 $L = 2aR, x = R\cos\varphi$，代入公式得：

$$x_C = \int_L xdL/L = \int_{-a}^{+a} R\cos\varphi \cdot R \cdot d\varphi/2aR = R^2\int_{-a}^{+a}\cos\varphi d\varphi/2aR$$

$$\therefore \quad x_C = R\sin\varphi/2a\Big|_{-a}^{+a} = R\sin\varphi/a$$

例 3－13　图 3－27 所示为一均质扇形板 OAB，扇形半径为 R，圆心角为 2α，求它的重心位置。

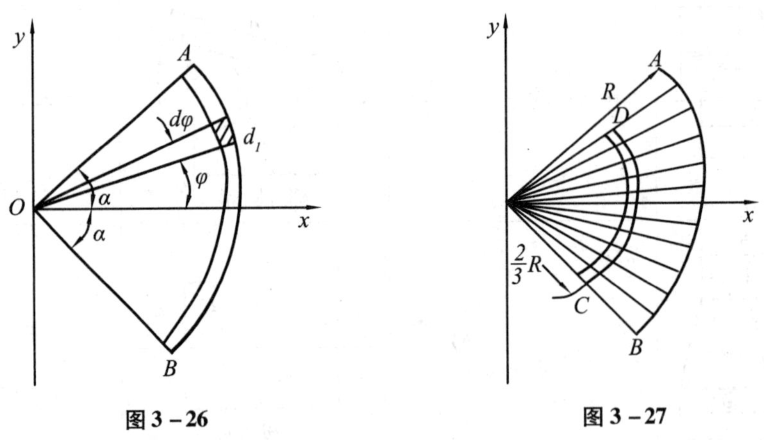

图 3－26　　　　图 3－27

解　扇形板对称于 x 轴，即 $y_C = 0$，求 X_C。

将扇形板分割成许多小扇形如图 3－27 所示，这些微小扇形近似于等腰三角形，它们的重心都位于距离圆心 $\frac{2}{3}R$ 处，将这些微小扇形的重量都集中在它们各自的重心处，这样，求扇形面积重心的问题就转化为求圆弧 CD 的重心问题。用 $\frac{2}{3}R$ 代替圆弧重心公式的 R，得扇形板重心公式为：

$$X_C = 2R\sin\alpha/3\alpha$$

3.7.3 复合形状物体的重心

工程上常用的确定复合形状物体重心位置的几种方法如下。

(1) 分割法

在实际工程中经常遇到的物体形状比较复杂，但它们大多数可看成由简单形状物体组合而成，因此用分割法将形状比较复杂的物体分割成几部分，而每一部分形状都比较简单，其重心位置比较容易求出，这样就可以根据上面介绍的重心坐标公式来求出整个物体的重心。

例3－14　角钢横截面尺寸如图3－28所示，求角钢横截面的重心位置。

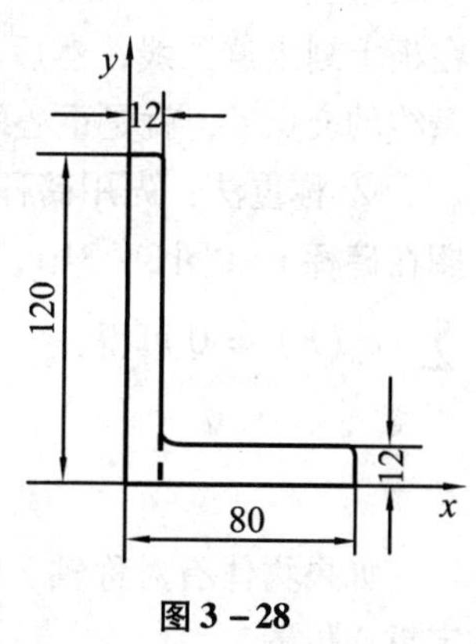

图3－28

解　选取如图所示的坐标轴，并将角钢分割为两个矩形面积，分别用A_1、A_2表示，由图示关系可得：

矩形Ⅰ　$A_1 = 12 \times 1.2 = 14.4(\text{cm}^2)$

$x_1 = 0.6(\text{cm})$

$y_1 = 6(\text{cm})$

矩形Ⅱ　$A_2 = (8 - 1.2) \times 1.2 = 8.16(\text{cm}^2)$

$x_2 = 1.2 + 3.4 = 4.6(\text{cm})$

$y_2 = 0.6(\text{cm})$

根据重心坐标公式，就可求得角钢横截面的重心位置为：

$$x_c = \frac{\sum(\Delta A \cdot x)}{A} = \frac{A_1 \cdot x_1 + A_2 \cdot x_2}{A} = \frac{14.4 \times 0.6 + 8.16 \times 4.6}{14.4 + 8.16} = 2.05(\text{cm})$$

$$y_c = \frac{\sum(\Delta A \cdot y)}{A} = \frac{A_1 \cdot y_1 + A_2 \cdot y_2}{A} = \frac{14.4 \times 6 - 8.16 \times 0.6}{14.4 + 8.16} = 4.05(\text{cm})$$

(2) 负面积法（或负体积法）

如果在物体的体积或面积内切去一部分（例如有空穴的物体），求这类物体的重心时仍可采用与分割法相同的方法，只要把切去部分的体积或面积取为负值，然后根据重心坐标公式就可求出整个物体的重心。

例3－15　底板（图3－29）的尺寸为$a = 12\text{cm}$，$b = 20\text{cm}$，$L = 2\text{cm}$，$d = 6\text{cm}$，$R = 2\text{cm}$，求底板重心位置。

解　将底板看成为三部分组成：长方形Ⅰ，圆孔Ⅱ和Ⅲ。因为圆孔是切除部分，所以面积应取负值，选取如图所示的坐标轴，因为底板对称于y轴，所以重心在对称轴y上，即$x_c = 0$，只要求出y_c即可，由图示关系可得：

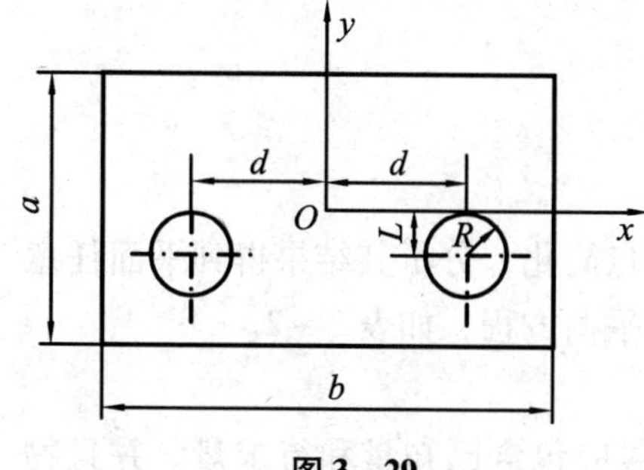

图3－29

长方形板Ⅰ：

$$A_1 = ab = 12 \times 20 = 240\text{cm}^2, y_1 = 0$$

圆孔板Ⅱ、Ⅲ：

$$A_2 = A_3 = -\pi R^2 = -\pi \times 2^2 = -4\pi\text{cm}^2$$

$$Y_2 = Y_3 = -L = -2\text{cm}^2$$

根据重心坐标公式，就可求得底板的重心位置为：

$$y_C = \frac{A_1 \cdot Y_1 + A_2 \cdot Y_2 + A_3 \cdot Y_3}{A_1 + A_2 + A_3} = \frac{0 + (-4\pi)(-2) + (-4\pi)(-2)}{240 - 4\pi - 4\pi} = 0.234(\text{cm})$$

(3) 实验法

对形状复杂的物体，用计算的方法求重心位置是很麻烦的，在工程上常用实验的方法测定重心的位置，下面介绍两种常用方法。

① 悬挂法：形状不规则的薄板的重心位置可以用悬挂法求得。用一根线将薄板悬挂于其边上任一点 A（图 3－30），根据二力平衡的条件重心必在过悬挂点的铅垂线上，于是在板上划出这条线，然后再将薄板悬挂于另一点 B，同样可在板上划出另一条铅垂线，两条线的交点 C，就是重心的位置。

② 称重法：先用磅秤称出物体的重量 P，然后将物体的一端搁在固定支点上，另一端搁在磅秤上（图 3－31），测得两支点之间的水平距离 L，并读出磅秤上的读数 P_1，根据 $\sum m_A(\vec{F}) = 0$ 可得：

$$P_1 L - P x_c = 0$$

$$\therefore x_c = P_1 L / P$$

如果物体有对称轴，则需称量一次，如果不具有对称轴，那么，就要多次称量才能确定重心位置。

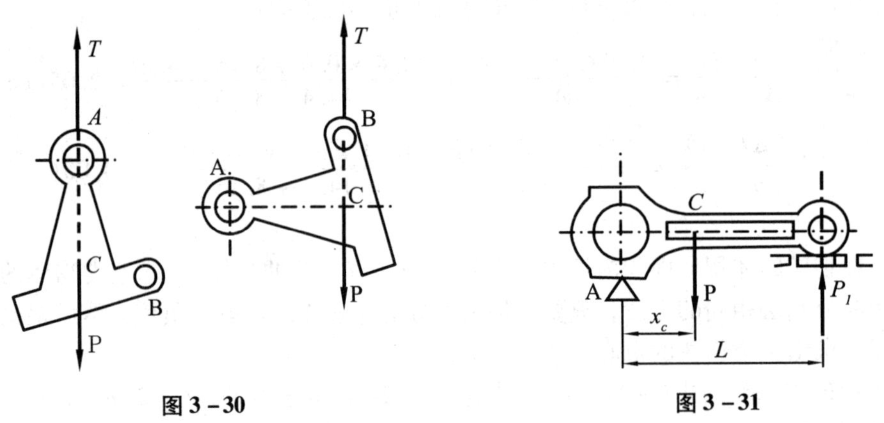

图 3－30　　图 3－31

小　结

(1) 各种力系的平衡方程

本章首先研究了平面任意力系、空间任意力系向一点简化，分析其结果得到平面任意力系、空间任意力系的平衡方程，然后导出特殊力系的平衡方程，如表 3－2。

(2) 静力学问题的解题步骤

① 选取研究对象。对于物体系统，所选的研究对象应包含已知量和待求量。并且物体系尽量少拆，一般先考虑以整体为研究对象，求出一些待求量，然后再拆开物体系统。

寻找新的研究对象。研究对象还应包含较少的未知力，几何关系也较简单。

表3-2　各种力系的平衡方程

力系类型		平衡方程						独立方程数目
		$\vec{R}'=0$			$\vec{M}_0=0$			
空间	任意力系	$\sum X=0$	$\sum Y=0$	$\sum Z=0$	$\sum m_x=0$	$\sum m_y=0$	$\sum m_z=0$	6
	汇交力系	$\sum X=0$	$\sum Y=0$	$\sum Z=0$				3
	平行力系			$\sum Z=0$	$\sum m_x=0$	$\sum m_y=0$		3
	力偶系				$\sum m_x=0$	$\sum m_y=0$	$\sum m_z=0$	3
平面	任意力系	$\sum X=0$	$\sum Y=0$			$\sum m=0$		3
	汇交力系	$\sum X=0$	$\sum Y=0$					2
	平行力系		$\sum Y=0$			$\sum m=0$		2
	力偶系					$\sum m=0$		1

② 画出受力图。

③ 分析力系类型，列出相应的平衡方程。

④ 解方程。

思考题

3-1　力系的合力与主矢有何区别？

3-2　力系平衡时合力为零，非平衡力系是否一定有合力？

3-3　主矩矢与力偶矩有何不同？

3-4　某平面力系向 A、B 两点简化的主矩皆为零，此力系简化的最终结果可能是一个力吗？可能是一个力偶吗？可能平衡吗？

3-5　在刚体上 A、B、C 三点分别作用三个力 F_1、F_2、F_3，各力的方向如图示。大小恰好与 ΔABC 的边长成比例。问该力系是否平衡。

3-6　在物体上作用三个力，如图，$\vec{P}_1=\vec{P}i$，$\vec{P}_2=-\vec{P}j$，$\vec{P}_3=\vec{P}k$，分别作用在 A_1（a，

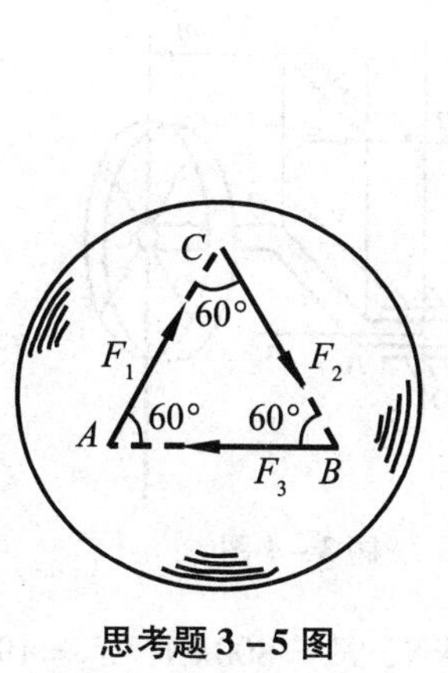

思考题3-5图

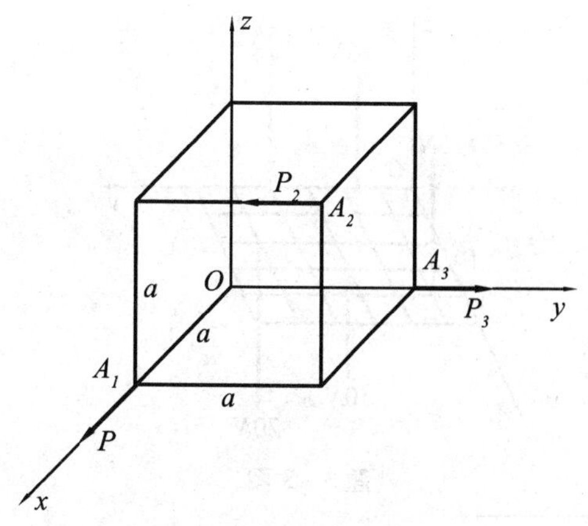

思考题3-6图

0，0)，A_2 (a，a，a)，A_3 (0，a，0) 点，求此力系向原点 O 简化的结果。

3－7 试分析平面任意力系的简化结果，并由空间任意力系的平衡方程导出平面任意力系的平衡方程。

3－8 空间任意力系总可以用两个力来平衡，为什么？

3－9 空间平行力系简化结果是否会出现力螺旋？

习 题

3－1 沿着直棱柱的棱边作用五个力，如图示，求此力系向 O 点简化的结果，已知 $P_1 = P_3 = P_4 = P_5 = P$，$P_2 = \sqrt{2}P$，$OA = OC = a$，$OB = 2a$。

3－2 求沿平行六面体棱边作用的力系之简化结果，已知 $OA = 30\text{cm}$，$OB = 40\text{cm}$。

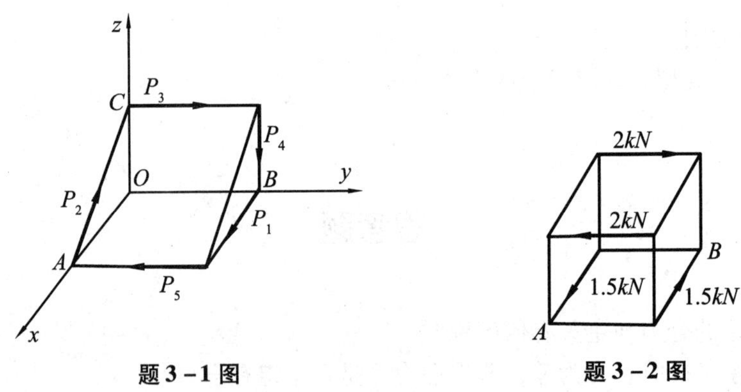

题 3－1 图　　题 3－2 图

3－3 空间平行力系由五个力组成，力的大小和作用的位置如图所示，图中坐标单位为厘米，求此平行力系的合力。

3－4 五铧犁沟轮受地面反力作用，其大小为 $N = 3.5\text{kN}$，试用简化方法求出曲轴 $OABC$ 在轴承 O 处的受力情况。设 AB 段与 Oyz 坐标面平行，且其在 y 轴方向的投影长为 64cm，BC 段与 x 轴平行，长 28cm。

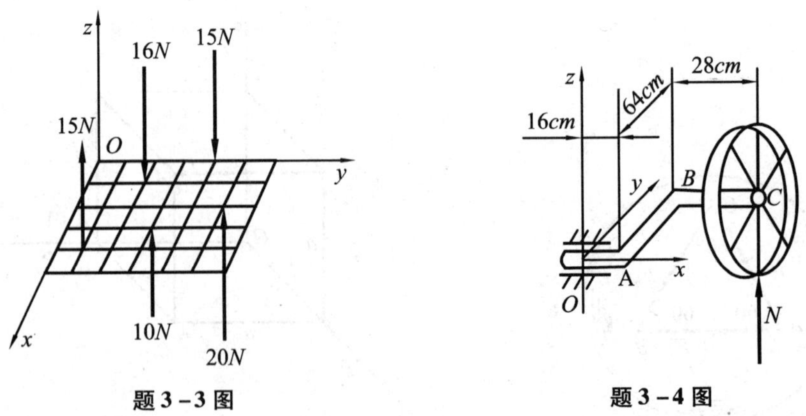

题 3－3 图　　题 3－4 图

3－5 某桥墩顶部受两边桥梁传来的铅直力 $F_1 = 1\ 940\text{kN}$，$F_2 = 800\text{kN}$，$F_3 = 193\text{kN}$ 作

用，桥墩重量 $P=5\ 280\text{kN}$，风力的合力 $F=140\text{kN}$。各力作用线位置如图所示。求将这些力向基底截面中心 O 的简化结果；如果能简化为一合力，试求出合力作用线的位置。

3－6　如图所示刚架，在其 A，B 两点分别作用两力 $\vec{F}_1$，$\vec{F}_2$，已知 $F_1=F_2=10\text{kN}$。欲用过 C 点的一个力 $\vec{F}$ 代替 $\vec{F}_1$，$\vec{F}_2$，求 $\vec{F}$ 的大小，方向及 BC 间的距离。

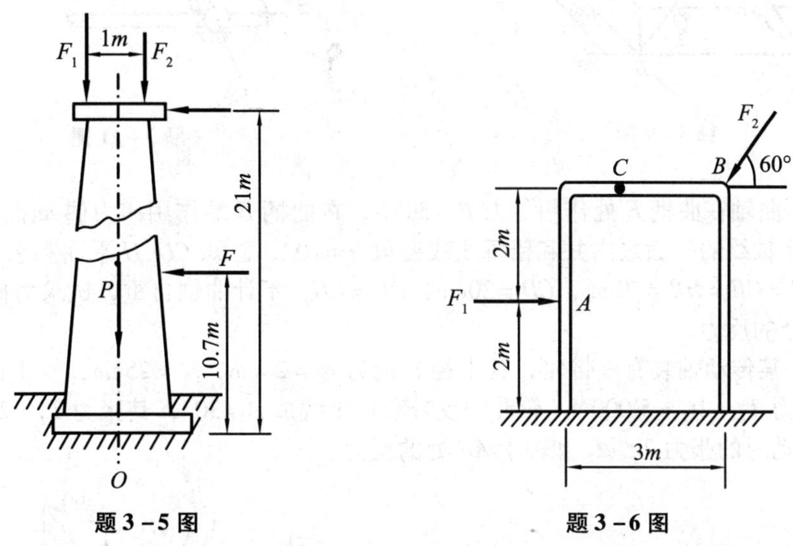

题3－5图　　　　题3－6图

3－7　在简易汽车变速箱的第二轴上安装了一个斜齿轮。已知其螺旋角 β，啮合角 α，节圆直径为 d，传递的扭矩为 M，试求此斜齿轮所受的圆周力 P_t，轴向力 P_a，径向力 P_r 与总法向啮合力 P_n 的大小。

3－8　圆锥直齿轮传动时受力情况如图所示，已知其传递的扭矩为 M，节锥角为 δ，法向压力角为 α，其平均节圆直径为 d，试求此圆锥直齿轮所受的圆周力 P_t，轴向力 P_a，径向力 P_r 与总法向啮合力 P_n 的大小。

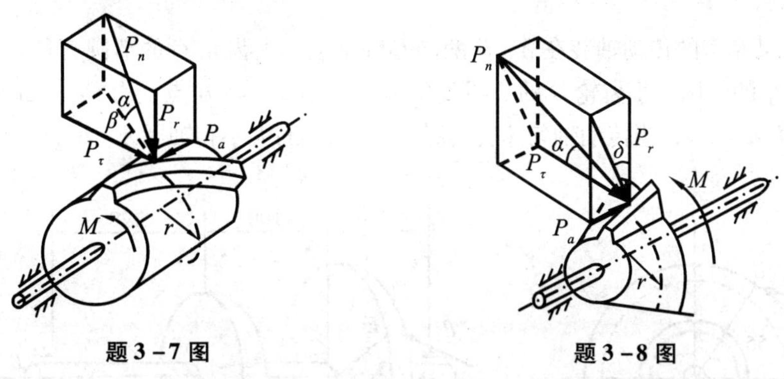

题3－7图　　　　题3－8图

3－9　长方体的顶角 A 和 B 处分别有 $\vec{P}$ 和 $\vec{Q}$ 作用，$P=500\text{N}$，$Q=700\text{N}$，求二力在 x、y、z 轴上的投影及对 x、y、z 轴之矩。$Oxyz$ 坐标系如图所示。

3－10　试将题3－9图中的力系向 O 点简化，用解析式表示主矢 $\vec{R}'$和主矩 $\vec{M}_O$。

3－11　三轮车连同上面的货物共重 $G=3\ 000\text{N}$，重力作用线通过 C 点，求车子静止时各轮对水平地面的压力。

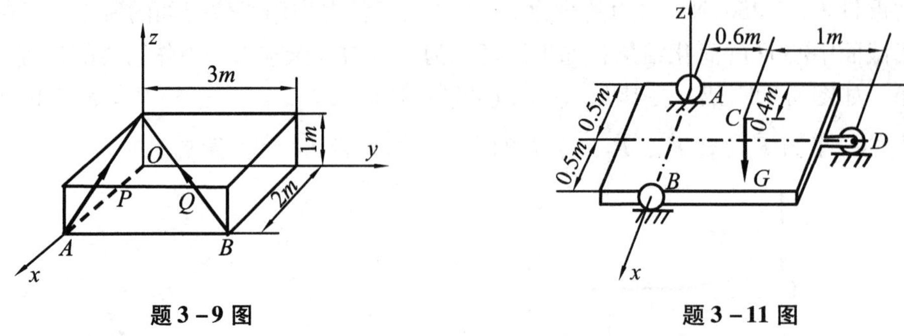

题 3－9 图　　　　题 3－11 图

3－12　曲轴在曲柄 E 处作用一力 $P=30\text{kN}$，在曲柄 B 端作用一力偶 m 而平衡，力 $\vec{P}$ 在垂直于 AB 轴线的平面之内并和铅垂线成夹角 $\alpha=10°$，已知 $CDGH$ 平面和水平面成夹角 $\varphi=60°$，$AC=CH=HB=40\text{cm}$，$CD=20\text{cm}$，$DE=EG$，不计曲轴自重，试求力偶矩 m 之值和轴承 AB 处的反力。

3－13　某传动轴装有皮带轮，其半径分别为 $r_1=20\text{cm}$，$r_2=25\text{cm}$，轮Ⅰ的皮带是水平的，其张力 $T_1=2t_1=5\ 000\text{N}$，轮Ⅱ的皮带和铅垂线成 $\beta=30°$，其张力 $T_2=2t_2$，求传动轴作匀速转动时的张力 T_2，t_2 和轴承 AB 处的反力。

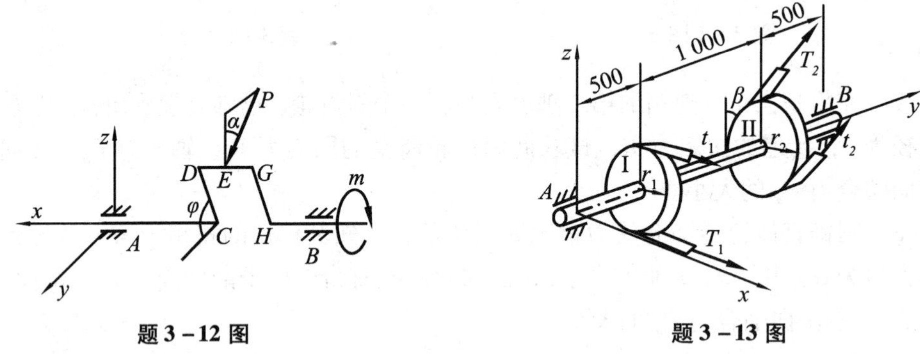

题 3－12 图　　　　题 3－13 图

3－14　某车床的传动轴装在 A、B 两向心轴承上，大齿轮 C 的节圆直径 $d_1=21\text{cm}$，在 E 点承受力 P_1 的作用，小齿轮 D 的节圆直径 $d_2=10.8\text{cm}$，在 H 点受力 $P_2=22\text{kN}$，两圆柱直齿轮的压力角 $\alpha=20°$，当传动轴匀速转动时，求力 P_1 的大小和轴承 A、B 的反力。

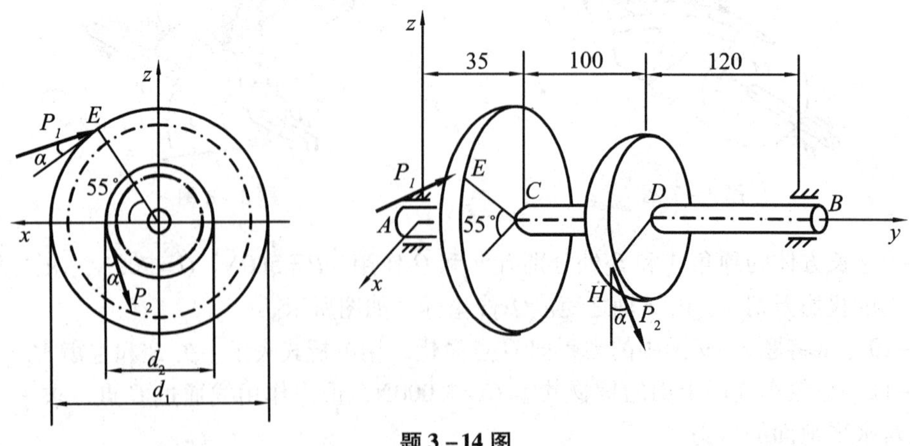

题 3－14 图

3－15　试求图示矩形板的支撑系统中，六支承杆件 1、2、3、4、5、6 所受的力，板重不计。

3－16　在水平的外伸梁上作用有力偶（$\vec{P},\vec{P}'$）在左边外伸臂上作用有均布载荷 q，在右边外伸臂的端点作用有铅垂载荷 Q，已知 $P = 10\text{kN}, Q = 20\text{kN}, q = 20\text{kN/m}, a = 0.8\text{m}$，求支座 A、B 的反力。

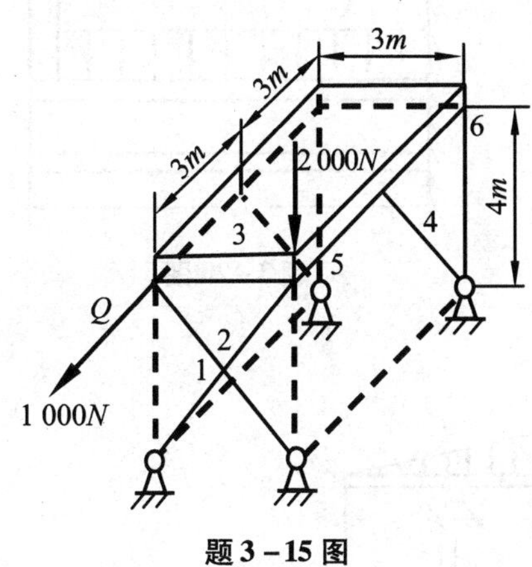

题 3－15 图

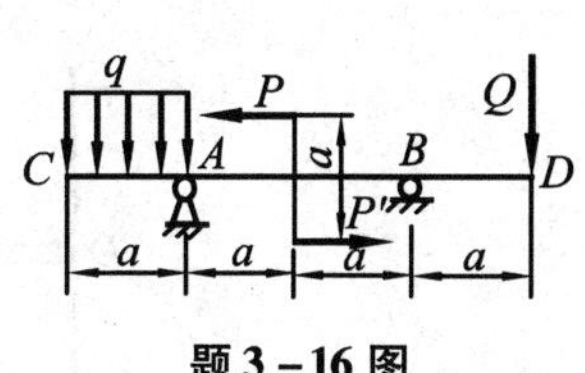

题 3－16 图

3－17　炼钢炉的送料机由跑车 A 和移动的桥 B 组成，跑车可沿桥上的轨道运动，两轮间的距离为 2m，跑车与操作架 D 为固定连接，平臂长 CO = 5m，设跑车 A、操作架 D 和所有附件总重为 P，作用于操作架的轴线，问 P 至少应多大才能使料斗车满载时跑车不致翻到？

3－18　东方红— 40 轮式拖拉机制动器的操作机构如图所示，作用在踏板 A 上的力 $\vec{P}$ 通过弯杠杆 AOB 和拉杆 BC 传给摇臂 CD。若不计各杆的重量，求力 Q 与力 P 的比值。

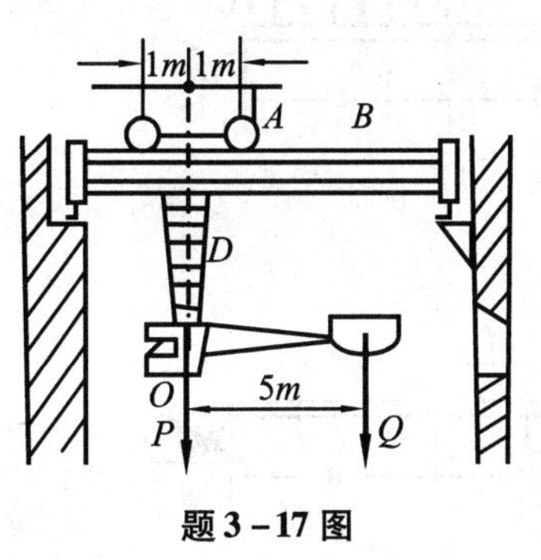

题 3－17 图

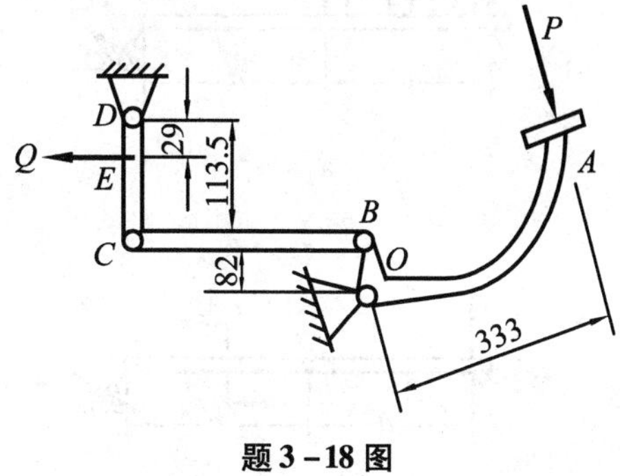

题 3－18 图

3－19　在图示刚架中，已知 $q = 3\text{kN/m}, F = 6\sqrt{2}\text{kN}, M = 10\text{kN}\cdot\text{m}$，不计自重。求固定端 A 处的约束反力。

3－20　支持窗外凉台的水平梁承受强度为 q N/m 的均布荷载。在水平梁的外端从柱上传下载荷 $\vec{P}$，柱的轴线到墙的距离为 l，求梁根部的支反力。

3－21　梁的支承和载荷如图所示。$F = 2\text{kN}$，三角形分布荷载的最大值 $q = 1\text{kN/m}$。不计梁重，求支座反力。

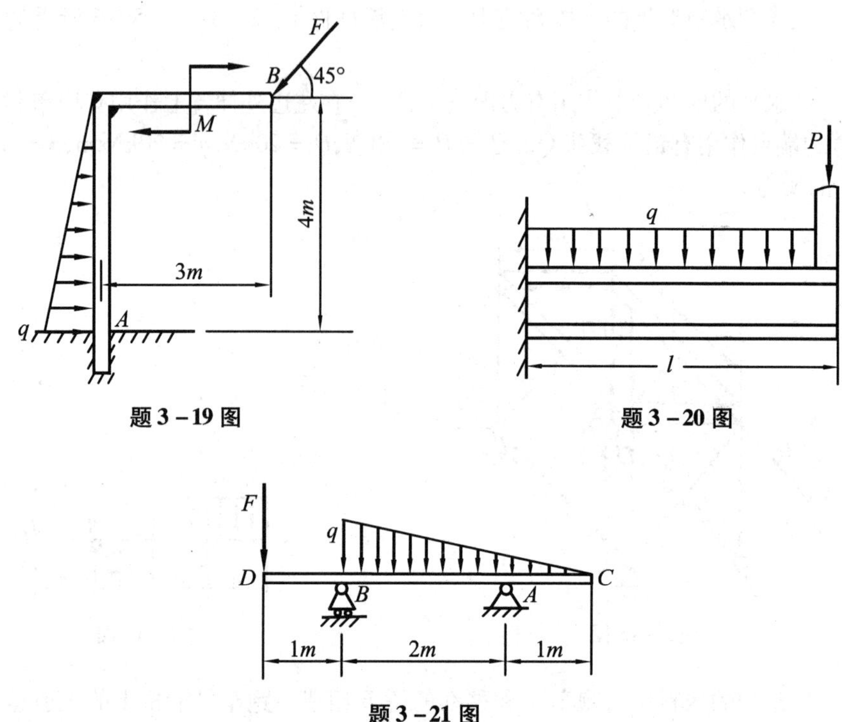

题 3－19 图

题 3－20 图

题 3－21 图

3－22　在图示 a，b，c，d 各连续梁中，已知 q,M,a 及 α ，不计梁自重，求各连续梁在 A、B、C 三处的约束反力。

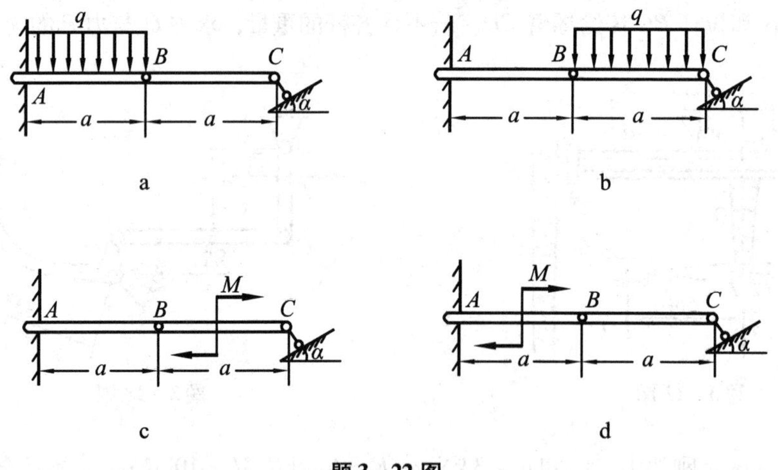

a　　b

c　　d

题 3－22 图

3－23　三铰拱由两半拱和三个铰链 A、B、C 构成。已知每半拱重 $Q=300\text{kN}$，$L=32\text{m}$，$h=10\text{m}$，求支座 A、B 的约束反力。

3－24　由 AC 和 CD 构成的组合梁通过铰链 C 连接，它的支承和受力如图所示，已知均布载荷集度 $q=10\text{kN/m}$ ，力偶矩 $m=40\text{kN}\cdot\text{m}$ ，不计梁重，试求支座 A、B、D 的约束反力和铰链 C 处所受的力。

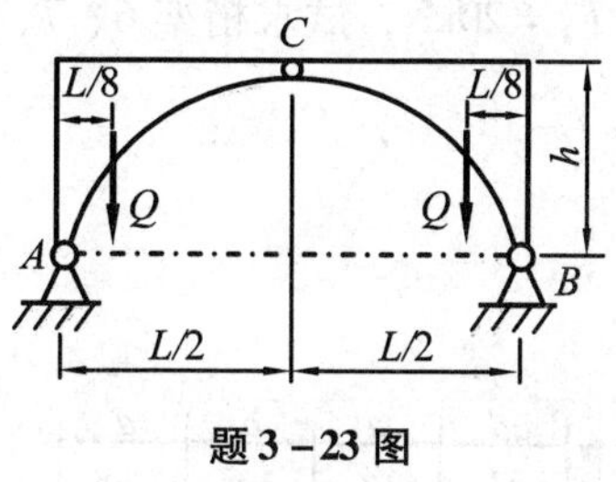

题 3－23 图

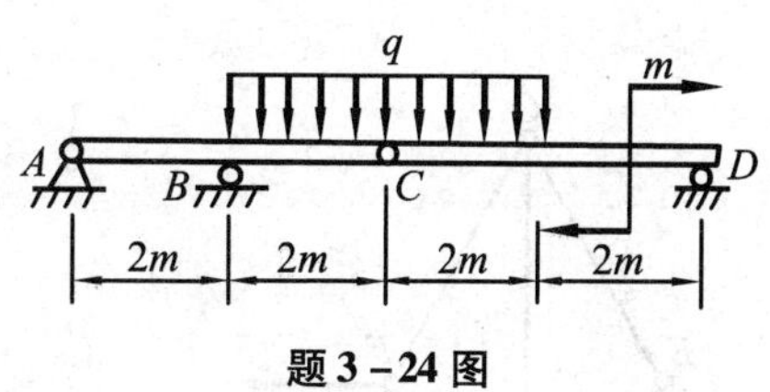

题 3－24 图

3－25　如图示，无底的圆柱形空筒放在光滑的固定面上，内放两个重球，设每个球重为 p，半径为 r，圆筒的半径为 R。若不计各接触面的摩擦，不计筒壁厚度，求圆筒不致翻倒的最小重量 $Q_{\min}$。

3－26　构架由杆 AB、AC 和 DF 铰接而成，如图所示，在 DEF 杆上作用一力偶矩为 M 的力偶。不计各杆的重量，求 AB 杆上铰链 A、D 和 B 所受的力。

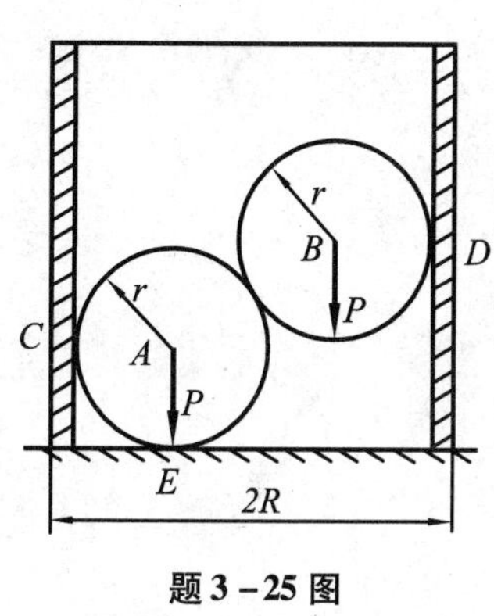

题 3－25 图

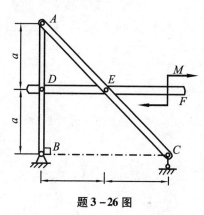

题 3－26 图

3－27　平面桁架结构如图所示，在节点 D 上作用一荷载 $\vec{P}$，求各杆内力。

3－28　复合桁架的支座及载荷如图所示，求 AB 杆的内力。

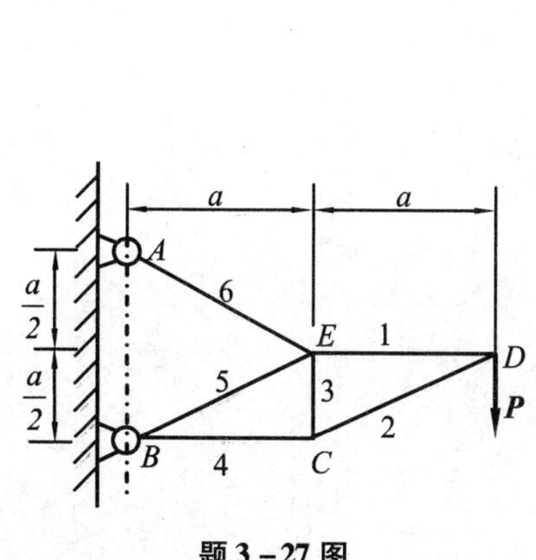

题 3－27 图

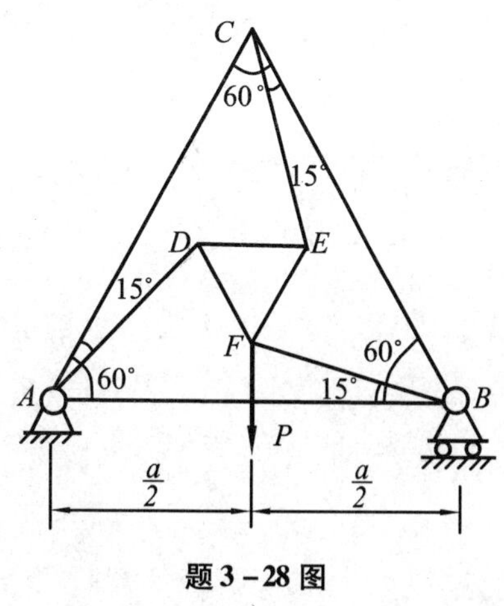

题 3－28 图

3－29　平面桁架的支座和载荷如图所示。ABC 为等边三角形，E，F 为两腰中点，又 $AD = DB$。求杆 CD 的内力 F。

3－30　桁架受力如图所示，已知 $F_1=10\text{kN}$，$F_2=F_3=20\text{kN}$，试求桁架 6、7、8 杆的内力。

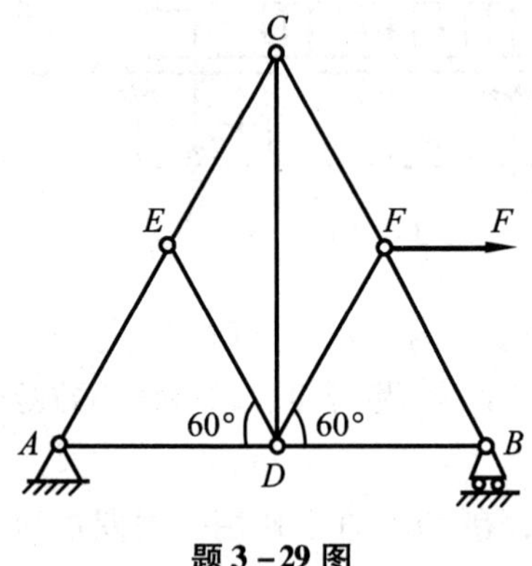

题 3－29 图

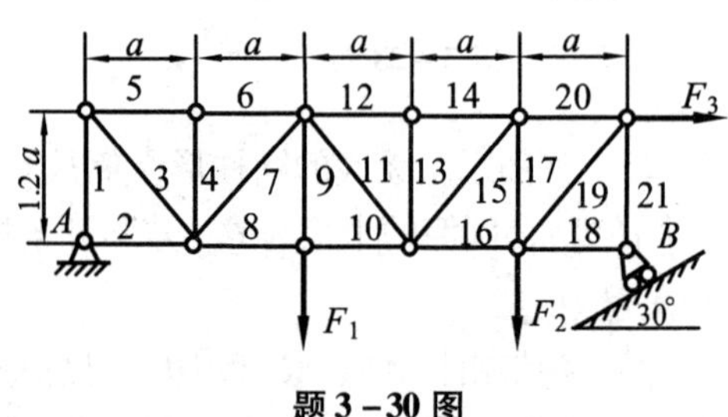

题 3－30 图

第4章 摩 擦

在前面各章讨论物体平衡时，都假定物体间的接触面是绝对光滑的，也就是忽略了摩擦。这在一定条件下是允许的。但是，摩擦现象在自然界是普遍存在的。一方面人们利用它为生产生活服务，例如，人们在行走、车辆行驶和摩擦传动、制动等，都需要摩擦力。另一方面摩擦又带来消极作用，如消耗能量、磨损零件、缩短机器寿命、降低仪表的精度等。因此，就要求我们认识和掌握摩擦的规律。

按照接触物体之间可能会相对滑动或相对滚动这些情况，摩擦可分为滑动摩擦和滚动摩擦；又根据物体之间是否有良好的润滑剂，滑动摩擦又可分为干摩擦和湿摩擦。本章只研究有干摩擦时物体的平衡问题。

4.1 滑动摩擦

当两物体的接触表面有相对滑动或滑动趋势时，在接触面所产生的切向阻力，称为滑动摩擦力，简称摩擦力。摩擦力作用于相互接触处，其方向与相对滑动或滑动趋势的方向相反，它的大小主要根据主动力作用的不同，分为3种情况，即静滑动摩擦力，最大静滑动摩擦力和动滑动摩擦力。

4.1.1 静滑动摩擦力

静滑动摩擦力的大小、方向与作用在物体上的主动力有关，是约束反力。因此，在静力学问题中，可以由平衡方程求出。这是静摩擦力与一般约束反力的共同点。

例如，图4－1中，重为P的物体放在固定水平面上，其上系一软绳，绳的拉力大小可以变化，当拉力由零逐渐增加，但不很大时，物体仍保持静止。可见，支撑面对物体除有法向反力$\vec{N}$外，还有一个阻碍物体沿水平面向右滑动的切向力，此力即静滑动摩擦力，简称静摩擦力，用$\vec{F}$表示。可见，拉力$\vec{T}$、重力$\vec{P}$、法向反力$\vec{N}$和静摩擦力$\vec{F}$构成一平衡力系，静摩擦力的大小可由平衡条件确定。由平衡方程得：

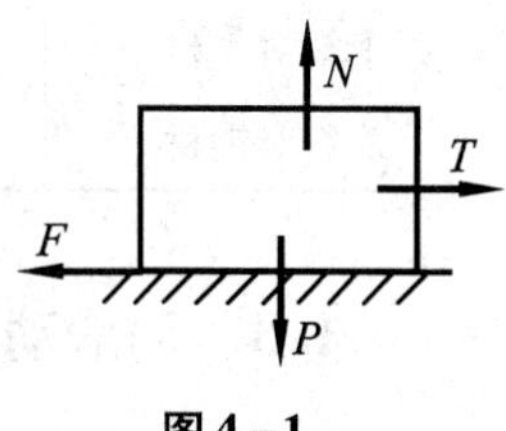

图4－1

$$\sum X = 0 \quad F = T$$

静摩擦力 $\vec{F}$ 的方向与 $\vec{T}$ 的方向相反，其大小随 T 增加而增加。当 $\vec{T}=0$ 时，$\vec{F}$ 也为零。

4.1.2 最大静滑动摩擦力

静摩擦力与一般约束反力有一不同之处，它并不随力 $\vec{T}$ 的增加而无限度地增大，当拉力的大小达到一定的数值时，物体处于将要滑动而没有滑动的临界状态，静摩擦力达到最大值，即最大静滑动摩擦力，简称最大静摩擦力，用 F_{max} 表示。此后，如果 $\vec{T}$ 再继续增大，静摩擦力也不能随之增大，物体将失去平衡而滑动。可见静摩擦力的大小随主动力的情况而改变，但介于零与最大值之间即：

$$0 \leqslant F \leqslant F_{max} \tag{4-1}$$

由上述可知：平衡方程计算出的 F 值若小于 F_{max}，则平衡成立，静摩擦力就是由平衡方程计算的结果。如果 F 值大于 F_{max}，则物体不平衡，平衡方程不成立。若物体处于将要滑动而未滑动的临界状态，这时静摩擦力就等于 F_{max}。

大量试验证明：最大静摩擦力的方向与相对滑动趋势的方向相反，其大小与两物体间的正压力（即法向反力）N 成正比，即

$$F_{max} = fN \tag{4-2}$$

式（4-2）称为静摩擦定律（又称库伦定律）。

式中 f 称为静滑动摩擦系数，简称静摩擦系数，它是无量纲数。它的大小与两接触面的材料及表面情况（粗糙度、干湿度、温度等）有关，而与接触面积的大小无关。静摩擦系数可由实验测定，下表列出了一部分常用材料的摩擦系数。

表　几种常用材料滑动摩擦系数

材　料	静摩擦系数		动摩擦系数	
	干	润滑	干	润滑
金属对金属	0.15～0.3	0.1～0.2	0.15～0.2	0.05～0.15
金属对木材	0.5～0.6	0.1～0.2	0.3～0.6	0.1～0.2
木材对木材	0.4～0.6	0.1	0.2～0.5	0.1～0.15
皮革对木材	0.4～0.6		0.3～0.5	
皮革对金属	0.3～0.5	0.15	0.6	0.15
橡皮对金属			0.8	0.5
麻绳对木材	0.5～0.8		0.5	
塑料对钢材		0.09～0.1		

4.1.3 动滑动摩擦力

当滑动摩擦力达到最大值时，若主动力再继续加大，物体滑动。此时接触物体之间仍作用有阻碍相对滑动的力，称为动滑动摩擦力，简称动摩擦力，以 $\vec{F}'$ 表示。

由实践和实验结果，得出动滑动摩擦的基本定律：动摩擦力的大小与接触面间的正压力成正比，即

$$\vec{F}' = f'N \qquad (4-3)$$

式中f'是动滑动摩擦系数，简称动摩擦系数。它不仅与接触物体的材料和表面情况有关，而且还与相对滑动速度大小有关，但当相对速度不大时，可近似地认为是个常数。参阅表4-1知$f' < f$，这就是为什么物体启动时比运动时费力的原因。

4.2 摩擦角与自锁

4.2.1 摩擦角

设有一重物，放在粗糙的水平面上，受力作用而处于静止状态（图4-2），两物体接触面间的法向反力$\vec{N}$和摩擦力$\vec{F}$（切向反力）可合成为一个反力$\vec{R}$，即$\vec{R} = \vec{N} + \vec{F}$，这个反力称为支撑面的全约束反力（简称全反力），它的作用线与接触面的法线成一偏角φ，当F达到最大值F_{max}时，φ也达到最大值φ_{max}，全反力与法线夹角的最大值φ_{max}称为摩擦角。它表示物体处于静止时全约束反力作用线位置所在的范围。由图4-2b可得摩擦角与摩擦系数的关系为：

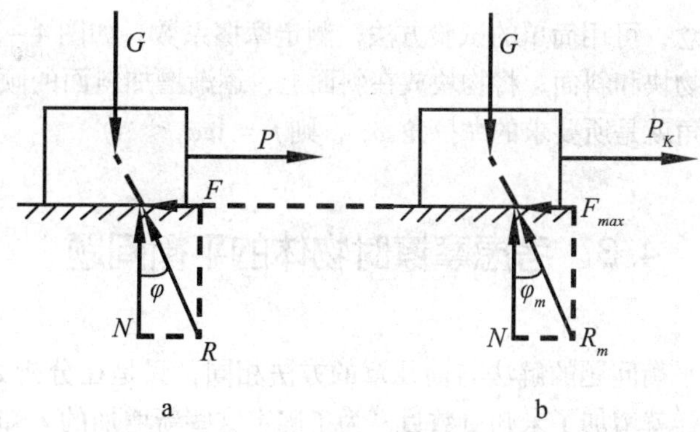

图4-2

$$\operatorname{tg}\varphi_m = F_{max}/N = fN/N = f$$

即摩擦角的正切等于静摩擦系数，摩擦角同摩擦系数一样，是与两物体的材料及接触表面有关的物理量，由静摩擦力的性质（$0 \leqslant F \leqslant F_{max}$）可知全反力与法线间的夹角$\varphi$应满足$0 \leqslant \varphi \leqslant \varphi_{max}$。

4.2.2 自锁现象和自锁条件

如果作用于物体的全部主动力的合力作用线不超出摩擦角，则无论这个力怎样大，物体必保持静止，这种现象叫自锁现象。据此可推得斜面的自锁条件。即：物体在铅直载荷的作用下，不沿斜面下滑的条件。

由上述可知，自锁现象只与摩擦角φ_m有关，而与物体的重量无关。要使物体在斜面上不下滑，则作用在其上的主动力与斜面的全反力必满足二力平衡条件。因此，荷载G的作用线与斜面法线之间的夹角α必小于等于摩擦角φ_m。又由于夹角与斜面倾角相等，因此当斜面倾角满足$\alpha \leqslant \varphi_m$或者说主动力合力的作用线在摩擦角$\varphi_m$之内发生自锁，反之不自锁。即：

当 $\alpha < \varphi_m$ 时，物体静止平衡、自锁。

当 $\alpha = \varphi_m$ 时，物体处于临界平衡状态，此时 $F = F_{max}$ 。

当 $\alpha > \varphi_m$ 时，物体滑动、不自锁。

所以斜面自锁的条件是 $\alpha \leqslant \varphi_m$ ，而与物体重量无关。如图 4－3b、c 所示。

自锁现象在工程中的应用较多，例如机器中常用1∶100 的斜键、锥度1∶50 的锥销，它们的倾角 α 远小于钢铁间的摩擦角（$\varphi_m \approx 10°$），因此斜键、锥销不会自行松脱，可保证机器的正常安全运转。另外千斤顶是螺纹自锁的极好应用。但有些情况需要尽量避免自锁现象的发生，如凸轮机构的从动杆、闸门的启闭、摇臂钻床的摇臂应能升降自如等。

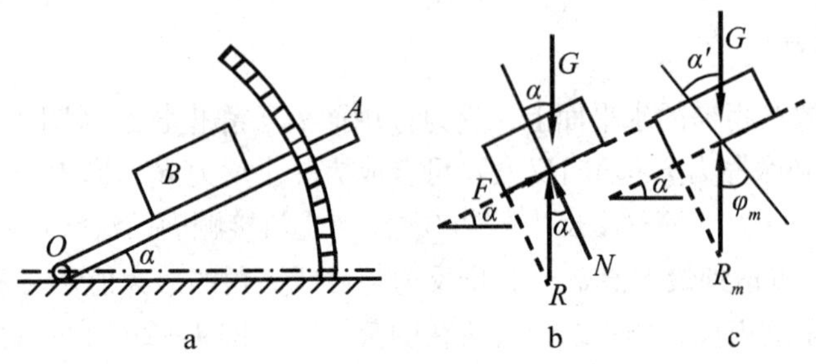

图 4－3

利用摩擦角的概念，可用简单的试验方法，测定摩擦系数。如图 4－3a 所示，把要测定的两种材料分别做成物块和斜面，将物块放在斜面上，逐渐增加斜面的倾角 α ，当物块将要下滑而未下滑时的倾角就是所要求的摩擦角 φ_m ，则 $f = \mathrm{tg}\varphi_m$ 。

4.3 考虑摩擦时物体的平衡问题

考虑摩擦时物体平衡问题的解法与前几章的方法相同，只是在分析力和列平衡方程时，都要考虑摩擦力。这样就增加了未知量数目，为了确定这些新增加的未知量，必须再写出静摩擦力与法向反力的关系式：$F \leqslant fN$ 作为补充方程。同时，由于摩擦力有一定范围，所以，有摩擦时平衡问题的解亦有一定范围。下面举例说明。

例 4－1 物体重为 P ，放在倾角为 α 的斜面上，它与斜面间的摩擦系数为 f（图 4－4a）。当物体处于平衡时，试求水平力 $\vec{Q}$ 的大小。

解 由经验知，力 $\vec{Q}$ 太大，物块将上滑；力 $\vec{Q}$ 太小，物体将下滑；因此，力 $\vec{Q}$ 的数值必须在一定范围内。

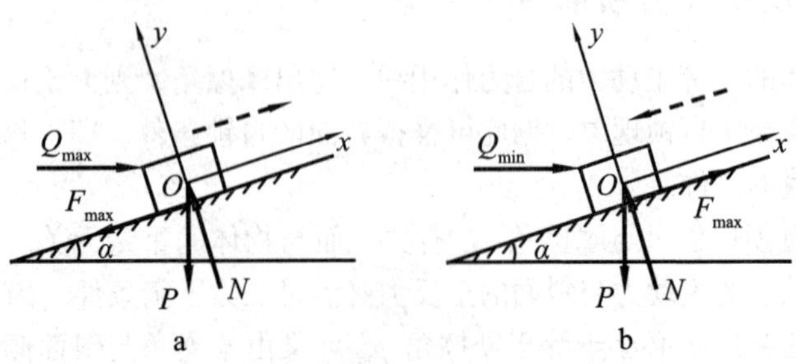

图 4－4

先求 Q 的最大值，此时物体处于向上滑动的临界状态。摩擦力 $\vec{F}$ 沿斜面向下，并达到极限值。物体在 $\vec{P}$、$\vec{N}$、$\vec{F}_{max}$ 和 $\vec{Q}_{max}$ 四个力作用下平衡（图 4－4a）。列平衡方程得：

$$\sum X = 0, Q_{max}\cos\alpha - P\sin\alpha - F_{max} = 0 \quad \text{(a)}$$

$$\sum Y = 0, N - Q_{max}\sin\alpha - P\cos\alpha = 0 \quad \text{(b)}$$

另外还有一个补充方程：

$$F_{max} = fN \quad \text{(c)}$$

联立以上三式，可解得：

$$Q_{max} = P(\mathrm{tg}\alpha + f)/(1 - f\mathrm{tg}\alpha)$$

再求 Q 的最小值，此时物体处于将要向下滑动的临界状态。摩擦力沿斜面向上，并达到极限值，用 F'_{max} 表示。物体受力如图 4－4b 所示。列平衡方程得：

$$\sum X = 0, Q_{min}\cos\alpha - P\sin\alpha - F'_{max} = 0 \quad \text{(d)}$$

$$\sum Y = 0, N - Q_{min}\sin\alpha - P\cos\alpha = 0 \quad \text{(e)}$$

此外再列一个补充方程：

$$F'_{max} = fN \quad \text{(f)}$$

联立以上三式可得：

$$Q_{mim} = P(\mathrm{tg}\alpha - f)/(1 + f\mathrm{tg}\alpha)$$

综上所述结果，可得物体平衡时 Q 力的大小范围为：

$$P(\mathrm{tg}\alpha - f)/(1 + f\mathrm{tg}\alpha) \leqslant Q \leqslant P(\mathrm{tg}\alpha + f)/(1 - f\mathrm{tg}\alpha)$$

例 4－2 图 4－5a 为使用楔块举起重物的简单机械，楔角为 α，楔块自重不计，重物重为 $\vec{Q}$，各接触面上的摩擦角 φ_m 均相同，求推动楔块所需的水平力 $\vec{P}$ 的最小值。

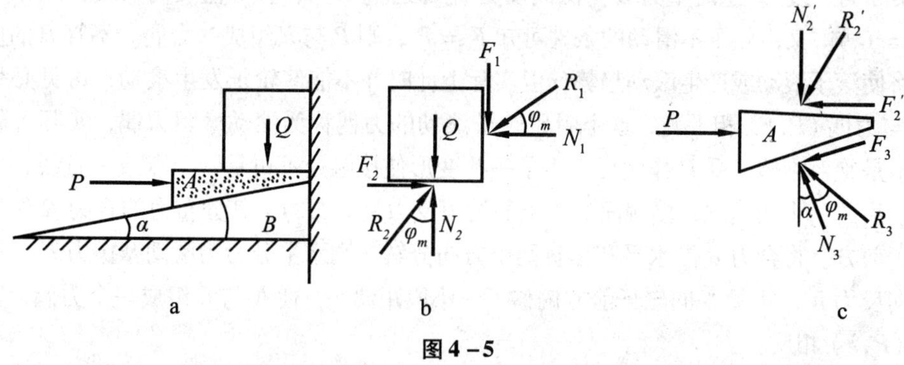

图 4－5

解 推动楔块所需的水平力 $\vec{P}$ 的最小值，就是维持楔块及重物平衡所需的水平力 $\vec{P}$ 的最大值，故是静力平衡问题，其摩擦力为最大静摩擦力。

取重物为研究对象，分析受力：当推动楔块时它有两个接触面在滑动，铅垂面相对于固定面向上滑动，故全反力 $\vec{R}_1$ 偏向下，水平面相对于楔块向左滑动，故全反力 $\vec{R}_2$ 偏向右，受力图见图 4－5b，这是平面汇交力系，全反力与接触面法线的夹角都等于摩擦角 φ_m，取如图所示坐标系，列平衡方程如下：

$$\sum X = 0, R_2 \sin \varphi_m - R_1 \cos \varphi_m = 0 \quad \text{(a)}$$

$$\sum Y = 0, R_2 \cos \varphi_m - R_1 \sin \varphi_m - Q = 0 \quad \text{(b)}$$

可解得：

$$R_2 = Q/\cos \varphi_m (1 - \text{tg}^2 \varphi_m)$$

再取楔块 A 为研究对象，并分析其受力：当楔块移动时也有两个接触面滑动，分别相对于重物和楔块 B 向右滑动，故全反力 $\vec{R}'_2$（与 $\vec{R}_2$ 是作用反作用关系）和 $\vec{R}_3$ 均向左偏，见受力图4－5c，所以，它们组成平面汇交力系，全反力与接触面法线的夹角也都等于摩擦角 φ_m，列出平衡方程：

$$\sum X = 0, P - R'_2 \sin \varphi_m - R_3 \sin(\alpha + \varphi_m) = 0$$

$$\sum Y = 0, R_3 \cos(\alpha + \varphi_m) - R'_2 \cos \varphi_m = 0$$

解得：

$$P = Q[\text{tg}\varphi_m + \text{tg}(\alpha + \varphi_m)]/(1 + \text{tg}^2 \varphi_m)$$

4.4 滚动摩阻

当一个物体在另一个物体表面上滚动或有滚动趋势时所受到的阻碍称为滚动摩阻。阻碍轮子滚动的力偶矩称为滚动阻力偶矩。

设在水平面上有一轮子（图4－6），重为 $\vec{G}$，半径为 r，在轮心 O 加一水平力 $\vec{P}$。假定在接触处有足够的摩擦力 $\vec{F}$，阻止轮子向前平行滑动。当轮子与平面都是刚体，两者接触于 A 点（实际为一线），这时重力 $\vec{G}$ 与法向反力 $\vec{N}$ 都通过 A 点，且等值反向共线，二力互成平衡（$N = G$）。又由轮子不滑动的条件可知 $F = P$，则 $\vec{P}$ 与 $\vec{F}$ 组成一力偶。不管 $\vec{P}$ 的值多么小，都将使滚子滚动或产生滚动趋势，但实际上此时并不能使轮子发生滚动，可见必另有一力偶 m 与力偶 $(\vec{P},\vec{F})$ 相平衡，这个阻碍轮子滚动的力偶称为滚动摩阻力偶，实际上轮子与平面都不是绝对刚体，受 $\vec{P}$ 作用后产生了一些变形使接触处不再是一个点或一直线，而是偏向滚动前沿的一小块面积，接触面对轮子的约束反力是分布力，其分布力的合力 $\vec{R}$ 作用线也偏于轮子前方。将合力 $\vec{R}$ 沿水平和铅直两个方向分解，则水平分力为滑动摩擦力 $\vec{F}$，铅垂分力为法向反力 $\vec{N}$。可见 $\vec{N}$ 向轮子前方偏移了一小段距离 e，使 $\vec{N}$ 与 $\vec{G}$ 组成一个力偶，其转向与力偶 $(\vec{P},\vec{F})$ 相反。

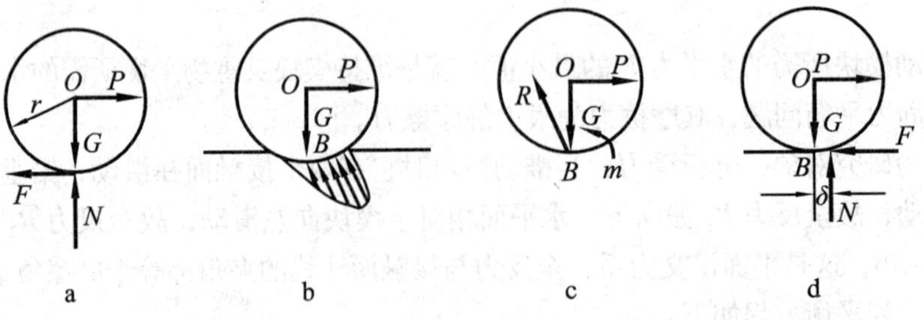

图4－6

当水平力 $\vec{P}$ 从零逐渐增大，法向反力 $\vec{N}$ 向右偏移到它的最大值（即由 e 到 $e_{max}=\delta$），达到轮子将要滚动而没有滚动的临界状态，由平衡方程可知：

$$\sum X = 0 \quad P - F = 0 \tag{a}$$

$$\sum Y = 0 \quad N - G = 0 \tag{b}$$

$$\sum m_0(\vec{F}) = 0 \quad N \cdot \delta - F \cdot r = 0 \tag{c}$$

可见力偶 $(\vec{P},\vec{F})$ 使轮子向右滚动，力偶 $(\vec{G},\vec{N})$ 阻止轮子滚动，其最大力偶矩为 $m_{max} = \delta \cdot N$，称为滚动摩擦阻力偶矩。

式中 δ 是一个用长度来度量的量，单位为 cm 或 mm。它是法向反力的偏移量，具有力偶臂的意义，称为滚动摩阻系数。δ 与材料的硬度、法向反力、轮子的半径有关，其值可由实验测定，由（a）式可知使轮子滑动的条件是 $P > F_{max} = fN$，由（c）式可知使轮子滚动的条件是 $P = F = \delta \cdot N/r$，比较以上两式可知 $\delta/r \ll f$。这说明当力 $\vec{P}$ 逐渐增大时所发生的运动，首先是滚动，$\vec{P}$ 再增大轮子则发生连滚带滑的运动，当 $P \gg F_{max}$ 时则产生滑动。由此可看出滚动比滑动省力，所以工程上常用滚动轴承代替滑动轴承。

据大量实验总结得出滚动摩阻基本定律，滚动摩阻力偶的最大值与法向反力的大小成正比，即

$$M_{max} = \delta \cdot N \tag{4-4}$$

应该注意，轮子滚动时，滑动摩擦力 $\vec{F}$ 非但没有害处，反而极为有利，如果滑动摩擦力太小轮子会在原地打滑，这时不仅难以前行而且还会引起磨损，因此汽车轮胎表面总是做成凹凸不平的花纹，增加摩擦力。

例4-3 在搬运重物时，下面常垫以滚木，如图4-7所示，已知重物重 $G = 10\text{kN}$；滚木半径为 $r = 8\text{cm}$，滚木与木板间的滚动摩阻系数为 $\delta = 0.05\text{cm}$，滚木与地面的滚动摩阻系数为 $\delta' = 0.2\text{cm}$，滚木重为 $p = 0.05\text{kN}$，求即将拉动重物时水平力 $\vec{Q}$ 的大小。

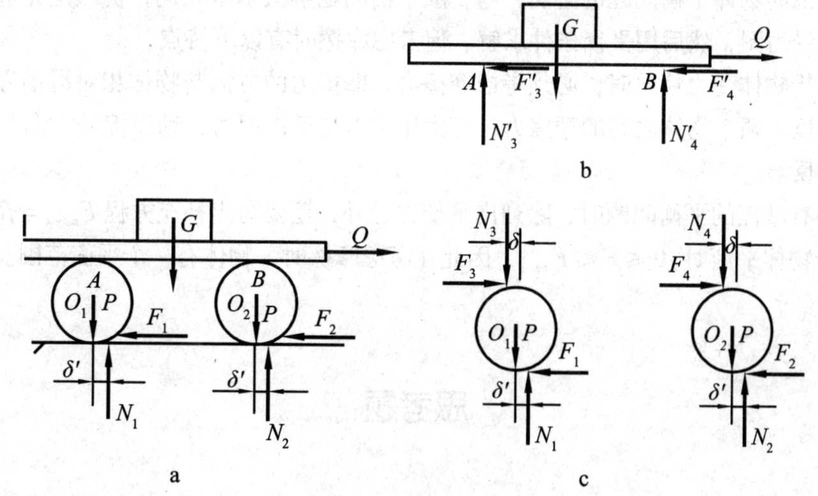

图4-7

解 取整体为研究对象。其受力如图4-7a所示。列平衡方程：

$$\sum X = 0, Q - F_1 - F_2 = 0 \tag{a}$$

$$\sum Y = 0, N_1 + N_2 - G - 2P = 0 \tag{b}$$

取左边滚木为研究对象。其受力如图 4-7b 所示。取 A 为矩心，列方程：

$$\sum m_A = 0, N_1(\delta + \delta') - F_1 \cdot 2r - P \cdot \delta = 0 \tag{c}$$

取右边滚木为研究对象。受力如图 4-7c 所示。取 B 为矩心，列方程：

$$\sum m_B = 0, N_2(\delta + \delta') - F_2 \cdot 2r - P \cdot \delta = 0 \tag{d}$$

（c）+（d）得

$$(N_1 + N_2)(\delta + \delta') - (F_1 + F_2) \cdot 2r - 2P\delta = 0$$

代入（a）、（b）得：

$$Q = \frac{G(\delta + \delta') + 2P\delta'}{2r} = \frac{10(0.05 + 0.2) + 2 \times 0.02 \times 0.2}{2 \times 8} = 0.157\ 5(\text{kN})$$

由上述结果可以看出，若把重物直接放在地面上拉动，如图 4-7b。设滑动摩擦系数 $f = 0.50$，则最少需用的拉力为 $Q_{\min} = fN = 0.5 \times 10 = 5\text{kN}$，而滚动只需 0.157 5kN，故滚动比滑动省力 37.1 倍。

当 $\delta = \delta' = 0$ 时，则 $Q = 0$ 这就相当于平板下面垫一滚子，而滚动摩阻可以不计的话，相当于把平板放在一个理想光滑面上。

小　结

本章主要讲授摩擦力的三种不同状态（静止、临界和运动）时的性质、摩擦定律及其应用，并讲述了摩擦角与自锁的概念。

考虑摩擦时物体平衡问题的解法，与一般平衡问题解法基本相同，仍然是先选取研究对象，画出其受力图，然后用平衡条件求解。但考虑摩擦时有以下特点。

①在分析物体受力情况时，必须考虑摩擦力，摩擦力的方向与物体相对滑动方向或滑动趋势方向相反。两个物体之间的摩擦力，互为作用力与反作用力，动摩擦的方向与物体运动速度方向相反。

②求解有摩擦的平衡问题时，除列出平衡方程外，还要写出补充方程 $F_{\max} = fN$。

③由于物体平衡时，$0 \leqslant F \leqslant F_{\max}$，因此在考虑摩擦时，物体有一个平衡范围。解题时必须分析清楚。

思考题

4-1　滑动摩擦力（含静摩擦力和动摩擦力）的方向如何确定？试分析卡车在开动及刹车时，置于卡车上的重物所受到的摩擦力的方向。

4-2　一般卡车的后轮是主动轮，前轮是从动轮。试分析作用在卡车前、后轮上摩擦力的方向。

4-3 静摩擦力等于法向反力与静摩擦系数的乘积，对否？置于非光滑斜面上，处于静止状态的物块，受到静摩擦力大小等于非光滑面对物块的法向反力的大小与静摩擦系数的乘积，对否？

4-4 平皮带与三角带在张紧力作用下，使皮带以相同的 $\vec{Q}$ 力压在皮带轮上，如图所示。试问哪种皮带轮的最大摩擦力大？为什么？设两种皮带和轮子间的摩擦系数相同。

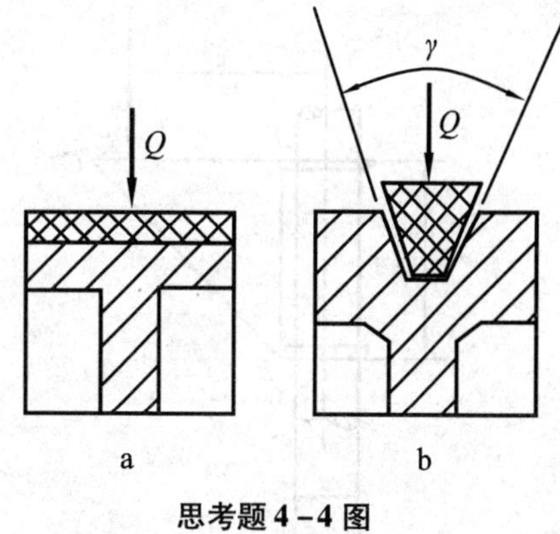

思考题4-4图

4-5 静摩擦系数和摩擦角有何关系？

4-6 螺旋的自锁条件是什么？

习 题

4-1 机床上为了能迅速装卸，常采用图示的偏心轮夹具。已知偏心轮直径为 d，此轮与台面间的摩擦系数为 f，今欲使偏心轮手柄上的外力除去后不会自动松退，问偏心距 e 应为多大？

4-2 压延机由两轮构成，直径均为 $d = 50\text{cm}$，两轮缘间隙为 $a = 0.5\text{cm}$，按相反方向转动如图。设已知烧红的铁板与铸铁轮间摩擦系数 $f = 0.1$，问能压延的铁板厚度 b 是多少？

提示：欲使机器操作，则铁板必须被两个转动轮带动，即作用在铁板 A、B 处的法向反作用力和摩擦力的合力必须水平向右。

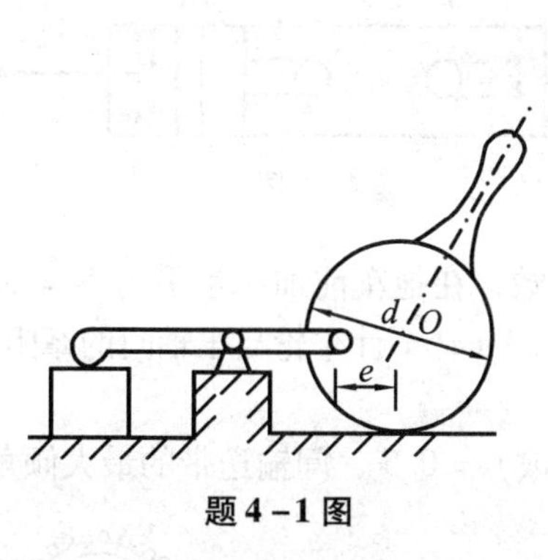

题4-1图

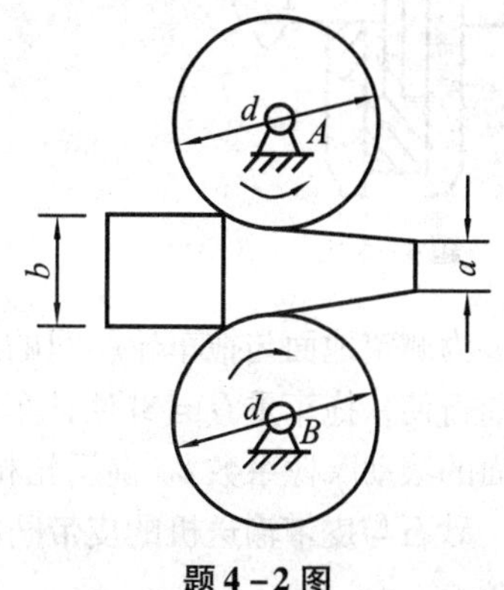

题4-2图

4-3 悬臂托架的端部 A 和 B 处有套环，活套在铅垂的圆柱上可上下移动，若在 AC 上作用铅垂力 P，当此力离开圆柱较远时，此架将被圆柱上的摩擦力卡住而不能移动，设套环与圆柱间的摩擦角皆为 φ_m，不计架重，求此架不致卡住时 P 力离开圆柱中心线的最大距离 $X_{\max}$。

4-4 在图示夹具中，楔块 A 与其他构件间摩擦系数 $f = 0.2$，楔角 $\alpha = 6°$，尺寸 $a = 2b$，求螺旋推力 P 与工件 B 的夹紧力 Q 间的关系。

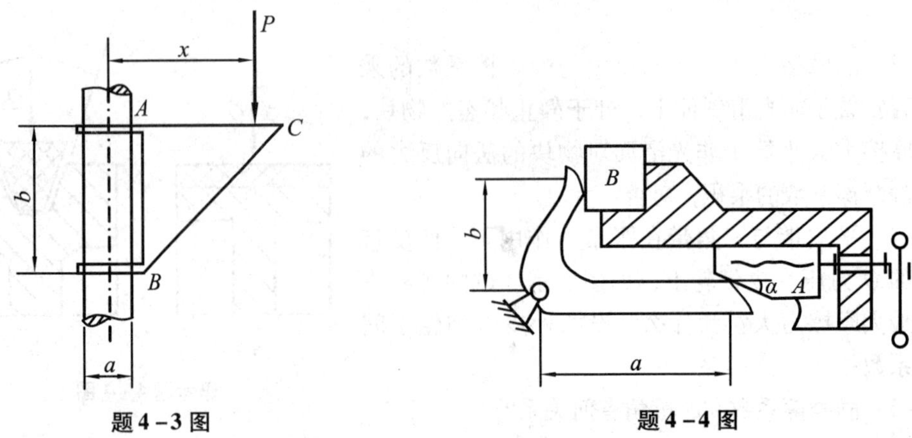

题 4－3 图　　题 4－4 图

4－5　如图为某汽车中摩擦离合器简图。已知摩擦片 2 与两个小侧盘 1、3 间的摩擦系数 $f=0.25$，摩擦片 2 的平均直径 $D=0.2\text{m}$，若传递的扭矩 $M=368\text{N}\cdot\text{m}$，问摩擦片与两侧盘间的正压力 P 的最小值应为多大？

4－6　农机中常用的摩擦安全连接器如图所示，它可以在犁或其他农具作业中遇到障碍物时，当安全连接器的受力超过板Ⅰ与Ⅱ间的最大摩擦力而使农具与拖拉机自动脱开，从而保护农具免遭破坏。设连接器的两螺栓拧紧后每根拧紧螺栓承受 $Q=5\text{kN}$ 的力，各接触面间的摩擦系数均为 $f=0.3$。求此安全连接器所能承受的最大拉力 S_{max}。

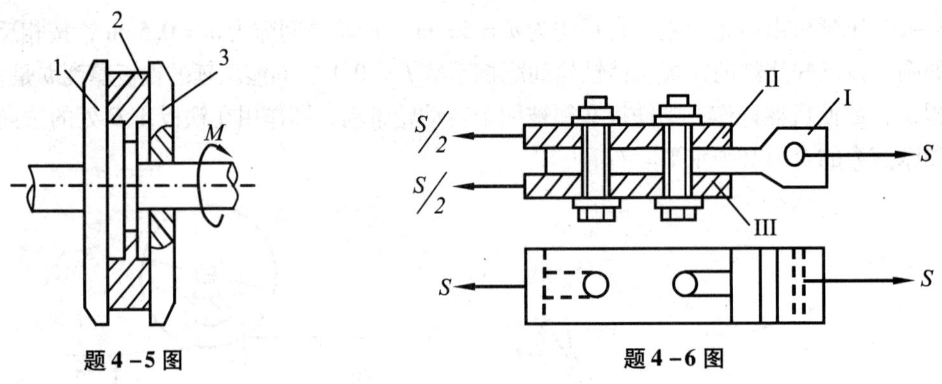

题 4－5 图　　题 4－6 图

4－7　为测定地面与拖车轮胎间的滚动摩阻系数，在拖车前加一水平力 $P=250\text{N}$，使其等速向前行使，拖车重 $Q=8\text{kN}$，车轮半径 $r=0.3\text{m}$，不计车轮与车轴间的摩阻，求拖车轮胎与地面的滚动摩擦系数 δ（前后轮相同）。

4－8　砂石与皮带输送机的皮带间的静摩擦系数 $f=0.5$，问输送带的最大倾角 α 多大？

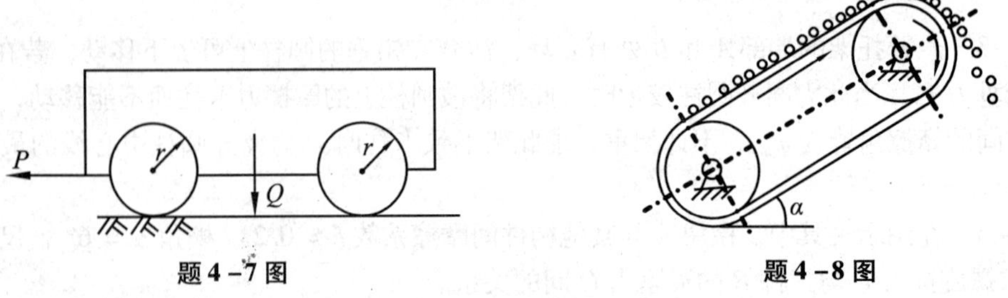

题 4－7 图　　题 4－8 图

4-9 图示流水线中输送工件的滑道，为减少建成流水线的工作量，要求高度差 H 尽量小，设工件与滑道间的摩擦系数 $f = 0.3$, $L = 2m$ 。问 H 不能低于何值?

4-10 简易升降混凝土吊筒装置如图所示，混凝土和吊筒共重 25kN，吊筒与滑道间的摩擦系数为 0.3，分别求出重物匀速上升和下降时绳子的张力。

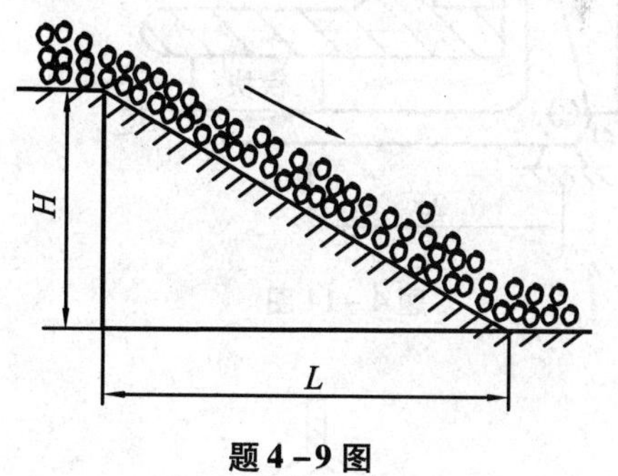

题 4-9 图

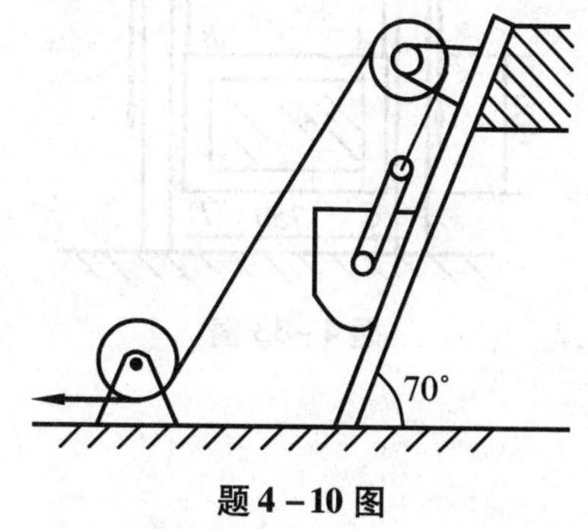

题 4-10 图

4-11 欲转动一置于 V 形槽中的棒料，如图，须作用一力偶矩 $m = 1\,500\text{N}\cdot\text{cm}$ 的力偶，已知棒料重 $G = 400\text{N}$，直径 $D = 25\text{cm}$ 。求棒料与 V 槽间的摩擦系数。

4-12 起重绞车的制动器由带制动块的手柄和制动轮组成。已知制动轮半径 $R = 50\text{ cm}$，鼓轮半径 $r = 30\text{cm}$，制动轮和制动块间的摩擦系数 $f = 0.4$，提升的重量 $G = 1\,000\text{N}$，手柄长 $L = 300\text{cm}$, $a = 60\text{cm}$, $b = 10\text{cm}$ 。不计手柄和制动轮的重量，求能制动所需 $\vec{P}$ 力的最小值。

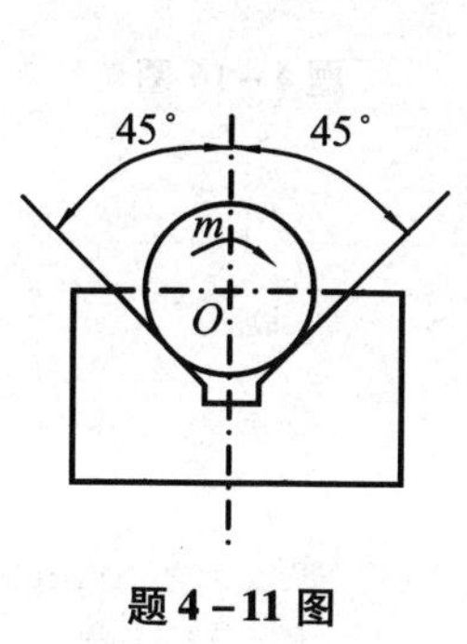

题 4-11 图

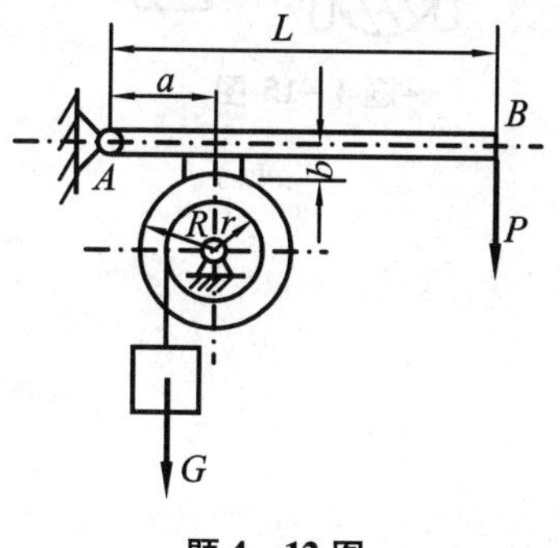

题 4-12 图

4-13 矩形木窗重 60N，可沿导槽上下移动，由细绳跨过滑轮用两个 30N 的平衡重吊住，今左边细绳突然断开，问木窗与导槽的静摩擦系数 f 为多大时，木窗才不致滑下（假定木窗与导槽间的间隙可略去不计，当细绳断时木窗在 A、B 两点接触）。

4-14 在楔块与杠杆联合的增力机构中，由原动力通过楔块和杠杆的作用增大对工件的夹紧力，设楔块与接触面间的摩擦角 $\varphi_m = 10°$, $\alpha = 6°$ ，原动力 $P = 1\text{kN}$ ，求对工件夹紧力的大小。

4-15 修理电线工人攀登电线杆所用脚上套钩如图所示。已知电线杆直径 $d = 30\text{cm}$ ，套钩尺寸 $b = 10\text{cm}$ ，套钩与电线杆间滑动摩擦系数 $f = 0.3$ ，其重量略。求脚踏处与电线杆轴线间的距离 a 多大时能保证工人安全操作。

4－16 重为 $\vec{G}$ 的工件被夹钳依靠 D、E 处的摩擦力夹紧而提起，有关尺寸如图所示，单位为 mm，夹钳自重不计，求提升工件时夹钳在 D、E 处对工件的压力及摩擦系数的最小值？

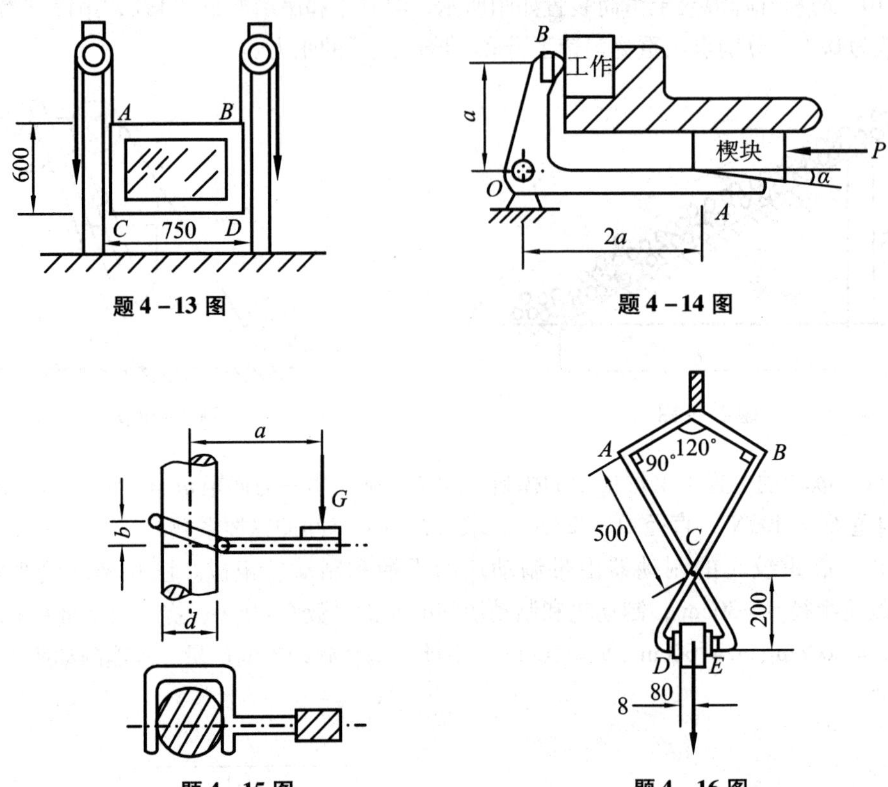

运动学

运动学的任务是研究物体在空间的位置随时间变化的几何性质。例如，物体上各点的轨迹、速度和加速度等。

学习运动学，一方面是为学习动力学作准备；另一方面它在工程中又有独立应用的意义。例如，为了使机器各部件间的运动能协调配合，在设计时必须对它们的运动作详细的分析，这就需要运动学知识。

研究物体的机械运动，必须首先确定每一瞬时它在空间的位置。用来确定其他物体在空间位置的参考物体称为参考体，固结在参考体上的坐标系称为参考系。同一物体相对于不同的参考系来说，运动是不同的。如坐在行进中的车厢内的旅客，相对于车厢来说是静止的，相对于地面来说，又是运动着的。因此，描述任何物体的运动，必须说明是相对于哪一个参考系，这就是运动的相对性。在一般工程问题中，通常都采用固结于地球上的坐标系作为参考系。

在运动学中，我们将研究点和刚体的运动，当物体的形状和大小对所研究的问题不起主要作用时，可将物体描述成为一个几何点。否则，就应看作刚体。例如，空中飞行的飞机，运动中的拖拉机，当研究它们的运动轨迹时，都可以抽象为一个点。

下面，我们将先研究点的运动，然后研究刚体的运动。

第5章　点的运动

5.1　点的运动方程

研究点的运动时，首先要确定点在参考系中每一瞬时的位置，并用数学式表示，该式称为点的运动方程。

动点对于不同的参考系，可写出不同形式的运动方程。下面介绍几种常用的运动方程。

5.1.1　矢量形式的运动方程

设动点 M 相对于参考系 $Oxyz$ 作空间曲线运动，则动点 M 相对于该参考系的位置可用矢径 $\vec{r}$（从坐标原点 O 引到动点 M 的矢量）表示（图5-1）。当动点 M 运动时，矢径 $\vec{r}$ 的大小和方向将随时间变化。因此 $\vec{r}$ 是时间 t 的单值连续矢函数，即

$$\vec{r} = \vec{r}(t) \tag{5-1}$$

上式即为点的矢量形式的运动方程。矢径 $\vec{r}$ 随动点 M 在空间划过的矢径曲线，即为动点 M 的轨迹。

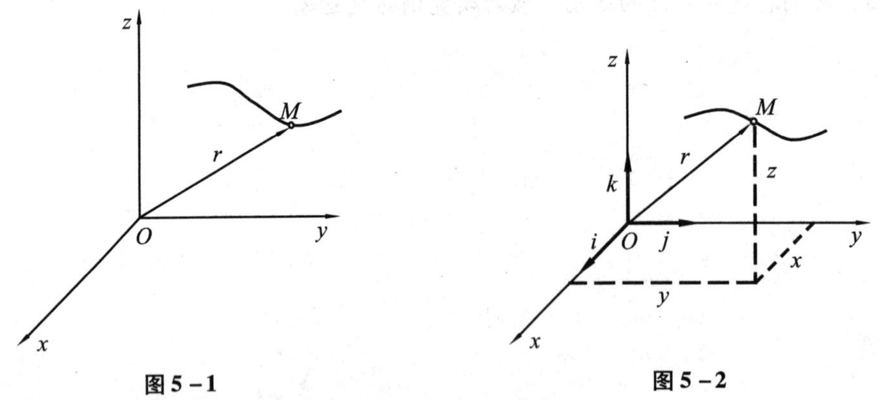

图5-1　　　　图5-2

5.1.2　直角坐标形式的运动方程

任选固定的直角坐标系 $Oxyz$，则动点 M 在空间的位置可由该坐标系的三个坐标 x、y、z 确定（图5-2）。当动点 M 运动时，它的坐标 x、y、z 随时间 t 变化，都是时间 t 的单值连续函数，即

$$\left.\begin{aligned} x &= f_1(t) \\ y &= f_2(t) \\ z &= f_3(t) \end{aligned}\right\} \tag{5-2}$$

这组方程称为点的直角坐标形式的运动方程。如果知道点的运动方程式（5-2），可以求出任一瞬时点的坐标 x、y、z 的值，即完全确定了该瞬时动点的位置。式（5-2）也是点的轨迹参数方程。从这组方程消去时间 t，即可得用直角坐标来表示的点的轨迹方程。

在工程实际中，经常遇到动点在平面上运动的情况，这时，点的轨迹为一平面曲线。如取轨迹所在的平面为坐标面 Oxy，则点的运动方程为：

$$\begin{aligned} x &= f_1(t) \\ y &= f_2(t) \end{aligned} \tag{5-3}$$

从上式中消去时间 t，即得轨迹方程：

$$F(x,y) = 0 \tag{5-4}$$

5.1.3　弧坐标形式的运动方程

当点的运动轨迹已知时，可结合轨迹确定动点的位置。设在轨迹上选取一点 O 作为原点，并规定在点 O 的某一边弧长为正，另一边弧长为负（图 5-3）。则动点 M 在轨迹上的位置可以用点 M 到 O 点的弧长 S 来确定，S 称为弧坐标。弧长 S 是代数量。当动点 M 运动时，弧坐标 S 是时间 t 的单值连续函数，即

$$S = f(t) \tag{5-5}$$

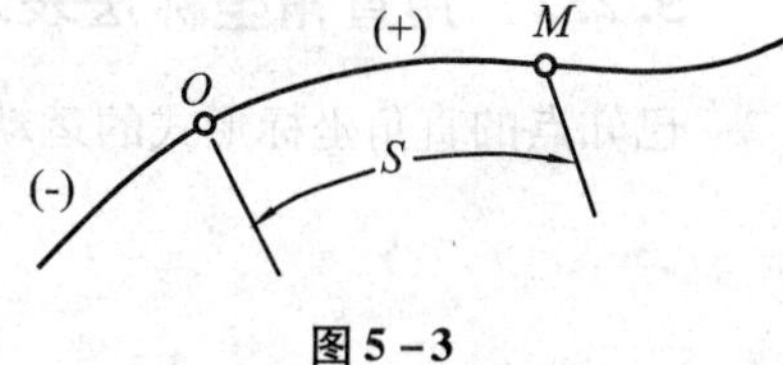

图 5-3

上式称为点的弧坐标形式的运动方程（或称点沿已知轨迹的运动方程）。如果已知点的运动方程式（5-5），可以求出任一瞬时点的弧坐标 S 的值，即确定了该瞬时动点在轨迹上的位置。

5.2　点的速度和加速度

5.2.1　用矢量法表示点的速度和加速度

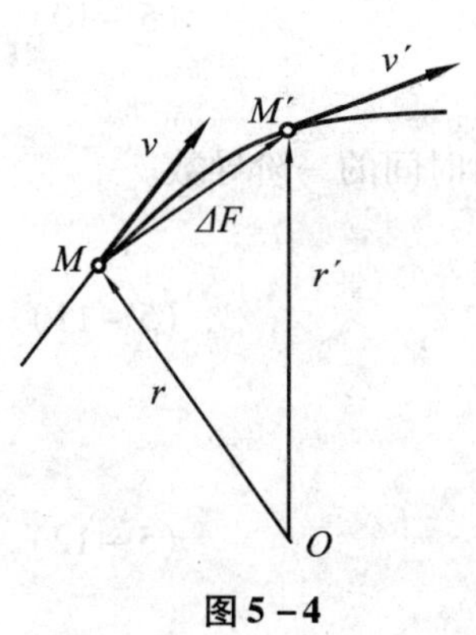

图 5-4

设动点 M 作空间曲线运动，在瞬时 t，动点 M 的位置由矢径 $\vec{r}$ 确定，在瞬时（$t+\Delta t$），动点的位置 M' 由矢径 $\vec{r}'$ 确定（图 5-4）。则矢径 $\vec{r}$ 的增量 $\Delta\vec{r} = \vec{r}' - \vec{r}$ 即为动点在时间间隔 Δt 内的位移。比值 $\dfrac{\Delta\vec{r}}{\Delta t}$ 称为动点在时间间隔 Δt 内的平均速度，用 $\vec{v}^*$ 表示。当 $\Delta t \to 0$ 时，平均速度 $\vec{v}^*$ 的极限就是动点在瞬时 t 的速度，用 $\vec{v}$ 表示，则

$$\vec{v} = \lim_{\Delta t \to 0} \frac{\Delta\vec{r}}{\Delta t} = \dot{\vec{r}} \tag{5-6}$$

即：动点的速度矢等于它的矢径 $\vec{r}$ 对时间的一阶导数。

速度是一个矢量。它的大小等于 $\dot{r}$，它的方位沿轨迹在该点的切线，指向动点的运动方向。

速度的单位是 m/s 。

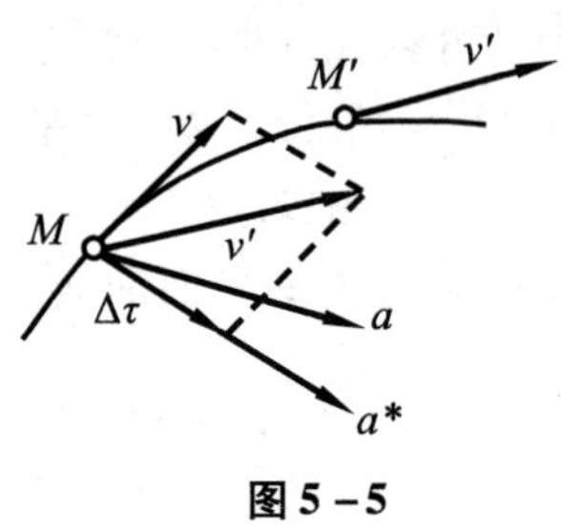

图 5－5

设动点 M 在瞬时 t 的速度是 $\vec{v}$，在瞬时（$t+\Delta t$）的速度是 $\vec{v}'$（图 5－5）。于是，在 Δt 时间内速度矢的增量为 $\Delta v=\vec{v}'-\vec{v}$，比值 $\frac{\Delta\vec{v}}{\Delta t}$ 称为动点在时间间隔 Δt 内的平均加速度，用 $\vec{a}^*$ 表示。当 $\Delta t\to0$ 时，平均加速度 $\vec{a}^*$ 的极限就是动点在瞬时 t 的加速度，用 $\vec{a}$ 表示，则

$$\vec{a}=\lim_{\Delta t\to0}\vec{a}^*=\lim_{\Delta t\to0}\frac{\Delta\vec{v}}{\Delta t}=\dot{\vec{v}}=\ddot{\vec{r}} \tag{5－7}$$

即：动点的加速度矢等于该点的速度矢对时间的一阶导数，或等于该点的矢径对时间的二阶导数。

加速度也是一个矢量，它的大小等于 $|\dot{\vec{v}}|$，方向沿 $\Delta t\to0$ 时 $\Delta\vec{v}$ 的极限方向。加速度常用单位是 m/s^2 。

5.2.2 用直角坐标法表示点的速度和加速度

已知点的直角坐标形式的运动方程为：

$$x=f_1(t)$$
$$y=f_2(t)$$
$$z=f_3(t)$$

且

$$\vec{r}=x\vec{i}+y\vec{j}+z\vec{k}$$

根据式（5－6），并注意到 $\vec{i}$、$\vec{j}$、$\vec{k}$ 为常矢量，有：

$$\vec{v}=\dot{\vec{r}}=\dot{x}\vec{i}+\dot{y}\vec{j}+\dot{z}\vec{k} \tag{5－8}$$

根据矢量的性质，速度矢 $\vec{v}$ 又可写成下列形式：

$$\vec{v}=v_x\vec{i}+v_y\vec{j}+v_z\vec{k} \tag{5－9}$$

其中 v_x、v_y、v_z 分别为速度 $\vec{v}$ 在直角坐标 x、y、z 上的投影。比较以上两式有：

$$\left.\begin{aligned}v_x&=\dot{x}\\v_y&=\dot{y}\\v_z&=\dot{z}\end{aligned}\right\} \tag{5－10}$$

因此，动点的速度在各坐标轴上的投影等于该点的对应坐标对时间的一阶导数。

由此可得速度 v 的大小：

$$v=\sqrt{v_x^2+v_y^2+v_z^2} \tag{5－11}$$

其方向可由速度 $\vec{v}$ 的方向余弦确定，即：

$$\left.\begin{aligned}\cos(\vec{v},\vec{i})&=v_x/v\\\cos(\vec{v},\vec{j})&=v_y/v\\\cos(\vec{v},\vec{k})&=v_z/v\end{aligned}\right\} \tag{5－12}$$

设动点 M 的加速度 $\vec{a}$ 在直角坐标轴上的投影为 a_x、a_y、a_z，则

$$\vec{a} = a_x\vec{i} + a_y\vec{j} + a_z\vec{k} \tag{5-13}$$

又知 $\vec{a} = \dot{\vec{v}}$

将式（5-9）代入上式得：

$$\begin{aligned}\vec{a} &= \frac{d}{dt}(v_x\vec{i} + v_y\vec{j} + v_z\vec{k}) \\ &= \dot{v}_x\vec{i} + \dot{v}_y\vec{j} + \dot{v}_z\vec{k} \\ &= \ddot{x}\vec{i} + \ddot{y}\vec{j} + \ddot{z}\vec{k}\end{aligned} \tag{5-14}$$

比较式（5-13）和（5-14）得：

$$\left.\begin{aligned}a_x &= \dot{v}_x = \ddot{x} \\ a_y &= \dot{v}_y = \ddot{y} \\ a_z &= \dot{v}_z = \ddot{z}\end{aligned}\right\} \tag{5-15}$$

点的加速度在直角坐标轴上的投影分别等于动点的各对应坐标对时间的二阶导数。

点的加速度大小为：

$$\begin{aligned}a &= \sqrt{a_x^2 + a_y^2 + a_z^2} \\ &= \sqrt{\ddot{x}^2 + \ddot{y}^2 + \ddot{z}^2}\end{aligned} \tag{5-16}$$

其方向可由加速度 $\vec{a}$ 的方向余弦确定，即

$$\left.\begin{aligned}\cos(\vec{a},\vec{i}) &= a_x/a \\ \cos(\vec{a},\vec{j}) &= a_y/a \\ \cos(\vec{a},\vec{k}) &= a_z/a\end{aligned}\right\} \tag{5-17}$$

例5-1 如图5-6所示，椭圆规的曲柄 OC 可绕定轴 O 转动，其端点 C 与规尺 AB 的中点以铰链相连结，在规尺 AB 的两端 A、B 分别装有滑块，在相互垂直的滑道中运动。试求规尺上 M 点的运动方程、轨迹以及它的速度及加速度。已知，$MC = a$，$\varphi = \omega t$，$OC = AC = BC = l$。

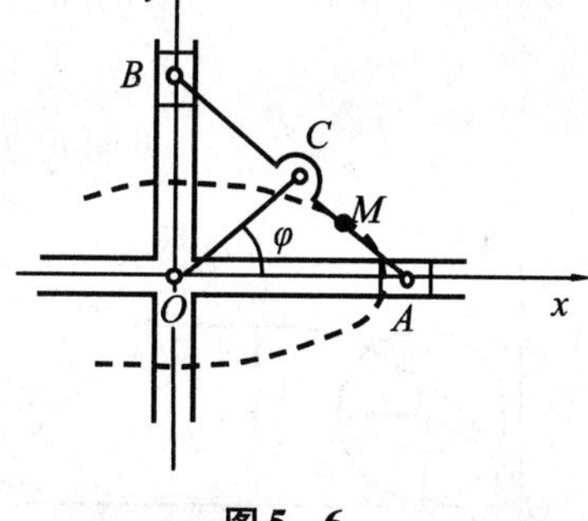

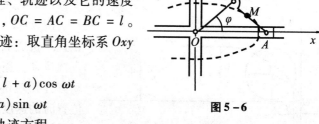

图5-6

解 ①求 M 点的运动方程和轨迹：取直角坐标系 Oxy（图5-6），则点 M 的运动方程为：

$$x = (OC + CM)\cos\varphi = (l + a)\cos\omega t$$

$$y = AM\sin\varphi = (l - a)\sin\omega t$$

从运动方程中消去时间 t，得轨迹方程：

$$\frac{x^2}{(l+a)^2} + \frac{y^2}{(l-a)^2} = 1$$

显然，动点 M 的轨迹是一个椭圆，其长半轴等于 $l + a$，与 x 轴重合；短半轴等于 $l - a$，与 y 轴重合，当 M 点在 BC 段上时，椭圆的长轴将与 y 轴重合，读者可自己考虑为什么。

②求 M 点的速度：将动点 M 的坐标对时间求导数得：

$$v_x = \dot{x} = -\omega(l+a)\sin\omega t$$
$$v_y = \dot{y} = \omega(l-a)\cos\omega t$$

故速度的大小为：

$$\begin{aligned} v &= \sqrt{v_x^2 + v_y^2} \\ &= \sqrt{\omega^2(l+a)^2\sin^2\omega t + \omega^2(l-a)^2\cos^2\omega t} \\ &= \omega\sqrt{l^2 + a^2 - 2al\cos 2\omega t} \end{aligned}$$

方向余弦为：

$$\cos(\vec{v},\vec{i}) = \frac{v_x}{v} = -\frac{(l+a)\sin\omega t}{\sqrt{l^2+a^2-2al\cos 2\omega t}}$$

$$\cos(\vec{v},\vec{j}) = \frac{v_y}{v} = \frac{(l-a)\cos\omega t}{\sqrt{l^2+a^2-2al\cos 2\omega t}}$$

（3）求 M 点的加速度。

将点的坐标对时间求二阶导数可得：

$$a_x = \ddot{x} = \dot{v}_x = -\omega^2(l+a)\cos\omega t$$
$$a_y = \ddot{y} = \dot{v}_y = -\omega^2(l-a)\sin\omega t$$

故加速度大小为：

$$\begin{aligned} a &= \sqrt{a_x^2 + a_y^2} \\ &= \sqrt{\omega^4(l+a)^2\cos^2\omega t + \omega^4(l-a)^2\sin^2\omega} \\ &= \omega^2\sqrt{l^2 + a^2 + 2al\cos 2\omega t} \end{aligned}$$

它的方向余弦为：

$$\cos(\vec{a},\vec{i}) = \frac{a_x}{a} = -\frac{(l+a)\cos\omega t}{\sqrt{l^2+a^2-2al\cos 2\omega t}}$$

$$\cos(\vec{a},\vec{j}) = \frac{a_y}{a} = -\frac{(l-a)\sin\omega t}{\sqrt{l^2+a^2-2al\cos 2\omega t}}$$

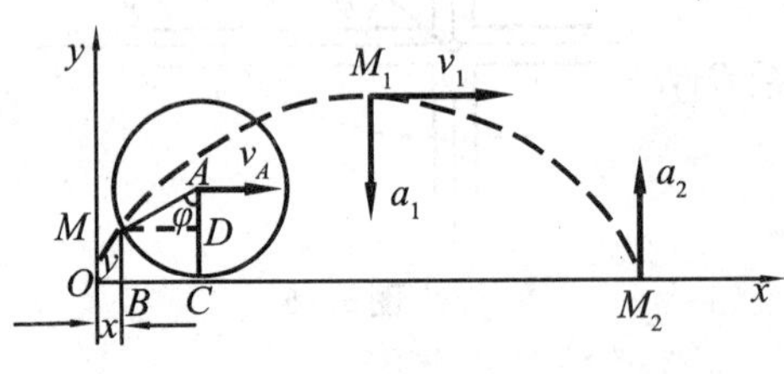

图 5－7

例 5－2 如图 5－7 所示，半径为 r 的车轮在直线轨道上只滚动而不滑动，其轮心 A 作匀速直线运动，速度为 $\vec{v}_A$。求：轮缘上一点 M 的运动方程和轨迹，以及当点 M 在最高位置和最低位置时的速度和加速度。

解 ①求运动方程和轨迹：为了求 M 点的运动方程、速度和加速度，取坐标系 Oxy（图 5－7）。

请注意，在建立点的运动方程时，必须把动点放在任一瞬时 t 的一般位置来分析，而不能放在某一特定位置进行分析。

设点 M 在初瞬时（$t=0$）位于坐标原点 O，在任一瞬时 t 位于图示位置。由图示几何关系可得 M 点的坐标为：

$$\left.\begin{aligned} x &= OB = OC - MD = r\varphi - r\sin\varphi \\ y &= BM = AC - AD = r - r\cos\varphi \end{aligned}\right\} \tag{a}$$

因轮心 A 以速度 $\vec{V}_A$ 作匀速直线运动，因而有：

$$OC = \overset{\frown}{MC} = r\varphi = v_A \cdot t$$

$$\varphi = v_A t/r \tag{b}$$

把 φ 值代入（a）式，得 M 点的运动方程为：

$$\left.\begin{aligned} x &= v_A \cdot t - r\sin\frac{v_A \cdot t}{r} \\ y &= r - r\cos\frac{v_A \cdot t}{r} \end{aligned}\right\} \tag{c}$$

此运动方程同时也是轨迹的参数方程，其轨迹为旋轮线（又称摆线），如图 5－7。

②加速度：将式（c）对时间求一阶导数，可得速度方程：

$$\left.\begin{aligned} v_x &= v_A - v_A\cos\frac{v_A t}{r} \\ v_y &= v_A\sin\frac{v_A t}{r} \end{aligned}\right\} \tag{d}$$

将式（d）对 t 求导数，可得加速度方程：

$$\left.\begin{aligned} a_x &= \frac{v_A^2}{r}\sin\frac{v_A t}{r} \\ a_y &= \frac{v_A^2}{r}\cos\frac{v_A t}{r} \end{aligned}\right\} \tag{e}$$

当点 M 处于最高位置 M_1 时，$\varphi = \dfrac{v_A \cdot t}{r} = \pi$。将它代入（d）式与（e）式得：

$$v_{M_1} = 2v_A \text{ 方向沿 x 轴正向}$$

$$a_{M_1x} = 0$$

$$a_{M_1y} = -\frac{v_A^2}{r} \text{ 方向沿 y 轴负向}$$

当点 M 处于最低位置 M_2 时，$\varphi = 2\pi$。将它代入（d）式和（e）式得：

$$v_{M_2} = 0$$

$$a_{M_2x} = 0$$

$$a_{M_2y} = \frac{v_A^2}{r}$$

a_{M_2y} 的方向沿 y 轴正向，即沿着车轮的半径，指向轮心 A，这是车轮作只滚不滑的特征。

5.2.3　用自然法表示点的速度和加速度

用自然法表示点的速度和加速度时，要涉及自然轴系的概念，下面就先讨论这一概念。

(1) 自然轴系

设有一空间任意曲线（图 5－8）。在其上 M 点邻近另取一点 M'，曲线在 M 点切线为 MT，在 M' 点的切线为 $M'T'$。自点 M 作 $MT_1//M'T'$，则 MT 与 MT_1 将决定一平面。当 M' 向点 M 接近时，因 MT_1 方位的改变，这个平面将绕 MT 转动。点 M' 趋近于 M 点时，这个平面将转到某一极限位置，在这个极限位置的平面称为曲线在 M 点的密切面。显然，曲线上任一点的切线在该点的密切面上。

对于一般空间曲线，密切面的方位随 M 点的位置而改变，对于平面曲线，其密切面即为曲线所在的平面。

过点 M 作一与切线 MT 垂直的平面，称为曲线在 M 点的法面。在法面内通过 M 点的任何直线都与切线垂直，因而都是曲线的法线，其中密切面与法面的交线称为曲线在 M 点的主法线。法面内与主法线垂直的法线称为副法线（图 5－9）。

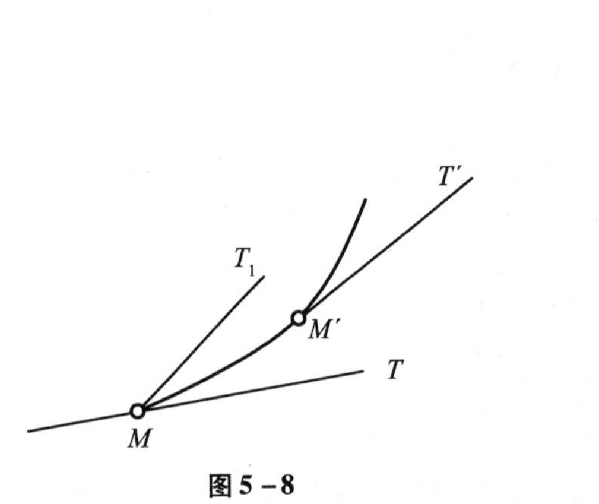

图 5－8

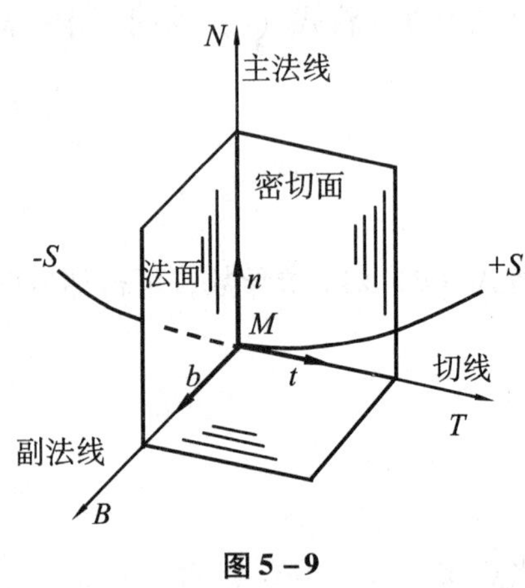

图 5－9

规定：切线方向的单位矢量以 $\vec{\tau}$ 表示，指向弧坐标 S 的正向；主法线方向的单位矢量以 $\vec{n}$ 表示，指向曲线内凹的一侧；副法线方向的单位矢量以 $\vec{b}$ 表示，其指向由右手法则确定，即

$$\vec{b} = \vec{\tau} \times \vec{n}$$

由曲线在 M 点的切线、主法线和副法线所构成的正交轴系，称为曲线在 M 点的自然轴系。

应当指出，自然轴系不是固定的坐标系，它随动点在轨迹上的位置而改变，因此 $\vec{\tau}$、$\vec{n}$、$\vec{b}$ 是方向随动点的位置而改变的单位矢量。

(2) 点的速度

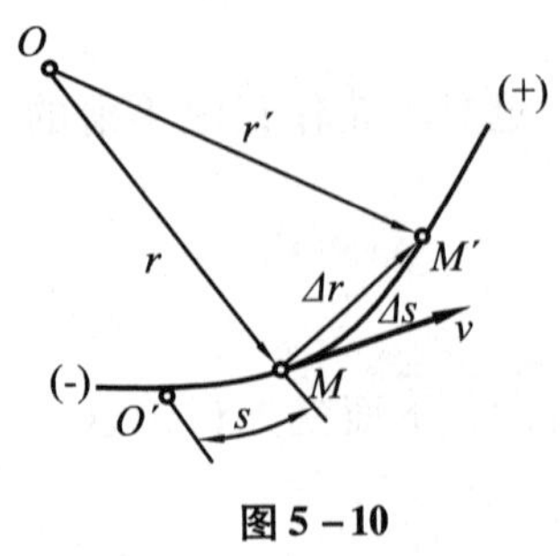

图 5－10

设已知动点的轨迹（图 5－10）以及它沿轨迹的运动方程 $S = S(t)$，现在求动点的速度在自然轴上的投影。

设在时间间隔 Δt 内，动点由 M 点运动到 M' 点，弧坐标的增量 $\Delta s = \overset{\frown}{MM'}$，矢径的增量为 $\Delta\vec{r}$。当 $\Delta t \to 0$ 时，$|\Delta\vec{r}| = |\overset{\frown}{MM'}| = |\Delta S|$，根据点的速度公式（5－6）得：

$$|\vec{v}| = \lim_{\Delta t \to 0}\left|\frac{\Delta\vec{r}}{\Delta t}\right| = \lim_{\Delta t \to 0}\left|\frac{\Delta s}{\Delta t}\right| = |\dot{S}|$$

式中 S 是动点在轨迹曲线上的弧坐标。由此可得结论：速度的大小等于动点的弧坐标对时间的一阶导数的绝对值。

由于 $\vec{\tau}$ 是切线轴的单位矢量，因此点的速度矢可写为：

$$\vec{v} = v \cdot \vec{\tau} = \frac{ds}{dt}\vec{\tau} \tag{5-18}$$

因此有，动点的速度在切线上的投影等于弧坐标对时间的一阶导数。速度的方向沿着轨迹的切线方向，指向可根据 $\frac{ds}{dt}$ 的正负号判断；若 $\frac{ds}{dt}>0$。动点沿着弧坐标正向运动，指向与 $\vec{\tau}$ 相同；若 $\frac{ds}{dt}<0$，动点沿着弧坐标负向运动，指向与 $\vec{\tau}$ 相反。

（3）加速度在自然轴上的投影

把式（5－18）代入加速度公式（5－7）得：

$$\vec{a} = \dot{\vec{v}} = \frac{d}{dt}(v\vec{\tau}) = \frac{dv}{dt}\vec{\tau} + v \cdot \frac{d\vec{\tau}}{dt} \tag{5-19}$$

上式右端两项都是矢量。第一项是反映速度大小变化的加速度，记作 $\vec{a}_\tau$；第二项是反映速度方向变化的加速度，记作 $\vec{a}_n$。现分别说明如下：

① 反映速度大小变化的切向加速度 $\vec{a}_\tau$

因为 $\vec{a}_\tau = \dot{v} \cdot \vec{\tau}$，故 $\vec{a}_\tau$ 的方向沿轨迹在 M 点的切线方向，因此称为切向加速度。当 $\frac{dv}{dt}>0$，$\vec{a}_\tau$ 指向轨迹的正向；若 $\frac{dv}{dt}<0$，$\vec{a}_\tau$ 指向轨迹的负向。

$\vec{a}_\tau$ 的大小为 $\dot{v}$，由式（5－19）知：

$$a_\tau = \dot{v} = \ddot{s} \tag{5-20}$$

式（5－20）反映了加速度在切线上投影的变化率，即表示了速度大小随时间的变化率。

② 反映速度方向变化的法向加速度 a_n

因为 $\vec{a}_n = v\dot{\vec{\tau}}$，此式也可改写为 $\vec{a}_n = v\frac{d\vec{\tau}}{ds} \cdot \frac{ds}{dt}$ 设在时间 Δt 内，动点由位置 M 运动到 M'，沿切线的单位矢量由 $\vec{\tau}$ 变为 $\vec{\tau}'$（图 5－11），而切线经过 ΔS 时转过的角度为 $\Delta\varphi$。由高等数学知，曲率定义为曲线切线的转角对弧长的一阶导数的绝对值。曲率的倒数称为曲率半径，用 ρ 表示，则有

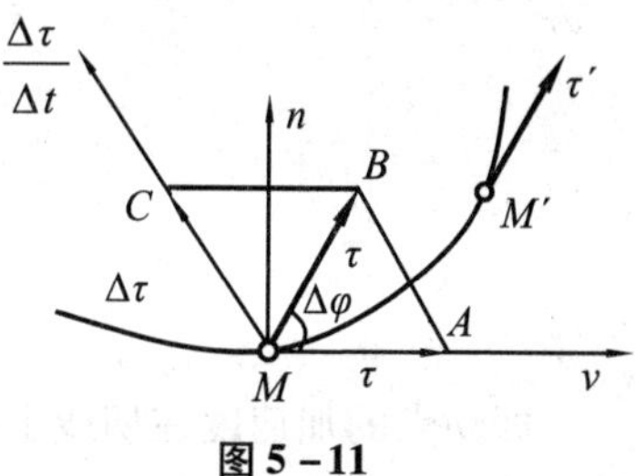

图 5－11

$$\lim_{\Delta s \to 0}\left|\frac{\Delta\varphi}{\Delta s}\right| = |\dot{\varphi}| = \frac{1}{\rho}$$

由图 5－11 中的等腰三角形 MAB 知：

当 Δt 很小时，$\Delta\varphi$ 也很小，$\sin\frac{\Delta\varphi}{2} \approx \frac{\Delta\varphi}{2}$，又 $|\vec{\tau}| = 1$，因此有：

$$|\Delta\vec{\tau}| = 2\sin\frac{\Delta\varphi}{2} \approx \Delta\varphi$$

$$\therefore \left|\frac{d\vec{\tau}}{ds}\right| = \lim_{\Delta s \to 0}\left|\frac{\Delta\tau}{\Delta s}\right| = \lim_{\Delta s \to 0}\left|\frac{\Delta\varphi}{\Delta s}\right| = \frac{1}{\rho}$$

又由式（5－18）知

$$\frac{ds}{dt}=v$$

即该瞬时 M 点法向加速度大小为 $a_n=\frac{v^2}{\rho}$

其次，求 $\dot{\vec{\tau}}$ 的方向。它应是 $\Delta t\rightarrow 0$ 时，$\Delta\vec{\tau}$ 的极限方向。由图 5－11 知 $\Delta\vec{\tau}$ 与 $\vec{\tau}$ 的夹角：

$$\angle AMC=\frac{\varphi}{2}+\frac{\pi}{2}$$

当 $\Delta t\rightarrow 0$ 时 $\Delta\varphi\rightarrow 0$，$\angle AMC\rightarrow\frac{\pi}{2}$，$\Delta\vec{\tau}\perp\vec{\tau}$ 即 $\frac{d\vec{\tau}}{dt}\perp\vec{\tau}$。同时当 $\Delta t\rightarrow 0$ 时，$M\rightarrow M'$，$\vec{\tau}$ 与 $\vec{\tau}'$ 组成的平面的极限位置就是点 M 的密切面。故矢量 $\frac{d\vec{\tau}}{dt}$ 位于点 M 的密切面上，且与切线垂直，即沿曲线在 M 点的主法线方向，并指向曲线内凹的一侧。

所以有：

$$\vec{a}_n=v\frac{d\vec{\tau}}{dt}=\frac{v^2}{\rho}\vec{n} \tag{5-21}$$

由于 $\frac{v^2}{\rho}$ 恒为正值，因此它的方向永远沿着主法线，并指向轨迹的内凹一侧（即曲率中心），故称为法向速度。

综上所述，动点的全速度为

$$\vec{a}=\vec{a}_n+\vec{a}_\tau=\frac{dv}{dt}\vec{\tau}+\frac{v^2}{\rho}\vec{n} \tag{5-22}$$

由于 $\vec{\tau}$、$\vec{n}$ 都在密切面内，所以加速度 $\vec{a}$ 也在密切面内。若 $\vec{a}_n$、$\vec{a}_\tau$、$\vec{a}_b$ 分别表示加速度 $\vec{a}$ 在切线、主法线和副法线上的投影，则有：

$$\vec{a}=a_\tau\vec{\tau}+a_n\vec{n}+a_b\vec{b} \tag{5-23}$$

比较式 5－22 和式 5－23 得：

$$\left.\begin{aligned}a_\tau&=\frac{dv}{dt}=\frac{d^2s}{dt^2}\\a_n&=\frac{v^2}{\rho}\\a_b&=0\end{aligned}\right\} \tag{5-24}$$

即动点的加速度在切线上的投影等于速度的代数值对时间的一阶导数，或等于弧坐标对时间的二阶导数；加速度在主法线上的投影等于速度大小的平方除以轨迹在该点的曲率半径：而加速度在副法线上的投影等于零。

此外还应注意，当 $\vec{a}_\tau$ 与 $\vec{a}$ 同号时，动点作加速运动；反之，做减速运动（图 5－12）。

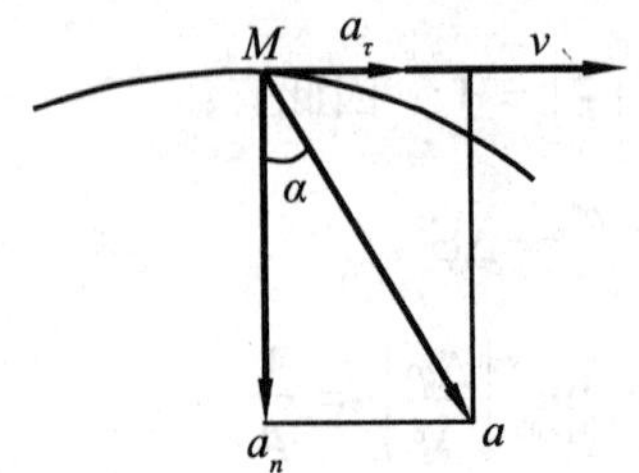

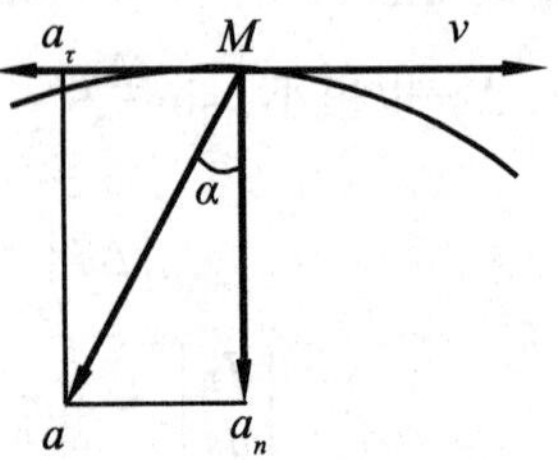

图 5－12

全加速度 $\vec{a}$ 的大小可由下式求出：

$$a = \sqrt{a_\tau^2 + a_n^2} = \sqrt{\dot{v}^2 + \left(\frac{v^2}{\rho}\right)^2} \tag{5-25}$$

全加速度的方向可用其与主法线夹角 α 表示，

$$\mathrm{tg}\,\alpha = a_\tau / a_n \tag{5-26}$$

下面研究几种特殊情况：

① 当点作直线运动时，曲率半径 $\rho = \infty$ ，$a_n = 0$ ，$\vec{a} = \vec{a}_\tau = \dot{v}\vec{\tau}$ 。仅说明速度大小有改变。

② 当点作匀速曲线运动时，速度大小保持不变，即 v = 常量，故 $\vec{a}_\tau = 0, \vec{a} = \vec{a}_n = \frac{v^2}{\rho}\vec{n}$ 。

③ 当点作匀变速曲线运动时，a_n = 常量，$a_n = \frac{v^2}{\rho}$ 。根据动点运动的起始条件，将 $a_\tau = \frac{dv}{dt}$ 逐次积分，即得动点的速度方程和沿已知轨迹的运动方程为

$$v = v_0 + a_\tau t \tag{5-27}$$

$$s = s_0 + v_0 + \frac{1}{2} a_\tau t^2 \tag{5-28}$$

由以上两式消去 t ，则得：

$$v^2 - v_0^2 = 2 a_\tau (s - s_0) \tag{5-29}$$

式中 s_0 和 v_0 是 $t = 0$ 时动点的弧坐标和速度。

例 5-3　如图 5-13 所示，飞轮以 $\varphi = 2t^2$ 的规律转动（φ 以 rad 计），其半径 $r = 50$cm。试求飞轮边缘上一点 M 的速度和加速度。

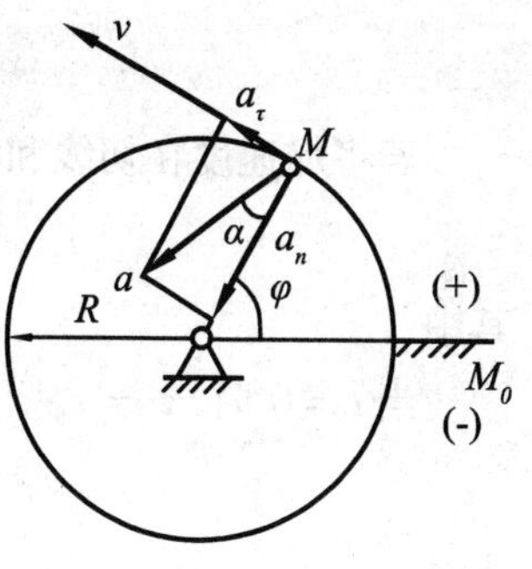

图 5-13

解　已知点 M 的轨迹是半径 $r = 50$cm 的圆周。取 M_0 为弧坐标原点，轨迹正向如图 5-13 所示。则动点沿轨迹的运动方程为：

$$S = R\varphi = 100\,t^2\ (\mathrm{cm})$$

速度的大小为：

$$v = \dot{s} = 200\,t\ (\mathrm{cm/s})$$

速度的方向沿着轨迹的切线，并指向轨迹的正向。

加速度的大小为：

$$a_\tau = \dot{v} = 200\ (\mathrm{cm/s})$$

$$a_n = \frac{v^2}{\rho} = \frac{(200t)^2}{50} = 800\,a\ (\mathrm{cm/s^2})$$

$$a = \sqrt{a_\tau^2 + a_n^2} = 200\sqrt{16t^2 + 1}\,(\mathrm{cm}/s^2)$$

方向为：

$$\mathrm{tg}\alpha = \frac{|a_\tau|}{a_n} = \frac{1}{4t^2}$$

比较自然法和直角坐标法可以看出，前者用于轨迹已知或未知的任一种情形，而当动点的轨迹已知时，用弧坐标法确定它的运动方程式，从而计算其速度和加速度比用直角坐

标法简单，且物理意义明确。

例 5－14　一炮弹以初速度 v_0 和仰角 α 射出，对于图 5－14 所示的直角坐标的运动方程为：

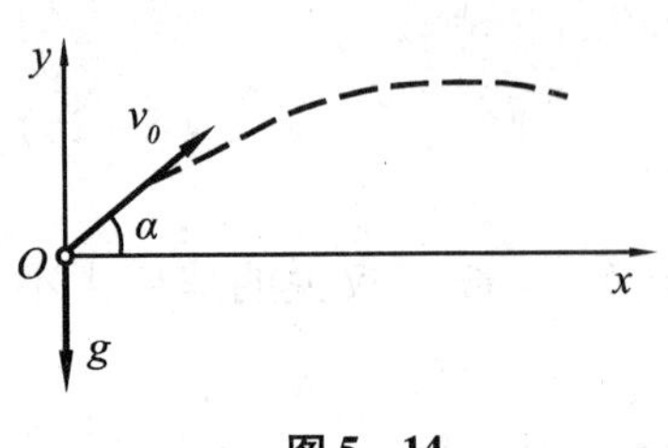

图 5－14

$$x = v_0 \cos a \cdot t$$

$$y = v_0 \sin a \cdot t - \frac{1}{2}gt^2$$

求 $t=0$ 时炮弹的切向加速度和法向加速度以及这时轨迹的曲率半径。

解　分析已知点的运动方程，可求点的速度和加速度，而要求曲率半径 ρ，则需求出点的法向加速度。

先求炮弹的速度、加速度：

$$v_x = \dot{x} = v_0 \cos a$$

$$v_y = \dot{y} = v_0 \sin a - gt$$

$$a_x \sqrt{v_x^2 + v_y^2} = \sqrt{(v_0 cos\alpha)^2 + (v_0 sin\alpha - \mathrm{q}t)^2}$$

$$a_x = \dot{v}_x = 0$$

$$a_y = \dot{v}_y = -g$$

$$a = \sqrt{a_x^2 + a_y^2} = g$$

当 $t=0$ 时，炮弹的速度和全加速度的大小分别为：

$$v = v_0$$

$$a = g$$

若将加速度在切线和法线方向分解，则有：

$$a = \sqrt{a_\tau^2 + a_n^2}$$

其中
$$a_\tau = \dot{v} = -g(v_0 \sin a - gt)/v$$

当 $t=0$ 时，$v = v_0$，由上式得：

$$a_\tau = -g\sin a$$

于是
$$a_n = \sqrt{a^2 - a_\tau^2} = g\cos a$$

由 $a_n = v^2/\rho$ 求得 $t=0$ 时轨迹的曲率半径为：

$$\rho = \frac{v_0^2}{a_n} = \frac{v_0^2}{g\cos a}$$

小　结

本章用建立运动方程式的方法研究了点的运动。其研究方法有 3 种：矢量法、直角坐标法、自然法。在使用这 3 种方法时应注意以下几个问题：

①根据题意分析点的运动情况，选择适当的运动表示法。矢量法主要用于理论推导；当点的运动轨迹未知时，可选用直角坐标系法；如果点的运动轨迹已知，则采用自然法较

为简单，且物理意义明确。

②根据题意，正确地建立点的运动方程。要注意在建立运动方程时，需将动点放在任一瞬间 t 的一般位置，决不能放在特定位置进行分析。

③如果已知直角坐标表示的运动方程，则用求导数的方法求出动点的速度和加速度在各坐标轴上的投影，即

$$v_x = \dot{x} \quad a_x = \dot{v}_x$$

$$v_y = \dot{y} \quad a_y = \dot{v}_y$$

$$v_z = \dot{z} \quad a_z = \dot{v}_z$$

由此即可求出点的速度和加速度。

如果已知弧坐标法表示的运动方程，则运用下列公式求点的速度、切向加速度和法向加速度，从而得出全加速度：

$$\vec{v} = \dot{s}\vec{\tau}, \vec{a}_\tau = \dot{v}\vec{\tau}, \vec{a}_n = (v^2/\rho)\vec{n}$$

④当点作匀速运动或匀变速运动时，可直接应用有关公式求解。

思考题

5－1　点作直线运动时，若其速度为零，加速度是否也一定为零？点作曲线运动时，其速度大小不变，加速度是否一定为零？

5－2　在计算点的速度和加速度时，$\vec{v}$、v、v_x 有何不同？$\frac{d\vec{v}}{dt}$、$\frac{dv}{dt}$、$\frac{dv_x}{dt}$ 有何不同？

5－3　点沿如图所示的曲线运动，C、D 为拐点，所设的速度 $\vec{v}$ 和加速度 $\vec{a}$ 的情况哪些是正确的，那些是不正确的？并说明理由。

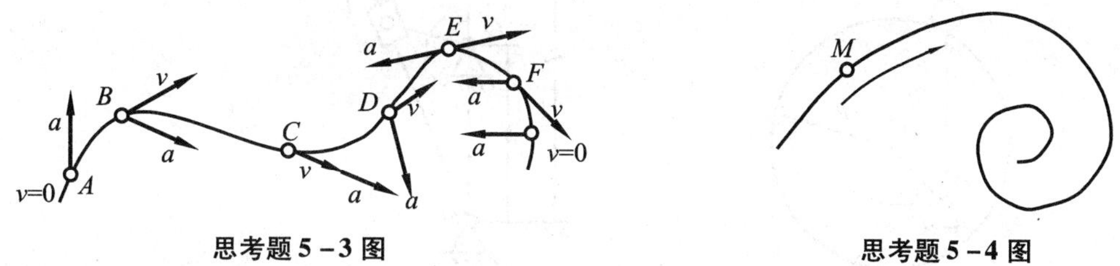

思考题 5－3 图　　思考题 5－4 图

5－4　点 M 沿螺线自外向内运动，如图所示，它走过的弧长与时间成正比，问点的速度是越来越大，还是越来越小？这点越跑越快，还是越跑越慢，还是快慢不变？

习　题

5－1　如图所示，曲柄 OB 以匀角速度 $\omega = 2\text{rad/s}$ 绕 O 轴顺时针转动，并带动杆 AD 上 A 点在水平滑槽内运动，点 C 在铅直滑槽内运动。已知 $AB = OB = BC = CD = 12\text{cm}$，求点 D 的运动方程和轨迹，以及 $\varphi = 45°$ 时点 D 的速度。

5-2　提升重物的简易装置如图所示，钢索 ACB 跨过滑轮 C，一端挂有重物 B，另一端 A 由汽车拉着沿水平方向以速度 $v=1\mathrm{m/s}$ 等速度前进。A 点至地面的距离 $h=1\mathrm{m}$，滑轮离地面的高度 $H=9\mathrm{m}$；当运动开始时，重物在地面上 B_0 处。钢索 A 端在 A_0 处。求重物 B 上升的运动方程、速度、加速度以及升高到滑轮处所需的时间。

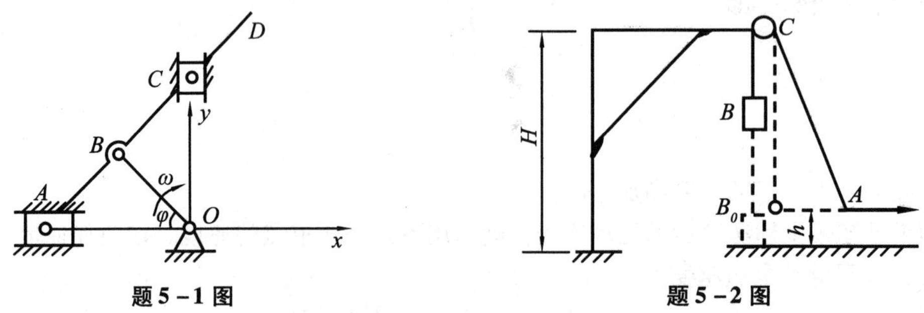

题5-1图　　题5-2图

5-3　如图所示，偏心凸轮半径为 R，绕 O 轴转动，转角 $\varphi=\omega t$（ω 为常量），偏心距 $OC=e$，凸轮带动顶杆 AB 沿铅直线作往复运动。试求顶杆的运动方程和速度。

5-4　牛头刨床中的摇杆机构如图所示，电动机带动曲柄 OA 以匀角速度 ω 顺时针方向转动。滑块 A 沿摇杆 O_1B 滑动，并带动摇杆左右摆动，摇杆又带动安装刨刀的滑枕，作水平往复直线运动。已知 $OA=r$，点 O_1 到滑枕的距离为 l，OO_1 铅直，距离为 $3r$，运动开始时，曲柄铅直向上。求刨刀的速度和加速度。

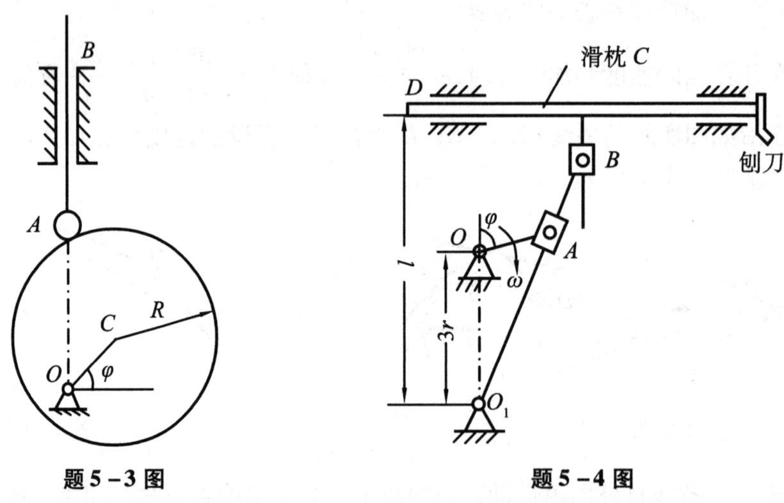

题5-3图　　题5-4图

5-5　如图所示，摇杆机构的滑杆 AB 在某段时间以等速 u 向上运动，试分别用直角坐标法和自然法建立摇杆上 C 点的运动方程，并求此点在 $\varphi=\dfrac{\pi}{4}$ 时的速度的大小。假定初瞬时 $\varphi=0$，摇杆长 $OC=a$，距离 $OD=l$。

5-6　细杆 O_1A 绕轴 O_1 以 $\varphi=\omega t$ 的规律（ω 为已知常数）运动，杆上套有一个小环 M 同时又套在半径为 r 的固定圆圈上。如图所示。试求小环 M 的运动方程、速度、加速度。

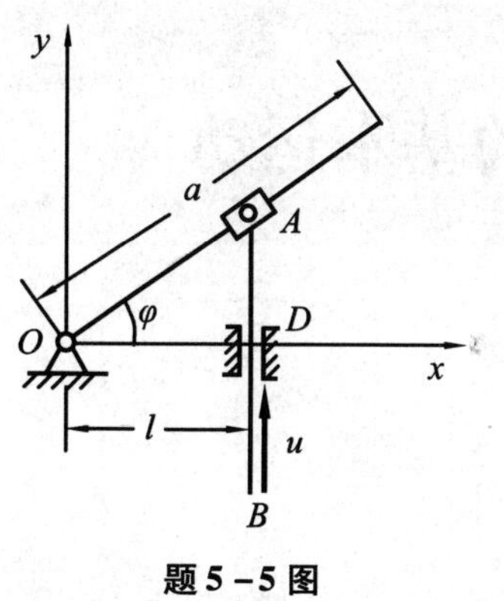

题 5-5 图

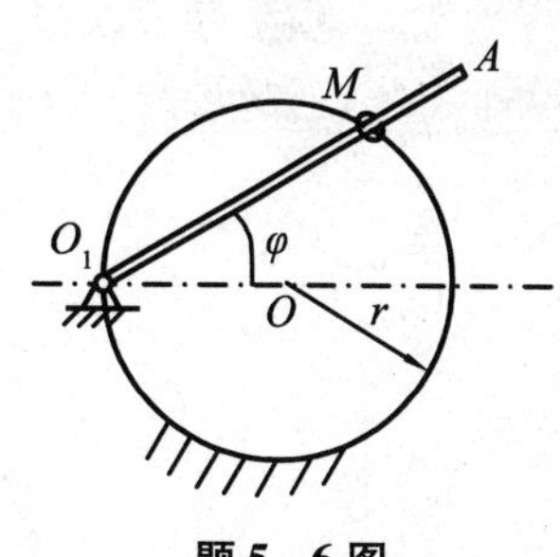

题 5-6 图

5-7　飞轮加速转动时轮缘上一点按 $S=0.1t^3$ 规律运动（t 以 s 计，S 以 m 计）。飞轮半径 $R=0.5\text{m}$。求当此点的速度为 $v=30\text{m/s}$ 时，其切向加速度与法向加速度的大小。

5-8　一点沿半径为 R 的圆周按 $S=v_0t-\dfrac{1}{2}bt^2$ 规律运动，其中 b 为常量。问此点加速度的大小等于多少？什么时候加速度的大小等于 b？此时该点一共走了多少圈？

5-9　列车离开车站时它的速度均匀增加，并在离开车站 3s 后达到 72km/h，其轨迹是半径等于 800m 的圆弧。试求离开车站 2s 后列车的切向加速度与法向加速度以及全加速度。

5-10　在半径 $R=0.5\text{m}$ 的鼓轮上绕一绳子，绳子的一端挂有重物，重物以 $S=0.6t^2$（t 以 s 计，S 以 m 计）的规律下降并带动鼓轮转动。求运动开始 1s 后，鼓轮边缘上最高处 M 点的加速度。

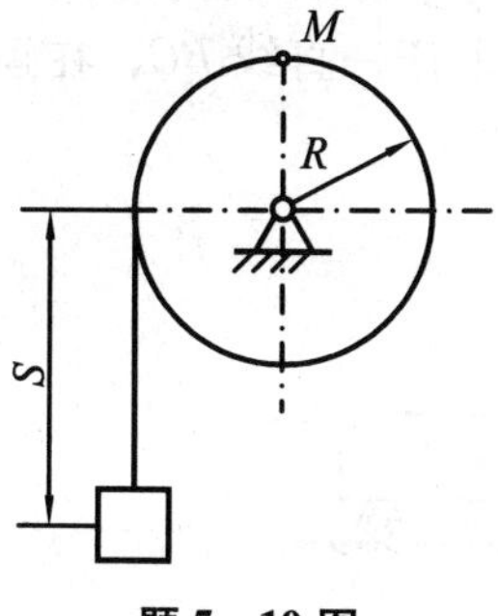

题 5-10 图

5-11　已知点的运动方程为 $x=2t, y=t^2$（坐标单位为 m，t 的单位为 s）。求 $t=2\text{s}$ 时轨迹的曲率半径。

第 6 章　刚体的基本运动

本章研究刚体的两种最基本的也是最简单的运动——平动和定轴转动（简称转动），研究这两种运动，不仅是因为它们在工程实际中应用非常广泛，而且也是研究刚体较复杂的运动的基础。

研究刚体的运动时，首先研究整个刚体的运动，然后再研究刚体内各点的运动。

6.1　刚体的平动

刚体运动时，其上任一直线始终保持与原来位置相平行，则刚体的这种运动称为平动，或称移动。例如，图 6－1 所示沿直线轨道行驶的车厢，车厢内一直线 AB 始终保持与其原来位置相平行，所以车厢作平动。又如图 6－2 所示的振动筛，由于 $O_1A = O_2B$，且 $AB = O_1O_2$，则当机构运动时，O_1ABO_2 将始终保持为平行四边形，AB 始终保持水平位置，即与原来位置平行。同样筛子 AB 上任一直线 BC，在运动过程中，也保持与原来位置平行。所以，筛子的运动为平动。

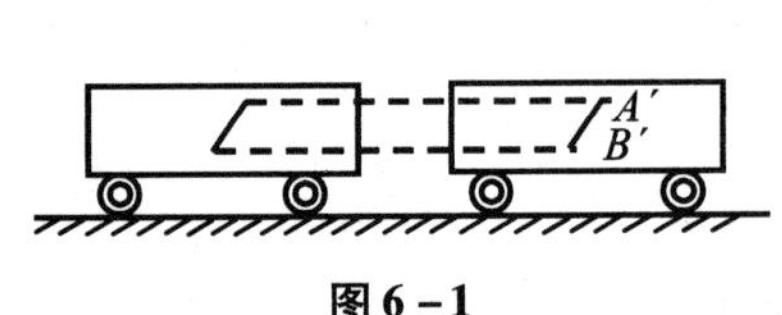

图 6－1

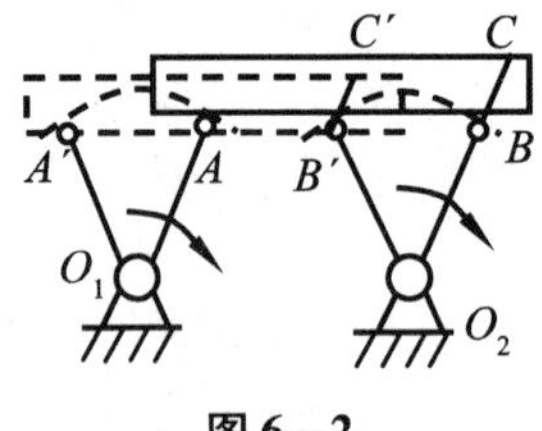

图 6－2

应该指出，刚体平动时，体内各点的轨迹可以是直线也可以是曲线，若各点的轨迹为直线，则刚体的运动称为直线平动，若为曲线，则称为曲线平动，如图 6－1 中车厢的运动为直线平动，而图 6－2 中筛子 AB 的运动就是曲线平动。

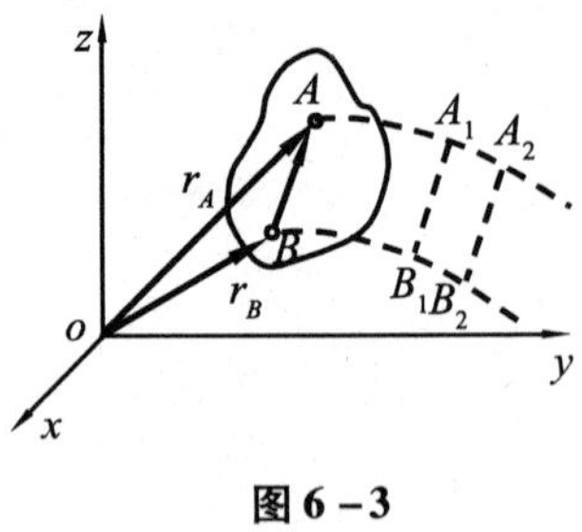

图 6－3

根据刚体平动的特点，可得如下定理：刚体平动时，体内各点的轨迹形状相同；同一瞬时，各点具有相同的速度和加速度。

证明：在平动刚体内任选两点 A 和 B（图 6－3），以 $\vec{r}_A$ 和

$\vec{r}_B$ 分别表示这两点的矢径，由图 6－3 可得：

$$\vec{r}_A = \vec{r}_B + \overrightarrow{AB} \qquad (a)$$

由刚体平动的定义可知，矢量 $\overrightarrow{AB}$ 的长度和方向都不改变，故 $\overrightarrow{AB}$ 为常矢量。因此，若将 B 点轨迹沿 $\overrightarrow{AB}$ 方向平行移过一段距离 BA，就与 A 点的轨迹完全重合。这说明刚体平动时，体内任意两点的轨迹完全相同。例如，图 6－2 中筛子 AB 上各点的轨迹是相同的圆弧。将式（a）对时间求一阶导数和二阶导数，并注意 $\overrightarrow{AB}$ 为常矢量，其导数为零，可得：

$$\dot{\vec{r}}_A = \dot{\vec{r}}_B \text{ , } \vec{v}_A = \vec{v}_B$$

$$\ddot{\vec{r}}_A = \ddot{\vec{r}}_B \text{ , } \vec{a}_A = \vec{a}_B$$

由此可得结论：当刚体平动时，其上各点的轨迹形状相同；在每一瞬时，各点的速度相同，加速度也相同。所以刚体内任一点（例如重心）的运动可以代表整个刚体的运动。刚体的平动问题，可归纳为点的问题来处理。

6.2　刚体的定轴转动

6.2.1　转动方程、角速度和角加速度

刚体运动时、体内或其扩大部分有一直线始终固定不动，则这种运动称为刚体的定轴转动，简称转动。这条固定不动的直线称为转轴。

定轴转动在工程中应用极为广泛，如电动机的转子、机床的转轴和齿轮、收割机脱粒滚筒等的运动都是转动。

本节先研究转动刚体整体的运动，然后再研究刚体内各点的运动。

图 6－4 是一个绕固定轴 OZ 转动的刚体，为确定其任意瞬时的位置，可通过转轴 OZ 作两个平面，平面 A 固定不动，平面 B 固结在刚体上随刚体一起转动，则刚体在任一瞬时的位置可用两平面的夹角 φ 来表示。角 φ 称为刚体的转角或角位移，以 rad 来计，它是一个代数量，其正负号按右手规则确定，即从 Z 轴的正端往负端看，逆时针转动时角 φ 为正，反之为负。当刚体转动时，角 φ 是时间 t 的单值连续函数，即

$$\varphi = f(t) \qquad (6-1)$$

上式称为刚体的转动方程。

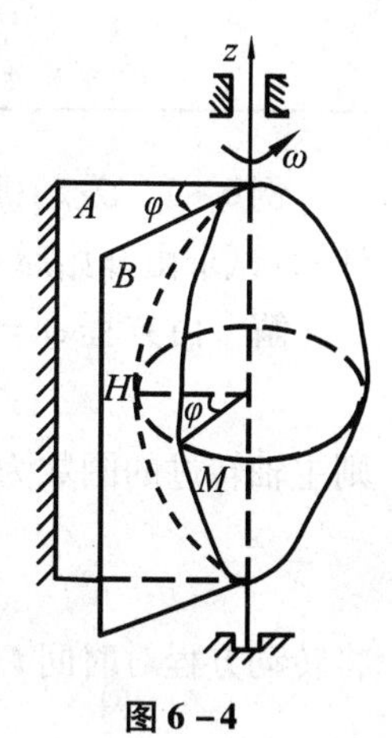

图 6－4

转角 φ 对时间 t 的一阶导数，称为刚体的角速度，用 ω 表示，即

$$\omega = \dot{\varphi} \qquad (6-2)$$

角速度也是代数量，它的大小表示某瞬时刚体转动的快慢，它的正负号表示某瞬时刚体的转向。当 $\omega > 0$ 时，刚体逆时针转动；当 $\omega < 0$ 时，刚体顺时针转动。

角速度的单位为弧度/秒（rad/s）。工程上习惯用转速 n 即每分钟的转数来表示刚体转动的快慢，其单位为 r/min，角速度 ω 与转速 n 之间的关系是：

$$\omega = 2\pi n/60 = \pi n/30 \tag{6-3}$$

角速度ω对时间t的一阶导数，或转角φ对时间t的二阶导数，称为刚体的角加速度，用ε表示，即

$$\varepsilon = \dot{\omega} = \ddot{\varphi} \tag{6-4}$$

其单位为rad/s^2。

角加速度描述了角速度变化的快慢。它也是代数量，其正负号的判定同角速度正、负号的判定。

若ε与ω同号，则ω的绝对值增大，刚体作加速转动；若ε与ω异号，则刚体作减速转动。

刚体转动时，若角速度ω=常量，则称为匀速转动；当角加速度ε =常量时，则称为匀变速转动。这是刚体转动的两种特殊情况。

点的曲线运动与刚体定轴转动之间，存在的对应关系如下表。

表　点的曲线运动与刚体定轴转动的对应关系

点的曲线运动	刚体定轴转动
弧坐标　s	转角　φ
速度　$v = \frac{ds}{dt}$	角速度　$\omega = \frac{d\varphi}{dt}$
切向加速度　$a_\tau = \frac{dv}{dt} = \frac{ds^2}{dt}$	角加速度　$\alpha = \frac{d\omega}{dt} = \frac{d^2\varphi}{d^2t}$
匀速运动　$s = s_0 + vt$	匀速转动　$\varphi = \varphi_0 + \omega t$
匀变速运动　$v = v_0 + a_\tau t$	匀变速转动　$\omega = \omega_0 + \varepsilon t$
$s = s_0 + v_0 t + \frac{1}{2}a_\tau t^2$	$\varphi = \varphi_0 + \omega t + \frac{1}{2}\varepsilon t^2$
$v^2 = v_0^2 + 2a_\tau(s - s_0)$	$\omega^2 = \omega_0^2 + 2\varepsilon(\varphi - \varphi_0)$

例6－1　发动机主轴在起动过程中的转动方程为$\varphi = 3t^3 + 2t$（式中φ以rad计，t以s计），试求由开始后4s末主轴转过的圈数及该瞬时的角速度和角加速度。

解　由方程$\varphi = 3t^3 + 2t$可知，当$t=0$时，$\varphi_0=0$，当$t=4\ s$时，主轴的转角φ为：

$$\varphi\mid_{(t=4)} = 3\times4^3 + 2\times4 = 200\ \text{(rad)}$$

则主轴转过的圈数为：

$$n = \frac{\varphi}{2\pi} = \frac{200}{2\pi} = 31.8$$

将转动方程对时间t求导数，可得角速度及角加速度为：

$$\omega = \frac{d\varphi}{dt} = \frac{d}{dt}(3t^3 + 2t) = 9t^2 + 2$$

$$\varepsilon = \frac{d\omega}{dt} = \frac{d}{dt}(9t^2 + 2) = 18t$$

当$t = 4s$时，其角速度和角加速度分别为：

$$\omega = 9\times4^2 + 2 = 146\ (rad/s^2)$$

$$\varepsilon = 18 \times 4 = 72\ (rad/s^2)$$

例 6－2　已知一飞轮，初始转速为 600 r/min，经过 2s 后轮的转速降低了一半，若飞轮在此过程中是匀减速转动，试求此过程中轮的转动方程及转角。

解　由式（6－3），飞轮的初角速度为：

$$\omega_0 = \frac{\pi n}{30} = \frac{\pi \times 600}{30} = 20\pi(rad/s)$$

轮的末角速度为：

$$\omega = \frac{\pi n \times \frac{1}{2}}{30} = \frac{\pi \times 300}{30} = 10\pi(rad/s)$$

由匀变速转动公式 $\omega = \omega_0 + \varepsilon t$，可得角加速度为：

$$\varepsilon = \frac{\omega - \omega_0}{t} = \frac{(10 - 20)\pi}{2} = -5\pi(rad/s^2)$$

飞轮的转动方程为：

$$\varphi - \varphi_0 = \omega_0 t + \frac{1}{2}\varepsilon t^2$$

$$\varphi = \varphi_0 + 20\pi t + \frac{1}{2}(-5\pi)t^2$$

$$= \varphi_0 + 20\pi t - 2.5\pi t^2$$

设当 $t = 0$ 时，$\varphi_0 = 0$，故当 $t = 2s$ 时，轮的转角设为 φ_2，代入上式得：

$$\varphi_2 = \varphi_0 + 20\pi t - 2.5\pi t^2$$

$$= 20\pi \times 2 - 2.5\pi \times 2^2$$

$$= 40\pi - 10\pi = 30\pi(rad)$$

6.2.2　转动刚体上各点的速度和加速度

上面研究了定轴转动刚体整体的运动规律，而工程实际中还需要了解转动刚体上某些点的运动情况。现在来求定轴转动刚体上各点的速度和加速度。

刚体作定轴转动时，转轴上的点固定不动，不在转轴上的各点都在垂直于转轴的平面内作圆周运动，圆心是此平面与转轴的交点，圆的半径为该点到转轴的距离。

现在转动刚体上任取一点 M，设它到转轴的距离为 R（图 6－5）。则 M 点的轨迹为以 O 为圆心以 R 为半径的圆，故用自然法研究。

取当刚体转角 $\varphi = 0$ 时点 M 的位置 M_0 为弧坐标原点，以角 φ 增大方向为弧坐标 S 的正向。则 M 点的运动方程为：

$$S = R\varphi \tag{6-5}$$

式中 $\varphi = \varphi(t)$ 是定轴转动刚体的转动方程。

M 点的速度为：

$$v = \dot{S} = R \cdot \dot{\varphi} = R\omega \tag{6-6}$$

即转动刚体上任一点速度的大小，等于该点到转轴的距离与刚体的角速度的乘积，方向沿圆周的切线，指向与角速度的转向一致（图 6－6）。由于定轴转动刚体上各点均作圆周运动，故 M 点的切向加速度为：

$$a_\tau = \dot{v} = R\dot{\omega} = R\varepsilon \tag{6-7}$$

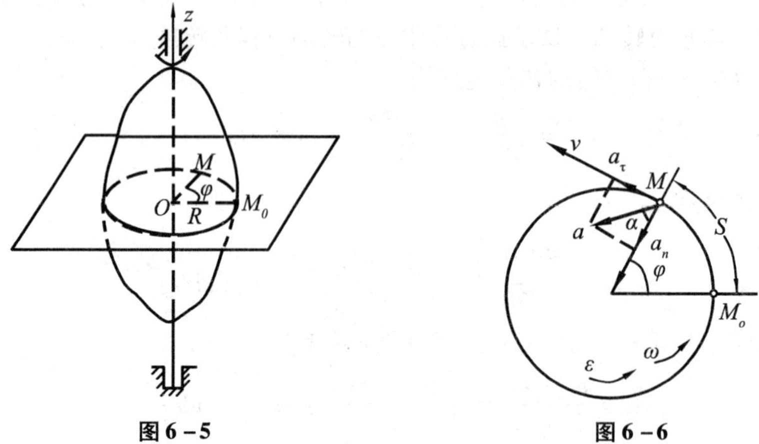

图6-5　　图6-6

即转动刚体内任一点的切向加速度的大小，等于该点到转轴的距离和刚体的角加速度乘积，方向沿圆周的切线。指向与 ε 的转向一致（图6-6）。

M 点的法向加速度为：

$$a_n = v^2/\rho = (R\omega)^2/R = R\omega^2 \tag{6-8}$$

即转动刚体内任一点法向加速度的大小等于该点到转轴的距离和刚体角速度平方的乘积，方向沿该点的法线，指向转轴（图6-6）。

当 ω 与 ε 同号，刚体作加速转动，其上各点的速度指向与切向加速度指向相同，点作加速运动；反之，当 ω 与 ε 异号，刚体作减速转动，点亦作减速运动。

M 点的全加速度的大小为：

$$a = \sqrt{a_\tau^2 + a_n^2} = \sqrt{(R\varepsilon)^2 + (R\omega^2)^2} = \mathrm{R}\sqrt{\varepsilon^2 + \omega^4} \tag{6-9}$$

加速度的方向可用其与半径 OM 的夹角 α 表示：

$$\mathrm{tg}\alpha = \frac{|a_\tau|}{an} = \frac{|R\varepsilon|}{R\omega^2} = \frac{|\varepsilon|}{\omega^2} \tag{6-10}$$

由式（6-6）至（6-10）可知，在同一瞬时，定轴转动刚体上各点的速度、加速度的大小都与该点到转轴的距离成正比，速度的方向都垂直于转动半径，加速度的方向与转动半径的夹角 α 都相同。速度的分布规律如图6-7a、图6-7b 所示。

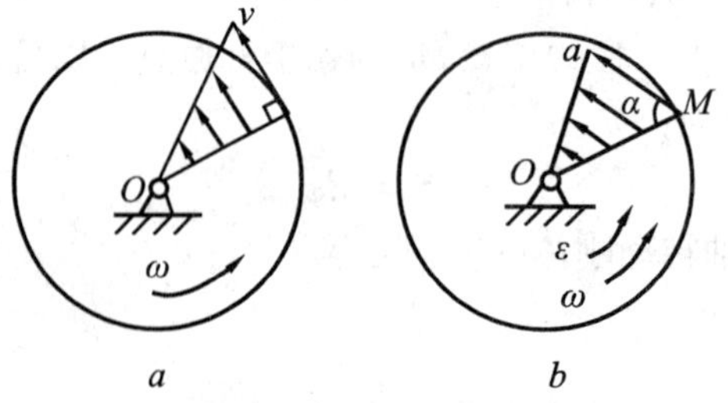

图6-7

例6-3　在图6-8 所示机构中，$O_1A = O_2B = AM = r = 0.2\mathrm{m}$，$O_1O_2 = AB$。已知 O_1 轮按 $\varphi = 15\pi t(\mathrm{rad})$ 的规律转动，求当 $t = 0.5\mathrm{s}$ 时 AB 杆上 M 点的速度、加速度的大小和

方向。

解　由于 $O_1A = O_2B$，$AB = O_1O_2$，因此 O_1O_2AB 是平行四边形，即 AB 在运动过程中始终平行于 O_1O_2，故 AB 杆作平动。在同一瞬时，AB 杆上 M 点与 A 点的速度与加速度相同。即

$$\vec{v}_M = \vec{v}_A, \vec{a}_M = \vec{a}_A$$

为了求出连接点 A 的速度和加速度，必须先求 O_1 轮的角速度和角加速度：

$$\omega = \dot{\varphi} = 15\pi(1/s) \quad \varepsilon = \dot{\omega} = 0$$

当 $t = 0.5\text{s}$ 时，$\varphi = 15\pi \times 0.5 = 7.5\pi(\text{rad})$，$AB$ 杆到达图 6－8b 所示之位置。故

$$v_A = \omega r = 15\pi \times 0.2 = 9.42(m/s)$$

方向水平向右。

$$a_{An} = \omega^2 r = (15\pi)^2 \times 0.2 = 444(\text{m/s}^2)$$

方向铅直向上。

因 $a_{A\tau} = 0$，故 $a_A = a_{An}, a_M = a_A, v_M = v_A$，如图 6－8b 所示。

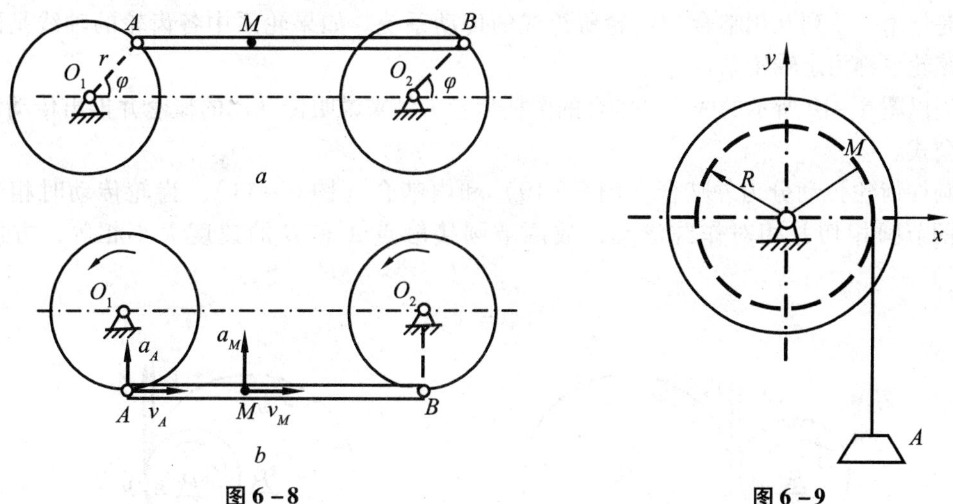

图 6－8　　　　图 6－9

例 6－4　图 6－9 所示为卷扬机转筒，半径 $R = 0.2\text{m}$，在制动的 2s 内，鼓轮的转动方程为：$\varphi = -t^2 + 4trad$

当求 t＝1s 时，轮缘上任一点 M 及物体 A 的速度和加速度。

解　转轴在转动过程中的角速度为：

$$\omega = \dot{\varphi} = -2t + 4 \ (1/\text{s})$$

角加速度：

$$\varepsilon = \dot{\omega} = -2 \ (1/\text{s})$$

当 t＝1s 时，

$$\omega = \omega_1 = 2 \ (1/\text{s})$$

$$\varepsilon = \varepsilon_1 = -2 \ (1/\text{s})$$

ω 与 ε 异号，转筒作匀减速运动。

此时 M 点的速度和加速度为：

$$v_M = R\omega_1 = 0.2 \times 2 = 0.4 \ (\text{m/s})$$

$$a_{M\tau} = R\varepsilon_1 = 0.2 \times (-2) = -0.4(\text{m/s}^2)$$

$$a_{Mn} = 0.2 \times 2^2 = 0.8(\text{m/s}^2)$$

M 点的全加速度：

$$a_M = \sqrt{a_{M\tau}^2 + \alpha_{Mn}^2} = 0.894(\text{m/s}^2)$$

$$tg\,\theta = \frac{|\varepsilon|}{\omega^2} = 0.5\theta = 26.5°$$

物体 A 的速度 $\vec{v}_A$ 与加速度 $\vec{a}_A$ 分别等于 M 点的速度 $\vec{v}_M$ 与切向加速度 $a_{M\tau}$，即

$$v_A = 0.4(\text{m/s}) \quad a_A = -0.4(\text{m/s}^2)$$

6.3 定轴轮系的传动比

不同的机械往往要求不同的工作转速，在工程中，常用定轴轮系来改变转速。所谓轮系，是指由一系列互相啮合的齿轮所组成的传动系统。如果轮系中各齿轮的轴线是固定的，该轮系称为定轴轮系。

现以图 6－10 所示的两个外啮合的圆柱齿轮为例来说明传动比的概念并推出传动比的计算公式。

圆柱齿轮传动分为外啮合（图 6－10）和内啮合（图 6－11）。齿轮传动时相当于两轮的节圆相切并相对作纯滚动，故两节圆接触点 A 和 B 的速度大小相等，方向相同，即

$$\vec{v}_A = \vec{v}_B$$

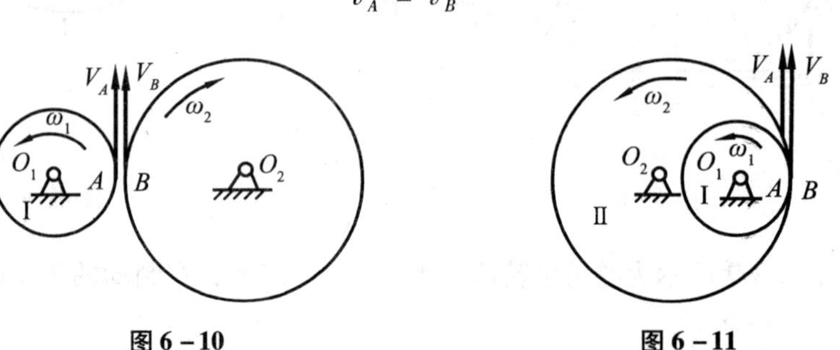

图 6－10　　　　图 6－11

设两轮的节圆半径分别为 r_1、r_2，角速度分别为 ω_1、ω_2，则

$$v_A = r_1\omega_1 \quad v_B = r_2\omega_2$$

$$r_1\omega_1 = r_2\omega_2$$

$$\frac{\omega_1}{\omega_2} = \frac{r_2}{r_1}$$

又由于转速 n 与角速度 ω 之间有下列关系：

$$\omega_1 = \frac{\pi n_1}{30}, \omega_2 = \frac{\pi n_2}{30},$$

$$\therefore \frac{\omega_1}{\omega_2} = \frac{n_1}{n_2}$$

因为两啮合齿轮的齿形相同（即模数相同），故其节圆半径 r_1、r_2 与其齿数 Z_1 、Z_2 成正比，故

$$\frac{\omega_1}{\omega_2} = \frac{n_1}{n_2} = \frac{r_2}{r_1} = \frac{Z_2}{Z_1} \tag{6-11}$$

即两齿轮啮合时，其角速度（或转速）与其齿数（或节圆半径）成反比。

设轮 I 为主动轮（能带动其他齿轮转动的称为主动轮），轮 II 为从动轮（被主动轮带动的齿轮）。在机械工程中，常把主动轮与从动轮角速度之比或转速之比称为传动比，用附有角标的符号 i 表示：

$$i_{12} = \frac{\omega_1}{\omega_2} = \frac{n_1}{n_2} = \pm\frac{r_2}{r_1} = \pm\frac{Z_2}{Z_1} \tag{6-12}$$

式中正号表示两齿轮转向相同（内啮合），负号表示两齿轮转向相反（外啮合）。

传动比的概念也可以推广到皮带传动、链传动、摩擦传动等情况。

在机械设计中，为了满足机器所要求的工作转速，常采用由齿轮、带轮及其他传动件所组成的定轴轮系来实现变速要求，下面研究轮系的传动比。

图 6－12 所示的减速器由 4 个齿轮组成，其中齿轮 1 与齿轮 2 啮合，齿轮 3 与齿轮 4 啮合。齿轮 2 与齿轮 3 固定在同一根轴上。齿轮齿数分别为：Z_1 、Z_2 、Z_3 、Z_4 ，显然每对啮合齿轮的传动比如下：

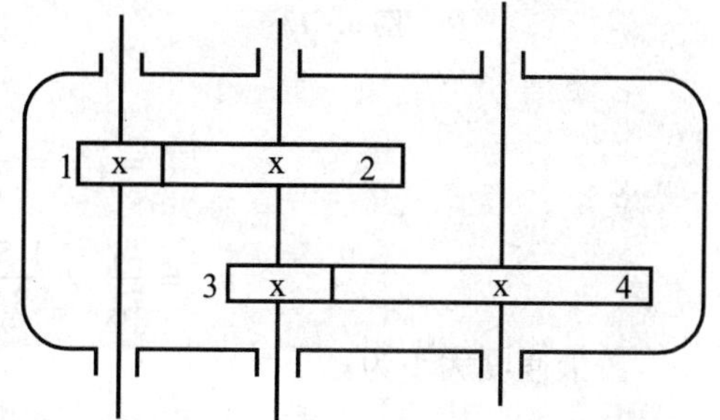

图 6－12

$$i_{12} = \frac{n_1}{n_2} = -\frac{Z_2}{Z_1}$$

$$i_{34} = \frac{n_3}{n_4} = -\frac{Z_4}{Z_3}$$

因为齿轮 2 及齿轮 3 固定在同一根轴上，故

$$n_2 = n_3$$

$$n_1 = -\frac{Z_2}{Z_1}n_2 \text{，} n_4 = -\frac{Z_3}{Z_4}n_3$$

轮系的传动比为：

$$i_{14} = \frac{n_1}{n_4} = (-1)^2\frac{Z_2}{Z_1}\cdot\frac{Z_4}{Z_3}$$

即轮系的传动比 i_{14} 等于所有从动轮 2、4 齿数的连乘积与主动轮 1、3 齿数的连乘积之比。推广到轮系有 K 个齿轮的情况（K 为偶数），以单数下标表示主动齿轮，偶数下标表示从动齿轮，则总传动比：

$$i_{1K} = \frac{n_1}{n_k} = \frac{\omega_1}{\omega_K} = (-1)^m\frac{Z_2\cdot Z_4\cdots Z_K}{Z_1\cdot Z_3\cdots Z_{K-1}} \tag{6-13}$$

式中 m 为外啮合齿轮的对数。

又因为：

$$\frac{Z_2}{Z_1} = i_{12}\text{，}\frac{Z_4}{Z_3} = i_{34}\cdots\cdots\frac{Z_K}{Z_{K-1}} = i_{K-1,K}$$

$$\therefore\quad i_{1K} = i_{12}\cdot i_{34}\cdots\cdots i_{K-1,K} \tag{6-14}$$

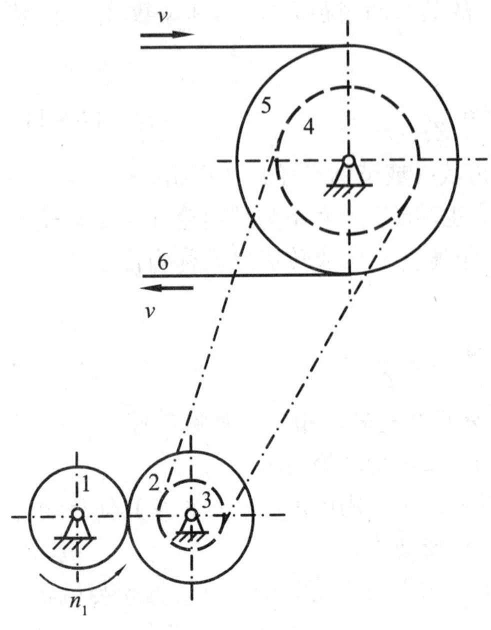

图 6－13

即轮系的传动比等于轮系中各对啮合齿轮传动比的连乘积。

例 6－5 图 6－13 所示为一带式输送机，电动机以齿轮 1 带动齿轮 2，通过与齿轮 2 固定在同一轴上的链轮 3 带动链轮 4，从而使与链轮 4 固定在同一轴上的辊轮 5 靠摩擦力拖动胶带 6 运动。已知主动轮 1 的转速 $n_1=1\,500\text{r/min}$，齿轮与链轮的齿数分别为：$Z_1=24, Z_2=95, Z_3=20, Z_4=45$，轮 5 的直径 $D=460\text{mm}$。若不计胶带的滑动，试计算胶带运动的速度。

解 按题意，胶带上一点和轮 5 外圆上一点的速度大小应相等。因此，只要根据轮系的传动比 i_{15} 计算出轮 5 的角速度，就可以由 D 计算出胶带的速度（注意链轮传动时转速也与其齿数成反比，但两轮转向相同）。

因为 $n_4=n_5$，轮 5 与轮 4 固定在同一轴上。

$$\therefore \quad i_{15}=i_{14}=\frac{Z_2\cdot Z_4}{Z_1\cdot Z_3}=\frac{95\times 45}{24\times 20}=8.9$$

$$n_5=\frac{n_1}{i_{15}}=\frac{1\,500}{8.9}=168.5\ (\text{r/min})$$

胶带速度大小为：

$$v_6=v_5=r_5\cdot\omega_5=\frac{D}{2}\cdot\frac{\pi n_5}{30}=4\ (\text{m/s})$$

6.4 角速度和角加速度矢量

6.4.1 角速度和角加速度矢量

前面讲过，点的运动可以用矢量法表示。同样，在较复杂的问题中，用矢量表示转动刚体的角速度、角加速度及刚体上任一点的速度和加速度较为方便。

角速度矢量这样表示：角速度矢量 $\vec{\omega}$ 沿转轴 Z 画出图 6－14，其指向由右手螺旋法则确定：即以右手的四指表示刚体转动的方向，大拇指所指的方向，表示角速度矢量 $\vec{\omega}$ 的指向。角速度矢的大小等于角速度的绝对值，即：

$$|\vec{\omega}|=|\omega|=\left|\frac{d\varphi}{dt}\right| \tag{6-15}$$

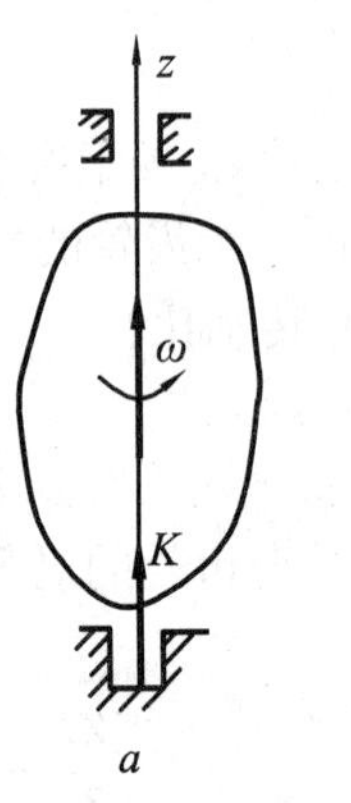

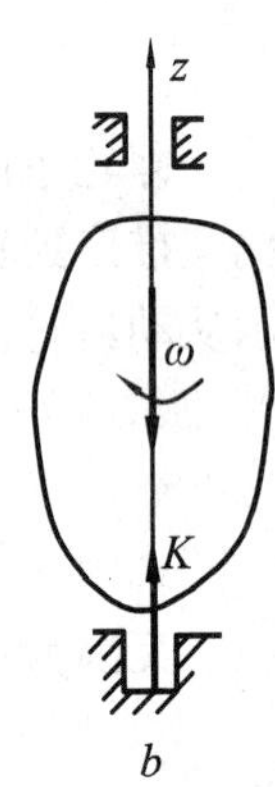

图 6－14

角速度矢的起点，可在轴线上任意选取，因此，角速度矢量为滑动矢量。

若以 $\vec{K}$ 表示沿 Z 轴正向的单位矢量，则角速度矢量可以表示为：

$$\vec{\omega} = \omega \cdot \vec{K}$$

同样，刚体转动的角加速度也可用矢量表示，角速度矢量对时间的一阶导数称为角加速度矢量，用 $\vec{\varepsilon}$ 表示，即

$$\vec{\varepsilon} = \dot{\vec{\omega}} \tag{6-16}$$

根据矢量导数并注意到 $\vec{K}$ 是常矢量，有

$$\vec{\varepsilon} = \frac{d\vec{\omega}}{dt} = \frac{d}{dt}(\omega\vec{K}) = \frac{d\omega}{dt}\vec{K} = \varepsilon\vec{K} \tag{6-17}$$

角加速度矢量也是沿转轴的滑动矢量。

6.4.2　用矢积表示点的速度和加速度

根据上述角速度和角加速度的矢量表示法，刚体内任意一点的速度和加速度可以用矢积表示。

刚体上任一点 M，其转动半径为 R，矢径为 $\vec{r}$，矢径 $\vec{r}$ 与 z 轴正方向的夹角为 γ（图 6－15a）。M 点的速度矢量 $\vec{v}$ 沿轨迹的切线，即垂直于矢径 $\vec{r}$ 和角速度矢量 $\vec{\omega}$ 所组成的平面，指向与 ω 的转向一致，大小为：

$$v = R\omega = r\omega \cdot \sin\gamma$$

同时根据矢积的定义有：

$$|\vec{\omega} \times \vec{r}| = \omega \cdot r\sin\gamma$$

恰好与点 M 的线速度大小相等，且 $|\vec{\omega} \times \vec{r}|$ 的方向也与 $\vec{v}$ 的方向相同。故：

$$\vec{v} = \vec{\omega} \times \vec{r} \tag{6-18}$$

即转动刚体内任一点在每瞬时的速度等于刚体在该瞬时的角速度矢与它的矢径的矢积。

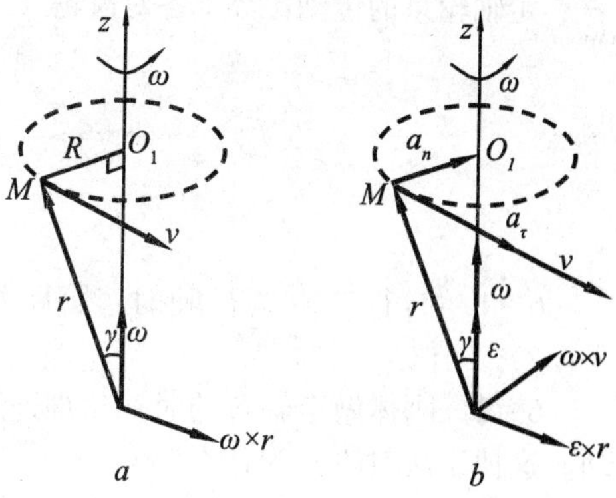

图 6－15

M 点的加速度 $\vec{a}$ 可表示为：

$$\vec{a} = \frac{d\vec{v}}{dt} = \frac{d}{dt}(\vec{\omega} \times \vec{r}) = \frac{d\vec{\omega}}{dt} \times \vec{r} + \vec{\omega} \times \frac{d\vec{r}}{dt}$$

$$= \vec{\varepsilon} \times \vec{r} + \vec{\omega} \times \vec{v} \tag{6-19}$$

因为：

$$|\vec{\varepsilon} \times \vec{r}| = |\vec{\varepsilon}| \cdot |\vec{r}|\sin\gamma = |\vec{\varepsilon}| \cdot R = |\vec{a}_\tau|$$

且由图 6－14b 可知 $\vec{\varepsilon} \times \vec{r}$ 与切向加速度 $\vec{a}_\tau$ 的方向也相同。故：

$$\vec{a}_\tau = \vec{\varepsilon} \times \vec{r} \tag{6-20}$$

又

$$|\vec{\omega} \times \vec{v}| = |\vec{\omega}| \cdot |\vec{v}|\sin 90° = |\omega| \cdot |v| = R\omega^2 = |a_n^2|$$

且 $\vec{\omega} \times \vec{v}$ 的方向和 $\vec{a}_n$ 的方向也正好相同，故式（6－19）中的第二项为 M 点的法向加速度，即：

$$\vec{a}_n = \vec{\omega} \times \vec{v} \tag{6-21}$$

于是可得结论：转动刚体内任意一点每瞬时的切向加速度，等于该瞬时刚体的角加速度矢与该点矢径的矢积，法向加速度等于该瞬时刚体的角速度矢与该点的速度矢的矢积。

小 结

本章主要研究了刚体的平动和定轴转动。它们是刚体最基本的运动，在工程中应用十分广泛，并且是研究刚体复杂运动的基础。

①刚体的平动：刚体平动时，其上任一直线始终与原来的位置保持平行。故刚体上各点的轨迹相同。每一瞬时各点的速度、加速度也相同，因此，刚体的平动可归结为点的运动来研究。

②刚体的定轴转动：主要弄清两个问题，一是要明确刚体的转动方程、角速度、角加速度所描述的都是刚体的整体运动情况；二是要掌握和牢记刚体的角速度、角加速度、与刚体上任一点的速度、切向加速度、法向加速度之间的数量关系。即：

$$v = r\omega \quad a_{\tau} = r\varepsilon \quad a_n = r\omega^2$$

并要明确它们的方向和指向。

③定轴轮系传动比的计算，在工程中经常用到。

一对齿轮传动的传动比为 $i_{12} = \dfrac{\omega_1}{\omega_2} = \dfrac{n_1}{n_2} = \dfrac{Z_2}{Z_1}$，一对带轮传动的传动比 $i_{12} = \dfrac{\omega_1}{\omega_2} = \dfrac{n_1}{n_2} = \dfrac{d_2}{d_1}$，定轴轮系的传动比等于各对齿轮（或带轮）传动比之积。

思考题

6-1 自行车直线行驶时，脚蹬板做什么运动？汽车在弯道行驶时，车厢是否作平动？

6-2 刚体做定轴转动时，角加速度为正，表示加速转动，角加速度负，表示减速转动。这种说法对吗？为什么？

6-3 已知刚体的角速度 ω 和角加速度 ε，试分析刚体上点 A 和 M 在图示位置速度和加速度的大小和方向。

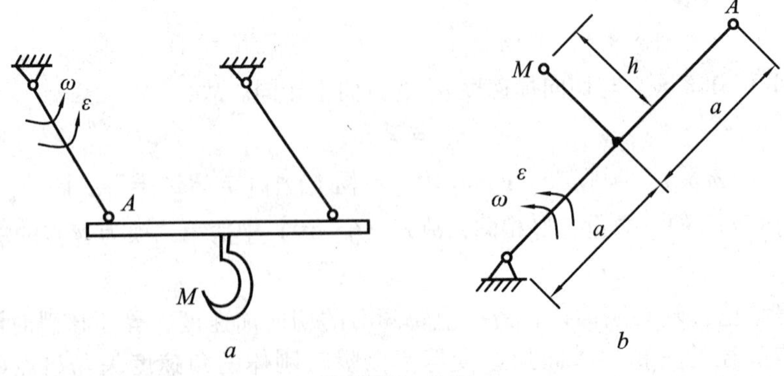

思考题 6-3 图

6－4　飞轮匀速转动，若半径增大一倍，边缘上点的速度和加速度是否增大一倍？若飞轮转速增大一倍，边缘上点的速度和加速度是否也增大一倍？

习　题

6－1　图示为某谷物联合机的拨禾机构简图。已知拨禾轮按 ω_0 等速转动，试求图示位置拨禾板端点 C 的速度大小和方向（$O_1O_2=AB=75\text{mm}$，$O_2A=O_1B=450\text{mm}$，$BC=225\text{mm}$）。

6－2　已知搅拌机的主动齿轮 O_1 以 $n_1=950\text{r/min}$ 的转速转动。搅杆 ABC 用销钉 A、B 与齿轮 O_3、O_2 相连，如图所示。且 $AB=O_2O_3, O_3A=O_2B=25\text{cm}$，各齿轮齿数为 $Z_1=20, Z_2=50, Z_3=50$，求搅杆端点 C 的速度和轨迹。

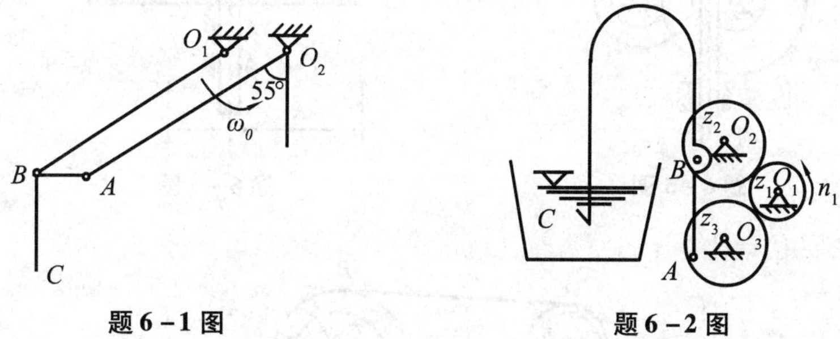

题6－1图　　　　题6－2图

6－3　已知带轮轮缘上一点 A 的速度 $v_A=500\text{mm/s}$，与 A 在同一半径上的点 B 的速度 $v_B=100\text{mm/s}$，且 $AB=200\text{mm}$。试求带轮的角速度及其直径。

6－4　半径为 $r_1=0.6\text{m}$ 的齿轮1与半径 $r_2=0.5\text{m}$ 的齿轮Ⅱ相啮和，如图示。与轮Ⅰ固连而半径 $r_3=0.3\text{m}$ 的轮Ⅲ上绕着绳子，它的末端系一重物 Q，重物按 $S=3t^2$ 规律铅垂向下运动（S 以m计，t 以s计），试确定轮子Ⅱ的角速度与角加速度，以及轮缘上任一点 B 的全加速度。

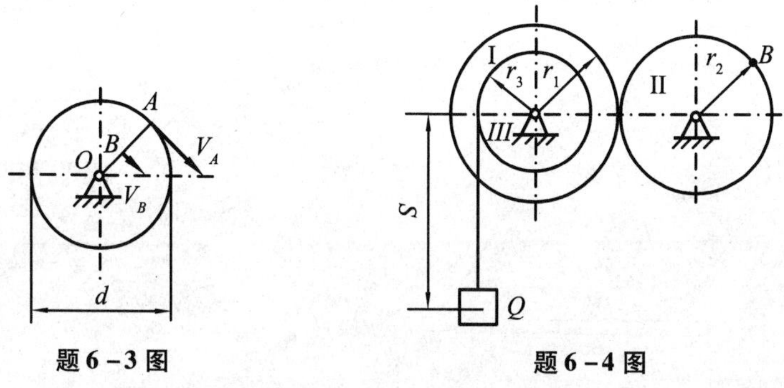

题6－3图　　　　题6－4图

6－5　图示仪表机构中齿轮1、2、3和4的齿数分别为 $Z_1=6$，$Z_2=24$，$Z_3=8$，$Z_4=32$；齿轮5的半径为40mm。如齿条 B 移动10mm，求指针 A 所转过的角度 φ（指针和齿轮1一起转动）。

6－6　如图所示，摩擦传动机构的主轴Ⅰ的转速为 $n=600\mathrm{r/min}$。轴Ⅰ的轮盘与轴Ⅱ的轮盘接触，接触点按箭头 A 所示的方向移动。距离 d 的变化规律为 $d=10-0.5t$，其中 d 以 cm 计，t 以 s 计。已知 $r=5\mathrm{cm}$，$R=15\mathrm{cm}$。求：（1）以距离 d 表示轴Ⅱ的角加速度；（2）当 $d=r$ 时，轮 B 边缘上一点的全加速度。

6－7　电动绞车由带轮Ⅰ、Ⅱ 和鼓轮Ⅲ组成，鼓轮Ⅲ和带轮Ⅱ刚性地固定在同一轴上。各轮的半径分别为：$r_1=30\mathrm{cm}$，$r_2=75\mathrm{cm}$，$r_3=40\mathrm{cm}$，轮Ⅰ转速为 $n_1=100\mathrm{r/min}$。设皮带与带轮之间无滑动，求重物 Q 上升的速度。

6－8　一电机匀速转动，它的转速 $n=974\ \mathrm{r/min}$。电流切断后，电动机匀减速制动，经半分钟后，电动机停止转动，试求电动机转过的圈数。

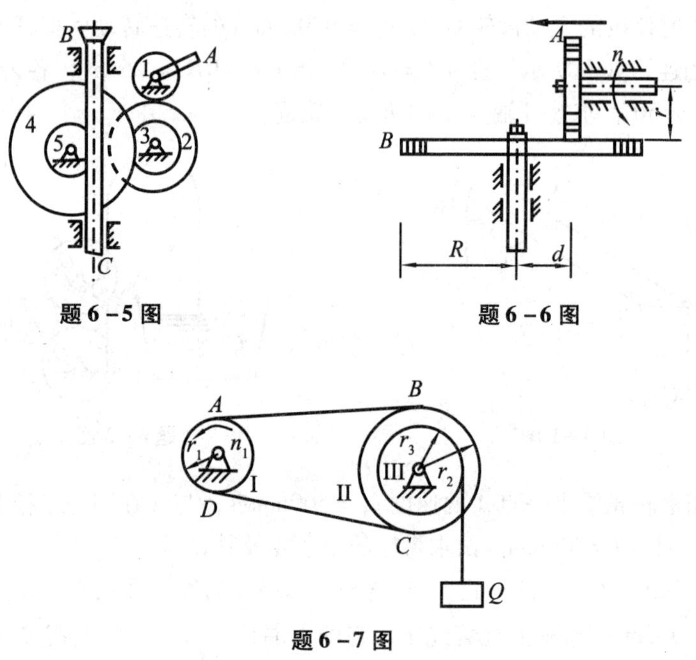

题 6－5 图　　题 6－6 图

题 6－7 图

第7章　点的合成运动

7.1　绝对运动、相对运动和牵连运动

在运动学的引言中曾指出，同一物体的运动，相对不同的参考系而言，其运动是不同的。例如，观察沿直线轨道前进的拖拉机后轮上一点 M 的运动（图 7-1）。如以地面为参考系，则该点轨迹为旋轮线，但以车厢为参考系，则该点轨迹是一个圆。因此，M 点的旋轮线运动可以看成该点相对于车厢的运动和随同车厢的运动所组成。点的这种由几个运动组合而成的运动称为点的合成运动。

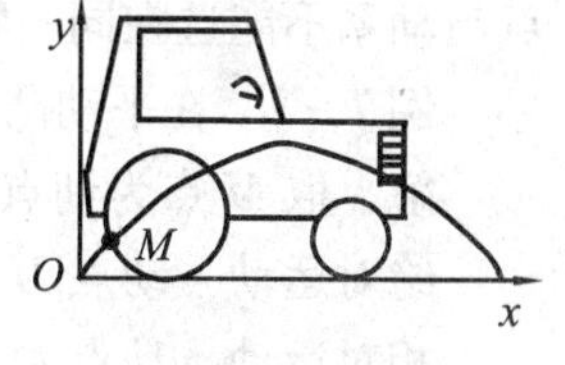

图 7-1

既然点的运动可以合成，当然也可以分解。我们常把点的比较复杂的运动看成几个简单运动的组合，先研究这些简单运动，然后再把它们合成。这就得到研究点的运动的一种重要方法，即：运动的分解与合成。

运用运动的分解与合成的方法分析点的运动，需要建立新的概念，即两套坐标，三种运动、三种速度和三种加速度。

7.1.1　定坐标系和动坐标系

在工程中，习惯上将固连于地面上的坐标系称为定坐标系，简称定系，用 $Oxyz$ 坐标系表示；把固连在相对于地面运动的参考体上的坐标系称为动坐标系，简称动系，用 $O'x'y'z'$ 坐标系表示。

7.1.2　三种运动

动点相对于定坐标系的运动称为绝对运动；动点相对于动坐标系的运动称为相对运动；动坐标系相对于定坐标系的运动称为牵连运动。例如，图 7-1 中将动坐标系固连在拖拉机车厢上，则轮缘上动点 M 相对于地面的运动即旋轮线运动是绝对运动，动点 M 相对于车厢的圆周运动是相对运动。而车厢相对于地面的直线平动是牵连运动。由此可见，动点的绝对运动是它的相对运动和牵连运动的合成运动。

由上述定义可知动点的绝对运动和相对运动都是指点的运动，它可能是作直线运动或曲线运动，而牵连运动则是指动系所在刚体的运动，它可能是平动、转动或其他较复杂的运动。

7.1.3　三种速度和三种加速度

动点在绝对运动中的轨迹、速度和加速度，分别称为动点的绝对轨迹、绝对速度和绝对加速度。用 $\vec{v}_a$ 和 $\vec{a}_a$ 表示绝对速度和绝对加速度。

动点在相对运动中的轨迹，速度和加速度分别称为动点的相对轨迹、相对速度和相对加速度。用 $\vec{v}_r$ 和 $\vec{a}_r$ 表示相对速度和相对加速度。

至于动点的牵连速度和牵连加速度的定义，必须予以充分注意。因为牵连运动指的是与动坐标系固连的刚体的运动，它可能作平动，也可能作定轴转动。转动时，其上各点的速度和加速度是不相同的。而对动点的运动有影响的是我们研究的瞬时，动坐标系上与动点相重合的那一点，该点我们称为牵连点。所以：动点的牵连速度和牵连加速度定义如下：某瞬时，动坐标系中与动点相重合的那一点（即牵连点）对定坐标系的速度和加速度，分别称为动点在该瞬时的牵连速度和牵连加速度，用 $\vec{v}_e$ 和 $\vec{a}_e$ 表示。

在分析点的合成运动时，一定要将一个动点、两套坐标、三种运动搞清楚。这里的关键问题是动坐标系的选取。选取动坐标系的原则是：动点要对动坐标系有相对运动，故动点与动系不能选在同一物体上，且相对运动轨迹要简单、明了。下面举例说明。

例 7－1　在平动凸轮机构中，试分析顶杆上 M 点的三种运动（图 7－2）。

解　取 M 点为动点，动系固结在平动的半圆凸轮上。

绝对运动　动点 M 沿铅垂向上作直线运动。

相对运动　动点 M 沿凸轮轮廓曲线的滑动，为一圆周运动。

牵连运动　凸轮的水平直线平动。

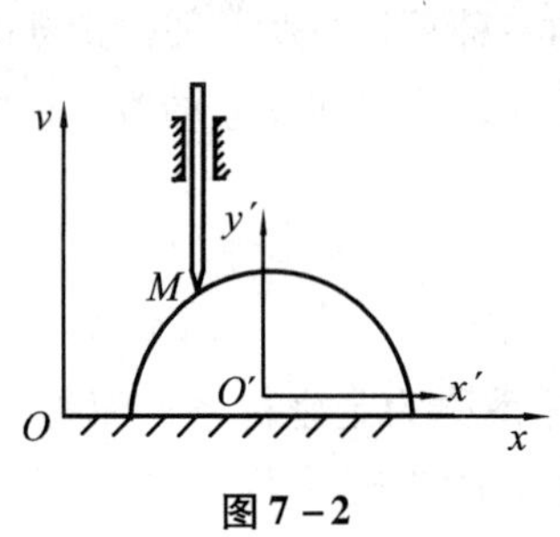

图 7－2

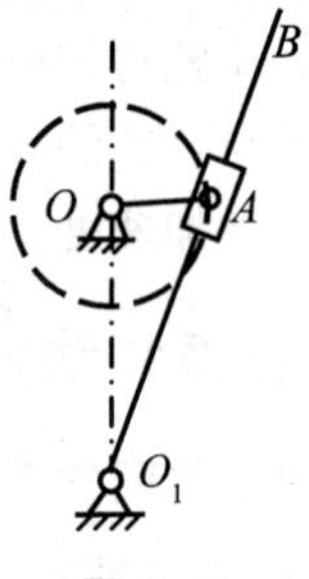

图 7－3

例 7－2　牛头刨床机构如图 7－3 所示。曲柄 OA 的一端 A 与滑块用铰链连接，当曲柄 OA 绕固定轴 O 转动时，滑块 A 在摇杆 O_1B 上滑动，并带动摇杆 O_1B 绕 O_1 轴摆动，试分析滑块 A 的三种运动。

解　取滑块 A 为动点。

动系固结于摇杆 O_1B 上。

绝对运动——滑块 A 的圆周运动。

相对运动——滑块 A 在摇杆滑槽内的直线运动。

牵连运动——摇杆 O_1B 绕 O_1 轴的转动。

由以上两例可以看出，动点、动系只能分别选在两个有关的物体上，且相对运动轨迹易于确定。

7.2　速度合成定理

点的速度合成定理，建立了点的绝对速度与相对速度和牵连速度三者之间的关系。现说明如下。

如图7－4所示，设有一动点 M 按一定规律沿着固连于动坐标系的曲线 AB 运动，而曲线 AB 又随同动坐标系相对于定坐标系 $Oxyz$ 运动。

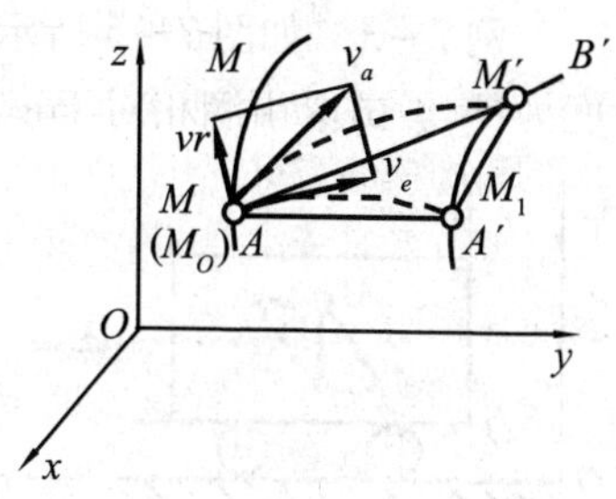

图7－4

在某瞬时 t，动点 M 与曲线 AB 上的 M_O 点相重合。经过 Δt 时间间隔后，曲线 AB 随同动坐标系一起运动到 $A'B'$ 位置。曲线 AB 上原来与动点 M 相重合的那一点 M_O 则随动系运动到 M_1 点。而动点 M 即随同动系运动，由 M 点到达 $A'B'$ 上的 M_1 点，同时又相对动系运动，由点 M_1 到 M' 点。显然曲线 M_1M' 即为动点的相对轨迹，曲线 MM' 即为动点的绝对轨迹。

作矢量 $\overline{M}\vec{M}'$，$\overline{M}\vec{M}_1$，$\overline{M}_1\vec{M}'$。$\overline{M}\vec{M}'$ 为动点的绝对位移，$\overline{M}\vec{M}_1$ 是在瞬时 t 动系上与动点相合的一点（点 M_0）在 Δt 时间内的位移，为动点的牵连位移。$\overline{M}_1\vec{M}'$ 为动点的相对位移。由矢量合成关系得：

$$\overline{M}\vec{M}' = \overline{M}\vec{M}_1 + \overline{M}_1\vec{M}'$$

将上式除以 Δt，再取极限得：

$$\lim_{\Delta t\to 0}\frac{\overline{M}\vec{M}'}{\Delta t} = \lim_{\Delta t\to 0}\frac{\overline{M}\vec{M}_1}{\Delta t} + \lim_{\Delta t\to 0}\frac{\overline{M}_1\vec{M}'}{\Delta t}$$

式中 $\lim\limits_{\Delta t\to 0}\dfrac{\overline{M}\vec{M}'}{\Delta t} = \vec{v}_a$，方向沿曲线 MM' 在 M 处的切线方向；

$\lim\limits_{\Delta t\to 0}\dfrac{\overline{M}\vec{M}_1}{\Delta t} = \vec{v}_e$，方向沿曲线 MM_1 在 M 处的切线方向；

又因为当 $\Delta t \to 0$ 时，曲线 $A'B'$ 趋近于曲线 AB，故有：

$\lim\limits_{\Delta t\to 0}\dfrac{\overrightarrow{M_1M'}}{\Delta t} = \lim\limits_{\Delta t\to 0}\dfrac{\overrightarrow{MM_2}}{\Delta t} = \vec{v}_r$，方向沿曲线 MM_2 在 M 处的切线方向。

因而可得出：

$$\vec{v}_a = \vec{v}_e + \vec{v}_r \tag{7-1}$$

式（7－1）表明：在任一瞬时，动点的绝对速度等于它的牵连速度与相对速度的矢量和，这就是点的速度合成定理。按矢量合成的平行四边形规则，绝对速度应是由牵连速度与相对速度所构成的平行四边形的对角线。这个平行四边形称为速度平行四边形。且该矢量等式共有3个矢量，每个矢量有大小、方向两个要素。共有6个量，若已知其中4个，即可求解。

另外应注意，在分析速度时，牵连速度 $\vec{v}_e$ 是指牵连点的速度。显然牵连点是在动系上，动点与牵连点仅在该瞬时互相重合，由于动点的相对运动，在不同瞬时，动点在动系上的位置将变化，就有不同的牵连点。因而确定动点的牵连速度时，首先要确定该瞬时动点的牵连点，然后根据动系的运动确定牵连速度的大小和方向。

还应注意讨论速度合成定理时，并未限制动坐标系做什么样的运动，因此，这个定理适用于牵连运动是任何运动的情况，而动坐标系可以做平动、转动或其他任何较复杂的运动。

下面举例说明点的速度合成定理的应用。

例7-3 如图7-5所示，车厢以速度 $\vec{v}_1$ 沿水平直线轨道行驶，雨点铅直落下，其速度为 $\vec{v}_2$ 。试求雨滴相对于车厢的速度。

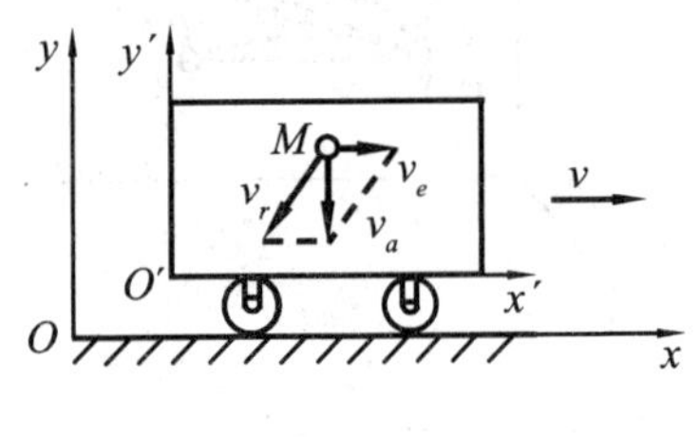

图7-5

解 ①确定动点和动系：本题是求雨点相对于车厢的速度。故选取雨滴为动点，动系 $O'x'y'$ 固连于车厢上，定系 Oxy 固连于地面。

②分析三种运动：

绝对运动：雨点沿铅直直线运动。

相对运动：雨点相对车厢为一斜直线。

牵连运动：车厢沿水平直线轨道的平动。

③速度分析及计算：根据速度合成定理有：

$$\vec{v}_a = \vec{v}_e + \vec{v}_r$$

式中绝对速度 $\vec{v}_a$ 的大小为 $\vec{v}_1$ ，方向铅直向下；

牵连速度 $\vec{v}_e$ 的大小等于车厢的速度 $\vec{v}_2$ ，方向水平向右；

相对速度 $\vec{v}_r$ 的大小和方向均待求。

现已知 $\vec{v}_a$ 和 $\vec{v}_e$ 的大小和方向，可作出速度平行四边形（图7-5）。由直角三角形可求得相对速度的大小和方向：

$$v_r = \sqrt{v_a^2 + v_e^2} = \sqrt{v_1^2 + v_2^2}$$

$$\mathrm{tg}\alpha = \frac{v_e}{v_a} = \frac{v_1}{v_2}$$

本题说明，对于前进中的车厢里的乘客看来，铅直落下的雨点总是向后倾斜的。

例7-4 图7-6所示汽阀中的凸轮机构，顶杆 AB 沿铅垂导向套筒 D 运动，其端点 A 由弹簧压在凸轮表面上，当凸轮绕 O 轴转动时，推动顶杆上下运动，已知凸轮的角速度为 ω ，$OA = b$ ，该瞬时凸轮轮廓曲线在 A 点的法线 An 同 AO 的夹角为 θ ，求此瞬时顶杆的速度。

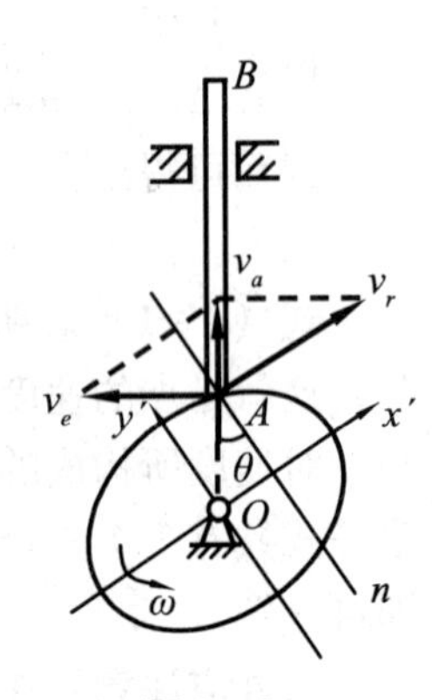

图7-6

解 ①确定动点和动系：传动是通过顶杆端点 A 来实现的，故取顶杆上的 A 点为动点。动系固连在凸轮上，定系固连在机架上。

②分析三种运动：

绝对运动：动点 A 作上下直线运动。

相对运动：动点 A 沿凸轮轮廓线的滑动。

牵连运动：凸轮绕 O 轴的转动。

③速度分析计算：根据速度合成定理有：

$$\vec{v}_a = \vec{v}_e + \vec{v}_r$$

式中绝对速度 $\vec{v}_a = \vec{v}_A$ ，大小未知，方向沿铅垂线 AB 。

相对速度 $\vec{v}_r$，大小未知，方向沿凸轮轮廓线在 A 点的切线。

牵连速度 v_e 是凸轮上该瞬时与 A 相重合的点（即牵连点）的速度，大小 $v_e = b\omega$，方向垂直于 OA。

作出速度平行四边形（图 7－6）。由直角三角形可得：

$$v_a = v_e \cdot \mathrm{tg}\theta = b\omega \mathrm{tg}\theta$$

$$v_r = \frac{v_e}{\cos\theta} = \frac{b\omega}{\cos\theta}$$

因为顶杆作平动，故端点 A 的运动速度即为顶杆的运动速度。

例 7－5　牛头刨床的急回机构如图 7－7 所示。曲柄 OA 的一端与滑块 A 用铰链连接，当曲柄 OA 以匀角速度 ω 绕固定轴 O 转动时，滑块 A 在摇杆 O_1B 的滑道中滑动，并带动摇杆 O_1B 绕 O_1 轴摆动。设曲柄长 $OA = r$，两定轴间的距离 $OO_1 = l$。试求当曲柄 OA 在水平位置时摆杆 O_1B 的角速度 ω_1。

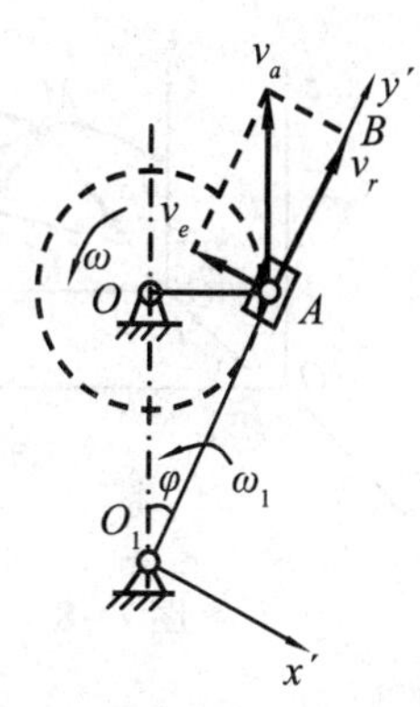

图 7－7

解　①确定动点和动系：当 OA 绕 O 轴转动时，通过滑块 A 带动摇杆 O_1B 绕 O_1 轴摆动。选滑块 A 为动点，动系 $O_1x'y'$ 固连在摇杆 O_1B 上，定系固结在地面上。

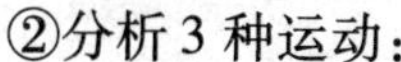

②分析 3 种运动：

绝对运动：是以 O 为圆心，以 $OA = r$ 为半径的圆周运动。

相对运动：沿摇杆 O_1B 的滑道作直线运动。

牵连运动：摇杆 O_1B 绕定轴 O_1 的转动。

③速度分析及计算：根据速度合成定理有：

$$\vec{v}_a = \vec{v}_e + \vec{v}_r$$

式中绝对速度 $\vec{v}_a$，大小为 $v_a = r\omega$，方向垂直于 OA，指向如图；

相对速度：$\vec{v}_r$，大小未知，方位沿 O_1B，指向待定；

牵连速度 $\vec{v}_e$ 是摇杆 O_1B 上该瞬时与滑块 A 相重合一点 A_0 点的速度，大小未知，方位垂直于 O_1B，指向待定。

根据已知条件作出速度平行四边形并定出 $\vec{v}_e$ 与 $\vec{v}_r$ 的指向（图 7－7）。

令 $\angle OO_1A = \varphi$，则

$$v_e = v_a \sin\varphi = r\omega \sin\varphi$$

$$\sin\varphi = \frac{OA}{O_1A} = -\frac{r}{\sqrt{r^2 + l^2}}$$

$$v_e = \frac{r^2\omega^2}{\sqrt{l^2 + r^2}} \text{（方向如图 7－7 所示）}$$

$$v_e = O_1A \times \omega_1 = \sqrt{l^2 + r^2} \cdot \omega_1$$

$$\therefore \quad \frac{r^2\omega^2}{\sqrt{l^2 + r^2}} = \sqrt{l^2 + r^2} \cdot \omega_1$$

$$\omega_1 = \frac{r^2\omega^2}{l^2 + r^2}$$

ω_1 的转向由牵连速度 $\vec{v}_e$ 的指向确定，为逆时针方向（图 7－7）。

7.3　牵连运动为平动时的加速度合成定理

在证明点的速度合成定理时，我们对牵连运动未加任何限制，因此该定理对任何形式的牵连运动都适用。但加速度合成问题与牵连运动的形式有关，对于不同的牵连运动有不同的结论。下面先研究牵连运动为平动时点的加速度合成定理。

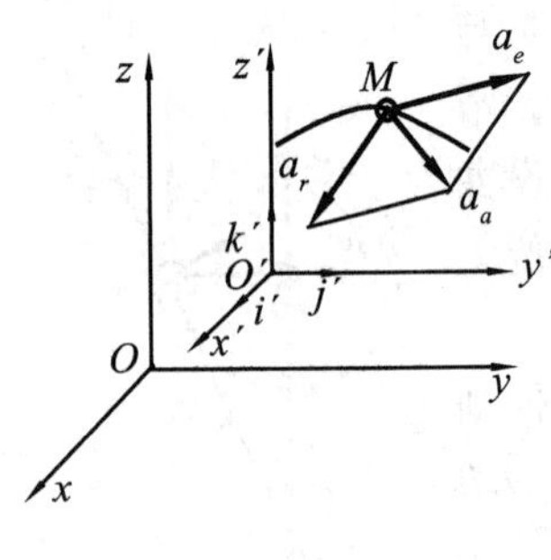

图 7－8

如图 7－8 所示，设动系 $O'x'y'z'$ 相对于定系 $Oxyz$ 作平动，而动点 M 相对于动系作曲线运动，其相对运动方程为：

$$x' = f_1(t)$$

$$y' = f_2(t)$$

$$z' = f_3(t)$$

设瞬时 t 动坐标系原点 O' 的速度为 $\vec{v}'_O$，加速度为 $\vec{a}'_O$。因为动系作平动，在同一瞬时动系上各点的速度、加速度相同。动点的牵连速度也就等于坐标原点的速度，即

$$v_e = \vec{v}'_O, a_e = \vec{a}'_O。$$

动点 M 的相对速度和相对加速度可由已知的相对运动方程求得：

$$\vec{v}_r = \frac{dx'}{dt}\vec{i}' + \frac{dy'}{dt}\vec{j}' + \frac{dz'}{dt}\vec{k}'$$

$$a_r = \frac{d^2x'}{dt^2}\vec{i}' + \frac{d^2y'}{dt^2}\vec{j}' + \frac{d^2z'}{dt^2}\vec{k}'$$

其中 x'、y'、z' 为动点在动系中的坐标，$\vec{i}'$、$\vec{j}'$、$\vec{k}'$ 为动系各轴 $O'x'$、$O'y'$、$O'z'$ 的单位矢。根据点的速度合成定理有：

$$\vec{v}_a = \vec{v}_e + \vec{v}_r$$

$$\vec{v}_a = \vec{v}'_O + \frac{dx'}{dt}\vec{i}' + \frac{dy'}{dt}\vec{j}' + \frac{dz'}{dt}\vec{k}'$$

将上式对时间求导数，即得动点的绝对加速度 a_a。同时由于动系为平动，单位矢量 $\vec{i}'$、$\vec{j}'$、$\vec{k}'$ 均为常矢量。故

$$\vec{a}_a = \frac{d\vec{v}_a}{dt} = \frac{d\vec{v}'_O}{dt} + \frac{d^2x'}{dt^2}\vec{i}' + \frac{d^2y'}{dt^2}\vec{j}' + \frac{d^2z'}{dt}\vec{k}'$$

$$\frac{d\vec{v}'_O}{dt} = \vec{a}_e = \vec{a}'_O$$

$$\vec{a}_a = \vec{a}_e + \vec{a}_r \tag{7-2}$$

该式表明：当牵连运动平动时，动点的绝对加速度等于牵连加速度与相对加速度的矢量和。这就是牵连运动为平动时点的加速度合成定理。

例 7－6　半径为 R 的半圆形凸轮，当 $O'A$ 与铅垂线成 φ 角时，凸轮以速度 $\vec{v}_0$、加速度 $\vec{a}_0$ 向右运动，并推动从动杆 AB 沿铅垂方向上升（图 7－9），求此瞬时 AB 杆的速度和加速度。

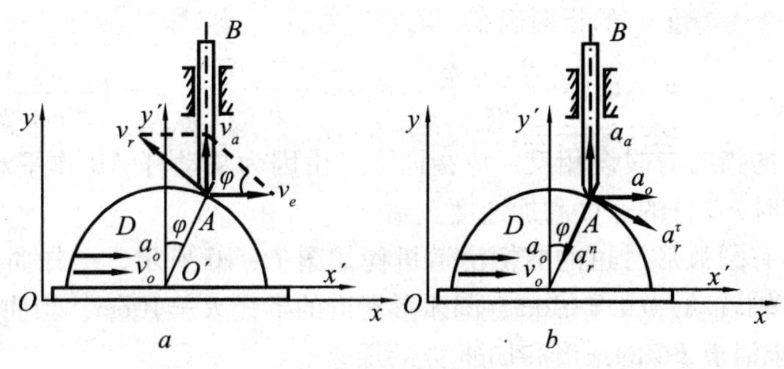

图7－9

解　①确定动点和动系：

因为从动杆的端点 A 和凸轮 D 作相对运动，故取杆的端点 A 为动点，动系 $O'x'y'$ 固连在凸轮上。

②分析3种运动：

绝对运动：沿铅直线。

相对运动：沿凸轮表面的圆弧。

牵连运动：凸轮 D 的平动。

③速度分析及计算：

根据速度合成定理有：

$$\vec{v}_a = \vec{v}_e + \vec{v}_r$$

式中：$\vec{v}_a$ 的大小未知，方向沿铅垂直线向上；

$\vec{v}_r$ 的大小未知，方向沿凸轮圆周上 A 点的切线，指向待定；

$\vec{v}_e$ 大小为 $v_e = v_0$，方向沿水平直线向右。

作速度平行四边形（图7－9a）。由图中几何关系求得：

$$v_A = v_a = v_e \cdot \mathrm{tg}\varphi = v_0 \cdot \mathrm{tg}\varphi$$

$$v_r = \frac{v_e}{\cos\varphi} = \frac{v_0}{\cos\varphi}$$

④加速度分析及计算：根据牵连运动为平动的加速度合成定理有：

$$\vec{a}_a = \vec{a}_e + \vec{a}_r$$

式中：绝对加速度 $\vec{a}_a = \vec{a}_A$ 大小未知，方位铅直；指向假设向上；

相对加速度 $\vec{a}_r$，由于相对运动轨迹为圆弧，故相对加速度分为两项即 $\vec{a}_r^\tau$、$\vec{a}_r^n$，其中 $\vec{a}_r^\tau$ 大小未知，方位切于凸轮在 A 点的圆弧，指向如图中假设：

$\vec{a}_r^n$ 的大小为 $a_r^n = \dfrac{v_r^2}{R} = \dfrac{v_0^2}{R\cos^2\varphi}$ 方向过A点指向凸轮半圆中心 O'，牵连加速度 $\vec{a}_e$ 的大小 $a_e = a_0$ 方向水平直线向右。

故动点 A 的绝对加速度又可写为：

$$\vec{a}_a = \vec{a}_e + \vec{a}_r^\tau + \vec{a}_r^n \tag{a}$$

作出各加速度的矢量，（图7－9b），根据解析法，取 $O'A$ 为投影轴，将（a）式向 $O'A$ 轴上投影得：

$$a_a\cos\varphi = a_0\sin\varphi - a_r^n$$

$$a_a = \frac{a_0 \sin\varphi - a_r^n}{\cos\varphi} = a_0 \operatorname{tg}\varphi - \frac{\dfrac{v_0^2}{R\cos^2\varphi}}{\cos\varphi} = a_0 \operatorname{tg}\varphi - \frac{v_0^2}{R\cos^3\varphi} = -\left(\frac{v_0^2}{R\cos^3\varphi} - a_0 \operatorname{tg}\varphi\right)$$

负号表示 $\vec{a}_a$ 的指向与假设相反，应指向下。由因为从动杆 AB 作平动，故 $\vec{v}_A = \vec{v}_a$，$\vec{a}_A = \vec{a}_a$ 即为该瞬时 AB 杆的速度和加速度。

例 7－7 具有圆弧形滑道的曲柄滑道机构如图 7－10 所示，已知曲柄 OA 以匀转速 $n = 120\text{r/min}$ 绕 O 轴转动，$OA = 10\text{cm}$，圆弧形滑道的半径 $R = 10\text{cm}$，当曲柄转到 $\varphi = 30°$ 的图示位置时，求滑道 BC 的速度和加速度。

解 （1）确定动点和动系，取滑块 A 为动点，圆弧形滑道 BC 为动系且作水平平动。

（2）分析三种运动：

绝对运动：A 点作以 O 为圆心，OA 为半径的匀速圆周运动。

相对运动：A 点沿圆心在 O' 圆弧形轨道运动。

牵连运动：滑道 BC 沿水平方向的平动。

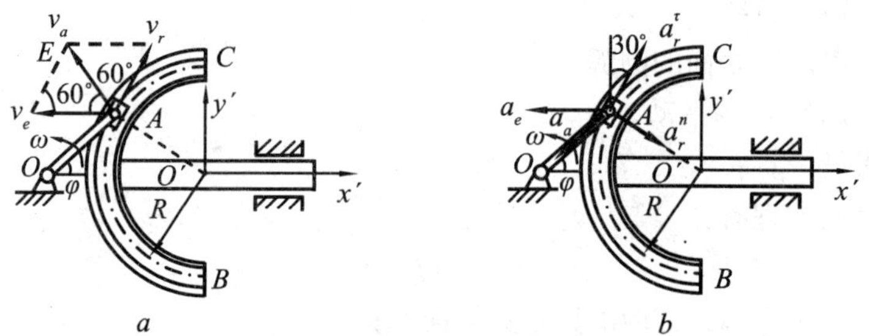

图 7－10

（3）速度分析及计算：根据点的速度合成定理有：

$$\vec{v}_a = \vec{v}_e + \vec{v}_r$$

式中 $\vec{v}_a$ 大小为 $v_a = OA \times \omega = 10 \times \dfrac{2\pi n}{60} = 10 \times \dfrac{2 \times 3.14 \times 120}{60} = 126(\text{cm/s})$，方向垂直于 OA，指向如图；

$\vec{v}_r$ 的大小未知，方向垂直 $O'A$，指向待定；

$\vec{v}_e$ 的大小未知，方位水平，指向待定；

作出速度平行四边形，由图中的几何关系得：$\vec{v}_e = 126\text{cm/s}$，$\vec{v}_r = 126\text{cm/s}$；

方向如图 7－10a 所示。

（4）加速度分析和计算：因为滑块 A 作匀速圆周运动故：$a_a = a_a^n$，方向指向 O 点，其大小为：

$$a_a = a_a^n = OA \times \omega^2 = 10 \times \left(\frac{2\pi \times 120}{60}\right)^2 = 1\,580(\text{cm/s}^2)$$

因为相对运动轨迹为圆弧型滑道 BC，故相对加速度 $\vec{a}_r$ 分为两项：$\vec{a}_r^\tau$、$\vec{a}_r^n$，$\vec{a}_r^\tau$ 大小未知，方向垂直于 OA，指向待定。$\vec{a}_r^n$ 的大小为：

$$a_r^n = \frac{v_r^2}{R} = \frac{126^2}{10} = 1\,580(\text{cm/s}^2)$$

方向指向圆弧形滑道中心 O'，

牵连加速度 $\vec{a}_e$，大小未知，方位水平，指向待定。

由牵连运动为平动的加速度合成定理得：

$$\vec{a}_a^n = \vec{a}_e + \vec{a}_r^\tau + \vec{a}_r^n \tag{a}$$

作出各加速度矢量如图7－10b所示。将（a）式向 y 轴投影得：

$$-a_a^n\cos 30° = -a_r^n\sin 30° + a_r^\tau\cos 30°$$

$$-1\ 580 sin30° = -1\ 580 sin30° + \vec{a}_r^\tau\cos 30°$$

$$a_r^\tau = 0$$

再将（a）式向 x 轴投影得：

$$-a_a^n\cos 30° = -a_e + a_r^n\cos 30°$$

$$a_e = a_r^n\cos 30° + a_a^n\cos 30° = 2\ 740(cm/s^2)$$

$\vec{a}_e$ 就是圆弧形滑道 BC 的加速度，方向如图7－10b所示。

注意，投影时（a）式两边分别投影，不能列平衡方程式，以免发生符号差错。

7.4　牵连运动为转动时的加速度合成定理·科氏加速度

现在研究牵连运动为转动时的加速度合成定理。

如图7－11所示，动点 M 沿动系 $O'x'y'z'$ 的相对轨迹曲线 AB 运动，而动坐标系 $O'x'y'z'$ 又绕定系 $Oxyz$ 的 z 轴转动，其角速度矢量为 $\vec{\omega}$，角加速度矢量为 $\vec{\varepsilon}$。设动系原点与定系原点重合，这样做使讨论的问题仍具有一般性。动点 M 对定系原点 O 的矢径为 $\vec{r}$，动系上与动点相重合的一点对定系原点 O 的矢径也是 $\vec{r}$。

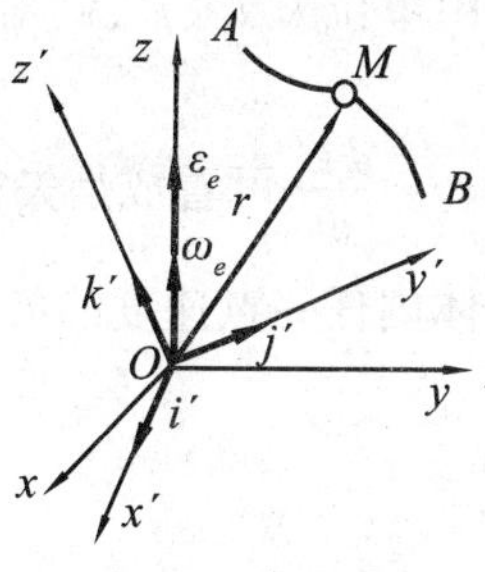

图7－11

先考虑动点 M 的相对运动。动点 M 的相对速度和相对加速度分别为：

$$\vec{v}_r = \frac{dx'}{dt}\vec{i}' + \frac{dy'}{dt}\vec{j}' + \frac{dz'}{dt}\vec{k}' \tag{a}$$

$$\vec{a}_r = \frac{d^2x'}{d^2t}\vec{i}' + \frac{d^2y'}{d^2t}\vec{j}' + \frac{d^2z'}{d^2t}\vec{k}' \tag{b}$$

式中 x'、y'、z' 为动点相对动坐标系的坐标，$\vec{i}$、$\vec{j}$、$\vec{k}$、$\vec{i'}$、$\vec{j'}$、$\vec{k'}$，是常矢量。

再考虑动点 M 的牵连运动，我们知道，动点 M 的牵连速度和牵连加速度就是动系上该瞬时与动点相重合的那一点的速度和加速度。现在动系作定轴转动，由转动刚体上的点的速度和加速度的矢积表达式，可知动点 M 的牵连速度和牵连加速度可分别表示为：

$$\vec{v}_e = \vec{\omega} \times \vec{r} \tag{c}$$

$$\vec{a}_e = \vec{\varepsilon} \times \vec{r} + \vec{\omega} \times \vec{v}_e \tag{d}$$

最后考虑动点的绝对运动，由速度合成定理，M点的绝对速度为：

$$\vec{v}_a = \vec{v}_e + \vec{v}_r \tag{e}$$

将上式对时间 t 求导，得 M 点的绝对加速度为：

$$\vec{a}_a = \frac{d\vec{v}_a}{dt} = \frac{d\vec{v}_e}{dt} + \frac{d\vec{v}_r}{dt} \tag{f}$$

现分别研究上式右边两项。

第一项为：

$$\frac{d\vec{v}_e}{dt} = \frac{d}{dt}(\vec{\omega} \times \vec{r}) = \frac{d\vec{\omega}}{dt} \times \vec{r} + \vec{\omega} \times \frac{d\vec{r}}{dt} \tag{g}$$

式中 $\frac{d\vec{\omega}}{dt} = \vec{\varepsilon}, \frac{d\vec{r}}{dt} = \vec{v}_a = \vec{v}_e + \vec{v}_r$ 代入上式得：

$$\frac{d\vec{v}_e}{dt} = \vec{\varepsilon} \times \vec{r} + \vec{\omega} \times \vec{v}_e + \vec{\omega} \times \vec{v}_r = \vec{a}_e + \vec{\omega} \times \vec{v}_r \tag{h}$$

第二项为：

$$\frac{d\vec{v}_r}{dt} = \frac{d}{dt}\left(\frac{dx'}{dt}\vec{i}' + \frac{dy'}{dt}\vec{j}' + \frac{dz'}{dt}\vec{k}'\right)$$

注意现在是将 $\vec{v}_r$ 对定系求导，因动系作定轴转动，故沿动系的单位矢 $\vec{i}'$、$\vec{j}'$、$\vec{k}'$ 的方向对定系来说是随时间变化的，是变矢量。

$$\frac{d\vec{v}_r}{dt} = \left(\frac{d^2x'}{dt^2}\vec{i}' + \frac{d^2y'}{dt^2}\vec{j}' + \frac{d^2z'}{dt^2}\vec{k}'\right) + \left(\frac{dx'}{dt} \cdot \frac{d\vec{i}'}{dt} + \frac{dy'}{dt} \cdot \frac{d\vec{j}'}{dt} + \frac{dz'}{dt} \cdot \frac{d\vec{k}'}{dt}\right) \tag{i}$$

(i) 式中的前三项即为相对加速度 $\vec{a}_r$，为了确定第二个括弧内的各项，先分析动系中单位矢 $\vec{i}'$、$\vec{j}'$、$\vec{k}'$ 对时间的一阶导数。以 $\frac{d\vec{k}'}{dt}$ 为例说明。

$\frac{d\vec{k}'}{dt}$ 可看成是矢径为 $\vec{k}'$ 的一点，也就是 $\vec{k}'$ 的端点的速度（图 7－11），由定轴转动刚体内任一点速度的矢积表达式（6－18）知：

$$\frac{d\vec{k}'}{dt} = \vec{\omega} \times \vec{k}'$$

同理 $\frac{d\vec{i}'}{dt} = \vec{\omega} \times \vec{i}' \quad \frac{d\vec{j}'}{dt} = \vec{\omega} \times \vec{j}'$

所以

$$\begin{aligned}&\frac{dx'}{dt} \cdot \frac{d\vec{i}'}{dt} + \frac{dy'}{dt} \cdot \frac{d\vec{j}'}{dt} + \frac{dz'}{dt} \cdot \frac{d\vec{k}'}{dt}\\ &= \frac{dx'}{dt} \cdot (\vec{\omega} \times \vec{i}') + \frac{dy'}{dt} \cdot (\vec{\omega} \times \vec{j}') + \frac{dz'}{dt} \cdot (\vec{\omega} \times \vec{k}')\\ &= \vec{\omega} \times \left(\frac{dx'}{dt}\vec{i}' + \frac{dy'}{dt}\vec{j}' + \frac{dz'}{dt}\vec{k}'\right)\\ &= \vec{\omega} \times \vec{v}_r\end{aligned}$$

代入 (i) 式可得：

$$\frac{d\vec{v}_r}{dt} = \vec{a}_r + \vec{\omega} \times \vec{v}_r \tag{j}$$

将 (h)、(j) 两式代入式 (f) 可得：

$$\vec{a}_a = \vec{a}_e + \vec{a}_r + 2\vec{\omega} \times \vec{v}_r$$

式中右端最后一项 $2\vec{\omega}\times\vec{v}_r$ 称为科氏加速度，用 $\vec{a}_k$ 表示，即

$$\vec{a}_k = 2\vec{\omega}\times\vec{v}_r \tag{7-3}$$

故

$$\vec{a}_a = \vec{a}_e + \vec{a}_r + \vec{a}_k \tag{7-4}$$

式（7-4）表明：牵连运动为定轴转动时，动点的绝对加速度等于牵连加速度、相对加速度和科氏加速度三者的矢量和。这就是牵连运动为定轴转动时点的加速度合成定理。

现举一简单例子说明科氏加速度产生的原因。

设直杆 OA 以匀角速度 ω 绕定轴 O 转动，一套筒 M 沿直杆以匀速 $\vec{v}_r$ 作直线运动。取套筒 M 为动点，动系固连在直杆 OA 上。设在瞬时 t，直杆 OA 位于位置Ⅰ，动点 M 与直杆 OA 上的 M_0 点重合。其牵连速度为 $\vec{v}_e$，相对速度为 $\vec{v}_r$。经过 Δt 时间后，直杆 OA 位于位置Ⅱ，动点 M 由 M_0 运动到 M' 点，其牵连速度为 $\vec{v}'_e$。相对速度为 $\vec{v}'_r$（图 7-12）。

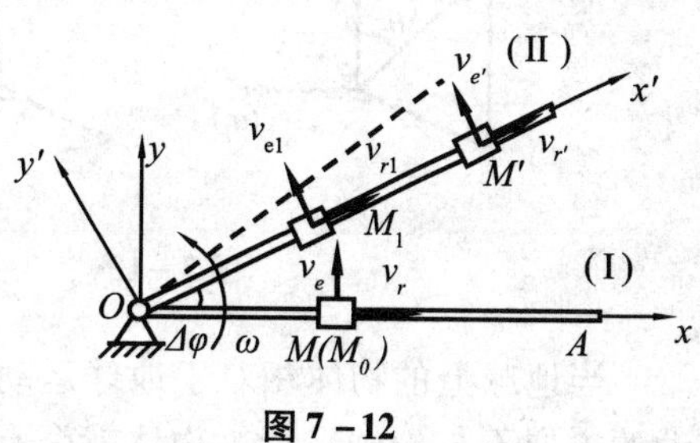

图 7-12

先讨论相对速度的变化。由已知条件知，由于动点相对动系以速度 $\vec{v}_r$ 作匀速直线运动，故其相对加速度为零。但从定系上看，由于牵连运动的影响，经过 Δt 后，相对速度方向发生了改变。可以证明，由于动点的相对速度方向发生改变而产生的这部分加速度即为科氏加速度的一部分（$\vec{\omega}\times\vec{v}_r$）。

再讨论牵连速度的变化，根据定义，$\lim\limits_{\Delta t\to 0}\dfrac{\vec{v}_{e1}-\vec{v}_e}{\Delta t}$ 是在瞬时 t 杆 OA 上与动点相重合的那一点的加速度，即为动点 M 在瞬时 t 的牵连加速度。但是由于动点有相对运动，经过 Δt 时间后动点的重合点 M' 的速度为 $\vec{v}'_e$：

$$\begin{aligned}\lim_{\Delta t\to 0}\frac{\vec{v}'_e-\vec{v}_e}{\Delta t} &= \lim_{\Delta t\to 0}\frac{\vec{v}'_e-\vec{v}_{e1}+\vec{v}_{e1}-\vec{v}_e}{\Delta t}\\ &= \lim_{\Delta t\to 0}\frac{\vec{v}_{e1}-\vec{v}_e}{\Delta t}+\lim_{\Delta t\to 0}\frac{\vec{v}'_e-\vec{v}_{e1}}{\Delta t}\end{aligned}$$

上式右边第一项为点的牵连加速度 $\vec{a}_e$，第二项是由于动点的相对运动使牵连速度大小发生变化而产生的加速度，可以证明它也是科氏加速度的一部分。即 $\lim\limits_{\Delta t\to 0}\dfrac{\vec{v}'_e-\vec{v}_{e1}}{\Delta t}=\vec{\omega}\times\vec{v}_r$。

由此可知，科氏加速度的产生，是由于牵连转动与相对运动互相影响所致。当牵连运动为平动时，不存在这种相互影响，因而不会产生科氏加速度。

现在来讨论科氏加速度的大小和方向。

设 $\vec{\omega}$ 与 $\vec{v}_r$ 的夹角为 θ，则由矢积的定义知，科氏加速度的大小为：

$$a_k = 2\omega v_r \sin\theta$$

方位垂直于 $\vec{\omega}$ 与 $\vec{v}_r$ 所决定平面，指向按右手法则确定（图 7-13a）。

下面讨论两种特殊情况：

其一，当 $\vec{\omega}\,/\!/\,\vec{v}_r$ 时，即相对速度 $\vec{v}_r$ 与转轴平行，$\theta=0°$或$=180°$，$\sin\theta=0$，则

$$a_k = 0。$$

其二，当 $\vec{\omega}\perp\vec{v}_r$ 时，即相对速度 $\vec{v}_r$ 在垂直于转轴的平面内，$\theta=90°$，$\sin\theta=1$，则

$a_k = 2\omega v_r$。

此时 $\vec{\omega}$、$\vec{v}_r$、$\vec{a}_k$ 三者互相垂直，若把 $\vec{v}_r$ 顺着 $\vec{\omega}$ 的转向转过 90°，即为 $\vec{a}_k$ 的方向（图 7－13b）。

现在用科氏加速度来说明自然界中的一些现象。

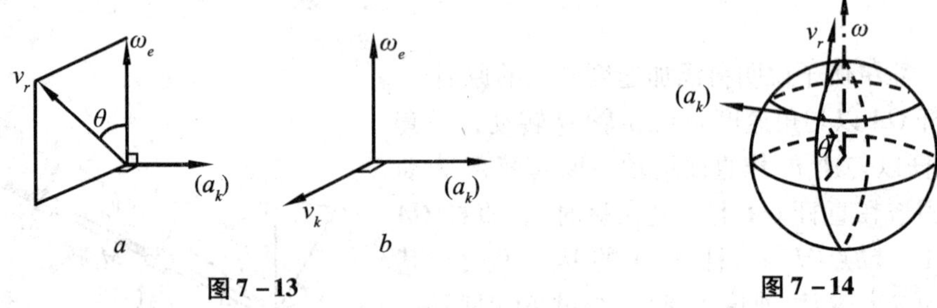

图 7－13

图 7－14

当地球上的物体相对于地球运动，而地球又绕地轴自转时，只要物体相对于地球运动的方向不与地轴平行，物体就会有科氏加速度。在一般问题中，地球自转的影响可略去不计，但在某些情况下却必须考虑。例如，在北半球，沿径线流动的河流的右岸易被冲刷，而在南半球则相反。这种现象可用科氏加速度来解释。如河流沿径线在北半球往北流，则河水的科氏加速度 a_k 指向左侧，如图 7－14 所示。由牛顿第二定律知，这是由于河的右岸对河水作用有向左的力。根据作用与反作用定律，河水对右岸必有反作用力，这个力称为科氏惯性力。由于这个力长年累月地作用在右岸，就使右岸出现被冲刷的痕迹。

例 7－8　试求例 7－4 中汽阀凸轮机构顶杆 AB 的加速度。已知凸轮的角速度为 ω，$OA=b$，该瞬间凸轮轮廓曲线在 A 点的法线 An 同 AO 的夹角为 θ，曲率半径为 ρ（图 7－15）。

解　① 确定动点和动系：

取顶杆上的 A 点为动点，动系 $Ox'y'$ 固连在凸轮上，定系固连在机架上。

② 3 种运动分析同例 7－4。

③ 速度分析计算同例 7－4，速度矢图如图 7－15a 所示。其中 $v_r = \dfrac{b\omega}{\cos\theta}$。

④ 加速度分析及计算：因为相对运动是曲线运动，相对加速度 $\vec{a}_r$ 有切向分量 $\vec{a}_r^\tau$、法向分量 $\vec{a}_r^n$。$\vec{a}_r^\tau$ 大小未知，方位沿凸轮表面曲线在 A 点的切线，指向待定。$\vec{a}_r^n$ 大小为：

$$a_r^n = \frac{v_r^2}{\rho} = \frac{b^2\omega^2}{\rho\cos\theta}$$

方向沿凸轮在 A 点的法线，指向曲率中心。

牵连运动是匀速运动，牵连加速度只有法向分量，其大小为：

$$a_e = a_e^n = b\omega^2$$

方向沿 AO 指向凸轮转动中心 O。

绝对运动是顶杆铅直平动，绝对加速度大小未知，方位铅直，指向假设向上。

科氏加速度 $\vec{a}_k$ 的大小为：

$$a_k = 2\omega v_r \sin 90° = 2\omega v_r = \frac{2b\omega^2}{\cos\theta}$$

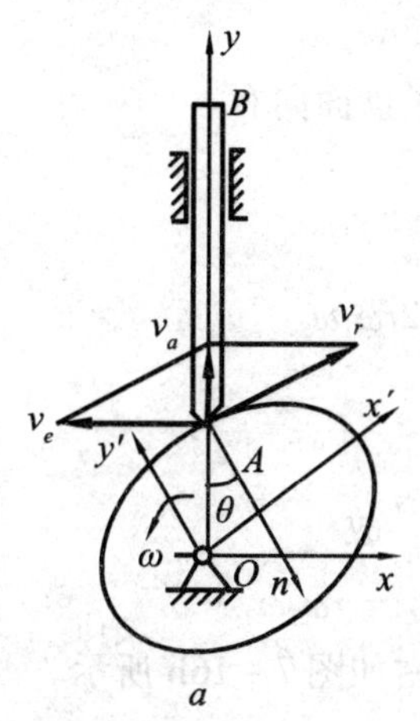

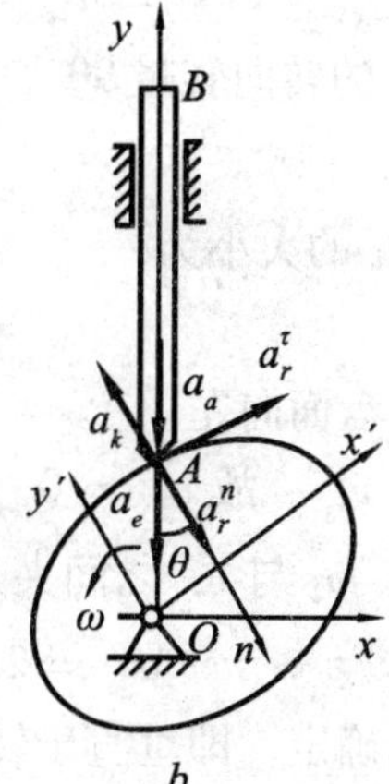

图7-15

方向将顺着 ω 的转向转过90°。

作出各加速度矢量（图7-15b）。

由牵连运动为转动的加速度合成定理有：

$$\vec{a}_a = \vec{a}_e + \vec{a}_r^\tau + \vec{a}_r^n + \vec{a}_k$$

将上式向 An 轴上投影得：

$$-a_a\cos\theta = a_r^n + a_e\cos\theta - a_k$$

$$a_a = -\frac{1}{\cos\theta}\left(\frac{b^2\omega^2}{\rho\cos^2\theta} + b\omega^2\cos\theta - \frac{2b\omega^2}{\cos\theta}\right)$$

$$= -r\omega^2\left(1 + \frac{b}{\rho}\sec^3\theta - 2\sec^2\theta\right)$$

负号说明 $\vec{a}_a$ 的指向与图中假设相反，应铅直向下。

所求的顶杆的加速度，在凸轮轮廓曲线和顶杆的压紧弹簧的设计计算中有其实际意义。

例7-9 半径为 r 的转子相对于支承框架以角速度 ω_1 绕水平轴Ⅰ-Ⅰ转动，此轴连同框架又以角速度 ω_2 相对于机架绕铅垂轴Ⅱ-Ⅱ转动，试求转子边缘上 A,B,C,D 四点在图7-16a所示瞬时的科氏加速度，其中 A,B 两点在Ⅱ-Ⅱ轴线上，OC 连线垂直于Ⅰ-Ⅰ和Ⅱ-Ⅱ轴所组成的平面，OD 连线与Ⅱ-Ⅱ轴成60°角。

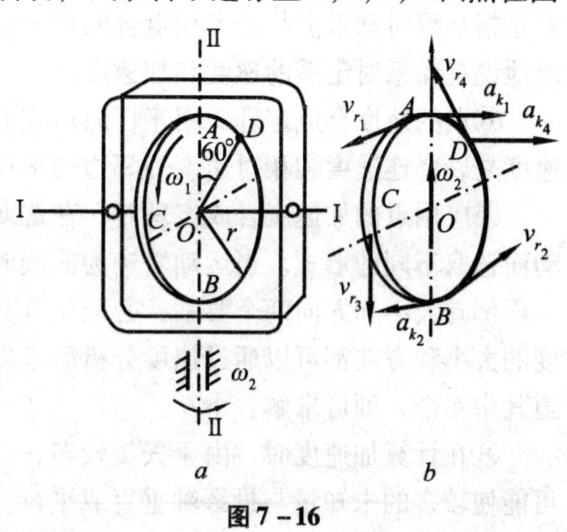

图7-16

解 ①确定动点和动系：取 A,B,C,D 为动点，动系固连于框架上，定系固连于机架。

②分析三种运动：牵连运动是以 ω_2 绕Ⅱ-Ⅱ轴的转动，各点的相对运动都是匀速圆周运动，相对运动轨迹为以 r 为半径的圆。

③求各点的科氏加速度：

A点：$v_{r_1} = r\omega_1$，牵连运动的角速度为 ω_2 且 $\vec{\omega}_2 \perp \vec{v}_{r_1}$，故

$$a_{k_1} = 2\omega_2 v_{r_1} = 2r\omega_1\omega_2$$

方向将 $\vec{v}_{r_1}$ 按 ω_2 的转向转过 90°，垂直于转子盘面向右。

B 点：$v_{r_2} = r\omega_1$

且 $\vec{\omega}_2 \perp \vec{v}_{r2}$ 故 $\vec{a}_k$ 的大小为

$$a_{k_2} = 2\omega_2 v_{r_2} = 2r\omega_1\omega_2$$

方向垂直于转子盘面向左。

C 点：由于 $\vec{\omega}_2 // \vec{v}_{r_3}$，故 $a_{k_3} = 0$

D 点：$v_{r_4} = r\omega_1$，$\vec{\omega}_2$ 与 $\vec{v}_{r_4}$ 之间夹角等于 30°，故

$$a_{k_4} = 2\omega_2 v_{r_4} \sin 30° = r\omega_1\omega_2$$

方向按右手定则确定，即垂直于转子盘面向右如图 7 – 16b 所示。

小　结

①本章用合成法研究了一个动点相对于不同坐标系的运动之间的关系。利用这一关系可以解决较复杂点的运动问题。

②用点的合成运动理论研究点的运动时，必须正确选择一个动点，两套坐标；分析 3 种运动，3 种速度及三种加速度。

③恰当地选取动点与动系是分析点的合成运动的关键。动点与动系不能选在同一物体上，动点对动系的相对运动轨迹要明显。一般说来，当两运动物体接触时，常选接触点为动点，如例 7 – 4 顶杆 *AB* 上的 *A* 点；当两运动物体以活动节点相连时，常取该活动节点为动点。如例 7 – 5 刨床急回机构中的滑块 *A*；当两物体不直接接触时，则选相对与绝对运动轨迹易观察的点为动点。

④分析 3 种运动。要明确相对运动与绝对运动都是点的运动，它包括直线运动或某种曲线运动。而牵连运动则是刚体的运动，它包括平动，定轴转动或其他某种刚体的运动。

⑤在分析 3 种速度和 3 种加速度时，要注意对动点的牵连速度和牵连加速度的理解，它是指某瞬时动系上与动点相重合的那一点（牵连点）对定系的速度和加速度，而不是笼统地说是动系对定系的速度和加速度。

⑥点的速度合成定理适用于任何形式的牵连运动。注意在画速度平行四边形时，绝对速度是以牵连速度和相对速度为邻边的平行四边形的对角线。

⑦应用点的加速度合成定理时，在选取动点和动系后，应根据牵连运动是平动还是转动而选取不同的形式。当运动轨迹为曲线时，$\vec{a}_a$、$\vec{a}_r$、$\vec{a}_e$ 都有可能分为切向和法向二项，每一项都有大小和方向两个要素，必须认真分析。一般情况下，各项法向加速度和科氏加速度的大小和方向都可以通过速度分析后求得，余下的 3 项切向加速度的 6 个因素，只要知道其中 4 个，即可求解。

⑧在计算加速度时，由于矢量较多，一般采用投影计算的方法，在选择投影轴时，尽可能使较多的未知量与投影轴垂直或平行。投影时应是加速度定理等式两边分别向所选坐标轴上投影，不要写成平衡方程式的形式。

思考题

7-1　试用合成运动的概念分析下列图中所指定点 M 的运动，先确定动坐标系，并说明绝对运动、相对运动和牵连运动，画出动点在图示位置的绝对速度、相对速度和牵连速度。

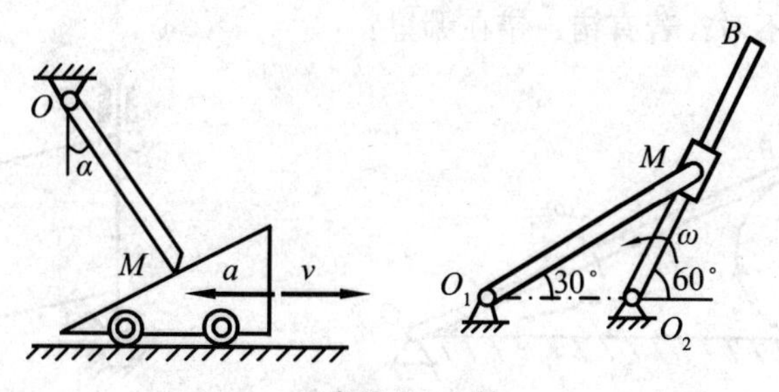

思考题 7-1 图

7-2　下列说法是否正确？为什么？

（1）牵连速度是动坐标系相对于定坐标系的速度。

（2）牵连速度是动坐标系上任一点相对于定坐标系的速度。

7-3　为什么坐在行驶的汽车中，看到后面超车的汽车较实际速度慢？而看到对面驶来的汽车速度较实际速度快？试说明之。

7-4　为什么牵连运动为平动时，没有科氏加速度？是否只要牵连运动为定轴转动，就必定有科氏加速度。

7-5　半径为 R 的圆轮以角速度 ω = 常数沿固定水平面作无滑动的滚动，OA 杆可绕 O 轴作定轴转动，并靠在圆轮上。若选轮心 C 为动点，OA 杆为动系，试求牵连速度 $\vec{v}_e$ 的大小和方向。指出下列答案中哪个是正确的。

（1）$\vec{v}_e \begin{Bmatrix} v_e = OB \cdot \omega_{OA} \\ v_e \perp OB \end{Bmatrix}$

（2）$\vec{v}_e \begin{Bmatrix} v_e = OC \cdot \omega_{OA} \\ v_e \perp OC \end{Bmatrix}$

（3）$\vec{v}_e \begin{Bmatrix} v_e = R\omega \\ v_e // OA \end{Bmatrix}$

（4）$\vec{v}_e \begin{Bmatrix} v_e = R\omega \\ v_e \perp BC \end{Bmatrix}$

7-6　已知 M 点以 $x = \dfrac{at^2}{2}$ 沿 AB 边运动，而 $ABCD$ 绕 CD 边以匀角速度 ω 转动，$CD = AB$。求 M 点的绝对加速度。

解：

$$a_r = \frac{dx^2}{dt^2} = a$$

$$a_k = 0 \quad (\vec{\omega}//\vec{v}_r)$$

$$a_e = \frac{dv_e}{dt} = 0$$

M 点的绝对加速度为

$$a_a = a_r = a$$

试问上述计算对不对？若有错，错在哪里？

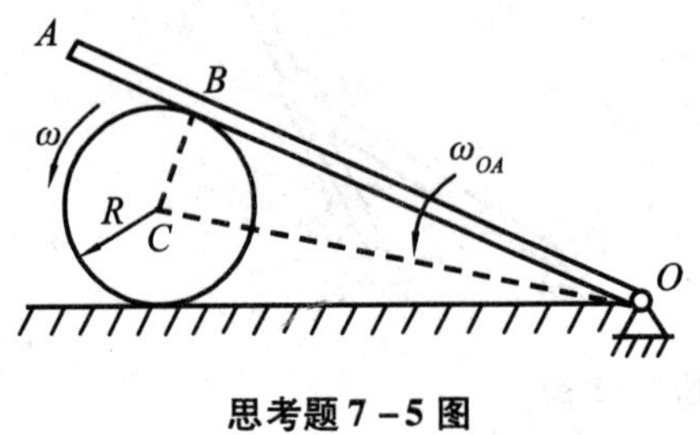

思考题 7－5 图

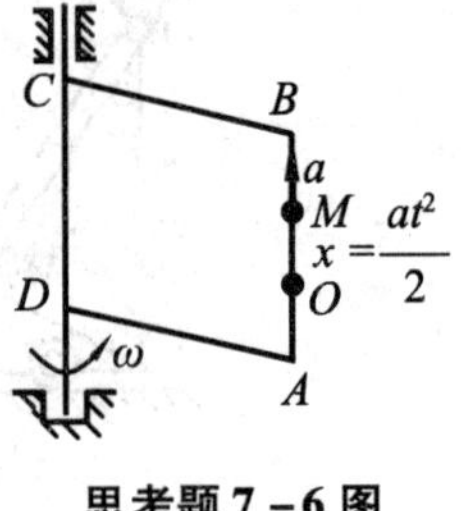

思考题 7－6 图

习 题

7－1　图示平面铰接四边形机构，$O_1A = O_2B = 10\text{cm}$，$O_1O_2 = AB$，杆 O_1A 以 $\omega = 2\text{rad/s}$绕 O_1 轴作匀速转动。AB 杆上有一套筒 C，此筒与 CD 杆相铰接。求当 $\varphi = 60°$时 CD 杆的速度。

7－2　摇杆 OC 绕 O 轴摆动，通过固定在齿条 AB 上的销子 k 带动齿条平动，而齿条又带动半径为 10cm 的齿轮 D 绕固定轴转动。如 $l = 40\text{cm}$，摇杆的角速度 $\omega = 0.5\text{rad/s}$，求 $\varphi = 30°$ 时，齿轮的角速度 ω_1 。

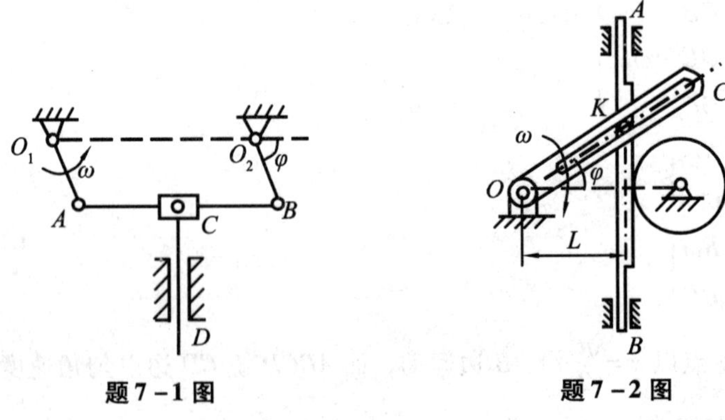

题 7－1 图　　　　题 7－2 图

7－3　麦粒从传送带 A 落到另一个传送带 B，其绝对速度 = 4m/s，其方向与铅垂线成 30°角，设传送带 B 与水平面成 15°角，其速度 $v_2 = 2\text{m/s}$。求此时麦粒对于传送带 B 的相对速度。另外问当传送带 B 的速度为多大时，麦粒的相对速度才能与它垂直。

7－4　图示塔式起重机的水平悬臂以匀角速度 ω 绕铅垂轴 OO_1 转动，同时跑车 A 带着重物 B 沿悬臂运动。如 $\omega=0.1\text{rad/s}$，跑车的运动规律为 $x=20-0.5t$，其中 x 以 m 计，t 以 s 计，并且悬挂重物的钢索 AB 始终保持铅垂。求 $t=10\text{s}$ 时，重物 B 的绝对速度。

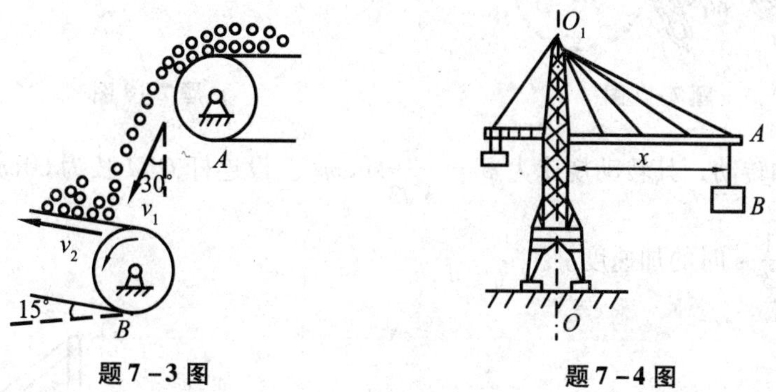

题7－3图　　题7－4图

7－5　曲柄摇杆机构如图所示，已知 $O_1O_2=250\text{mm}$，$\omega_1=3\text{rad/s}$。试求图示位置杆 O_2A_2 的角速度 ω_2。

7－6　图示为一刨床机构。已知 $r=20\text{cm}$，$O_1O_2=a=20\sqrt{3}\text{ cm}$，$l=2a=40\sqrt{3}\text{cm}$，曲柄 O_1A 以角速度 $\omega_1=2\text{rad/s}$ 绕 O_1 轴转动，求在图示位置当 $\alpha=30°$时，滑枕 CD 的移动速度。

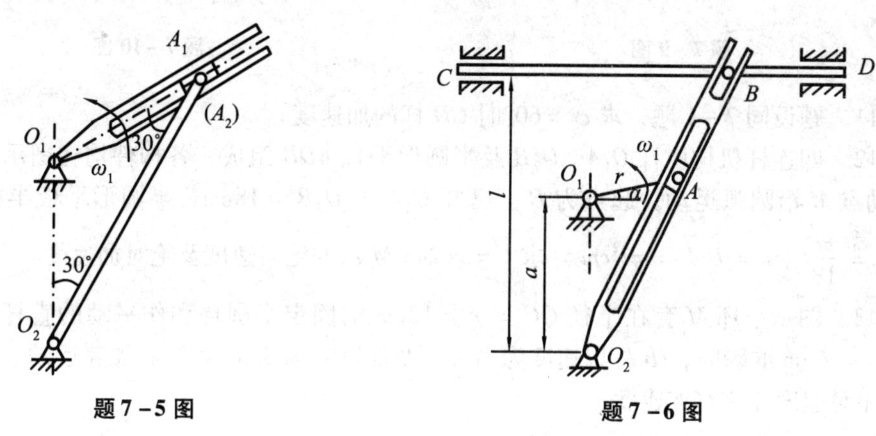

题7－5图　　题7－6图

7－7　曲柄滑道机构的曲柄 $OA=r=40\text{ cm}$，以转速 $n=120\text{r/min}$ 按顺时针方向作匀速转动。水平杆 BC 的滑槽 DE 与水平线成60°角。曲柄转动时，通过滑块 A 带动 BC 杆在水平方向作往复运动。求当曲柄与水平线夹角分别为 $\varphi=0°$、30°时，杆 BC 的速度和加速度。

7－8　半圆凸轮以速度 v 作匀速平动，杆 OA 长 l，凸轮半径 $r=l$，杆 OA 上 A 点始终与凸轮表面接触，当 $\varphi=30°$时，求 OA 杆的角速度与角加速度。

7－9　拖拉机以速度 $\vec{v}_0$、加速度 $\vec{a}_0$ 沿直线轨道行驶（不滑动），求其履带上 M_1、M_2、M_3、M_4 四点的速度与加速度。车轮半径为 R，轮缘与履带间滑动略去不计。

7－10　小车的运动规律为 $x=50t^2$，x 单位为 cm，t 单位为 s。车上连杆 $O'M$ 在图示

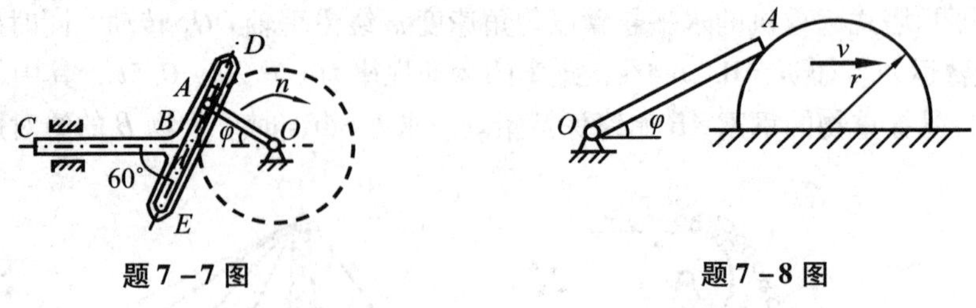

题 7－7 图　　　　题 7－8 图

平面内绕 O' 轴转动，其转动规律为 $\varphi = \frac{\pi}{3\sqrt{3}}\sin \pi t$ 。设连杆 $O'M$ 长为 60cm，试求连杆的端点 M 在 $t = \frac{1}{3}$ s 时的加速度。

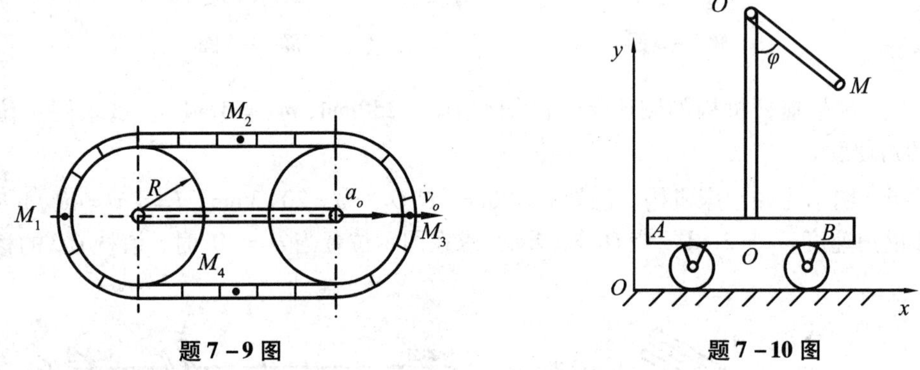

题 7－9 图　　　　题 7－10 图

7－11　题设同 7－1 题，求 $\varphi = 60°$ 时 CD 杆的加速度。

7－12　四连杆机构由杆 O_1A 、O_2B 及半圆形平板 ADB 组成，各构件均在图示平面内运动。动点 M 沿圆弧运动，起点为 B 。已知 $O_1A = O_2B = 18$cm，半圆形平板半径 $R = 18$cm，$\varphi = \frac{\pi}{18}t$ ，$s = \overset{\frown}{BM} = \pi t^2 cm$ 。求 $t = 3$s 时，M 点的绝对速度及绝对加速度。

7－13　图示小环 M 套在半径 $OC = r = 12$cm 的固定半圆环和作平动的直杆上，当 $OB = BC = 6$cm 的瞬时，AB 杆以速度为 3cm/s 及加速度为 3cm/s^2 向右加速运动。试求小环 M 的相对速度和相对加速度。

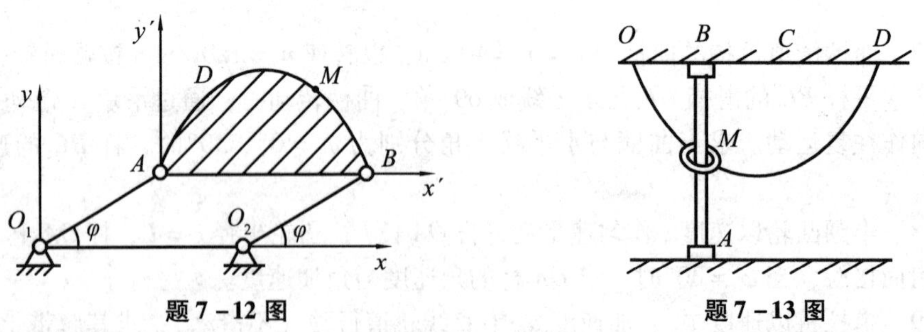

题 7－12 图　　　　题 7－13 图

7－14　销钉 P 点被限制在两个构件滑槽中运动，如图所示。其中 AB 以匀速 $v_{AB} = 80$mm/s 沿图示方向运动，而 CD 在此瞬时以速度 $v_{CD} = 40$mm/s 、加速度 $a_{CD} = 10$mm/s^2 沿水平方向运动。试求此瞬时销钉 P 的速度 v_P 和加速度 a_P 。

7－15　摇杆滑道机构的曲柄 OA 长 l，以匀角速度 ω_0 绕 O 轴转动。已知在图示位置时，$OA \perp OO_1, AB = 2l$，求该瞬时 BC 杆的速度。

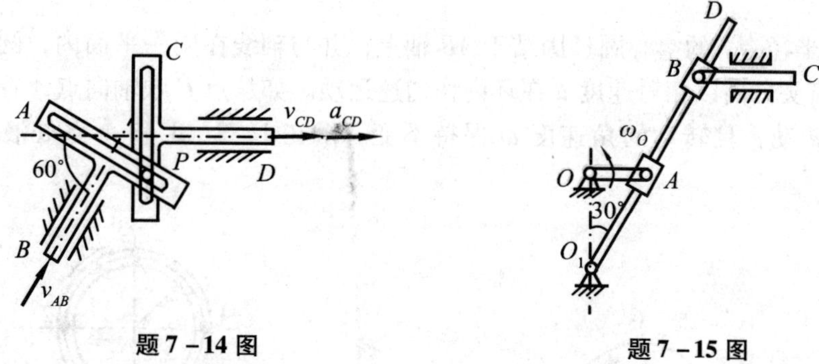

题7－14图　　题7－15图

7－16　在图示滑道摇杆机构中，当曲柄 OC 以等角速度 ω 绕 O 轴转动时，套筒 A 在曲柄 OC 上移动，并带动铅直杆 AB 在导板 K 中运动，距离 $OK = l$。求曲柄 OC 与水平夹角为 φ 时，杆 AB 的速度及加速度。

7－17　圆盘按方程 $\varphi = 1.5t^2$ 绕垂直于圆盘平面的 O 轴转动，其上一点 M 沿圆盘半径按方程 $s = OM = 1 + t^2$ 运动，式中 φ 以 rad 计，t 以 s 计，s 以 cm 计。如图所示。求当 $t = 1$ s 时点 M 的绝对速度和绝对加速度。

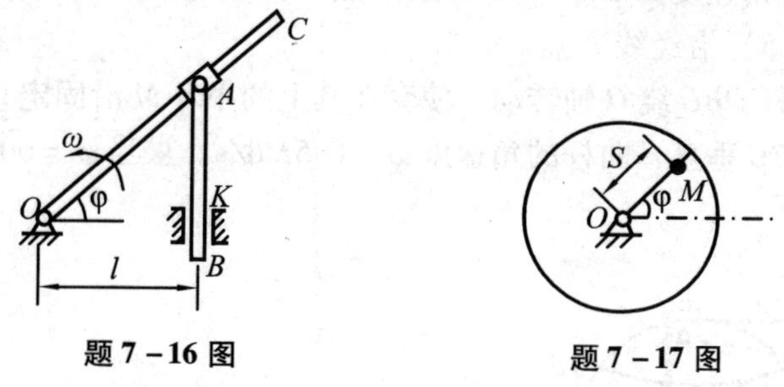

题7－16图　　题7－17图

7－18　牛头刨床的机构如图所示。已知 O_1A =200cm，匀角速度 ω_1 =2 rad／s，求图示位置滑杆 CD 的速度和加速度。

7－19　水力采煤用的水枪可绕铅直轴转动。在某瞬时角速度为 ω，角加速度为零。设与转动轴相距 r 处的水滴该瞬时具有相对于水枪的速度 $\vec{v}_1$ 及加速度 $\vec{a}_1$，求该点的绝对速度及绝对加速度。

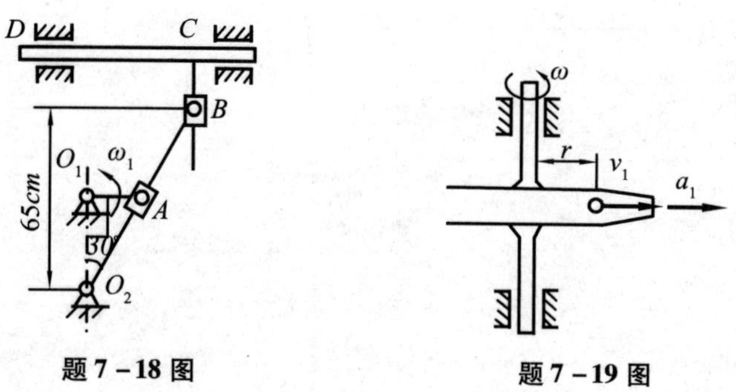

题7－18图　　题7－19图

7－20　圆盘以角速度 $\omega = 2t$ rad / s 绕 AB 轴转动，点 M 由盘心 O 沿半径向盘边运动，其运动规律为 $OM = 40t^2$，其中长度以 mm 计，时间以 s 计，求 $t = 1$s 时 M 点的绝对加速度。

7－21　半径为 r 的空心圆环固结于 AB 轴上，并与轴线在同一平面内，圆环内充满液体，液体按箭头方向以相对速度 u 在环内作匀速运动。如从点 B 顺轴向点 A 看去，AB 轴作逆时针方向转动，且转动的角速度 ω 保持不变。求在 1、2、3 和 4 点处液体的绝对加速度。

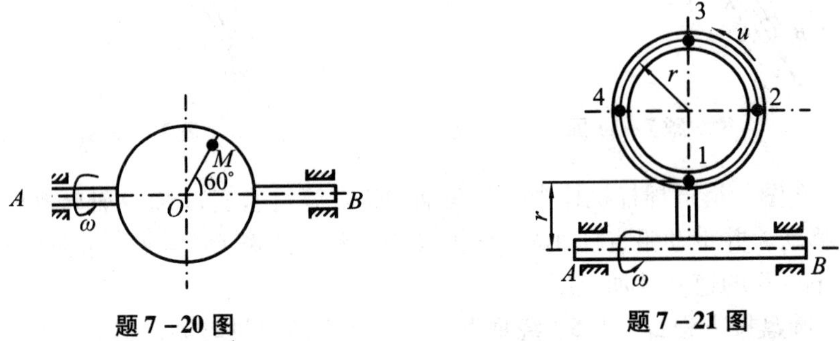

题 7－20 图　　　　题 7－21 图

7－22　物体对地面的速度为 u，求沿下列轨道运动到图示位置时科氏加速度的大小和方向，设地球自转角速度为 ω。（1）赤道 A 点；（2）北纬 30° B 点；（3）沿经线 C 点；（4）沿经线 D 点；（5）沿经线 E 点。

7－23　图示曲杆 OBC 绕 O 轴转动，使套在其上的小环 M 沿固定直杆 OA 滑动。已知：$OB = 10$cm，OB 与 BC 垂直，曲杆的角速度 $\omega = 0.5$rad/s。求当 $\varphi = 60°$时，小环 M 的速度和加速度。

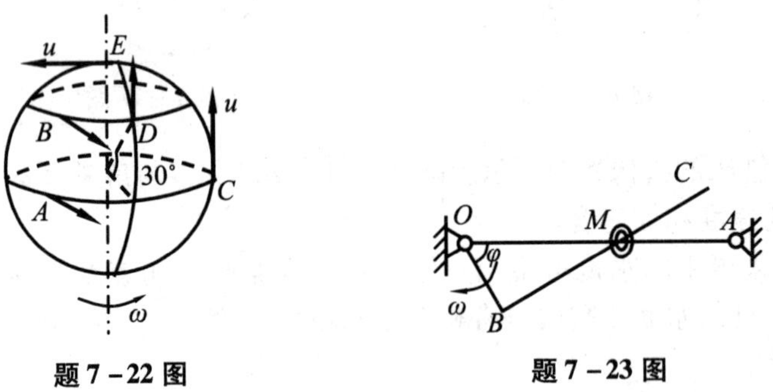

题 7－22 图　　　　题 7－23 图

第8章　刚体的平面运动

刚体的平面运动是工程中常见的一种较为复杂的运动形式。本章通过运动分解的方法把平面运动分解为两种基本运动——平动和转动，并应用点的合成运动的概念对平面运动刚体上各点进行速度和加速度分析。

8.1　平面运动分解为平动和转动

8.1.1　平面运动概述及运动方程

刚体运动时，刚体内各点与某一固定平面的距离始终不变，或者说，体内各点都在与某一固定平面相平行的平面内运动，刚体的这种运动称为平面运动。

在工程中常见机器的机构中许多构件的运动属于平面运动。例如，车轮沿直线轨道滚动，轮上各点都在与轨道平行的铅直平面内运动，所以，车轮的运动是平面运动。又如图8－1所示的曲柄连杆机构中连杆 AB 的运动，如图8－2所示的行星轮机构中的行星轮 A 的运动等都是平面运动。所以研究平面运动具有重要的实际意义。

图8－1　　图8－2

根据刚体平面运动的特点，可以将整个刚体的平面运动简化为一个平面图形在其自身平面内的运动。设刚体相对于固定平面Ⅰ作平面运动。用一个与平面Ⅰ相平行的平面Ⅱ截割刚体，截出平面图形 S，如图8－3所示。由平面运动的特点知，在运动过程中平面图形 S 始终保持在平面Ⅱ内运动。在刚体上任取一与平面图形 S 相垂直的直线 A_1A_2 将始终平行于自身运动，即作平动。由平动的特点知，直线 A_1A_2 上各点的运动都可以用平面图形 S 与其交点 A 来代表。于是刚体内所有点的运动都可以用平面图形 S 内相应的各点的运动来代表。整个刚体的运动可以简化为平面图形 S 在其自身平面内的运动。

下面讨论平面图形 S 的运动方程。设平面图形 S 在固定平面 Oxy 内运动（图 8－4），其任一瞬时的位置，可以用图形上任意线段 $O'P$ 的位置来确定。而 $O'P$ 的位置可以由线段上某点 O' 的坐标 x'_o, y'_o 和 $O'P$ 与 Ox 轴的夹角 φ 来确定。若将 O' 点称为基点，则当图形 S 运动时，基点的坐标 x'_o, y'_o 和角 φ 都是时间 t 的单值连续函数，可表示为：

$$x'_o = f_1(t),\ y'_o = f_2(t),\ \varphi = f_3(t) \tag{8-1}$$

式（8－1）称为平面图形 S 的运动方程，也就是刚体平面运动的运动方程。

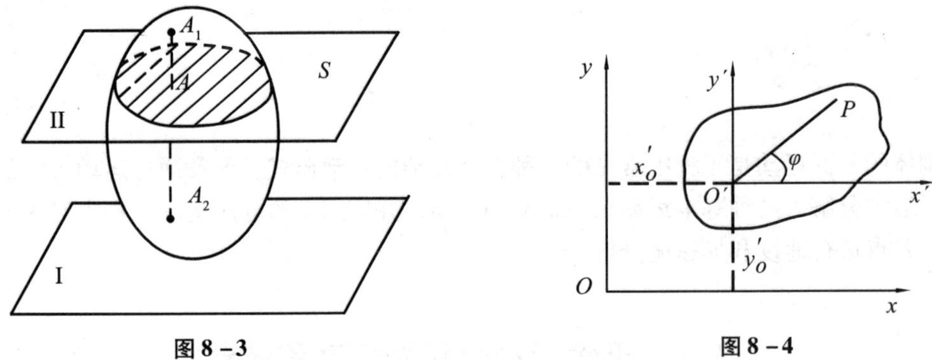

图 8－3　　　　图 8－4

8.1.2　平面运动分解为平动和转动

取定系 Oxy 固连于地面，在图形 S 内任取一点 O' 为基点，将坐标系 $O'x'y'$ 固连于 O'，并随 O' 点相对于定系 Oxy 作平动（图 8－4）。根据合成运动的概念，图形 S 对定系的平面运动（绝对运动）可以看成是随同动坐标系 $O'x'y'$ 的平动（牵连运动）和绕基点 O' 的转动（相对运动）的合成。即平面运动可看为随基点 O' 的平动和绕基点 O' 的转动的合成。

例如，一车轮相对于地面作平面运动，在 Δt 时间内由位置Ⅰ运动到位置Ⅱ。车轮的位置可由它的某一半径 AB 的位置来表示，起始位置半径 A_1B_1 铅垂，经过 Δt 后，随车轮运动到 A_2B_2（图 8－5a）。

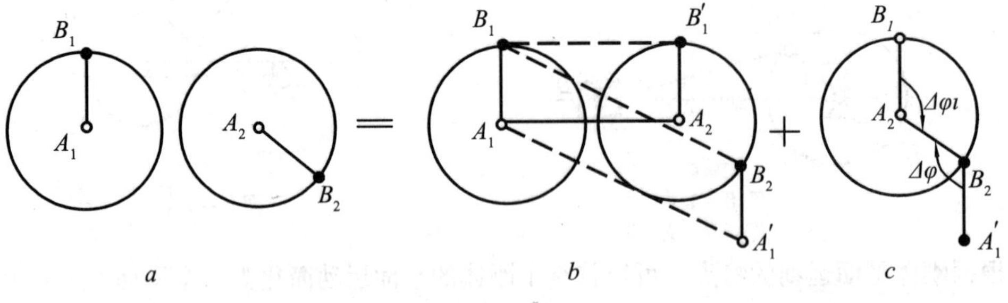

图 8－5

若选 A_1 为基点，则车轮的运动过程可看作随基点 A_1 平动到 $A_2B'_1$，然后在绕基点 A_1 转到 A_2B_2 位置。这就把车轮的平面运动看成是随基点 A 的平动与绕基点 A 的转动两种运动的合成。

基点的选择是任意的。如果选取车轮上的 B_1 点为基点，则车轮可看作随基点 B_1 平动到 $B_2A'_1$ 位置，然后再绕基点 B_1 转到 A_2B_2 位置（图 8－5b、c）。由图 8－5 可见平动部分

的位移 Δr_A 与 Δr_B 是完全不同的两个矢量，从而平动的速度和加速度也不同，但绕不同基点所转过的角位移 $\Delta\varphi$ 和总是大小相等，转向相同，因而，$\varepsilon = \varepsilon'$。即平面运动分解为平动和转动时，平动部分与基点的选择有关，平动的速度、加速度就等于基点的速度、加速度，而转动部分的角速度、角加速度与基点的选择无关。这里所谓的角速度和角加速度是相对于各基点处的平动坐标系而言的，平面图形相对于各平动坐标系（包括固定坐标系），其转动运动都是一样的，角速度、角加速度都是共同的，所以无须指明绕哪一基点转动，只用 ω,ε 表示即可。ω,ε 称为平面图形在某瞬时的角速度和角加速度。另外为了研究问题方便，一般取刚体上运动已知的点为基点。

8.2　用基点法、速度投影定理求平面图形上各点的速度

8.2.1　基点法（合成法）

由第一节分析可知，刚体的平面运动可分解为随基点的平动和绕基点的转动，则平面运动刚体上任一点的速度也可用合成运动的方法来确定。

设已知在某瞬时平面图形上点 A 的速度为 $\vec{v}_A$，图形的角速度为 ω。现求图形上任一点 B 的速度（图 8 –6）。

取平面图形上速度已知的点 A 为基点，并过 A 点作平动坐标系 $Ax'y'$，则图形上任一点 B 的牵连运动就是动系 $Ax'y'$ 的平动，相对运动是以 A 点为圆心、AB 为半径的圆周运动。那么 B 点的牵连速度 $\vec{v}_e = \vec{v}_A$，相对速度用 $\vec{v}_{BA}$ 表示，即 $\vec{v}_r = \vec{v}_{BA}$，大小为 $v_{BA} = AB \cdot \omega$，方位垂直于 AB，指向与角速度 ω 的转向一致。因此，根据点的速度合成定理，B 点的速度为：

$$\vec{v}_B = \vec{v}_A + \vec{v}_{BA} \tag{8-2}$$

即平面图形上任一点的速度等于基点的速度与该点随图形绕基点转动的速度的矢量和。

用式（8 –2）求解平面图形上任一点速度的方法，称为基点法，又称合成法。同应用点的速度合成定理解题时一样，只要知道式中 $\vec{v}_A,\vec{v}_B$ 和 $\vec{v}_{BA}$ 中任意四个因素，即可作出速度平行四边形求解（图 8 –6）。

8.2.2　速度投影定理

将式（8 –2）投影到 AB 轴上（图 8 –6），由于 $\vec{v}_{BA} \perp AB$，所以 $\vec{v}_{BA}$ 在 AB 轴上的投影为零，有：

$$(\vec{v}_B)_{AB} = (\vec{v}_A)_{AB}$$

即：平面图形内任意两点的速度在这两点连线上的投影相等。这一结论，称为速度投影定理。它说明刚体内任意两点的距离保持不变，所以两点的速度在 AB 方向的投影必须相等。

下面举例说明基点法和速度投影定理的应用。

例 8 –1　曲柄滑块机构如图 8 – 7 所示。已知曲柄长 $OA = r$，连杆长 $AB = l$，曲柄以

匀角速度 ω 转动，当曲柄的转角 $\varphi=\omega t$ 时，试求滑块 B 的速度 v_B 和连杆 AB 的角速度 ω_{AB}?

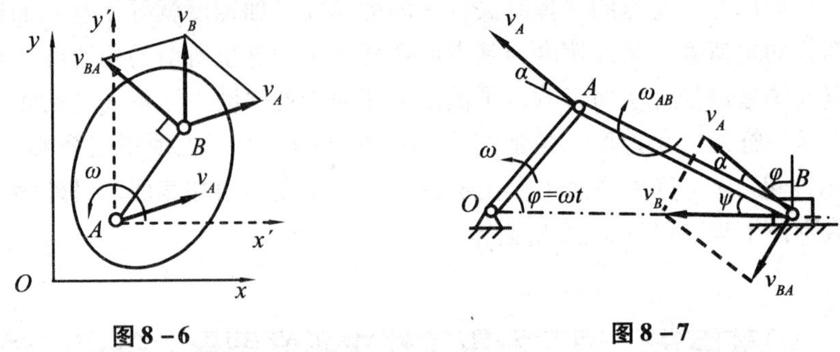

图 8-6　　　　图 8-7

解　①用基点法求 v_B 和 ω_{AB}：连杆 AB 作平面运动，A 点的运动已知，故取 A 为基点，则 B 点速度为：

$$\vec{v}_B=\vec{v}_A+\vec{v}_{BA}$$

其中：$\vec{v}_A$ 的大小为 $r\omega$，方向垂直于 OA，指向与 ω 的转向一致；

$\vec{v}_B$ 的大小未知，方位沿 OB，指向待定；

$\vec{v}_{BA}$ 的大小未知，方位垂直于 AB。

作出点 B 的速度平行四边形（图 8-7），由正弦定理得：

$$\frac{v_B}{\sin(\varphi+\psi)}=\frac{v_{BA}}{\sin(90^\circ-\varphi)}=\frac{v_A}{\sin(90^\circ-\psi)}$$

$$v_B=\frac{\sin(\varphi+\psi)}{\sin(90^\circ-\psi)}v_A=r\omega\frac{\sin(\varphi+\psi)}{\cos\psi}$$

$$v_{BA}=\frac{\sin(90^\circ-\varphi)}{\sin(90^\circ-\psi)}v_A=r\omega\frac{\cos\varphi}{\cos\psi}$$

由于

$$v_{BA}=l\omega_{AB}$$

$$\omega_{AB}=\frac{v_{BA}}{l}=\omega\frac{r}{l}\frac{\cos\varphi}{\cos\psi}$$

ω_{AB} 的转向应与 v_{BA} 的指向一致，即为顺时针转向。

②用速度投影定理求 v_B：设 v_A 与 AB 线的夹角为 α，由几何关系知：

$$\alpha=90^\circ-(\varphi+\psi)$$

由速度投影定理得

$$v_B\cos\psi=v_A\cos[90^\circ-(\varphi+\psi)]$$

$$v_B=r\omega\frac{\sin(\varphi+\psi)}{\cos\psi}$$

由本例可以看出，当已知图形上某点 A 的速度大小和方向，以及另一点 B 的速度方向时，用速度投影定理求点 B 的速度是很方便的。但是，若求连杆 AB 的角速度为 ω_{AB} 时，则不能用此定理求出。

例 8-2　半径为 r 的车轮在水平轨道上作无滑动的滚动。已知轮心 O 的速度 $\vec{v}_0$ = 常矢量，求车轮的角速度和轮缘上 A,B,C,D 四点的速度（图 8-8）。

解　因车轮作平面运动且轮心 O 的速度 v_o 已知，所以选 O 点为基点，求车轮的角速度和各点的速度。

①求车轮的角速度：因为车轮在水平轨道上作无滑动的滚动，所以，在任一时间 t 内，轮子在轨道上滚过的弧长 $s = r\varphi$（φ 为该弧长对应的中心角）应等于轮子在轨道上所滚过的距离，即在同一时间 t 内轮心 O 所经过的距离 v_0t，故

$$r\varphi = v_0 \cdot t$$

$$\varphi = \frac{v_0}{r}t$$

$$\frac{d\varphi}{dt} = \frac{v_0}{r}$$

$$\omega = \frac{d\varphi}{dt} = \frac{v_0}{r}$$

ω 即为车轮的角速度，当轮心 O 由左向右运动时，ω 应为顺时针转向（图 8-8）。

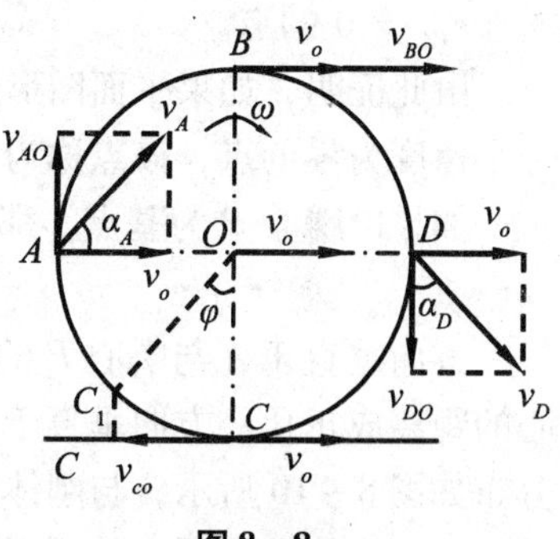

图 8-8

②求 A,B,C,D 四点的速度：根据速度合成公式，有

$$\vec{v}_A = \vec{v}_0 + \vec{v}_{AO}$$

$$\vec{v}_B = \vec{v}_0 + \vec{v}_{BO}$$

$$\vec{v}_C = \vec{v}_0 + \vec{v}_{CO}$$

$$\vec{v}_D = \vec{v}_0 + \vec{v}_{DO}$$

其中 $\vec{v}_{AO}$、$\vec{v}_{BO}$、$\vec{v}_{CO}$、$\vec{v}_{DO}$ 大小相等，即

$$v_{AO} = v_{BO} = v_{CO} = v_{DO} = r\omega = v_0$$

方向分别垂直于各自的转动半径 AO,BO,CO,DO 指向与 ω 的转向一致。故

$$v_A = \sqrt{v_0^2 + v_{AO}^2} = \sqrt{2}v_0$$

方向

$$\text{tg}\alpha_A = \frac{v_{AO}}{v_0} = 1 \quad \alpha_A = 45°$$

$v_B = v_0 + v_{BO} = 2v_0$，方向水平

$$v_D = \sqrt{v_0^2 + v_{DO}^2} = \sqrt{2}v_0$$

$$\text{tg}\alpha_D = \frac{v_{DO}}{v_0} = 1 \quad \alpha_D = 45°$$

$$v_C = v_0 - v_{CD} = 0$$

请注意，当轮子沿固定面只滚不滑时，它与地面的接触点 C 的瞬时速度为零。这一点后面还要用到。

8.3　用瞬心法求平面图形上各点的速度

用基点法求平面图形内各点的速度时，对每一点都要进行平行四边形合成，计算比较麻烦。若能选取速度等于零的点为基点，计算比较过程就大为简化。下面就来说明平面图

形在每一瞬时确实存在着一个瞬时速度等于零的点，并且是唯一的。

设在某瞬时，平面图形上 A 点的速度为 $\vec{v}_A$，图形转动的角速度为 ω，由基点法，任一点 P 的速度为：

$$\vec{v}_P = \vec{v}_A + \vec{v}_{PA}$$

要使 $v_P = 0$，则需 $-\vec{v}_A = \vec{v}_{PA}$，满足上式的点 P 可由如下方法找到：过 A 点作 $\vec{v}_A$ 的垂线，在由 $\vec{v}_A$ 顺 ω 方向转过 $90°$ 的一侧垂线 AN 上，截取 $AP = \dfrac{v_A}{\omega}$（图 8-9），该点 P 的速度为

$$v_P = v_A - v_{PA} = v_A - PA \cdot \omega = v_A - \frac{v_A}{\omega} \times \omega = 0$$

由此可见，P 点为该瞬时平面图形上速度为零的点，而且是平面图形上唯一能满足 $\vec{v}_A + \vec{v}_{PA} = 0$ 的点。

由此证明，如果平面图形的角速度不为零，则在每一瞬时，平面图形上都唯一地存在一个速度为零的点，该点称为平面图形的瞬时速度中心，简称瞬心。

如果以瞬心 P 为基点，那么平面图形上任一点 A 的速度大小为：

$$v_A = AP \cdot \omega$$

方向垂直于 A 与瞬心 P 的连线（图 8-10），图形内各点速度的大小与该点到速度瞬心的距离成正比；方向垂直于该点与速度瞬心的连线，指向与图形的转向一致。各点速度分布如图 8-10 所示，与刚体绕定轴转动时各点速度分布情况类似。因此，平面图形的运动可看成为绕速度瞬心的瞬时转动。

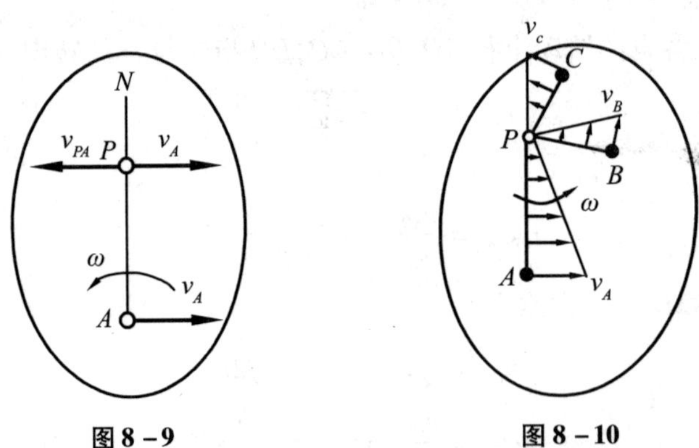

图 8-9　　图 8-10

应该指出，速度瞬心的位置是随时间而变化的，它不是图形上固定的点，在不同瞬时，图形有不同的速度瞬心。

利用速度瞬心求解平面图形上各点速度的方法，称为速度瞬心法，简称瞬心法。应用此法首先要确定速度瞬心的位置。下面来介绍各种情况下确定瞬心位置的一般方法。

①已知某瞬时图形上任意两点 A 和 B 的速度方向，且互不平行（图 8-11）。过 A、B 两点分别作垂直于其速度方向的垂线，则这两直线的交点 P 就是图形的速度瞬心。

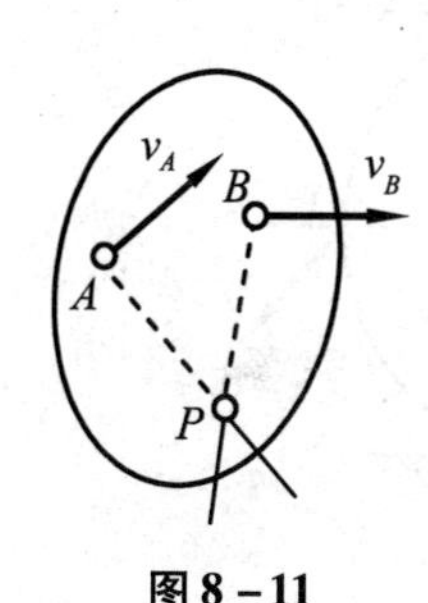

图 8－11

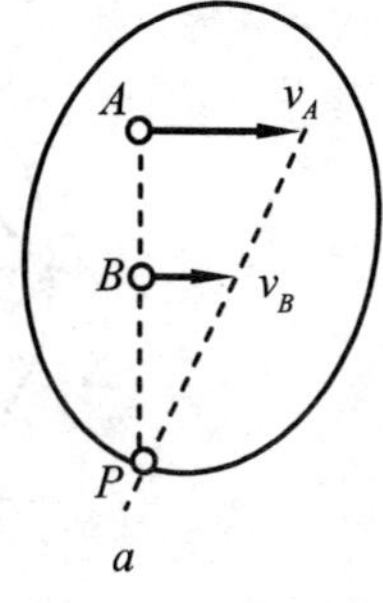

a

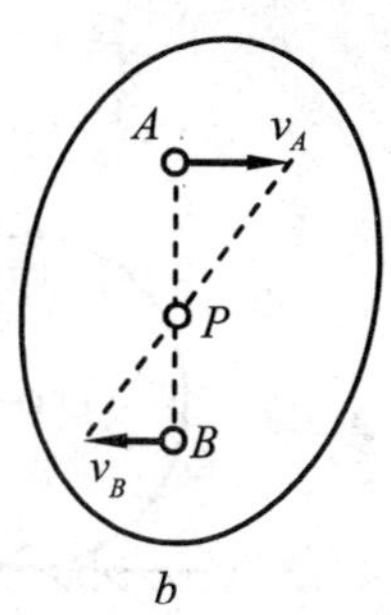

b

图 8－12

②已知某瞬时图形上两点 A 和 B 的速度互相平行，且速度方向垂直于两点连线 AB，大小不等（图 8－12a、b）。显然，速度瞬心 P 必在连线 AB 与速度矢量 $\vec{v}_A$ 和 $\vec{v}_B$ 端点连线的交点 P 上。

当 $\vec{v}_A$ 和 $\vec{v}_B$ 同向时，速度瞬心 P 在 AB 的延长线上（图 8－12a）；当 $\vec{v}_A$ 和 $\vec{v}_B$ 反向时，速度瞬心 P 在 AB 两点之间（图 8－12b）。

③已知某瞬时图形上 AB 两点的速度相等，即 $\vec{v}_A = \vec{v}_B$（图 8－13）。此时过两点作垂直于其速度方向的直线，这两直线互相平行，图形的速度瞬心在无穷远处。因此该瞬时图形的角速度等于零，图形上各点的速度分布如同图形作平动的情形一样，故称为瞬时平动。但要注意，此瞬时各点的速度虽然相同，但各点的加速度不同，角加速度也不为零。

④当平面图形沿某一固定面作无滑动的滚动时（图 8－14），图形上与固定面的接触点 P 即为速度瞬心。因为图形不滑动，在每一瞬时接触点 P 相对于地面的速度为零。故它的绝对速度也等于零。

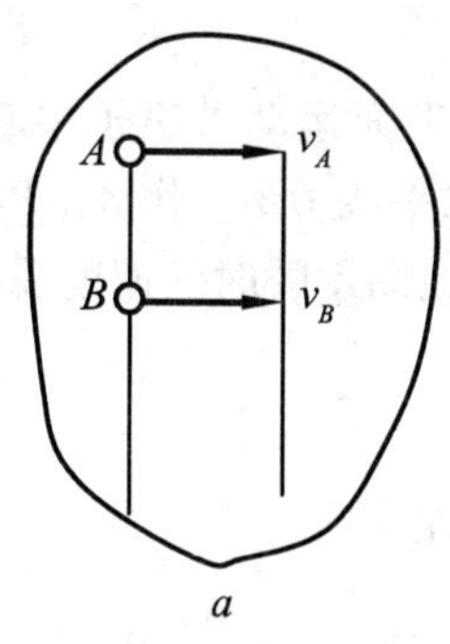

a

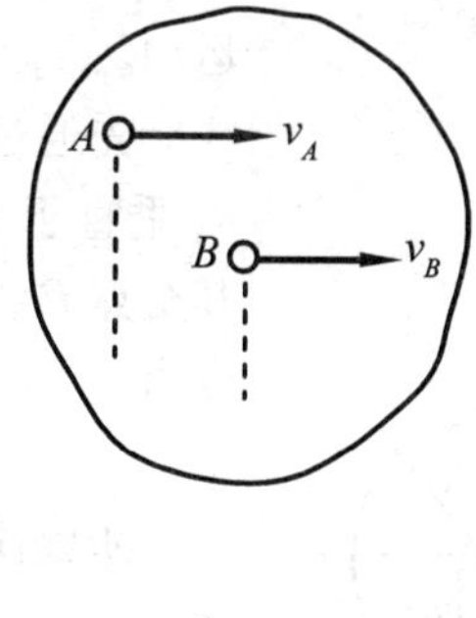

b

图 8－13

下面举例说明瞬心法的应用。

例 8－3　用瞬心法解例 8－2。

解　因为车轮作无滑动的滚动，故车轮上与轨道相接触的点 C 为速度瞬心。

令车轮的角速度为 ω，因

$$v_0 = r\omega$$

所以 $\omega = \dfrac{v_0}{r}$ 转向为顺时针。

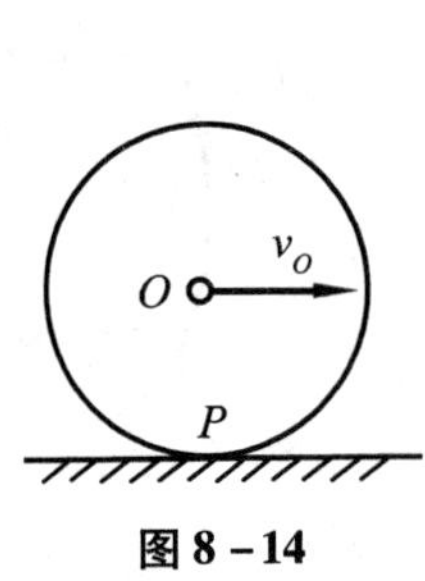

图 8-14

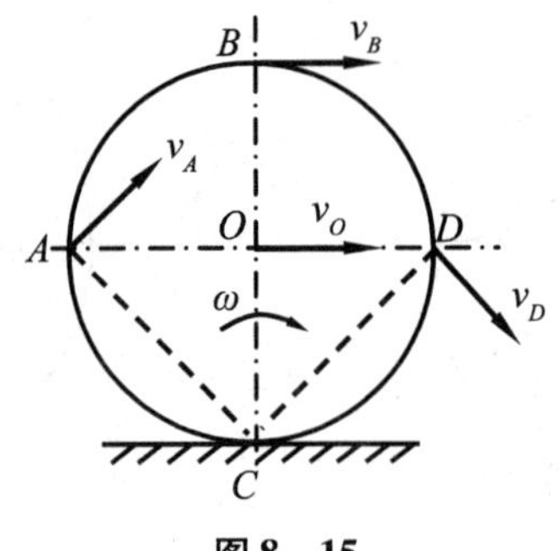

图 8-15

A,B,D 三点的速度计算如下：

$$v_A = AC \cdot \omega = \sqrt{2}r \cdot \frac{v_0}{r} = \sqrt{2}v_0$$

$$v_B = BC \cdot \omega = 2r \cdot \frac{v_0}{r} = 2v_0$$

$$v_D = DC \cdot \omega = \sqrt{2}r \cdot \frac{v_0}{r} = \sqrt{2}v_0$$

方向分别垂直于 AC、BC、DC，指向如图 8-15。

例 8-4 滚压机构如图 8-16 所示，已知长为 r 的曲柄 OA 以匀角速度 ω 转动，半径为 R 的滚子沿水平面作无滑动的滚动。求当曲柄与水平线的夹角为 60°，且曲柄与连杆 AB 垂直时，滚子中心 B 的速度和滚子的角速度。

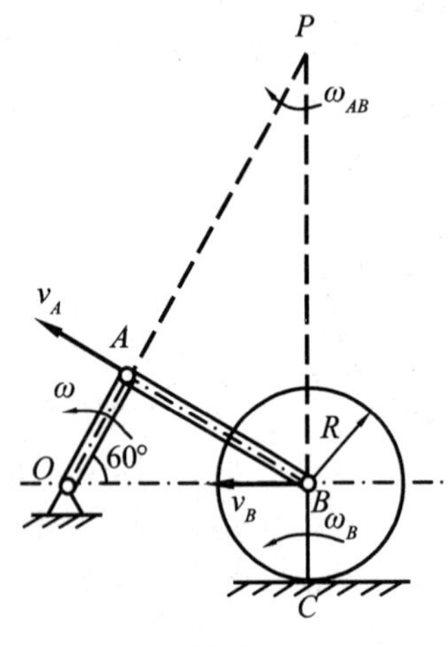

图 8-16

解 滚压机构由曲柄 OA、连杆 AB 和滚子所组成。曲柄作定轴转动，连杆和滚子均作平面运动，滚子中心 B 作直线运动。

先通过连杆 AB 的平面运动求滚子中心 B 的速度。由于 $\vec{v}_A$ 垂直于 OA，$\vec{v}_B$ 沿水平线 OB，作 A、B 两点速度的垂线，其交点 P，即为 AB 杆在图示瞬时的速度瞬心。因为点 A 的速度为：

$$\vec{v}_A = r\omega$$

所以连杆 AB 的角速度为：

$$\omega_{AB} = \frac{v_A}{AP} = \frac{r\omega}{3r} = \frac{\omega}{3}$$

由 v_A 的方向可知 ω_{AB} 的转向为顺时针，故 B 点的速度：

$$v_B = BP \cdot \omega_{AB} = \frac{2\sqrt{3}}{3}r\omega$$

且由 ω_{AB} 的转向知 $\vec{v}_B$ 的方向水平向左。

再求滚子的角速度。由于滚子作无滑动的滚动。所以滚子与水平面接触点 C 即为滚子的速度瞬心。因此，滚子的角速度为：

$$\omega_B = \frac{v_B}{R} = \frac{2\sqrt{3}}{3R}r\omega$$

且由 v_B 的方向可知，ω_B 是逆时针转向。

此题用速度投影定理求 v_B 很简便，读者不妨自己试做。

由本题可知，连杆和滚子在该瞬时都有各自的速度瞬心和角速度，两者不可混淆。

例 8－5　在图 8－17 所示的机构中，曲柄 OA 以角速度 $\omega = 5\text{rad/s}$ 逆时针转动，连杆 AB 上有一套筒 C 与杆 CD 相连，并通过套筒 C 带动 CD 杆上下运动。已知 $OA = 20\text{mm}$，$AB = 60\text{mm}$，求图示瞬时，CD 杆的速度。

解　在此机构中 OA 杆作定轴转动，AB 杆作平面运动，CD 杆作平动，套筒 C 为复合运动。

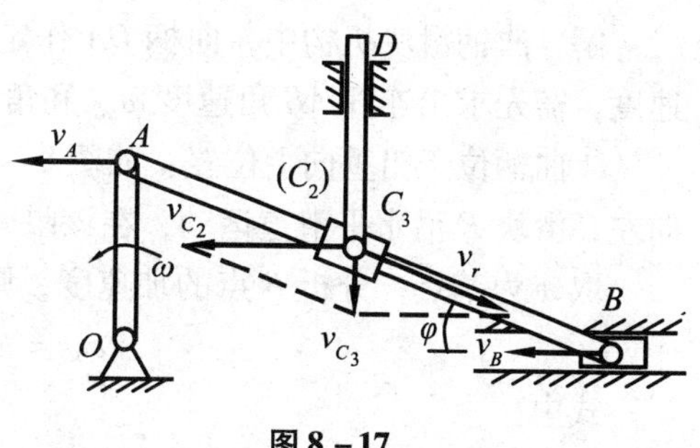

图 8－17

$$v_A = OA \cdot \omega = 20 \times 5 = 100(\text{mm/s})$$

v_A 的方向水平向左。

连杆 AB 作平面运动，由于 $v_A // v_B$，故在该瞬时连杆 AB 作瞬时平动，故

$$v_A = v_B = v_C$$

以 CD 杆上的 C_3 点为动点，连杆 AB 为动系，连杆 AB 上的 C_2 点为牵连点。$v_e = v_{c2} = 100\text{mm/s}$，方向水平向左，$C_3$ 点的绝对速度 v_a 沿铅垂方向，相对速度 $\vec{v}_r$ 沿 AB 方向，由点的速度合成定理 $\vec{v}_a = \vec{v}_e + \vec{v}_r$ 作出 C 的速度平行四边形。由图中的几何关系知：

$$v_{c_3} = v_a = v_e \text{tg}\alpha = v_{c_2} \cdot \frac{OA}{OB}$$

$$= v_{c_2} \cdot \frac{OA}{\sqrt{AB^2 - OA^2}} = 100 \times \frac{20}{\sqrt{60^2 - 20^2}} = 35.4(\text{mm/s})$$

v_{c_3} 的方向铅垂向下。

CD 杆作平动，故其速度等于 C_3 点的绝对速度。

8.4　用基点法求平面图形上各点的加速度

现在讨论平面图形上各点的加速度。设平面图形 S 在某瞬时的角速度为 ω，角加速度为 ε，其上一点 A 的加速度为 $\vec{a}_A$（图 8－18）。

由前已知，平面图形 S 的运动可分解为随同基点的平动和绕基点的转动。于是，根据点的牵连运动为平动的加速度合成定理，取 A 点为基点，则平面图形上任一点 B 的加速度 $\vec{a}_B$（绝对加速度）等于基点的加速度 $\vec{a}_A$（牵连加速度）与 B 点随图形绕基点 A 转动的加速度 $\vec{a}_{AB}$（相对加速度）的矢量和（图 8－18 所示），即

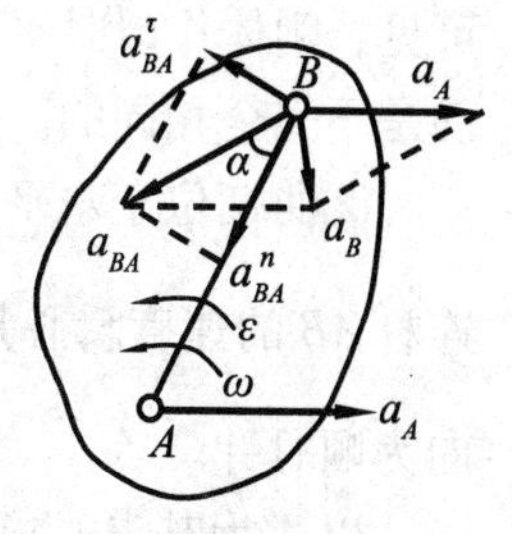

图 8－18

$$\vec{a}_B = \vec{a}_A + \vec{a}_{BA} \tag{8-4}$$

因为 B 点对基点 A 的相对轨迹是以 A 为圆心，AB 为半径的圆。所以相对加速度 $\vec{a}_{BA}$ 又可分解为切向加速度 $\vec{a}_{BA}^{\tau}$ 和法向加速度 $\vec{a}_{BA}^{n}$，且 $a_{BA}^{\tau} = AB \cdot \varepsilon$，方向垂直于 AB，指向与 ε 的转向一致；$a_{BA}^{n} = AB \cdot$

ω^2，方向沿 AB 直线，指向基点 A。故式 8－4 又可进一步表示为：

$$\vec{a}_B = \vec{a}_A + \vec{a}_{BA}^{\tau} + \vec{a}_{BA}^{n} \tag{8-5}$$

即平面图形上任一点的加速度等于基点的加速度与该点相对于基点转动的切向加速度与法向加速度的矢量和，这就是求平面图形上各点加速度的基点法。

例 8－6 图 8－19 所示曲柄滑块机构。曲柄 OA 长为 r，以匀角速度 ω 转动，连杆 AB 长为 l，求曲柄 OA 铅垂向上和水平向右时，滑块 B 的加速度。

解 曲柄滑块机构中，曲柄 OA 作定轴转动，连杆 AB 作平面运动，欲求滑块 B 的加速度，需先求出连杆 AB 角速度 ω_{AB} 和角加速度 ε_{AB}，然后再求滑块 B 的加速度。

①曲柄位于铅垂向上位置：如图 8－19a 所示。OA 杆作定轴转动，$v_A = r\omega$，方向水平向左，滑块 B 沿水平滑道运动，在该瞬时连杆 AB 作瞬时平动，$\omega_{AB} = 0$。

取 A 为基点，分析 B 点的加速度，则

$$\vec{a}_B = \vec{a}_A + \vec{a}_{BA}^{\tau} + \vec{a}_{BA}^{n} \tag{a}$$

式中：

$a_A = a_A^n = r\omega^2$，方向铅垂向下；

$a_{BA}^{\tau} = l \cdot \varepsilon_{AB}$，方向垂直于 AB，指向假定为右上方；

$a_{BA}^{n} = l\omega_{AB}^2 = 0$，$a_B$ 大小未知，方向水平，假定指向右方。画出 B 点的加速度矢量图（图 8－19a）。

将（a）式向 a_A 方向投影得：

$$0 = a_A - a_{BA}^{\tau}\cos\theta$$

式中 $\cos\theta = \dfrac{\sqrt{l^2 - r^2}}{l}$ 则

$$0 = r\omega^2 - l \cdot \varepsilon_{AB} \cdot \frac{\sqrt{l^2 - r^2}}{l}$$

$$\varepsilon_{AB} = \frac{r\omega^2}{\sqrt{l^2 - r^2}}$$

将（a）式向 AB 方向投影得：

$$a_B\cos\theta = a_A\sin\theta$$

$$a_B = a_A\mathrm{tg}\theta = r\omega^2\frac{r}{\sqrt{l^2 - r^2}} = \frac{r^2\omega^2}{\sqrt{l^2 - r^2}}$$

由计算结果可以看出，当 AB 杆作瞬时平动时，$\omega_{AB} = 0$，$\varepsilon_{AB} \neq 0$；$v_A = v_B$，$a_A \neq a_B$。可见，刚体作瞬时平动时，角加速度并不为零，刚体上各点的加速度也不相等，与刚体平动是不完全相同的。

②曲柄位于水平向右位置：如图 8－19b 所示，在该位置，$v_A = r\omega$，方向铅垂向上，连杆 AB 的速度瞬心是 B 点，$v_B = 0$，在该瞬时，AB 绕 B 点作瞬时转动，$\omega_{AB} = \dfrac{v_A}{l} = \dfrac{r\omega}{l}$，转向为顺时针。

以 A 为基点，求 B 点的加速度，即

$$\vec{a}_B = \vec{a}_A + \vec{a}_{BA}^{\tau} + \vec{a}_{BA}^{n}$$

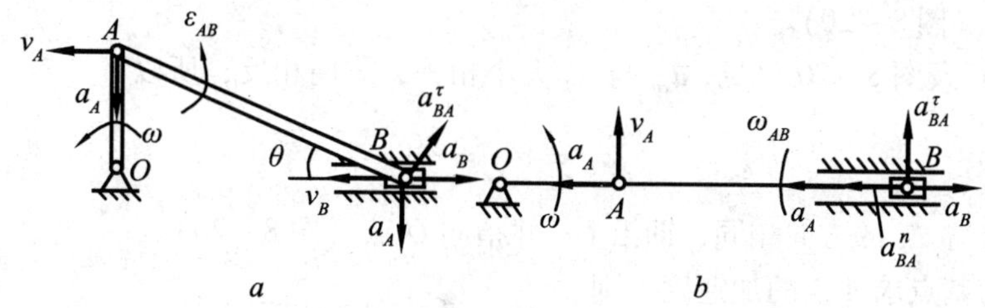

图 8 – 19

式中 $a_A = a_A^n = r\omega^2$，方向水平向左；$a_{BA}^{\tau} = l \cdot \varepsilon_{AB}$，方向铅垂，指向假定向上；$a_{BA}^{n} = l\omega_{AB}^2 = l\left(\frac{r\omega}{l}\right)^2 = \frac{r^2\omega^2}{l}$，方向水平向左；$a_B$ 大小未知，方向水平，指向假定设为右方。画出 B 点的加速度矢量图（图 8 – 19b）。

将（b）式向 a_{BA}^{τ} 方向投影得：

$$a_{BA}^{\tau} = 0$$

$$\varepsilon_{AB} = \frac{a_{BA}^{\tau}}{l} = 0$$

将（b）式向 a_B 方向投影得：

$$a_B = -a_A - a_{BA}^{n} = -r\omega^2 - \frac{r^2\omega^2}{l}$$

$$= -\left(1 + \frac{r}{l}\right)r\omega^2$$

结果为负值，说明 a_B 的方向与假定的方向相反，即 a_B 应是水平向左。

由计算结果可以看出，在该位置 AB 杆的速度瞬心为 B 点，$v_B = 0$，而该瞬时 $a_B \neq 0$。可见，平面运动刚体的速度瞬心的加速度并不为零。

例 8 – 7　半径为 r 的车轮沿直线轨道只滚不滑。已知轮心的速度 v_0 及加速度 a_0（图 8 – 20）。试求车轮与轨道接触点 C 和轮边上 A 点的加速度。

解　因车轮沿直线轨道只滚不滑，车轮与轨道的接触点 C 为车轮的瞬心。由瞬心法可得：

$$v_0 = r\omega$$

$$\omega = \frac{v_0}{r}$$

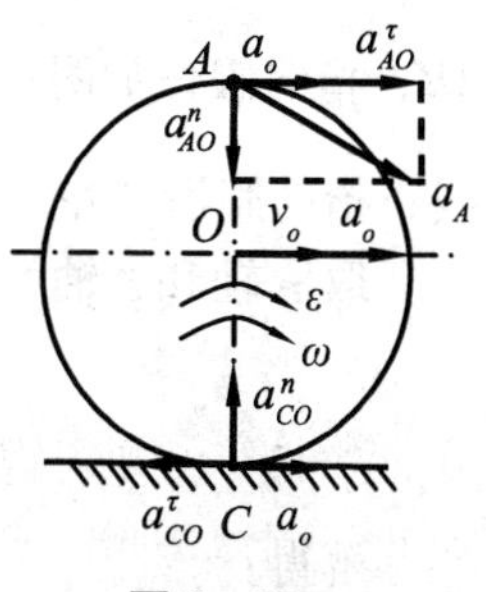

图 8 – 20

$\omega = \frac{v_0}{r}$ 这一关系在任何瞬时都成立，故车轮的角加速度：

$$\varepsilon = \frac{d\omega}{dt} = \frac{1}{r}\frac{dv_0}{dt} = \frac{a_0}{r}$$

ε 的转向由 a_0 的指向确定，为顺时针方向。

以 O 为基点求 C 点的加速度，则

$$\vec{a}_c = \vec{a}_0 + \vec{a}_{co}^{\tau} + \vec{a}_{co}^{n}$$

式中 $a_{co}^{\tau} = r \cdot \varepsilon = r \cdot \frac{a_0}{r} = a_0$，方向与 OC 垂直，指向水平向左。$a_{co}^{n} = \frac{v_0^2}{r}$，方向沿 OC

并指向轮心 O（图 8－20）。

由式（a）及图 8－20 可见，$\vec{a}_{co}^{\tau}$ 与 $\vec{a}_0$ 大小相等，方向相反，所以

$$a_c = a_{co}^n = \frac{v_0^2}{r}$$

a_c 的方向与 $\vec{a}_{co}^n$ 的方向相同，即沿 OC 并指向 O 点（图 8－20）。

再以 O 为基点求 A 点的加速度，则

$$\vec{a}_A = \vec{a}_0 + \vec{a}_{AO}^{\tau} + \vec{a}_{AO}^n$$

式中 $a_{AO}^{\tau} = r \cdot \varepsilon = r \cdot \frac{a_0}{r} = a_0$，方向与 OA 垂直，指向顺着 ε 的转向，水平向右。$\vec{a}_{AO}^n$ 的方向沿 OA 并指向 O 点（图 8－20）。

画出各种加速度矢量，由图中可求得 A 点加速度 a_A 的大小为：

$$a_A = \sqrt{(a_0 + a_{AO}^{\tau})^2 + (a_{AO}^n)^2} = \sqrt{(a_0 + a_0)^2 + \left(\frac{v_0^2}{r}\right)^2} = \sqrt{4a_0^2 + \frac{v_0^4}{r^2}}$$

a_A 的方向为：

$$\mathrm{tg}\alpha = \frac{a_0 + a_{AO}}{a_{AO}^n} = \frac{2a_0 r}{v_0^2}$$

α 角为 $\vec{a}_A$ 与 $\vec{a}_{AO}^{\tau}$ 的夹角。

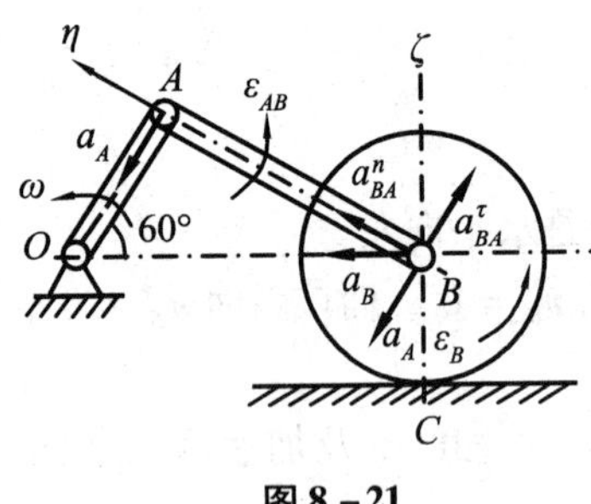

图 8－21

例 8－8 求例 8－4 中滚子中心 B 的加速度，连杆 AB 和滚子的角加速度（图 8－21）。

解 连杆 AB 作平面运动。曲柄 OA 作匀速转动，故

$$a_A = OA \cdot \omega^2 = r\omega^2$$

方向指向 O 点。

取 A 点为基点，由式（8－5）知，B 点的加速度为：

$$\vec{a}_B = \vec{a}_A + \vec{a}_{BA}^{\tau} + \vec{a}_{BA}^n \qquad (a)$$

式中 $\vec{a}_A$ 大小方向均为已知；$\vec{a}_{BA}^{\tau}$ 大小未知，方向垂直于 AB，指向假设如图；$a_{BA}^n = AB \cdot \omega_{AB}^2 = \frac{\sqrt{3}}{9}r\omega^2$，方向指向 A 点；$\vec{a}_B$ 大小未知，方向沿 OB 直线，指向假设向左。

取 η 轴和 ζ 轴如图所示，将（a）式向 η 轴和 ζ 轴上投影得：

$$a_B \cos 30° = a_{BA}^n$$

$$0 = -a_A \cos 30° + a_{BA}^{\tau} \cos 30° + a_{BA}^n \sin 30°$$

解得：

$$a_B = \frac{a_{BA}^n}{\cos 30°} = \frac{2}{9}r\omega^2$$

$$a_{BA}^{\tau} = a_A - a_{BA}^n \mathrm{tg}30° = \frac{8}{9}r\omega^2$$

a_B 和 a_{BA}^{τ} 均为正值，表示它们的实际方向与图设方向相同。于是，可求得滚子的角加速度为：

$$\varepsilon_B = \frac{a_B}{R} = \frac{2r}{9R}\omega^2$$

由 $\vec{a}_B$ 的方向知 ε_B 为逆时针转向。连杆 AB 的角加速度为：

$$\varepsilon_{AB} = \frac{a_{BA}^{\tau}}{AB} = \frac{8}{9\sqrt{3}}\omega^2$$

且由 $\vec{a}_{BA}^{\tau}$ 的方向知 ε_{AB} 也为逆时针转向。

例 8－9　图 8－22 所示平面机构中，杆 AB 以不变的速度 $\vec{u}$ 沿水平方向运动，套筒 B 与杆 AB 的端点铰接，并套在绕 O 轴转动的杆 OC 上，可沿该杆滑动。已知 AB 和 OE 两平行线间的垂直距离为 b。求在图示位置（$\alpha = 60°, \beta = 30°, OD = BD$）时杆 OC 的角速度和角加速度，滑块 E 的速度和加速度。

解　①求 OC 杆的角速度 ω_{OC} 和滑块 E 的速度 v_E（图 8－22）。

若求 ω_{OC}，需要先分析 B 点的运动，B 点为复合运动的点，故应用点的速度合成定理求解。为此，取杆 AB 的端点 B 为动点，动系 $Ox'y'$ 固连在杆 OC 上。运动分析如下。

相对运动：动点 B 沿 OC 方向的直线运动；

牵连运动：杆 OC 绕 O 轴的转动；

绝对运动：动点 B 的水平直线匀速运动。

根据点的速度合成定理有：

	$\vec{v}_a$	=	$\vec{v}_e$	+	$\vec{v}_r$
大小	u		?		?
方向	水平		$\perp OB$		沿 OC

由此可作出速度平行四边形如图示。由图中的几何关系可求得：

$$v_e = v_a \sin\alpha = u\sin 60° = \frac{\sqrt{3}}{2}u$$

$$v_r = v_a \cos\alpha = u\cos 60° = \frac{1}{2}u$$

杆 OC 的角速度为：

$$\omega_{OC} = \frac{v_e}{OB} = \frac{v_e}{\dfrac{b}{\cos\beta}} = \frac{v_e\cos 30°}{b} = \frac{3u}{4b}$$

由 $\vec{v}_e$ 的指向可知 ω_{OC} 的转向为顺时针。

求滑块 E 的速度，需通过分析连杆 DE 的运动来求解。

杆 DE 作平面运动。D 点的速度大小为：

$$v_D = OD \cdot \omega_{OC} = \frac{\sqrt{3}}{3}b \cdot \frac{3u}{4b} = \frac{\sqrt{3}}{4}u$$

方向垂直 OD，即沿 DE。取 D 为基点，分析 E 点的速度，即

	$\vec{v}_E$	=	$\vec{v}_D$	+	$\vec{v}_{ED}$
大小	?		$\frac{\sqrt{3}}{4}u$		?
方向	沿 OE		沿 DE		$\perp DE$

由此可作出速度平行四边形（图 8－22）。由图中的几何关系可求得：

$$v_E = \frac{v_D}{\cos\beta} = \frac{\frac{\sqrt{3}}{4}u}{\cos 30^\circ} = \frac{1}{2}u$$

$$v_{ED} = v_E \sin\beta = \frac{1}{2}u\sin 30^\circ = \frac{1}{4}u$$

连杆 DE 的角速度为：

$$\omega_{DE} = \frac{v_{ED}}{DE} = \frac{u}{4b}$$

由 v_{ED} 的指向知 ω_{DE} 为逆时针转向。

② 求杆 OC 的角加速度 ε_{OC} 和滑块 E 的加速度 a_E（图 8－23）。

仍取 B 点为动点，动系固连在杆 OC 上。由于牵连运动为杆 OC 的转动，因此，根据牵连运动为转动时点的加速度合成定理有：

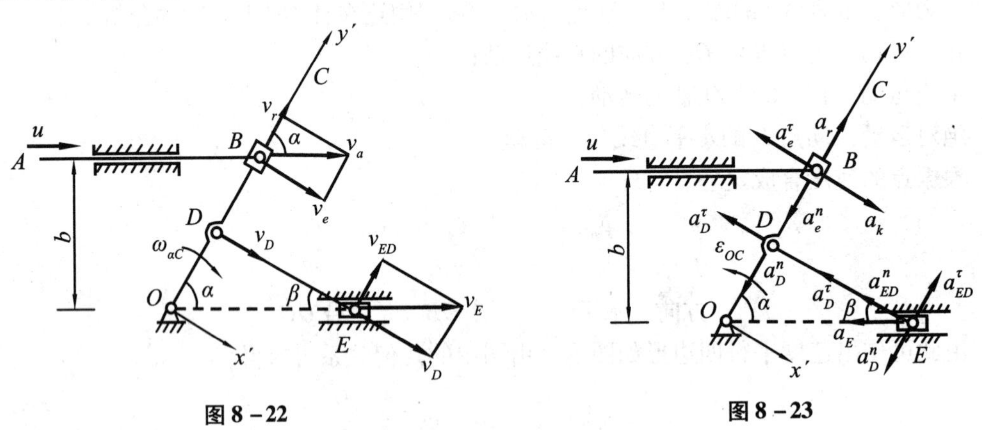

图 8－22　　　　图 8－23

$$\vec{a}_a = \vec{a}_e^\tau + \vec{a}_e^n + \vec{a}_r + \vec{a}_k \qquad (a)$$

	$\vec{a}_a$	$\vec{a}_e^\tau$	$\vec{a}_e^n$	$\vec{a}_r$	$\vec{a}_k$
大小	0	?	$OB\cdot\omega_{OC}^2$	?	$2\omega_{OC}\cdot v_r\sin 90^\circ$
方向		$\perp OB$	沿 OC	沿 OC	$\perp OB$

将（a）式向 Ox' 轴上投影得：

$$0 = -a_e^\tau + a_k$$

$$a_e^\tau = a_k = 2\omega_{OC}v_r = 2\cdot\frac{3u}{4b}\cdot\frac{1}{2}u = \frac{3u^2}{4b}$$

故杆 OC 的角加速度为：

$$\varepsilon_{OC} = \frac{a_e^\tau}{OB} = \frac{3u^2}{4b}\cdot\frac{\cos 30^\circ}{b} = \frac{3\sqrt{3}}{8}\cdot\frac{u^2}{b^2}$$

由 a_e^τ 的方向知 ε_{OC} 的转向为逆时针。

连杆 DE 作平面运动。点 D 的加速度 $\vec{a}_D$ 分解为切向加速度 $\vec{a}_D^\tau$ 和法向加速度 $\vec{a}_D^n$，它们的大小分别为：

$$a_D^{\tau} = OD \cdot \varepsilon_{OD} = \frac{b}{\sqrt{3}} \cdot \frac{3\sqrt{3}}{8} \cdot \frac{u^2}{b^2} = \frac{3u^2}{8b}$$

$$a_D^{n} = OD \cdot \omega_{OC}^2 = \frac{b}{\sqrt{3}} \cdot \left(\frac{3u}{4b}\right)^2 = \frac{3\sqrt{3}}{16} \cdot \frac{u^2}{b}$$

方向如图示。取 D 点为基点，则 E 点的加速度为：

$$\vec{a}_E = \vec{a}_D^{\tau} + \vec{a}_D^{n} + \vec{a}_{ED}^{\tau} + \vec{a}_{ED}^{n} \qquad (b)$$

	$\vec{a}_E$	$\vec{a}_D^{\tau}$	$\vec{a}_D^{n}$	$\vec{a}_{ED}^{\tau}$	$\vec{a}_{ED}^{n}$
大小	?	$\frac{3u^2}{8b}$	$\frac{3\sqrt{3}u^2}{16b}$	?	$DE \cdot \omega_{DE}^2$
方向	沿 OE	$\perp OD$	沿 DO	$\perp DE$	沿 ED

$$a_{ED}^{n} = DE \cdot \omega_{DE}^2 = b \cdot \left(\frac{u}{4b}\right)^2 = \frac{u^2}{16b}$$

假设 $\vec{a}_E$ 的指向如图 8－23 所示，将（b）式投影到 ED 方向得：

$$a_E \cos\beta = a_D^{\tau} + a_{ED}^{n}$$

$$a_E = \frac{a_D^{\tau} + a_{ED}^{n}}{\cos\beta} = \frac{\frac{3u^3}{8b} + \frac{u^2}{16b}}{\frac{\sqrt{3}}{2}} = \frac{7u^2}{8\sqrt{3}b}$$

a_E 为正值，表示 a_E 的实际方向与图设的方向相同。

小　结

本章把刚体的平面运动简化为平面图形在其自身平面内的运动。在平面图形上任选一点为基点，并在基点上建立一平动坐标系，根据合成运动的概念，平面图形的运动可分解为随基点（动坐标系）的平动（牵连运动）和绕基点（动坐标系）的转动（相对运动），从而可应用点的速度合成定理及牵连运动为平动时点的加速度合成定理，求出图形上任一点的速度和加速度。这是本章内容的基本理论部分，应深刻理解。

本章介绍了 3 种对常见平面机构进行速度分析的方法，应熟练掌握。

① 基点法是平面机构速度分析的基本方法，一般选速度已知的点为基点，这种点一般是平面机构中主动件上与其他构件的连接点。

② 速度投影法，若已知构件上一点速度的大小和方向，以及另一点速度的方向，用此法可以很方便地求出另一点速度的大小，但不能求出构件的角速度。

③ 瞬心法，用此法求平面机构上各构件的角速度及其上各点的速度往往比基点法方便，它是工程中常用的方法，此法关键在于确定瞬心的几何位置。

本章对加速度分析只介绍一种基本方法：基点法。与速度基点法相似，但应注意以下两点：第一，因牵连运动是随基点的平动，所以在分析加速度时没有科氏加速度。第二，注意画好所求点的加速度矢量图，一般应用解析法求解，要恰当的选择投影轴，对未知加速度分量的指向可任意假设。

思考题

8－1　平面图形上任意两点 A、B 的速度 $\vec{v}_A$ 和 $\vec{v}_B$ 有何关系？若 $\vec{v}_A \perp AB$，$\vec{v}_B$ 的方向怎样判断？

8－2　如图中 a、b、c 所示平面图形上 A、B、C 三点的速度分布情况，其中哪一种是可能的，为什么？

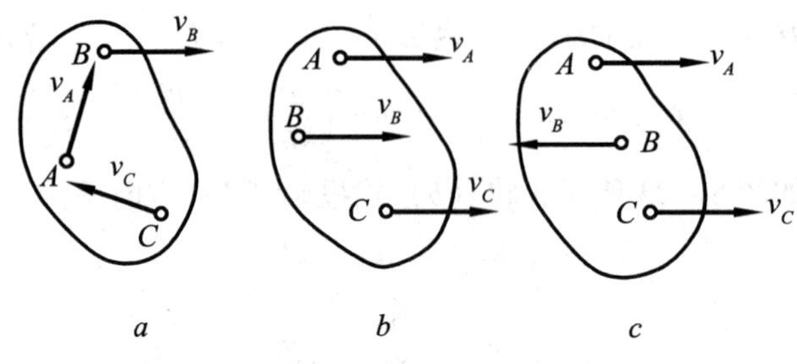

思考题 8－2 图

8－3　平面图形上 A，B 两点的加速度大小相等，方向相同，即 $\vec{a}_A = \vec{a}_B$，试问此瞬时平图形的角速度 ω 和角加速度 ε 哪一个等于零？

8－4　已知 $O_1A \parallel O_2B$，问在图示瞬时，ω_1 与 ω_2，ε_1 与 ε_2 是否相等？

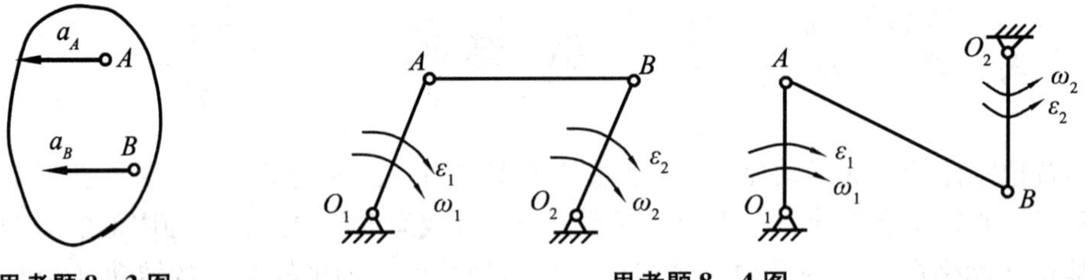

思考题 8－3 图　　　　思考题 8－4 图

8－5　下列各题的计算过程有没有错误？为什么错？（1）如图 a 所示，已知 $\vec{v}_B$，则 $v_{AB} = v_B \cdot \sin\alpha$ 所以 $\omega_{AB} = \dfrac{v_{AB}}{AB}$；（2）如图 b 所示，已知 ω = 常量，$OA = r, v_A = r\omega$ = 常量，在图示瞬时，$\vec{v}_A = \vec{v}_B$，即 $v_B = \omega r$ = 常量，所以 $a_B = \dfrac{dv_B}{dt} = 0$。

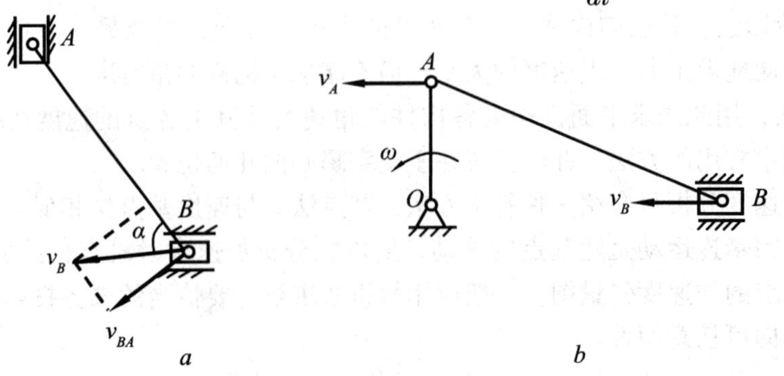

思考题 8－5 图

8-6 滑台的导轮 A 与圆柱垫轮 B 的半径均为 r，问当滑台以速度 v 前进时，轮 A 与轮 B 的角速度是否相等（设轮 A、轮 B 与地面及滑台间均无相对滑动）？

8-7 图示四杆机构 O_1A 的角速度为 ω_1，板 ABC 和杆 O_1A 铰接。问图中 O_1A 和 AC 上各点的速度分布规律对不对？

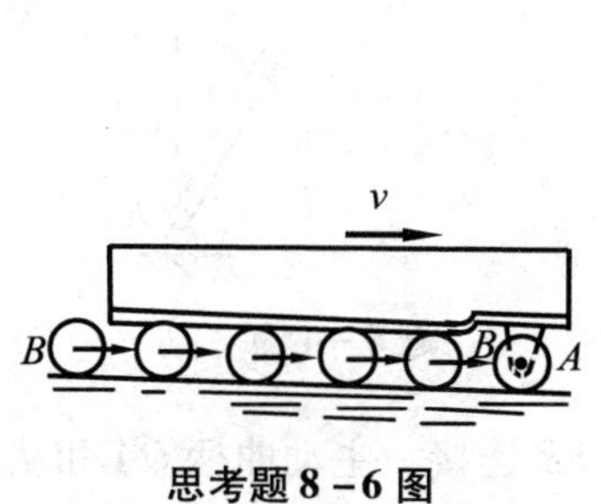

思考题 8-6 图

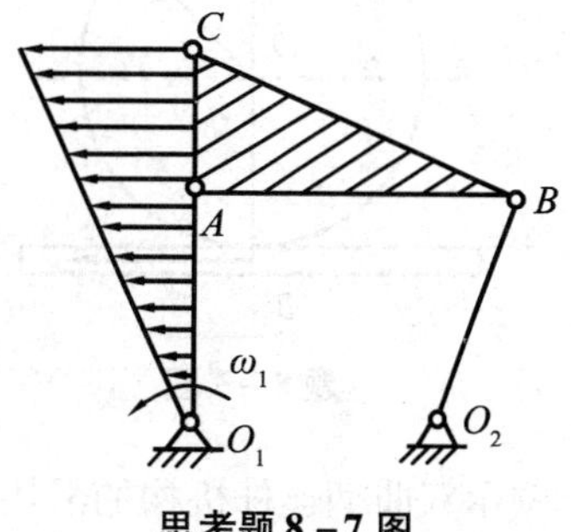

思考题 8-7 图

习 题

8-1 图示四杆机构 $OABO_1$ 中，$OA = O_1B = \frac{1}{2}AB$；曲柄 OA 的角速度 $\omega = 3\text{rad/s}$。求当而曲柄 O_1B 重合于 OO_1 的延长线上时，杆 AB 和曲柄 O_1B 的角速度。

8-2 四连杆机构中，连杆 AB 上固联一块三角板 ABD。机构由曲柄 O_1A 带动。已知：曲柄的角速度 $\omega_{O_1A} = 2\text{rad/s}$；曲柄 $O_1A = 10\text{cm}$，水平距离 $O_1O_2 = 5\text{cm}$；$AD = 5\text{cm}$，当 O_1A 铅垂时，AB 平行于 O_1O_2，且 AD 与 AO_1 在同一直线上；角 $\varphi = 30°$。求三角板 ABD 的角速度和 D 点的速度。

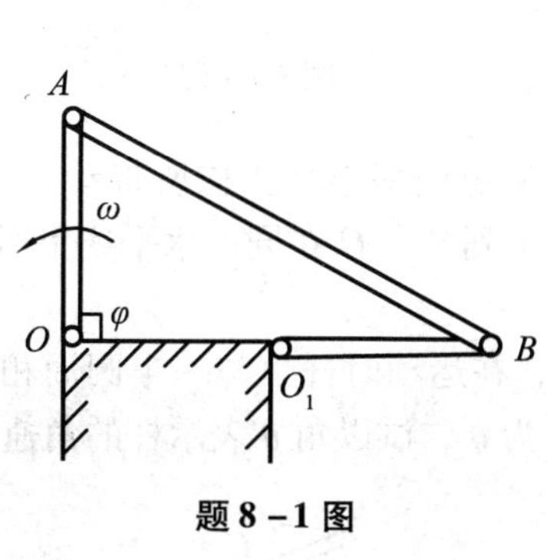

题 8-1 图

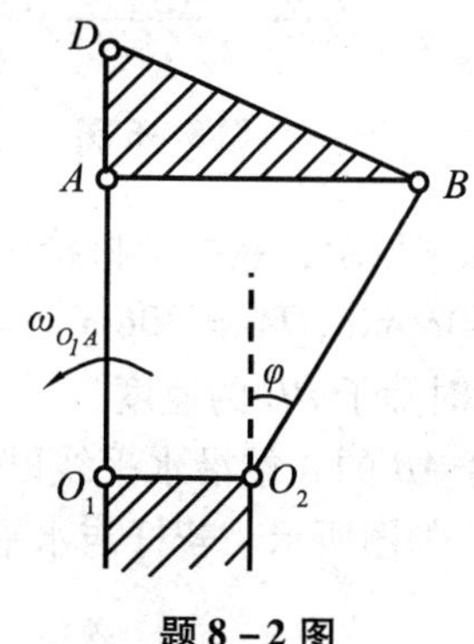

题 8-2 图

8-3 两齿条以速度 v_1 和 v_2 作同方向运动，在两齿条间夹一齿轮，其半径为 r，求齿轮的角速度及其中心的速度。

8-4 曲柄连杆机构在其连杆 AB 的中点 C 以铰链与 CD 杆相联结，而 CD 杆又与 DE 杆相联结，DE 杆可绕 E 点摆动。已知 B 点和 E 点在同一铅垂线上，OAB 成一水平线；曲柄 OA 的角速度 $\omega = 8\text{rad/s}$；$OA = 25\text{cm}$；$DE = 100\text{cm}$，$\angle CDE = 90°$，$\angle ACD = 30°$，求曲

柄连杆机构在图示位置时，*DE* 杆的角速度。

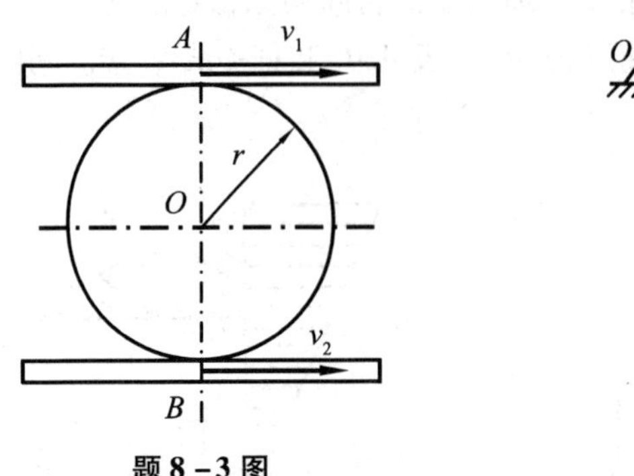

题 8-3 图

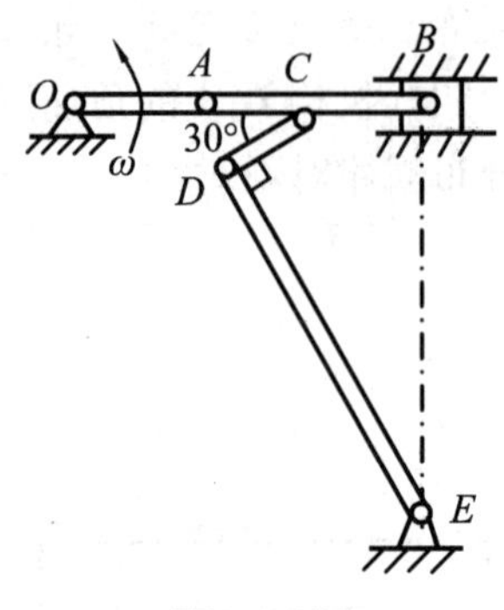

题 8-4 图

8-5　图示双曲柄连杆机构的滑块 *B* 和 *E* 由杆 *BE* 连接。主动曲柄 *OA* 和从动曲柄 *OD* 都绕 *O* 轴转动，已知主动曲柄 *OA* 的角速度 ω_{OA} = 12rad/s，机构尺寸为 *OA* = 10cm，*OD* = 12cm，*AB* = 26cm，*BE* = 12cm，*DE* = $12\sqrt{3}$cm。求当曲柄 *OA* 垂直于滑块的导轨方向时，从动曲柄 *OD* 和连杆 *DE* 的角速度。

8-6　图示机构中，已知 *OA* = 10cm，*BD* = 10cm，*DE* = 10cm，*EF* = $10\sqrt{3}$cm，ω_{OA} = 4rad/s，在图示位置，曲柄 *OA* 与水平线 *OB* 垂直，且 *B*、*D* 和 *F* 在同一铅直线上。又 *DE* 垂直于 *EF*。求杆 *EF* 的角速度和点 F 的速度。

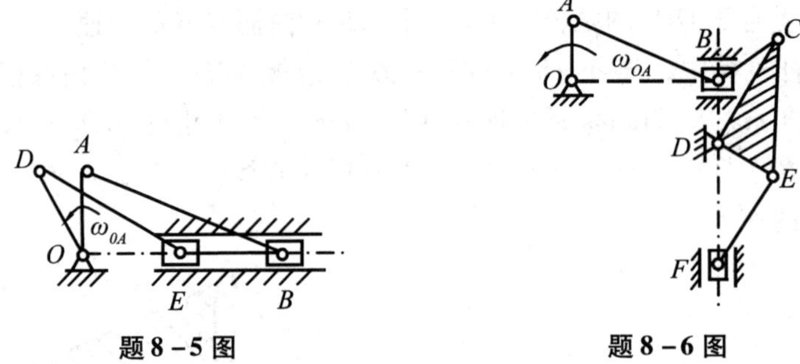

题 8-5 图　　题 8-6 图

8-7　如图所示，在振动机构中，筛子的摆动由曲柄连杆机构所带动。已知曲柄 *OA* 的转速 *n* = 40r/min，*OA* = 30cm。当筛子 *BC* 运动到与点 *O* 在同一水平线上时，∠*BAO* = 90°，求此瞬时筛子 *BC* 的速度。

8-8　杆 *AB* 的 *A* 端沿水平线以等速 *v* 运动，在运动时杆恒与一半圆周相切，半圆周的半径为 *R*，如图所示。若杆与水平线间的交角为 θ，试以角 θ 表示杆的角速度。

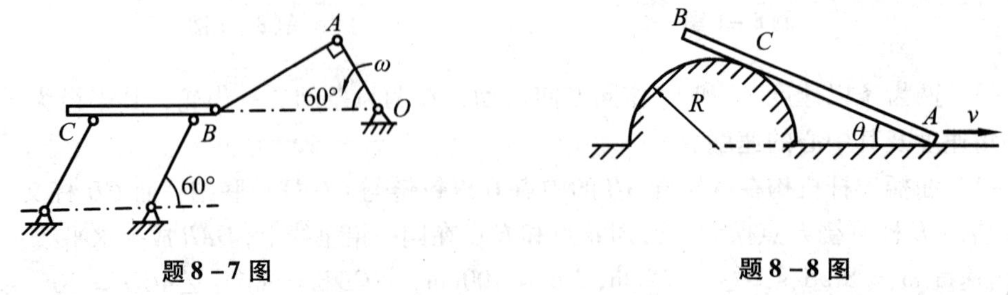

题 8-7 图　　题 8-8 图

8－9　直径为 $6\sqrt{3}$cm 的滚子在水平面上作纯滚动。杆 BC 一端与滚子铰接，另一端与滑块 C 铰接。已知图示位置（BC 杆水平）滚子角速度 $\omega=12\text{rad/s}$，$\alpha=30°$，$\beta=60°$，$BC=27$cm。试求该瞬时杆 BC 的角速度和点 C 的速度。

8－10　在瓦特行星传动中，平衡杆 O_1A 绕 O_1 轴转动，并借连杆 AB 带动曲柄 OB；而曲柄 OB 活动地装在 O 轴上，如图示。在 O 轴上装有齿轮 I，齿轮Ⅱ的轴安装在连杆 AB 的另一端，与 AB 固连。已知 $r_1=r_2=30\sqrt{3}$cm，$O_1A=75$cm，$AB=150$cm，又平衡杆的角速度 $\omega_{O_1}=6\text{rad/s}$。求当 $\alpha=60°$ 和 $\beta=90°$ 时，曲柄 OB 和齿轮 I 的角速度。

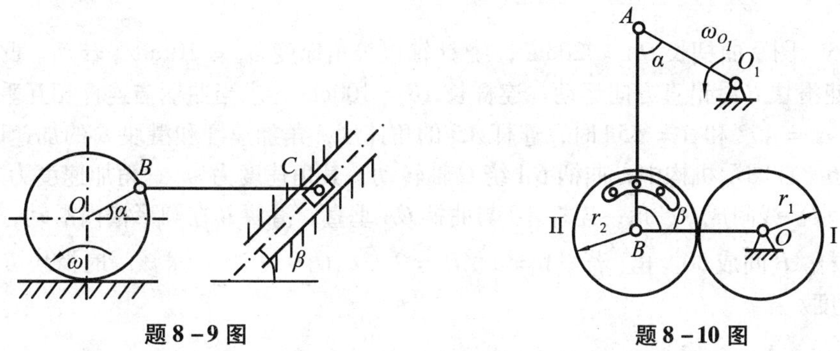

题 8－9 图　　　　题 8－10 图

8－11　使砂轮高速转动的装置如图示。杆 O_1O_2 绕 O_1 轴转动，转速为 n_4。O_2 处用铰链连接一半径为 r_2 的活动齿轮Ⅱ，杆 O_1O_2 转动时，轮Ⅱ在半径为 r_3 的固定内齿轮上滚动，并使半径为 r_1 的轮 I 绕 O_1 轴转动。轮 I 上装有砂轮，随同轮 I 高速转动。已知 $\frac{r_3}{r_1}=11$，$n_4=900r/\text{min}$，求砂轮的转速。

8－12　图示曲柄连杆机构带动摇杆 O_1C 绕 O_1 轴摆动。在连杆 AB 上装有两个滑块，滑块 B 在水平槽内滑动，而滑块 D 则在摇杆 O_1C 的槽内滑动。已知：曲柄长 $OA=5$cm，它绕 O 轴转动的角速度 $\omega=10\text{rad/s}$；图示位置时，曲柄与水平线间成 90° 角，摇杆与水平线间成 60° 角；距离 $O_1D=7$cm。求摇杆的角速度。

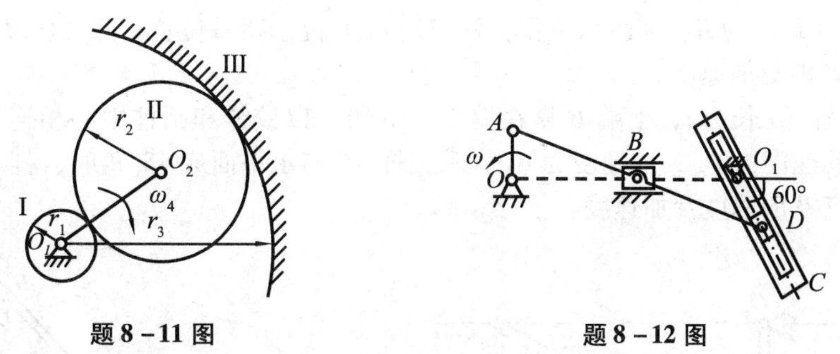

题 8－11 图　　　　题 8－12 图

8－13　平面机构的曲柄 OA 长为，以角速度 ω_0 绕 O 轴转动。在图示位置时，$AB=BO$，且 $\angle OAD=90°$，求此时套筒 D 相对于杆 BC 的速度。

8－14　已知图示机构中滑块 A 的速度 $v_A=20\text{cm/s}$，$AB=40$cm。求当 $AC=CB$，$\angle\alpha=30°$ 时杆 CD 的速度。

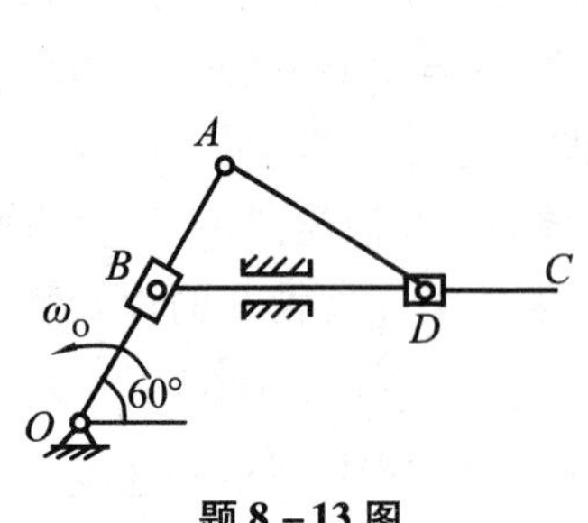

题 8－13 图

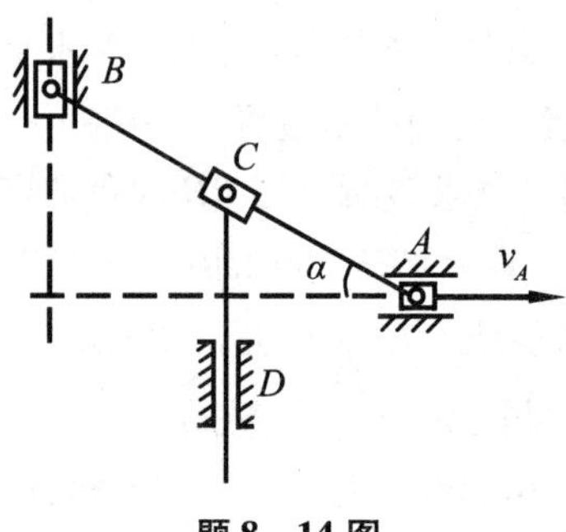

题 8－14 图

8－15　图示曲柄长 $OA = 20\text{cm}$，绕 O 轴以等角速度 $\omega_0 = 10\text{rad/s}$ 转动。此曲柄带动连杆 AB 使滑块 B 沿铅直方向运动。连杆长 $AB = 100\text{cm}$，求当曲柄与连杆相互垂直并与水平线间各 $\alpha = 45°$ 和 $\beta = 45°$ 时，连杆 AB 的角速度，角加速度和滑块 B 的加速度。

8－16　在图示机构中，曲柄 OA 绕 O 轴转动，其角速度为 ω_0，角加速度为 ε_0。某瞬时曲柄与水平线间成 60° 角，连杆 AB 与曲柄 OA 垂直。滑块 B 在圆形槽内滑动，此时半径 O_1B 与连杆 AB 间成 30° 角。若 $OA = a, AB = 2\sqrt{3}a, O_1B = 2a$，求该瞬时滑块 B 的切向和法向加速度。

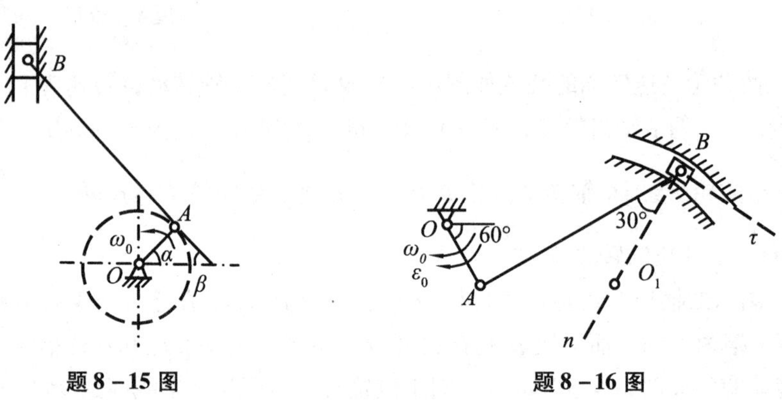

题 8－15 图　　　题 8－16 图

8－17　在图示的平面机构中，曲柄长 $OA = R$，以匀角速度 ω_0 绕 O 轴转动，连杆长 $AB = 2R$，杆 O_1B 长为 R。在图示位置，杆 OA、O_1B 位于铅垂位置，且 $\angle OAB = 60°$。试求此瞬时杆 O_1B 的角加速度。

8－18　杆 AB 长为 l，上端 B 靠在墙上，下端 A 以铰链和圆柱中心相连，如图所示。圆柱中心 A 的速度为 $\vec{v}_A$，加速度为 $\vec{a}_A$，求当杆 AB 与水平面成 45°角时，杆 A 的角速度、角加速度和点 B 的速度及加速度。

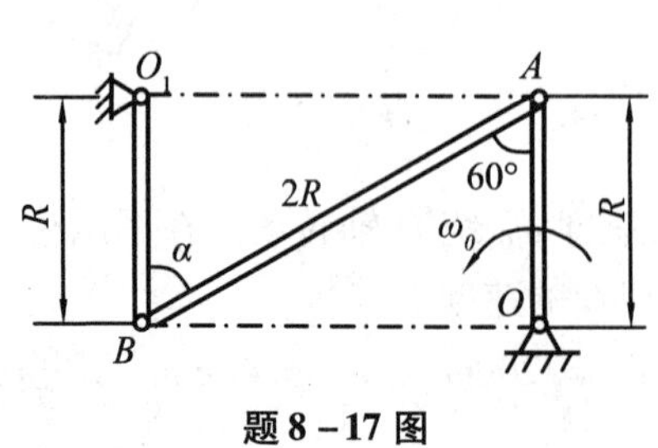

题 8－17 图

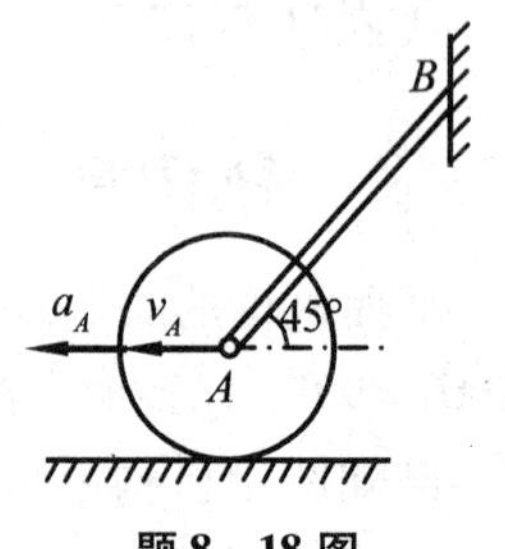

题 8－18 图

8－19　图示四连杆机构中，曲柄以匀角速度 ω_0 绕 O 轴转动，且 $OA=O_1B=r$。某瞬时 $\angle AOO_1=90°$，$\angle BAO=\angle BO_1O=45°$，求此时点 B 的加速度和杆 O_1B 的角加速度。

8－20　在图示配汽机构中，曲柄 OA 长为 r，绕 O 轴以等角速度 ω_0 转动，$AB=6r$，$BC=3\sqrt{3}r$。求机构在图示位置时，滑块 C 的速度和加速度。

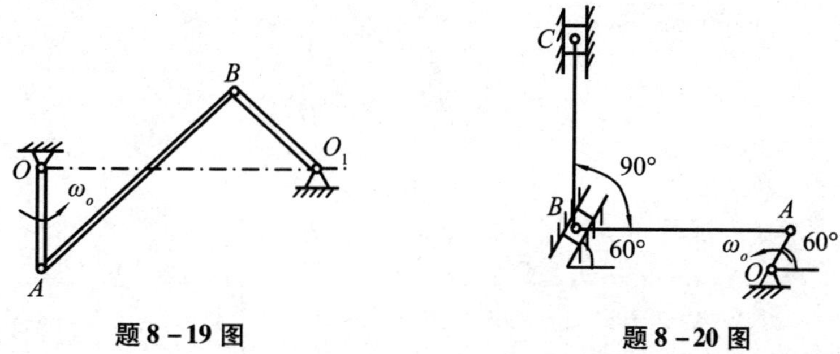

题 8－19 图　　题 8－20 图

8－21　机构如图示，曲柄 OA 以匀角速度 ω_0 转动，固定齿轮Ⅰ的半径为 $2r$。半径为 r 的齿轮Ⅱ沿齿轮Ⅰ无滑动地滚动，长为 r 的杆 BD 与轮Ⅱ固连在一起，图示瞬时 O、A、B 三点位于同一铅垂线上，角 $\alpha=30°$。求此时滑块的加速度和连杆的角加速度。

8－22　在图示周转传动装置中，半径为 R 的主动轮以角速度 ω_0 作逆时针方向转动。而长为 $3R$ 的曲柄以同样的角速度绕 O 轴作顺时针方向转动。M 点位于半径为 R 的从动轮上且垂直于曲柄直径的末端。求 M 点的速度和加速度。

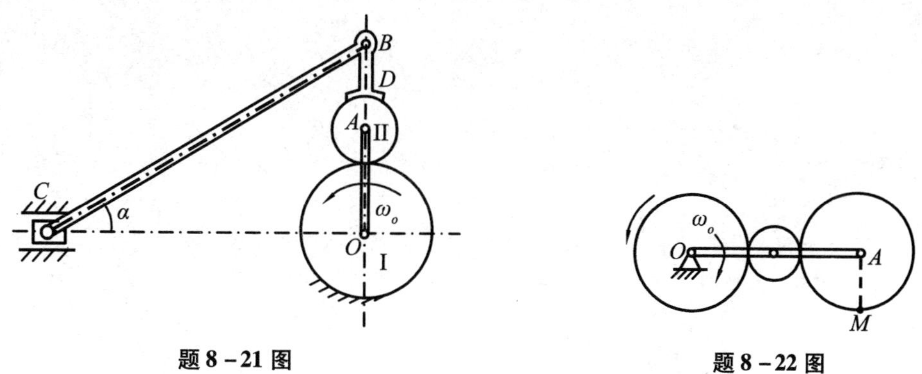

题 8－21 图　　题 8－22 图

动力学

在静力学中，我们分析了作用于物体上的力，并研究了物体在力系作用下的平衡条件，而没有研究物体在不平衡力系的作用下将如何运动。在运动学中，我们只从几何角度描述了物体的运动，而未涉及物体所受的力。动力学则是对物体的机械运动进行全面地分析，研究物体的机械运动与作用在物体上的力之间的关系，建立物体机械运动的普遍规律。因此，在动力学中将运用受力分析和运动分析的知识。从这个意义上讲，静力学和运动学是动力学的基础。而且静力学又可作为特例而被包括在动力学中。

动力学的形成和发展是与生产的发展有密切联系的。特别是在现代工业和科学技术迅速发展的今天，对动力学提出了更加复杂的课题，例如，高速旋转机械的动力计算、结构的动荷计算、控制系统的动态特性和稳定性、宇宙飞行器和人造卫星的运行轨道等等问题，都需要应用动力学的理论。

在动力学中物体的抽象模型有质点和质点系。质点是具有一定质量而几何形状和尺寸大小可以忽略不计的物体。例如，在研究人造地球卫星的运行轨道时，可将卫星视为质点；刚体作平动时，因刚体内各点的运动情况完全相同，也可以不考虑它的形状和大小，而将它抽象为一个质点来研究。

如果物体的形状和大小在所研究的问题中可以忽略不计，则物体可抽象为质点系。质点系是由几个或无限个相互有联系的质点所组成的系统。这是动力学中最普遍的抽象模型，它包括刚体、弹性体、流体和由几个物体所组成的机构等都是质点系。刚体是质点系的一种特殊情形，其上任意两个质点间的距离保持不变，可称为不变的质点系。

动力学可分为质点动力学和质点系动力学两部分。质点动力学是整个动力学的基础。质点系动力学反映物体运动更一般的规律，是动力学的主要内容。由于自然规律的内在一致性，我们在各章都从质点动力学入手，然后再研究质点系动力学。

动力学研究的基础是牛顿的3个基本定律，仅适用于惯性参考系。因此，在工程问题中，把固定于地面的坐标系或相对于地面作匀速直线运动的坐标系称为惯性参考系。

物体在非惯性参考系中的运动，因明显偏离牛顿定律而必须专门讨论。

第9章　质点运动的微分方程

本章阐述作为动力学基础的牛顿三定律及有关的基本概念，指明定律的适用范围，然后导出质点运动的微分方程，并举例说明应用它来解决动力学的两类基本问题。

9.1　动力学的基本定律

动力学的基本定律即由牛顿（公元1642 ~1727年）在总结前人，特别是伽里略研究成果的基础上提出来的牛顿三定律。

第一定律（惯性定律）：任一质点，如果不受外力作用，将保持静止或匀速直线运动。

此定律为动力学的全部概念奠定了基础。质点保持静止或匀速直线运动状态，不是由于力的作用，而是质点的固有属性。这种属性称为惯性。故匀速直线运动称为惯性运动。

同时，此定律还指明，质点自身不能改变其运动状态，只有受到力的作用才能改变运动速度的大小和方向。因此，力是改变质点运动的原因，从而，第一定律也就定性地说明了运动改变和力之间的关系。至于运动状态变化与力之间的定量关系将在下述第二定律中阐明。

第二定律（力与加速度关系定律）：质点的质量与加速度的乘积，等于作用于质点的力的大小，加速度的方向与力的方向相同。

$$m\vec{a} = \vec{F} \tag{9-1}$$

式（9-1）是第二定律的数学表达式，它是质点动力学的基本方程，建立了质点的加速度，质量与作用力之间的定量关系。该式表明：

①式（9-1）是瞬时矢量方程，表明质点在某瞬时所受的力等于由此力在该瞬时所产生的加速度与质点的质量的乘积（图9-1）。

②设在某瞬时，$F=0$，则 $a=0$，质点作惯性运动。这即是第一定律的情形。

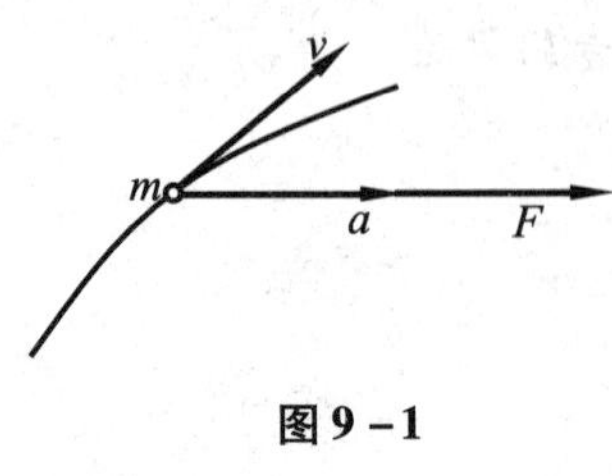

图9-1

③设以同样的力作用于不同的质点，由式（9-1）知，质量越大，产生的加速度越小，就是说质量愈大的质点，惯性也愈大。因此，质量是质点的惯性量度。

在国际单位制（*SI*）中，长度、质量和时间的单位是基本单位，分别取为 *m*、*kg* 和 *s*；力的单位是导出单位，质量为1kg的质点，获得1m/s^{2}的加速度时，作用于该质点的力为一个国际单位，称为牛顿（N）。即：

$$1N = 1kg \cdot 1m/s^2$$

在地球表面，任何物体都受到重力 P 的作用。在重力作用下得到的加速度称为重力加速度，用 g 表示。根据第二定律有：

$$\vec{P} = m\vec{g} \quad 或 \quad m = \frac{P}{g} \tag{9-2}$$

这就是质量与重量的关系式。g 一般取 $9.81m/s^2$。由于重量容易测量，所以在工程上，往往给出物体的重量，由上式计算质量。

第三定律（作用与反作用定律）：两个物体间的作用力与反作用力总是大小相等，方向相反、沿着同一直线，且同时分别作用在这两个物体上。

这一定律就是静力学公理四。但应注意，它不仅适用于平衡物体，而且也适用于任何运动的物体（固体、变形体）。在动力学问题中，这一定律仍然是分析两个物体相互作用关系的依据。

必须指出，上述牛顿基本定律仅仅适用惯性坐标系或对惯性坐标系作匀速直线平动的动坐标系。采用惯性坐标系，应用牛顿定律，在实际工程问题中，绝大多数情形下所得出的结果是足够精确的。只有少数例外，如轨道运动，宇宙航行，远程火箭飞行和某些流体等问题，才考虑地球的自转。故无特别说明，我们均取固定在地球表面的坐标系为惯性坐标系。

以牛顿三定律为基础的力学，称为古典力学。在古典力学范畴内，认为质量是不变的量，空间和时间是“绝对的”，与物体的运动无关。近代物理已经证明，质量、时间和空间都与物体运动的速度有关，但当物体运动速度远小于光速时，物体的速度对于质量、时间和空间的影响是微不足道的，应用古典力学解决一般的工程中的机械运动问题都可得到足够精确的结果。如果物体的速度接近于光速，或所研究的现象涉及物体的微观世界，则需应用相对论力学或量子力学。

9.2　质点运动的微分方程

牛顿第二定律建立了质点的加速度与作用力的关系。当质点受到几个力的作用时，式（9－1）右端应为这几个力的合力，即

$$m\vec{a} = \sum_{i=1}^{n} \vec{F}_i \tag{9-3}$$

或

$$m\frac{d^2\vec{r}}{dt^2} = \sum_{i=1}^{n} \vec{F}_i \tag{9-4}$$

这就是质点运动微分方程的矢量形式。在解决具体问题时，要应用它的投影形式。

9.2.1　质点运动微分方程的直角坐标形式

将矢量方程式（9－4）投影到直角坐标系 $Oxyz$ 的坐标轴上（图 9－2），得到以下质点运动微分方程的直角坐标形式。

$$\left.\begin{aligned} m\frac{d^2x}{dt^2} &= \sum_{i-1}^{n} F_{x_1} \\ m\frac{d^2y}{dt^2} &= \sum_{i-1}^{n} F_{y_1} \\ m\frac{d^2z}{dt^2} &= \sum_{i-1}^{n} F_{x_1} \end{aligned}\right\} \tag{9-5}$$

9.2.2 质点运动微分方程的自然坐标形式

当质点的运动轨迹已知时，建立自然坐标轴系 $\vec{\tau}$ 、$\vec{n}$ 、$\vec{b}$ ，如图 9－3 所示，将矢量方程投影到自然坐标轴上，得到以下质点运动微分方程的自然坐标形式。

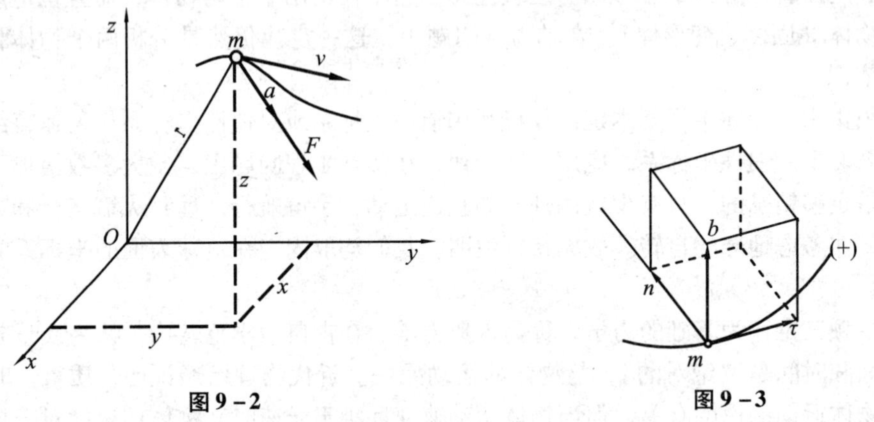

图 9－2　　　图 9－3

$$\left.\begin{aligned} ma_{\tau} &= m\frac{dv}{dt} = \sum_{i=1}^{n} F_{\tau i} \\ ma_{n} &= m\frac{v^2}{\rho} = \sum_{i=1}^{n} F_{ni} \\ ma_{b} &= 0 = \sum_{i=1}^{n} F_{bi} \end{aligned}\right\} \tag{9-6}$$

式中 ρ 表示轨迹曲线在点 M 处的曲率半径，$F_{\tau i}$ 、F_{ni} 和 F_{bi} 分别是作用于质点的各力在切线、主法线和副法线上的投影。

9.3　质点动力学的两类基本问题

应用质点运动微分方程可求解质点动力学的两类基本问题。第一类问题是：已知质点的运动，求作用在质点上的力。第二类问题是：已知作用在质点上的力，求质点的运动。

第一类问题：如已知质点的运动方程，求它们对时间的导数，于是由质点的运动微分方程即可求得作用在质点上的力。由此可知，求解第一类问题可归结为微分问题。

下面举例说明第一类问题的求解方法和步骤。

例 9-1　汽车车厢质量为 m，在车架弹簧上作铅垂运动，如取车厢平衡位置为坐标原点，坐标轴向下为正时，设其运动方程为 $x = a\sin kt$，式中 a 和 k 为常量。试求弹簧对于车厢的反力。

解　取车厢为研究对象。车厢受到重力 $\vec{p} = m\vec{g}$ 和弹簧的约束反力 $\vec{N}$（图 9-4）。

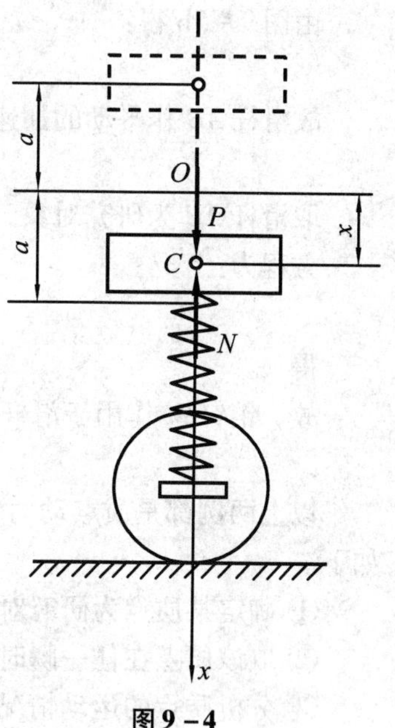

图 9-4

将已知的车厢运动方程 $x = a\sin kt$ 对时间求二阶导数得：

$$a_x = \frac{d^2x}{dt^2} = -ak^2\sin kt \qquad \text{(a)}$$

质点运动微分方程在 x 轴上的投影式为：

$$m\frac{d^2x}{dt^2} = p - N$$

因而可得：

$$N = mg + mak^2\sin kt \qquad \text{(b)}$$

当车厢静止或作匀速直线运动时，$a_x = 0$，反力 $N = P = mg$。这一部分的约束反力是没有加速度时的反力，故称为静反力。而上式中右端第二项 $mak^2\sin kt$，完全是由于物体加速度而引起的。由加速度引起的约束反力称为附加动反力或动反力。

弹簧对于车厢的反力 $\vec{N}$ 随时间而变化，当车厢在最低位置时，$x = a$，$sin_{kt} = 1$，由（a）式，加速度 $a_x = -ak^2$，负号说明方向是向上的；再由（b）式知，此时 N 达到最大值，即

$$N_{max} = m(g + ak^2)$$

而在最高位置，则得最小值（在 $g \geqslant ak^2$ 的条件下）

$$N_{min} = m(g - ak^2)$$

例 9-2　滑道机构的圆盘以匀角速 ω 绕 O 轴转动，借销钉 M 带动质量为 m 的滑杆 AB 作水平直线滑动（图 9-5a）。试求销钉 M 作用于滑杆上的力的最大值。滑杆滑动时，各处摩擦均不计。

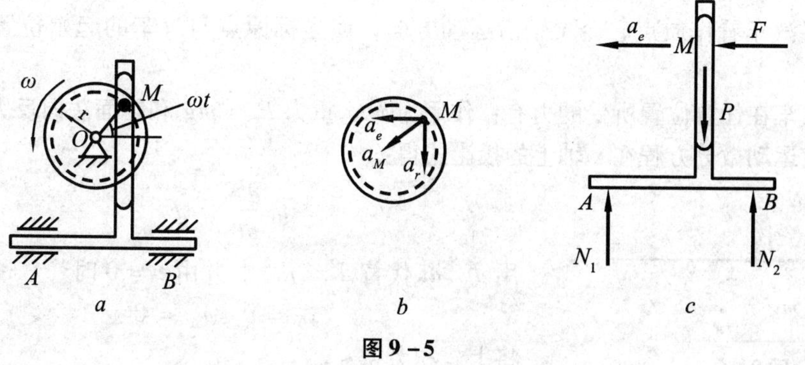

图 9-5

解 运动分析：取销钉 M 为动点。动系连于滑杆上，静系连于机架。动系作平动，由加速度合成定理得：

$$a_M = \vec{a}_e + \vec{a}_r$$

式中

$$a_M = r\omega^2$$

由图 9－5b 得：

$$a_e = a_M\cos\omega t = r\omega^2\cos\omega t$$

故滑杆 AB 作平动的加速度为：

$$a_{AB} = a_e = r\omega^2\cos\omega t$$

取滑杆 AB 为研究对象，受力图如图 9－5c 所示，滑杆 AB 在水平方向的运动微分方程为：

$$ma_{AB} = F$$

得

$$F = mr\omega^2\cos\omega t$$

故，销钉 M 作用于滑杆上力 $\vec{F}$ 的最大值为：

$$F_{\max} = mr\omega^2$$

以上两例都是质点动力学的第一类基本问题，由此可归纳出这一类问题的解题步骤如下。

① 确定某质点为研究对象。

② 取该质点在任一瞬时的位置，分析作用在质点上的力，包括主动力和约束反力。

③ 分析质点的运动情况，计算质点的加速度。

④ 选取适当的坐标轴，列出质点运动微分方程在该轴上的投影式。

⑤ 求出未知力。

第二类问题：即已知作用在质点上的力，求质点的运动。它是第一类问题的逆问题。作用在质点上的力可以是常力或变力。变力可以是时间、坐标、速度的函数。求质点的运动就要求运动微分方程的解。运动微分方程的通解包含有积分常数，这些常数由质点运动的起始条件决定。求解第二类问题归结为积分问题。由于积分往往比微分困难，特别是当力的函数关系复杂时，可能求不到解析解，而只能求出近似的数值解。

下面举例说明质点动力学第二类问题的解题方法和步骤。

例 9－3 汽车质量为 m，在开始运动的一段时间内，作用力可表现为 $F = ae^{-\frac{b}{m}T}$，其中 a 和 b 为常数。求汽车的运动方程。

解 将汽车看作质点，令 x 轴沿运动方向，使坐标原点与汽车的起始位置重合（图 9－6）。

分析汽车在任意位置所受的力有：作用力 $\vec{F}$、重力 $\vec{P} = m\vec{g}$ 和路面法向反力 $\vec{N}$。

由质点运动微分方程在 x 轴上的投影式得：

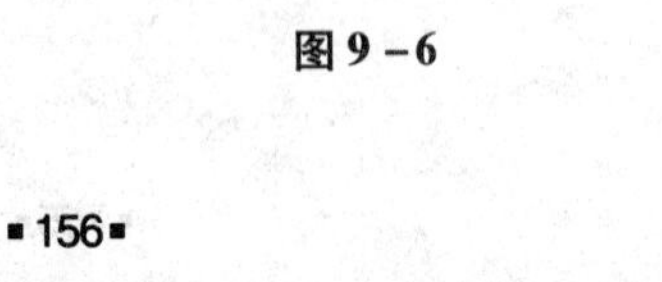

$$m\frac{d^2x}{dt^2} = F$$

用 dv/dt 代替 d^2x/dt^2。并由 $t = 0$ 时，

$$x_0 = 0 \quad v_{ox} = 0$$

将上式积分得：

图 9－6

$$\int_0^v dv = \frac{a}{m}\int_0^t e^{-\frac{b}{m}t}dt$$

即
$$v = \frac{dx}{dt} = \frac{a}{b}(1 - e^{-\frac{b}{m}t})$$

再积分
$$\int_0^x d_x = \frac{a}{b}\int_0^t dt - \frac{a}{b}\int_0^t e^{-\frac{b}{m}t}dt$$

可得
$$x = \frac{a}{b}t + \frac{am}{b^2}(e^{-\frac{b}{m}t} - 1)$$

这就是汽车的运动方程。

例 9－4　试求脱离地球引力场而作宇宙飞行的飞船所需的最小初速度。

解　以宇宙飞船为研究的质点。取 x 轴沿质点运动的方向为正（图 9－7）。质点在任意位置时只受地心引力 $\bar{F}$ 的作用。由万有引力定律得：

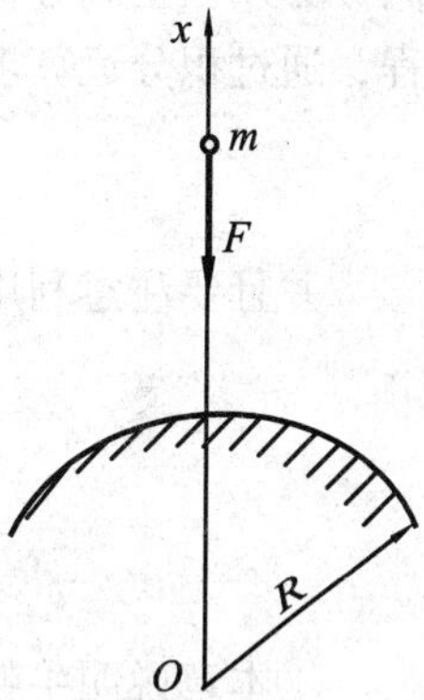

$$F = k\frac{mM}{x^2} \tag{a}$$

式中 k 为引力常数，m 为质点的质量。因为宇宙飞船在地球表面时，地球对它的引力等于重力，即

$$mg = k\frac{mM}{R^2}$$

图 9－7

于是得
$$kM = R^2 g$$

将上式代入（a）式有：
$$F = mR^2 g/x^2$$

写出质点运动微分方程：
$$m\frac{d^2x}{dt^2} = -\frac{mR^2 g}{x^2}$$

或
$$\frac{dv}{dt} = -\frac{R^2 g}{x^2} \tag{b}$$

上式中包含 v、t、x 三个变量，必须化为两个变量才能积分。
故采用下列变换方式：
$$\frac{dv}{dt} = \frac{dv}{dx}\cdot\frac{dx}{dt} = v\frac{dv}{dx}$$

将上式代入（b）得：
$$v\frac{dv}{dx} = -\frac{R^2 g}{x^2}$$

即
$$vdv = -\frac{R^2 g}{x^2}dx$$

用定积分进行运算。应用初始条件；$t = 0$ 时，$v = v_0$，$x = R$
$$\int_{v_0}^v vdv = \int_R^x -\frac{R^2 g}{x^2}dx$$

解得：

$$v_0^2 = v^2 + 2gR^2\left(\frac{1}{R} - \frac{1}{x}\right)$$

宇宙飞船要实现脱离地球引力作宇宙飞行的条件是：$x = \infty$ 时，$v \geqslant 0$，取 $v = 0$ 得 v_0 的最小值为：

$$v_0 = \sqrt{2gR}$$

以 $g = 9.81\text{m/s}^2$，$R = 6\ 371\text{km}$ 代入得：

$$v_0 = 11.2\text{km/s}$$

即为第二宇宙速度。

综合以上各例的解题步骤可知，求解质点动力学的第二类问题的步骤与第一类基本相同，必须在正确分析质点的受力情况和质点的运动情况的基础上，列出质点运动微分方程，通过积分运算求解。积分时常采用两种分离变量积分法：

$$\frac{d^2x}{dt^2} = \frac{dv}{dt} \quad 与 \quad \frac{d^2x}{dt^2} = v \cdot \frac{dv}{dx}$$

并且要注意利用运动初始条件确定积分常数，使问题得到确定的解。

小　结

①本章说明牛顿三定律适用于惯性参考系。其中，第一定律（惯性定律）和第二定律（力与加速度关系定律）阐明作用于质点的力与质点运动状态变化的关系。第三定律（作用力与反作用力定律）阐明两物体相互作用的关系。

②运动质点运动微分方程：$m\ddot{\vec{r}} = \sum \vec{F}$ 求解质点动力学的两类基本问题时，一般采用其直角坐标形式或自然坐标形式。

③在求解过程中，首先进行质点的受力分析和运动分析，然后才能正确建立运动微分方程。求解第一类问题，一般是求导过程；求解第二类问题，一般是积分过程，当力是变量时，方程的积分需要用分离变量法。并在计算时由初始条件确定积分常数。

思考题

9－1　以下两种说法正确吗？

（1）质点的运动方向就是作用于质点上的合力的方向；（2）质点的速度越大，所受的力也越大。

9－2　三个质量相同的质点，在某瞬时的速度分别如图示，若对它们作用了大小、方向相同的力 $\vec{F}$，问质点的运动情况是否相同？

9－3　已知自由质点 M 沿曲线 AB 运动，质点上所受的力能否出现图中所示的哪种情况？

9－4　如图示，$P_2 = 1\text{kN}$，$P_1 = T_1 = 2\ \text{kN}$。若滑轮质量不计，问在图中 a、b 两种情况下，重物Ⅱ的加速度是否相同？为什么？两根绳中的张力是否相同？

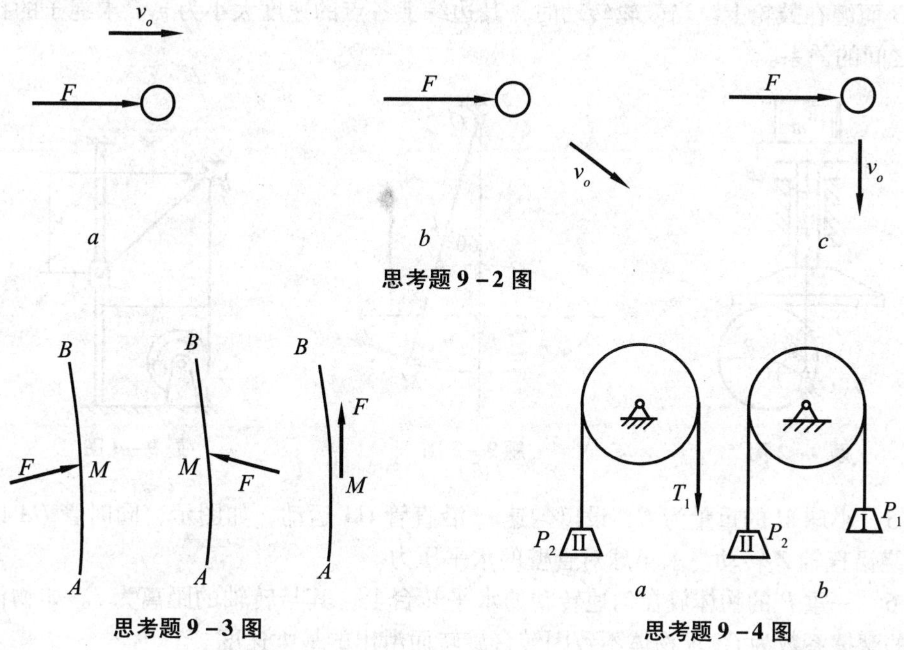

思考题 9－2 图

思考题 9－3 图

思考题 9－4 图

习　题

9－1　在曲柄滑道连杆机构中，活塞和活塞杆质量共为 50kg。曲柄长 30cm 绕 O 轴作匀速转动，转速为 $n=120\text{r/min}$. 求当曲柄在以下位置时，作用在活塞上的水平力。

（1）OA 水平向右；（2）OA 铅垂向上。

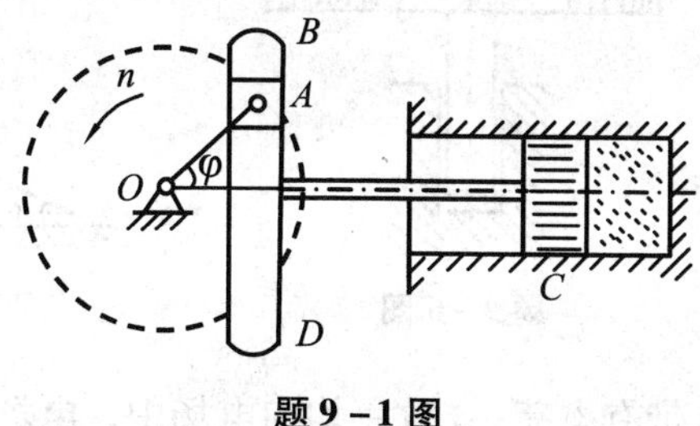

题 9－1 图

9－2　半径为 R 的偏心轮绕 O 轴以匀角速度 ω 转动，推动导板 AB 沿铅直轨道运动。导板顶部有一质量为 m 的物体，设偏心距 $OC=a$，开始时 OC 沿水平线。

求：（1）物体对导板的最大压力；

（2）使物体不离开导板的 ω 最大值。

9－3　重物 M 质量为 1kg，系于 30cm 长的细线上，线的另一端系于固定点 O。重物在水平面内作圆周运动，成一锥摆形状，且细线与铅垂线成 60°角。求重物的速度和线的张力。

9－4　套管 A 重 P，因受绳子牵引沿铅直杆向上滑动。绳子的另一端绕过距离杆为 L

的滑轮 B 而缠在鼓轮上。当鼓轮转动时，其边缘上各点的速度大小为 v_0。求绳子的拉力和距离 x 之间的关系。

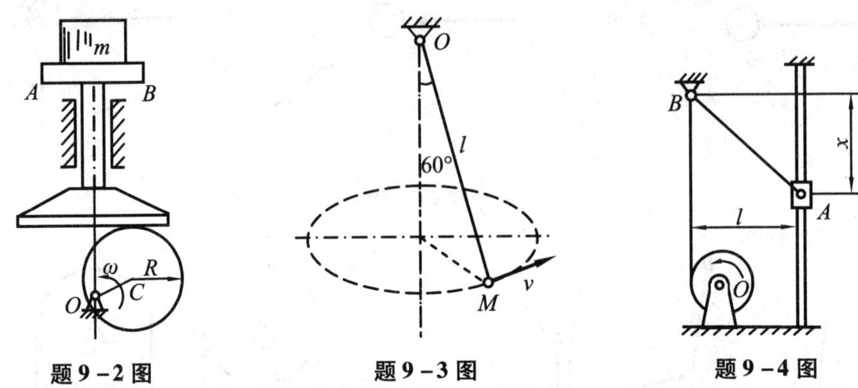

题 9 -2 图　　题 9 -3 图　　题 9 -4 图

9 -5　小球 M 的重量为 G，设以匀速 v_r 沿直管 OA 运动，如图示，同时管 OA 以匀角速度 ω 绕铅直轴 Z 转动。求小球对管壁的水平压力。

9 -6　一重 P 的物体放在匀速转动的水平转台上，其与转轴的距离为 r。如物体与转台表面的摩擦系数为 f，求物体不致因转台旋转而滑出的最大速度。

9 -7　如图示，在三棱柱 ABC 的粗糙面上，放一质量为 m 的物体 M，三棱柱以匀加速度 a 沿水平方向运动。为使物体 M 在三棱柱上相对静止，试求 a 的最大值，以及这时物体 M 对三棱柱的压力。假定摩擦系数为 f，且 $f < \operatorname{tg}\alpha$。

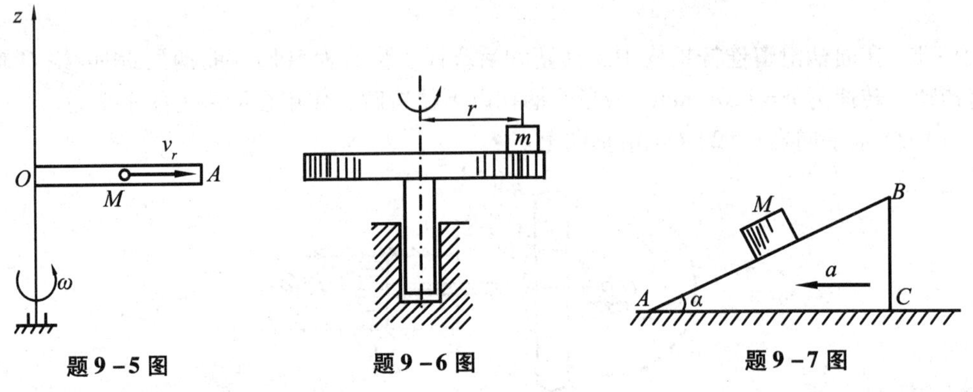

题 9 -5 图　　题 9 -6 图　　题 9 -7 图

9 -8　质量为 m 的质点带有电荷 e，放一均匀电场中，电场强度为 $E = A\sin kt$，其中 A 和 k 均为常数。如已知质点在电场中所受之力为 $\vec{F} = e\vec{E}$，其方向与 $\vec{E}$ 相同。又质点的初速度为 v_0，与 x 轴的夹角为 α，且取坐标原点为起始位置如图示。如重力的影响不计，求质点的运动方程。

9 -9　一质量为 m 的质点，在按下述随时间变化的力作用下，由静止开始运动。

$$F(t) = \begin{cases} a - bt & \text{当 } 0 \leqslant t \leqslant a/b \\ 0 & \text{当 } t > a/b \end{cases}$$

其中 $a = \text{const} > 0$ 和 $b = \text{const} > 0$

假设力 $F(t)$ 的方向不变，求此点的运动方程。

9 -10　弹簧一端固定，另一端与质量 $m = 200\text{kg}$ 的物块相接触。光滑斜面与水平面成

$\alpha=30°$角，弹簧刚性系数 $k=50\text{N/mm}$。开始时弹簧未被压缩。（1）若物体缓慢沿斜面下滑（用力控制），求当物块到平衡位置时弹簧的压缩量。（2）若突然释放物块，求它经过平衡位置时的速度。

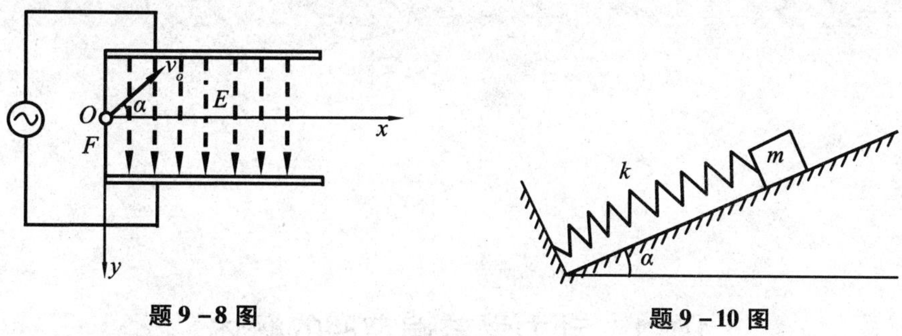

题 9－8 图　　**题 9－10 图**

9－11　物块从半径为 R 的光滑半圆柱体顶点 A 处无初速地沿柱体下滑，求物块离开圆柱体时的角度 φ。

9－12　质量为 m 的质点沿圆上的弦运动。此质点受一指向圆心的吸力作用，吸力大小与质点到 0 点的距离成反比，比例常数为 k。开始时，质点处于 M_0 的位置，初速为零。已知：圆的半径为 R；经 O 点到弦的垂直距离为 r。求质点经过弦中点时的速度。

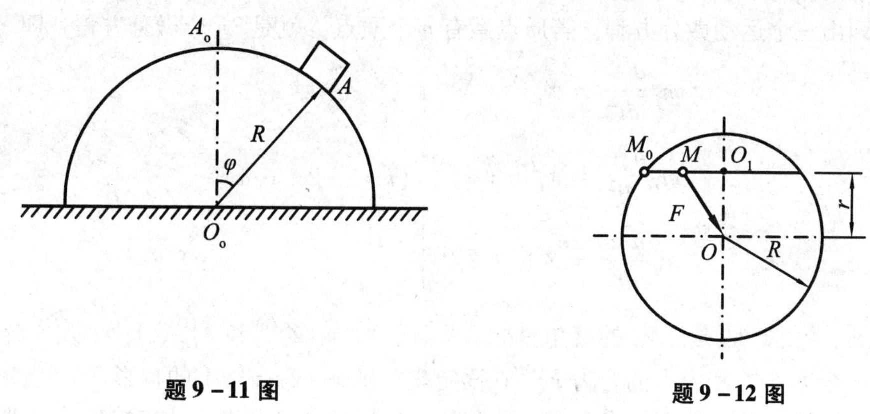

题 9－11 图　　**题 9－12 图**

9－13　一物体重为 P，以初速度 v_0 将它铅垂上抛，如空气阻力可以用 k^2pv^2 来表示，其中 v 为物体的速度，问：物体所能达到的高度及所经过的时间各为多少？

第 10 章　动量定理

10.1　动力学普遍定理的概述

由上一章，我们知道，质点的动力学问题应用质点运动微分方程可以解决。而物体只有在特殊情况下才能抽象为质点，在一般情况下和多数工程技术问题中，通常将所研究的物体抽象为质点系。从本章开始，我们将着重讨论质点系的动力学问题。

质点系是由几个或无限个质点所组成，各质点间有着各种形式的联系。而对每一个质点都可以列出三个运动微分方程。若质点系有 n 个质点，就是 $3n$ 个微分方程，即

$$\left.\begin{aligned} m_i\frac{d^2x_i}{dt^2} &= X_i^{(e)} + X_i^{(i)} \\ m_i\frac{d^2y_i}{dt^2} &= Y_i^{(e)} + Y_i^{(i)} \\ m_i\frac{d^2z_h}{dt^2} &= Z_i^{(e)} + Z_i^{(i)} \end{aligned}\right\}(i=1,\ 2,\ \cdots n)$$

式中 x_i、y_i、z_i 是质点 M_i 的直角坐标。$X_i^{(e)}$、$Y_i^{(e)}$、$Z_i^{(e)}$ 和 $X_i^{(i)}$、$Y_i^{(i)}$、$Z_i^{(i)}$ 分别是该点上外力的合力 $F_i^{(e)}$ 和内力的合力 $F_i^{(i)}$ 在固定坐标轴 x、y、z 轴上的投影。

上述方程组，加上描述各质点相互联系形式的约束力方程和运动初始条件，理论上是可以求解的。但是，由于内力是未知量，质点的数目 n 可能很大（甚至 $n=\infty$），显然要全部求解出这么多复杂的微分方程组，困难很大，并且很难得到精确的数值解。

对于质点系的动力学问题，大多数并不需要求出每个质点的运动，只要知道整个质点系运动的某些特征即可。而能够表明质点系运动特征的量有动量、动量矩和动能等。这些运动量与能够表示力对质点系作用效果的力的作用量（如冲量、冲量矩和功）之间的关系，就是动力学普遍定理。它包括：动量定理、动量矩定理和动能定理，以及由这 3 个基本定理所推导出来的其他一些定理。在某些条件下，用这些定理解决质点和质点系的动力学问题，将显得极为方便。并且，普遍定理中包含的物理量有明显的物理意义，通过这些定理，能使我们更深入地研究机械运动，以及机械运动与其他形式的关系。

本章研究质点与质点系的动量定理，它建立了动量的改变量与作用力冲量之间的关系。然后研究质点系动量定理的另一重要形式——质心运动定理。

10.2　动量和力的冲量

10.2.1　动量

(1) 质点的动量

从经验知道，物体的机械运动量不仅取决于速度，而且还取决于质量。例如，质量很小，而速度很大的枪弹，当它遇到障碍物时，就能穿入或穿透该障碍。又如轮船靠岸时，速度很小，但质量很大，如果司舵稍一疏忽，足以将船撞坏。因此，为了度量物体的机械运动，我们引入动量这一物理量。质点的质量 m 与它的速度 v 的乘积 $m\vec{v}$ ，称为质点的动量。动量是瞬时矢量，方向与速度相同。

在国际单位制中，动量的单位是 kg · m/s 或 N · s。

(2) 质点系的动量

质点系内各质点动量的矢量和称为质点系的动量（图 10 - 1），即

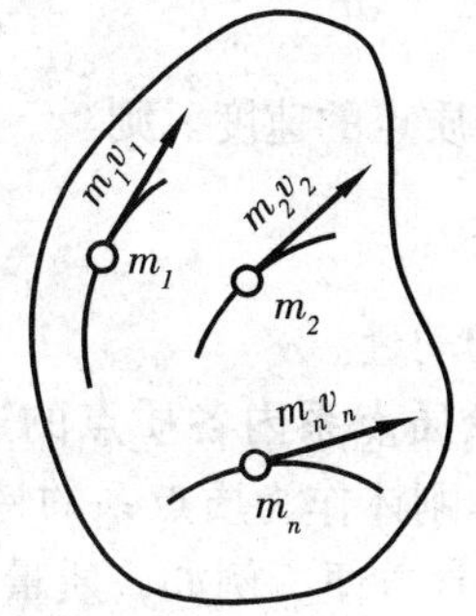

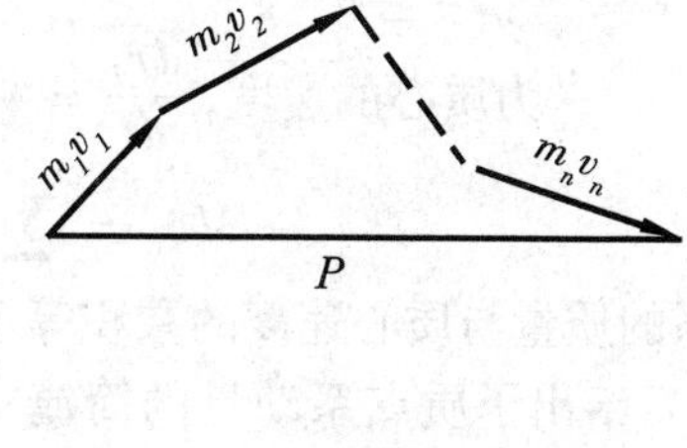

图 10 - 1

$$\vec{p} = \sum_{i=1}^{n} m_i\vec{v} \qquad (10-1)$$

质点系的动量在各坐标轴上的投影为：

$$\left.\begin{aligned} p_x &= \sum mv_x \\ p_y &= \sum mv_y \\ p_z &= \sum mv_z \end{aligned}\right\} \qquad (10-2)$$

(3) 质点系的质量中心（质心）

质点系的运动不仅与所受的力有关，而且与质点系质量的分布情况有关，而质量分布的特征之一可以用质量中心来描述。质量中心简称质心。

设质点系中一质点的质量为 m_i ，它在坐标系 $Oxyz$ 的位置由矢径 $\vec{r}_i$ 表示（图 10 - 2），质心的矢径由下式决定。

$$\vec{r}_c = \frac{\sum m_i\vec{r}_i}{\sum m_i} = \frac{\sum m_i\vec{r}_i}{M} \qquad (10-3)$$

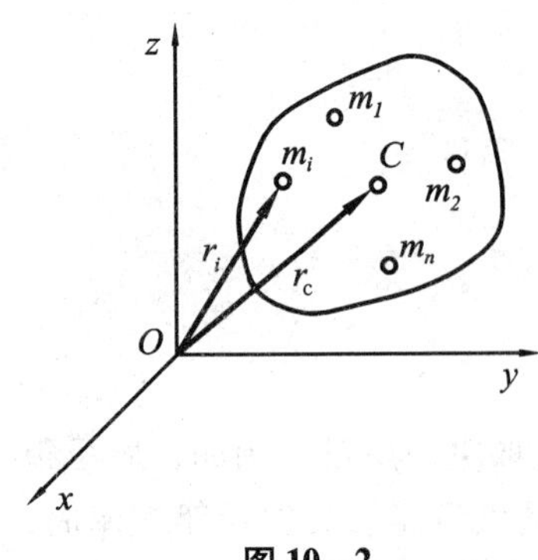

图 10－2

式中 $M = \sum m_i$，是质点系的质量。

若第 i 个质点在 $Oxyz$ 坐标系中的坐标为（x_i，y_i，z_i），则质心的坐标公式为：

$$\left.\begin{aligned} x_c &= \frac{\sum m_i x_i}{M} \\ y_c &= \frac{\sum m_i y_i}{M} \\ z_c &= \frac{\sum m_i z_i}{M} \end{aligned}\right\} \tag{10-4}$$

在重力场中，重力 $P = m_i\vec{g}$，因此，质点系的质心与重心的位置是重合的。但应当注意两者概念不同：重心是重力平行力系中心，物体离开重力场，重心失去意义。而质心是表征质点系质量分布情况的一个几何点，与作用力无关，因而总是存在的。

将式（10－3）对时间求导得：

$$M\frac{d\vec{r}_c}{dt} = \frac{d}{dt}\sum m_i\vec{r}_i = \sum m_i\frac{d\vec{r}_i}{dt}$$

式中 $\frac{d\vec{r}_c}{dt} = \vec{v}_c$，为质心的速度，$\frac{d\vec{r}_i}{dt} = \vec{v}_i$ 为第 i 个质点的速度。则

$$M\vec{v}_c = \sum m_i\vec{v}_i = \vec{p} \tag{10-5}$$

表明质点系的质量与质心速度的乘积等于质点系的动量。

式（10－5）给出了质点系动量的简捷求法。不论质点系内各质点的速度如何不同，只要知道质心的速度，就可以求出整个质点系的动量。刚体作为质点系的特殊情形，它由无限个质点所组成。用式（10－5）计算刚体的动量非常方便。例如，质量为 M 的车轮作平面运动，质心的速度为 $\vec{v}_c$（图 10－3），则车轮的动量为 $M\vec{v}_c$；又如飞轮绕固定轴转动，若质心在它的固定转轴上（图 10－4），因 $v_c = v_0 = 0$，则飞轮的动量恒等于零。

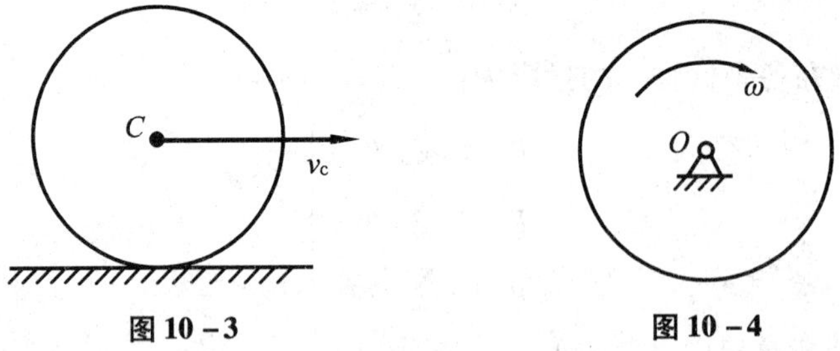

图 10－3　　图 10－4

由上可知，质点系的动量是描述质点系随质心运动的一个运动量，它不能描述质点系相对于质心的运动。

10.2.2　力的冲量

在实践中，我们还知道，一个物体在力的作用下引起的运动变化，不仅与力的大小和方向有关，而且与力作用时间的长短有关。例如，人们推车厢沿铁轨运动，当推力大于摩擦阻力时，经过一段时间，能使车厢达到一定的速度；如果用机车牵引，只需用很短的时

间便能达到该速度。因此，力的作用效果必须把力和作用时间结合起来度量。我们就用冲量来量度力在一段时间内的累积作用。

当力 $\vec{F}$ 是常力时，力 $\vec{F}$ 与作用时间 t 的乘积 $\vec{F}\cdot t$，称为力在作用时间 t 内的冲量。冲量是矢量，用 $\vec{I}$ 表示，它的方向与力相同。

$$\vec{I} = \vec{F}\cdot t \tag{10-6}$$

在国际单位制中，冲量的单位是 N · s，即 kg · m/s 与动量的单位相同。

当力 $\vec{F}$ 是变量时，可将力的作用时间分成无数微小的时间间隔 dt，在每个 dt 内，作用力 $\vec{F}$ 可视为不变量。力 $\vec{F}$ 在 dt 中的微小冲量 $d\vec{I} = \vec{F}\cdot dt$，称为元冲量。

而力 $\vec{F}$ 在作用时间 t 内的冲量为：

$$\vec{I} = \int_0^t \vec{F}\cdot dt \tag{10-7}$$

10.3　动量定理

10.3.1　质点的动量定理

首先建立质点的动量与作用在质点上的力的冲量的关系。

设质量为 m 的质点，作用力的合力为 $\vec{F}$。由牛顿第二定律：

$$m\frac{d\vec{v}}{dt} = \vec{F}$$

改写成

$$d(m\vec{v}) = \vec{F}\cdot dt \tag{10-8}$$

上式即是质点的动量定理的微分形式。表明质点动量的微分等于作用于质点上的力的元冲量。

设质点从时间 t_1 到 t_2，速度从 $\vec{v}_1$ 变化到 $\vec{v}_2$，则式（10－8）积分可得：

$$m\vec{v}_2 - m\vec{v}_1 = \int_{t_1}^{t2} \vec{F}\cdot dt = \vec{I} \tag{10-9}$$

上式就是质点动量定理的积分形式。表明在某一时间间隔内，质点动量的变化量，等于作用于质点的力在同一时间间隔内的冲量。式（10－9）又称质点的冲量定理（图 10－5）。

10.3.2　质点系的动量定理

设有 n 个质点组成的系统，其中任一质点 M_i 的质量为 m_i，它在任一瞬时的速度为 $\vec{v}_i$，设作用于此质点的内力为 F_i^i 和外力为 $\vec{F}_i^{(e)}$。则质点的运动微分方程为：

$$\frac{d}{dt}(m_i\vec{v}_i) = \vec{F}_i^{(e)} + \vec{F}_i^{(i)} \qquad (i=1, 2, \cdots, n)$$

将所有的 n 个方程相加，即

$$\sum \frac{d}{dt}(m_i\vec{v}_i) = \frac{d}{dt}\sum (m_i v_i) = \sum \vec{F}_i^{(e)} + \sum \vec{F}_i^{(i)}$$

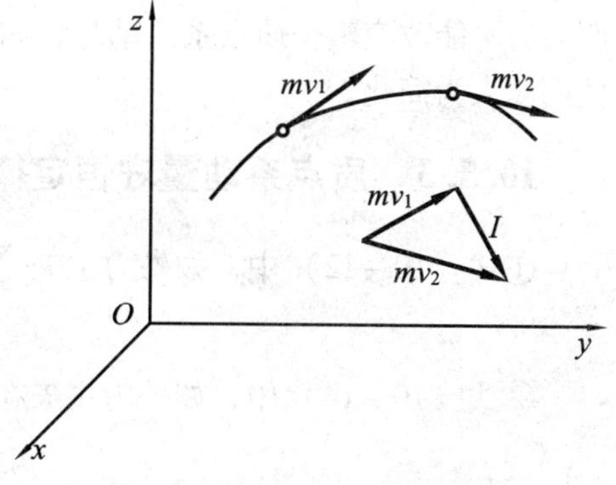

图 10－5

其中，$\sum(m_i\vec{v}_i)=\vec{p}$，为质点系的动量。因为质点系内质点相互作用的内力总是大小相等，方向相反或成对出现，相互抵消，因此内力主矢等于零，即 $\sum F_i^{(i)}=0$，则，上式成为：

$$\frac{d\vec{p}}{dt}=\sum \vec{F}_i^{(e)} \tag{10-10}$$

即质点系的动量对时间的导数，等于作用于该点系的所有外力的矢量和（或外力的主矢）。这就是质点系的动量定理。

式（10－10）也可写成：

$$d\vec{p}=\sum \vec{F}^{(e)}\cdot dt=\sum dI_i^e \tag{10-11}$$

即质点系动量的增量等于所有作用于质点系的外力元冲量的矢量和。

设在时间 $t=t_1$ 时，$\vec{p}=\vec{p}_1$；$t=t_2$ 时，$\vec{p}=\vec{p}_2$，将上式积分得：

$$\vec{p}_2-\vec{p}_1=\sum\int_{t_1}^{t_2}\vec{F}_i^{(e)}dt=\sum I_i^{(e)} \tag{10-12}$$

上式为质点系动量定理的积分形式，即在某一段时间间隔内，质点系动量的改变量等于在这段时间内作用于质点系外力冲量的矢量和。

质点系动量定理是矢量式，在应用时，取其投影形式：

$$\left.\begin{aligned}\frac{dp_x}{dt}&=\sum F_x^{(e)}\\ \frac{dp_y}{dt}&=\sum F_y^{(e)}\\ \frac{dp_z}{dt}&=\sum F_z^{(e)}\end{aligned}\right\} \tag{10-13}$$

或

$$\left.\begin{aligned}p_{2x}-p_{1x}&=\sum {}_I x^{(e)}\\ p_{2y}-p_{1y}&=\sum {}_I y^{(e)}\\ p_{2z}-p_{1z}&=\sum {}_I z^{(e)}\end{aligned}\right\} \tag{10-14}$$

式（10－13）和（10－14）称为质点系动量定理在直角坐标轴上的投影形式。

质点系动量定理的表达式（10－10）和（10－12）中，不包含质点系的内力。这说明内力不能改变整个质点系的动量，因而在研究质点系整体运动问题时，可不考虑内力，使问题大为简化。

10.3.3　质点系动量守恒定律

①式（10－12）中，如外力主矢 $\sum \vec{F}^{(e)}=0$，则

$$\vec{p}_2=\vec{p}_1=\text{常矢量}$$

②式（10－14）中，如外力主矢在 x 轴上投影 $\sum F_x^{(e)}=0$，即 $\sum F_x^{(e)}=0$，则

$$p_{2x}=p_{1x}=\text{常量}$$

由此可得到质点系动量守恒定律：如作用于质点系的所有外力的矢量和（或在固定轴上投影的代数和）等于零，则该质点系的动量（或在该轴上的投影）保持不变。

质点系动量守恒的现象很多，例如，子弹与枪体组成质点系。在射击前，总动量等于零，当火药在枪膛内爆炸时，作用于子弹的压力是内力，它使子弹获得向前动量的同时，气体压力使枪体获得向后的动量（称为反座现象），当枪在水平方向没有外力时，这个方向总动量恒保持为零。由此例可以看出，内力不能改变整个质点系的动量，但是，可以改变质点系中各质点的动量。

例 10－1　图 10－6 表示水流经变截面弯管的示意图。设流体是不可压缩的，流动是稳定的（即管内任一截面上的流速不随时间而变化）。求流体对管壁的附加动压力。

解　取管中任意两截面 aa 和 bb 间的流体为研究的质点系。质点系受的外力有重力 $\vec{P}$ 、两截面受相邻流体的压力 $\vec{P}_a$ 和 $\vec{P}_b$ 及管壁对流体反力的合力 $\vec{N}$ 。

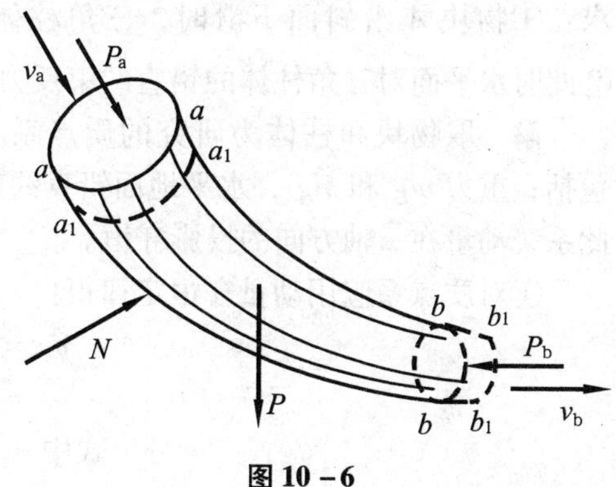

图 10－6

假如经过无限小的时间间隔 dt ，这一部分流体流到两截面 a_1a_1 和 b_1b_1 之间。设 Q 为流体的流量（即每秒钟流过任一截面的流体体积），ρ 为密度，则质点系在 dt 时间间隔内流过截面的质量为：

$$m = Q\rho dt$$

在时间间隔 dt 内质点系的动量变化为：$\vec{p} - \vec{p}_0 = \vec{p}_{a_1b_1} - \vec{p}_{ab} = (\vec{p}_{bb_1} + \vec{p}_{a_1b}) - (\vec{p}'_{a_1b} + \vec{p}_{aa_1})$ 因为管内流动是稳定的，有 $(\vec{p}_{a_1b} = \vec{p}'_{a_1b})$，因此

$$\vec{p} - \vec{p}_0 = \vec{p}_{bb_1} - \vec{p}_{aa_1}$$

当 dt 取极小时，可认为截面 aa 与 a_1a_1 之间各质点的速度相同，截面 bb 与 b_1b_1 之间各质点的速度也相同，于是得：

$$\vec{p} - \vec{p}_0 = Q\rho dt(\vec{v}_b - \vec{v}_a)$$

应用质点系动量定理可得：

$$Q\rho dt(\vec{v}_b - \vec{v}_a) = (\vec{W} + \vec{P}_a + \vec{P}_b + \vec{N})dt$$

消去 dt 得：

$$Q\rho(\vec{v}_b - \vec{v}_a) = \vec{W} + \vec{P}_a + \vec{P}_b + \vec{N}$$

因管壁对流体的反力 $\vec{N}$ 包含两部分：$\vec{N}_{静}$ 为不考虑流体动量改变时管壁的静反力，$\vec{N}_{动}$ 为由于流体的动量变化而产生的附加动压力。则

$$\vec{W} + \vec{P}_a + \vec{P}_b + \vec{N}_{静} = 0$$

附加动压力由下式确定：

$$\vec{N}_{动} = Q\rho(\vec{v}_b - \vec{v}_a)$$

设截面 aa 和 bb 的面积分别为 A_a 和 A_b，由不可压缩流体的连续性定律知：

$$Q = A_a v_a = A_b v_b$$

因此，只要知道流速和曲管的尺寸，即可求得附加动反力。流体对管壁的附加动压力与 $N_{动}$ 大小相等，方向相反。在应用前面的结论时应取投影式。如图 10－7 所示，为一水平的等截面直角形弯管，当流体被迫改变流动方向时，对管壁施加的附加动压力的大小等于管壁对流体作用的附加动反力，即

$$N_{动x} = Q\rho(v_2 - 0) = \rho A_2 v_2^2$$
$$N_{动y} = Q\rho(0 + v_1) = \rho A_1 v_1^2$$

可见，当流速很高或管子的横截面积很大时，附加动压力很大，因此在管子的弯头处必须安装支座。

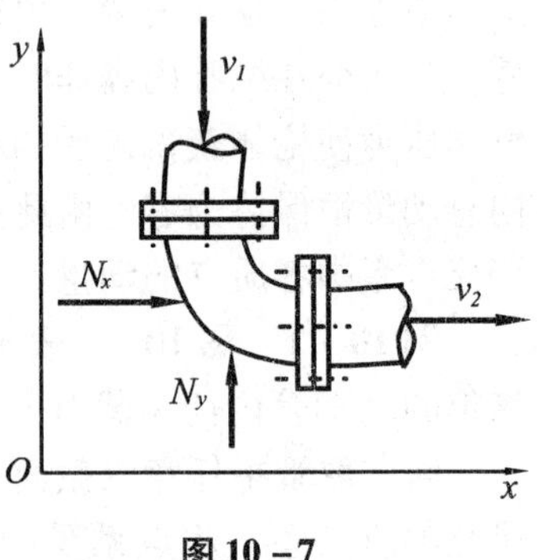

图 10 -7

例 10 -2 如图 10 -8，质量为 m 的物块 A 在重力作用下沿质量为 M 的三角柱体 B 的斜面下滑，设斜面光滑，倾角为 α，并设其支承水平面也是光滑的。开始时系统静止，求：①物块 A 沿斜面下滑时，三角柱体 B 的加速度 $\vec{a}_B$。②此时水平面对三角柱体的铅直约束反力 $\vec{R}$。

解 取物块和柱体为研究的质点系。质点系受的外力包括：重力 $m\vec{g}$ 和 $\vec{M}g$，水平地面铅直约束反力 $\vec{R}$。由于外力系在 x 轴方向投影为零，因此系统动量在 x 轴方向的投影守恒。

①对质点系应用动量守恒定律得：

$$p_x = mv_{Ax} + Mv_{Bx} = p_{x0} = 0 \tag{a}$$

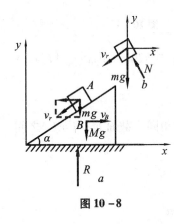

式中 $\vec{v}_A$ 和 $\vec{v}_B$ 为在某瞬时物块 A 和柱体 B 的速度，方向如图 10 -8 示。由于（a）式包含两个未知量，故还需另取分离体，列出足够数量的方程，才能求解。因此先要分析运动。

图 10 -8

分析 A 的速度。选取动系固连在 B 上，设该瞬时物块 A 对斜面的相对速度为 $\vec{v}_r$，方向沿斜面向下。故有：

$$v_{rx} = -v_r\cos\alpha$$
$$v_{ry} = -v_r\sin\alpha$$

物块 A 的绝对速度 $\vec{v}_A = \vec{v}_B + \vec{v}_r$ 的投影可以计算如下：

$$v_{Ax} = v_B - v_r\cos\alpha$$
$$v_{Ay} = -v_r\sin\alpha$$

代入（a）式可得：

$$m(v_B - v_r\cos\alpha) + Mv_B = (m+M)v_B - mv_r\cos\alpha = 0$$

故
$$(m+M)v_B = mv_r\cos\alpha \tag{b}$$

将（b）式对时间求导得：

$$(m+M)\frac{dv_B}{dt} = m\frac{dv_r}{dt}\cos\alpha$$

因 $\frac{dv_B}{dt} = a_B$，$\frac{dv_r}{dt} = a_r$，于是有，

$$(m+M)a_B = ma_r\cos\alpha \tag{c}$$

式（c）中包含两个未知量 a_r 和 a_B，还需要一个方程才能求出 a_B。为此可再取物块 A 为研究对象，画出其受力图（图 10 -8b）。

质点 A 的绝对加速度 $\vec{a}_A = \vec{a}_B + \vec{a}_r$，其投影为：

$$a_{Ax} = aB - a_r\cos\alpha$$
$$a_{Ay} = -a_r\sin\alpha$$

应用牛顿第二定律有：

$$\begin{cases} ma_{Ax} = \sum x \\ ma_{Ay} = \sum y \end{cases}$$

即
$$\begin{cases} m(a_B - a_r\cos\alpha) = -N\sin\alpha \\ m(-a_r\sin\alpha) = N\cos\alpha - mg \end{cases}$$

由此两式中消去未知量 N，经简化得：

$$a_r = a_B\cos\alpha + g\sin\alpha \tag{d}$$

将式（d）代入式（c）得：

$$(m+M)\ a_B = m\ (g\sin\alpha + a_B\cos\alpha)\ \cos\alpha$$

$$a_B = \frac{m\sin 2\alpha}{2(m\sin^2\alpha + M)}g \tag{e}$$

② 求水平支承面对三角柱体的铅直反力 $\vec{R}$ 。

再取整个质点系为研究对象，应用动量定理的微分形式，并投影到 y 轴上，则

$$\frac{dp_y}{dt} = \sum F_y^{(e)}$$

其中
$$p_y = mv_{Ay} + Mv_{By} = m\ (-v_r\sin\alpha)\ +0 = -mv_r\sin\alpha$$

故得
$$-ma_r\sin\alpha = R - mg - Mg$$

$$R = (m+M)\ g - ma_r\sin\alpha$$

将（c）、(e）式代入上式可得：

$$R = (m+M)g - \frac{m+M}{1+\dfrac{M}{m\sin^2\alpha}}g$$

将式（a）积分可求当物体 A 沿斜边相对柱体 B 滑下距离 l 时，柱体 B 移动的距离 d，读者可自己计算。

从上面的例子可以得出，应用动量定理解题步骤如下。

① 选取研究对象。根据题目给出的已知条件和待求量，选取适当的质点或质点系作为研究对象。

② 分析研究对象上所受的力并画受力图（其方法与静力学相同)。

③ 分析运动。分析题目所涉及的运动量，并计算出动量。

④ 根据已知量与未知量，确定所选定理，列出其投影式。若独立方程数目少于未知数目时，需要建立补充方程。

⑤ 解方程。

10.4　质心运动定理

10.4.1　质心运动定理

由 $\vec{p} = M\vec{v}_c$ ，质点系动量定理的微分形式可写成：

$$\frac{d}{dt}(M\vec{v}_c) = \sum \vec{F}_i^{(e)}$$

对于不变质点系，上式可写为：

$$M\frac{d\vec{v}_c}{dt} = \sum \vec{F}_i^{(e)}$$

式中 $\frac{d\vec{v}_c}{dt} = \vec{a}_c$，为质心的加速度，于是得：

$$M\vec{a}_c = \sum \vec{F}_i^{(e)} \tag{10-15}$$

这就是质心运动定理。它表明：质点系的质量与其质心加速度的乘积等于作用在质点系上外力的矢量和。

把式（10-15）和质点的动力学基本方程 $m\vec{a} = \sum \vec{F}$ 相比较，可以看出它们在形式上相似，因此，质心运动定理也可以叙述为：质点系质心的运动，可以看成一个质点的运动，假想在此质点上集中了整个质点系的质量，作用于质点系的全部外力也都集中在这一点。

质心运动定理是矢量式，在应用时取投影形式。

质心运动定理在直角坐标轴上的投影式为：

$$\left.\begin{aligned} Ma_{cx} &= \sum F_x^{(e)} \\ Ma_{cy} &= \sum F_y^{(e)} \\ Ma_{cz} &= \sum F_z^{(e)} \end{aligned}\right\} \tag{10-16}$$

质心运动定理在自然轴上的投影式为：

$$\left.\begin{aligned} \frac{Mv_c^2}{\rho} &= \sum F_n^{(e)} \\ M\frac{dv_c}{dt} &= \sum F_\tau^{(e)} \\ O &= \sum F_b^{(e)} \end{aligned}\right\} \tag{10-17}$$

运用质心运动定理研究物体的运动时有着明显的力学意义。当物体平动时，各点的运动与质心的运动完全相同，因而质心运动定理就完全决定了该物体的运动。当物体作复杂运动时，可将它的运动分解为随同质心的平动和绕质心的转动，而平动部分可以用质心运动定理来解决。

质心运动定理公式（10-15）中不包含内力，这说明质心的运动不受内力的影响，只有外力才能改变质心的运动。例如，汽车运动时，发动机汽缸内的气体压力对整个汽车来说只是内力，它不能直接使汽车由静止开始运动。但是当发动机运转时，燃气压力推动汽缸内的活塞，经过一套机构，将力矩传给主动轮（一般是后轮），如（图 10-9），若车轮与地面的接触面足够粗糙，那么地面对车轮作用的静滑动摩擦力（$\vec{F}_A - \vec{F}_B$）就是使汽车的质心改变运动状态的外力。如地面光滑，或 $\vec{F}_A$ 克服不了汽车前进的阻力 $\vec{F}_B$，那么尽管发动机开动，车轮在转，也只能原地打滑。

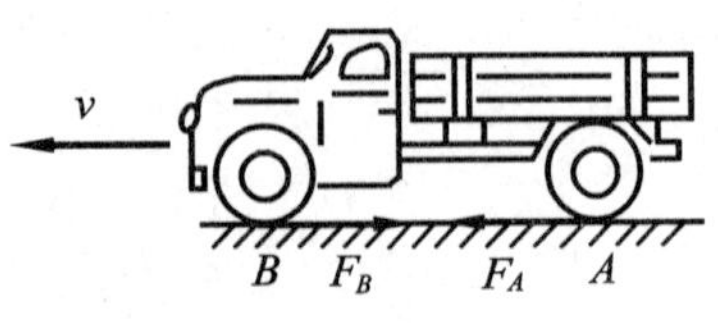

图 10-9

10.4.2　质心运动守恒定律

①如外力主矢 $\sum \vec{F}_i^{(e)}=0$，由式（10－15）得 $\vec{a}_c=0$ 或 $\vec{v}_c=$ 常矢量。即当作用于质点系的外力主矢始终等于零时，则质心保持静止或匀速直线运动。若初瞬时质心静止，则质心的位置始终不变。

②若 $\sum \vec{F}_x^{(e)}=0$，由式（10－16）得 $a_{cx}=0$ 或 $v_{cx}=$ 常量。即当作用于质点系的所有外力在某轴上投影的代数和始终等于零，则质心的速度在该轴上的投影是常量。如初速度投影等于零，则质心在该轴上的投影坐标保持不变，即 $x_c=$ 常量。

以上结论，称为质心运动守恒定律。

例 10－3　电动机的外壳固定在水平基础上，定子质量为 m_1，转子质量为 m_2。转子的转轴通过定子的质心 O_1，但由于制造误差，转子的质心 O_2 到 O_1 的距离为 e（图 10－10）。已知转子匀速转动，角速度为 ω。求基础的反力。

解　选取整个电机为研究的质点系。这样可以不考虑使转子转动的内力；外力有定子的重力 $m_1\vec{g}$，转子的重力 $m_2\vec{g}$，基础的反力 $\vec{R}_x$、$\vec{R}_y$ 和反力偶 M。

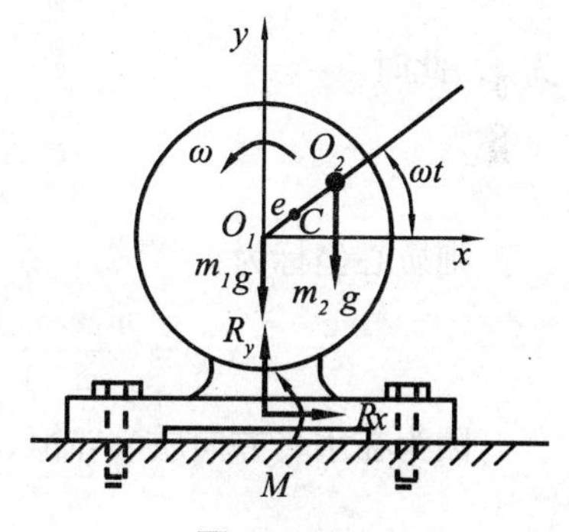

图 10－10

建立直角坐标系如图示，则质点系质心的坐标为：

$$x_c=\frac{m_1x_1+m_2x_2}{m_1+m_2}$$

$$y_c=\frac{m_1y_1+m_2y_2}{m_1+m_2}$$

其中 x_1 和 y_1 为定子质心 O_1 的坐标 $x_1=y_1=0$，x_2、y_2 为转子质心 O_2 的坐标，则 $x_2=e\cos\omega t$，$y_2=e\sin\omega t$。所以

$$\left.\begin{aligned}x_c&=\frac{m_2e\cos\omega t}{m_1+m_2}\\ y_c&=\frac{m_2e\sin\omega t}{m_1+m_2}\end{aligned}\right\}\qquad(a)$$

根据质心运动定理在直角坐标轴上的投影得：

$$(m_1+m_2)\ a_{cx}=R_x$$

$$(m_1+m_2)\ a_{cy}=R_y-m_1g-m_2g$$

（a）式求导得：

$$a_{cx}=\frac{d^2x_c}{dt^2}=-\frac{m_2e\omega^2}{m_1+m_2}\cos\omega t$$

$$a_{cy}=\frac{d^2y_c}{dt^2}=-\frac{m_2e\omega^2}{m_1+m_2}\sin\omega t$$

因此，可解得：

$$R_x=-m_2e\omega^2\cos\omega t$$

$$R_y=m_1g+m_2g-m_2e\omega^2\sin\omega t$$

可以看出，电动机的支座反力是时间的正弦和余弦函数，即大小和方向是变化的。这

种变化的作用力常成为振动的激励源，影响很大。因此，转子的平衡（消除偏心距 e）的问题，是工程中一个很重要的实际问题。

用质心运动定理只能求出 R_x、R_y，而对约束反力偶却无能为力，这可用动量矩定理解决，读者在学完下一章之后可自己求解。

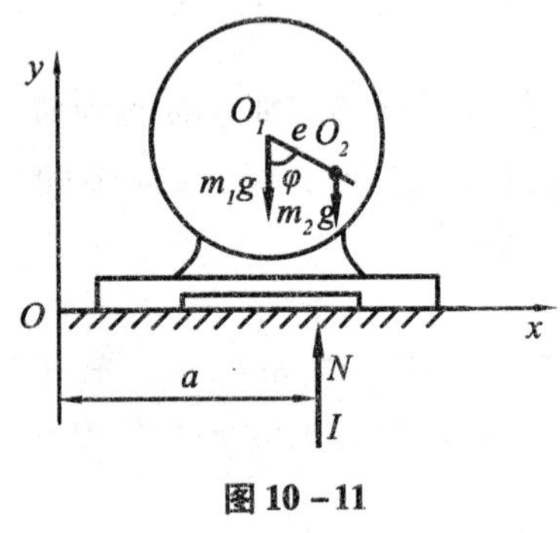

图 10-11

例 10-4 如图 10-11 所示，设例 10-3 中的电机没用螺栓固定，各处摩擦不计，求电动机外壳的运动。设定子由静止开始运动。

解 取电机定子，转子为研究的质点系。电机受到的作用力有定子和转子的重力，以及地面的法向反力。

因为 $\sum F_x^{(e)}=0$，且电机初始为静止，因此系统质心的坐标 x_c 保持不变。

建立坐标系如图示。转子在静止时，设 $x_{c1}=a$，当转子转过角度 $\varphi=\omega t$ 时，定子必定向左移动，设移动距离为 s，此时

$$x_1=a-s$$

$$x_2=x_1+e\sin\omega t=a-s+e\sin\omega t$$

则质心坐标为

$$x_{c2}=\frac{m_1x_1+m_2x_2}{m_1+m_2}=\frac{m_1(a-s)+m_2(a-s+e\sin\omega t)}{m_1+m_2}$$

因为在水平方向质心守恒，所以有 $x_{c1}=x_c$，解得：

$$s=\frac{m_2e\sin\omega t}{m_1+m_2}$$

上式表明：当转子偏心的电动机未用螺栓固定时，电机将在水平方向作简谐振动，振幅为 $m_2e/(m_1+m_2)$，频率就是转子的角速度 ω。

综合以上各例可知，应用质心运动定理解题的步骤如下。

① 分析质点系所受的全部外力，包括主动力和约束反力。

② 根据外力主矢是否等于零，确定质心运动是否守恒。

③ 如果外力主矢等于零，且质心初速度为零，则质心坐标保持不变，计算任一瞬时质心坐标和初瞬时质心坐标，令其相等，即可得到所要求的质点位移。

④ 如果外力主矢不等于零，则计算任一瞬时质心坐标，求质心的加速度，然后应用质心运动定理求未知力。若在质点系上作用的未知力，在某一方向有两个以上，则质心运动定理只能求出它们在这个方向投影的代数和。

⑤ 在外力已知时，欲求质心的运动规律，与求解质点的运动规律相同。

小　结

① 质点系的动量定理建立了质点系动量的变化与作用力的冲量的关系。

质点系的动量：

$$\vec{p} = \sum m_i \vec{v}_i = M\vec{v}_c$$

力的冲量：

$$\vec{I} = \int_0^t \vec{F}dt$$

质点系的动量定理：

$$\frac{d\vec{p}}{dt} = \sum \vec{F}^{(e)}$$

$$\vec{p}_2 - \vec{p}_1 = \sum \vec{I}^{(e)}$$

当 $\sum \vec{F}^{(e)} = 0$ 时，质点系动量守恒。

当已知质点系的运动规律时，可用动量定理求得未知的外力（主要是约束反力）；若 $\sum \vec{F}^{(e)} = 0$ 或 $\sum \vec{F}_x^{(e)} = 0$，则可根据质点系的动量守恒定律求得系统的运动。

②质心运动定理：

$$M\vec{a}_c = \sum F^{(e)}$$

质心运动守恒定律：若 $\sum \vec{F}^{(e)} = 0$，则 $\vec{a}_c = 0$ 或 $\vec{v}_c =$ 常矢量。当 $v_{c0} = 0$ 时，$\vec{r}_c =$ 常矢量，质心位置不变。若 $\sum F_x^e = 0$，则 $v_{cx} =$ 常数。当 $v_{cox} = 0$ 时，$x_c =$ 常数，而质心 x 坐标不变。

质点系的质心位置坐标公式，它表示质点系各质点质量的分布情况。

$$\vec{r}_c = \frac{\sum m_i \vec{r}_i}{M}$$

$$x_c = \frac{\sum m_i x_i}{m}, y_c = \frac{\sum m_i y_i}{m}, z_c = \frac{\sum m_i z_i}{m}$$

③动量定理与质心运动定理都是矢量形式，在应用时，用其投影形式，并注意以下几点。

A. 动量定理与质心运动定理都是由牛顿第二定律导出，故定理中的运动量如质心的坐标，速度和加速度等必须是相对于惯性参考系的（例10－3）。

B. 当计算由许多构件组成的质点系的动量时，可先用运动学的方法求得各构件质心的速度 $\vec{v}_{ci}$，再由 $\vec{p} = \sum \vec{p}_i = \sum m_i \vec{v}_{ci}$ 求出系统的总动量。并可根据矢量投影定理求得其投影值（例10－2）。

C. 应用质心运动定理计算 $M\vec{a}_c$ 时，可根据公式 $M\vec{a}_c = \sum m_i \vec{a}_i$ 求得，并用矢量投影定理，求出其投影值。这种情况多用于各构件质心的加速度容易求得的情况。也可根据 $x_c = \sum m_i x_i / M$ 计算质心的坐标，再通过求导求出质心的加速度（例10－3）。

思考题

10－1　若质点作圆周运动，其动量有无变化？

10－2　若质点系中各质点的速度都很大，试问质点系的动量是否也很大？

10－3　炮弹飞出炮膛后，如无空气阻力，质心沿抛物线运动、炮弹爆炸后，质心运动规律是否变化？若有一块碎片落地，质心运动情况又怎样？为什么？

10－4　水在直管中流动时管壁有没有动压力？为什么？

10－5　在光滑的水平面上放置一静止的圆盘，当它受一力偶作用时，如图示，盘心将如何运动？为什么？

10－6　为什么动量定理的微分形式与质心运动定理的公式可在任何轴上投影？动量定理的积分形式是否也可在自然轴上投影？为什么？

10－7　两个相同的均质圆盘，放在光滑面上，在圆盘的不同位置上，各作用一大小、方向相同的水平力 $\vec{F}$ 和 $\vec{F}'$，使圆盘同时由静止开始运动。试问哪个圆盘的质心运动得快？为什么？

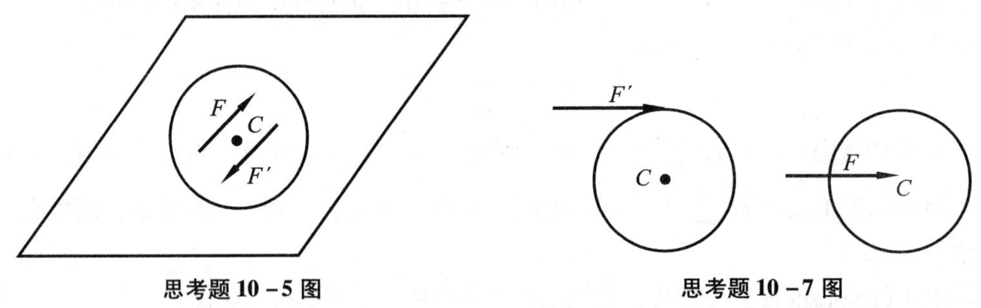

思考题 10－5 图　　思考题 10－7 图

习　题

10－1　计算下列图中各系统的动量：

图 a 中质量为 M 的圆盘，圆心具有速度 v_0 沿水平面滚动。

图 b 中非匀质圆盘以角速度 ω 绕 O 轴转动，圆盘质量为 M，质心为 C，$OC=a$。

图 c 中，设皮带及皮带轮都是均质的。轮 1、2 和皮带轮的质量分别为 m_1、m_2 和 m_3，轮 1 和 2 的半径分别为 r_1 和 r_2，且轮 1 以角速度 ω 转动。

图 d 中 AB 为均质杆，重为 Q。

图 e 中，设各物体均重 Q，C_1，C_2 及 A 分别为 OA、BD 及滑块 A 的质心，求系统的动量。

图 f 所示外啮合行星齿轮机构中，已知齿轮 1 的质量是 m_1，为均质量圆盘；两轮的半径分别是 r_1 和 r_2；曲柄是均质杆，质量是 m_0，求当曲柄角速度为 ω 时整个系统的动量。

10－2　跳伞者重 600N，自停留在高空中的直升飞机中跳出。落下 100m 后，将降落伞打开。打开伞以前的空气阻力略去不计，并设在伞张开后运动所受的阻力不变；经 5s 后，跳伞者的速度减至 4.3m/s。设伞重不计。求阻力的大小。

10－3　重 $P=150$N 的物体，在水平力 $F_1=100\sqrt{t}$ 及 $F_2=t-20$（力以 N 计，时间以 s 计）作用下，沿光滑水平面由静止开始作直线运动。求 10s 末的速度。

10－4　滑块 C 的质量 $m=19.6$kg，在力 $P=866$N 的作用下沿与水平面成倾角 $\beta=30°$

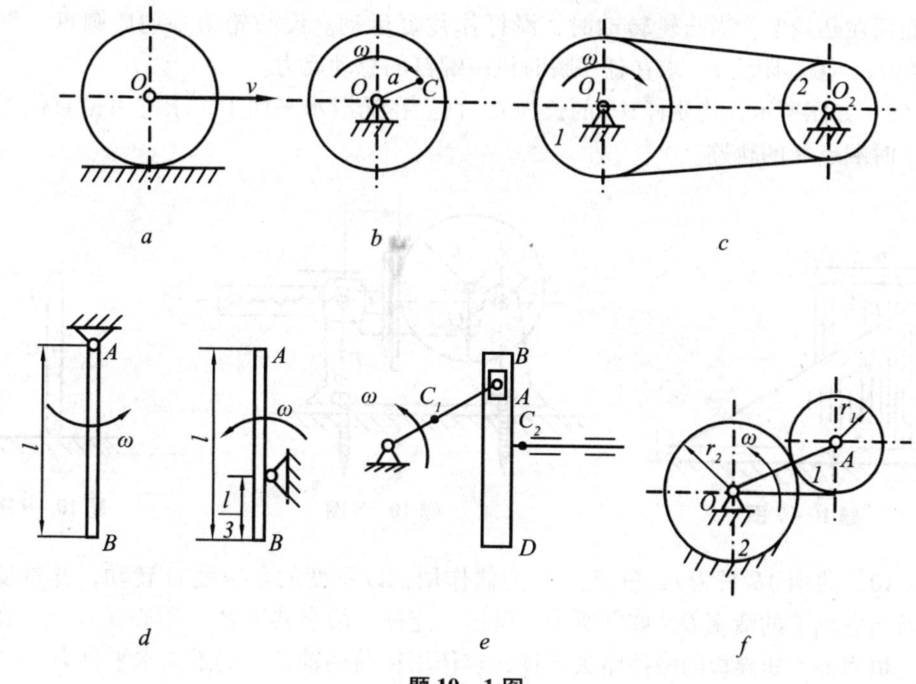

题 10－1 图

的导杆 AB 运动。已知力 $\vec{P}$ 与导杆 AB 之间的夹角 $\alpha=45°$，滑块与导杆间的动摩擦系数 $f'=0.2$，初瞬时滑块静止，试求滑块的速度增大到 $v=2\mathrm{m/s}$ 所需的时间。

10－5 设一质量 $m=10\mathrm{kg}$ 的邮包从传送带上以速度 $v_1=3\mathrm{m/s}$ 沿斜面落入一小车内，如图所示。已知车的质量 $M=50\mathrm{kg}$，原处于静止，不计车与地面的摩擦，求：(1) 邮包落入车后，小车的速度。(2) 设邮包与车厢相碰时间 $\tau=0.3\mathrm{s}$，求地面所受的平均压力。

10－6 三个重物 $P_1=20\mathrm{N}$，$P_2=15\mathrm{N}$，$P_3=10\mathrm{N}$，由一绕过两个定滑轮 M 和 N 的绳子相联接，如图所示。当重物 P_1 下降时，重物 P_2 在四角截头锥 $ABCD$ 的上面向右移动，而重物 P_3 则沿侧面 AB 上升。截头锥重 $P=100\mathrm{N}$。如略去一切摩擦和绳子的质量，求当重物 P_1 下降 1m 时，截头锥相对地面的位移。

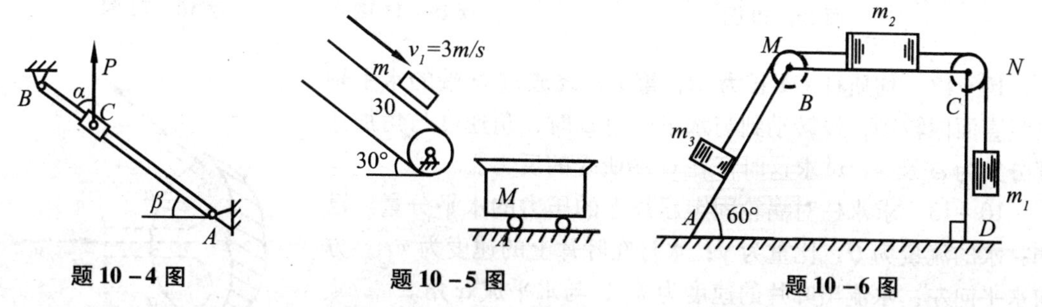

题 10－4 图　　题 10－5 图　　题 10－6 图

10－7 水平面上放一均质三棱柱 A，在此三棱柱上又放一均质三棱柱 B。两三棱柱的横截面均为直角三角形。三棱柱 A 的质量 m_A 为三棱柱 B 的质量 m_B 的三倍，其尺寸如图示，设各处摩擦不计，初始时系统静止，求当三棱柱 B 沿三棱柱 A 滑下接触到水平面时，三棱柱 A 所移动的距离 S。

10－8 图示凸轮机构中，凸轮以等角速度 ω 绕定轴 O 转动。重 P 的滑杆借右端弹簧的推压而顶在凸轮上，当凸轮转动时，滑杆作往复运动。设凸轮为一均质圆盘，重量为 Q，半径为 r，偏心距为 e。求在任一瞬时机座螺钉的总动反力。

10－9　如图所示，均质杆 AB 的长为 l，直立在光滑水平面上，求它由铅直位置无初速地倒下时端点 A 的轨迹。

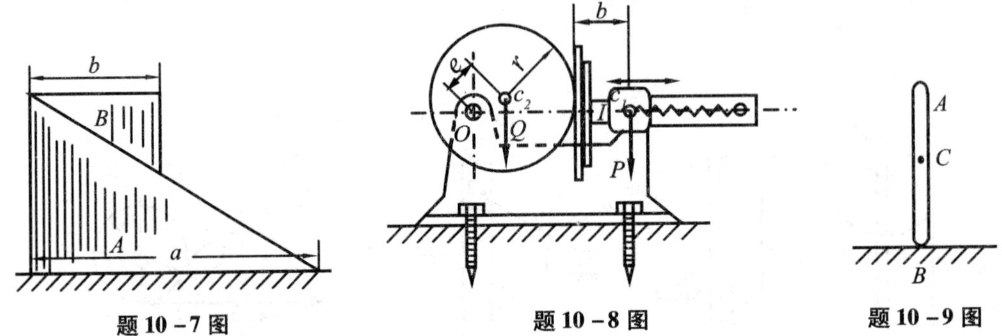

题 10－7 图　　题 10－8 图　　题 10－9 图

10－10　曲柄 AB 长为 r，重 P_1，受力偶作用，以不变的角速度 ω 转动，并带动滑槽连杆以及与它固连的活塞 D，如图所示。滑槽、连杆、活塞共重 P_2，质心在 C 点。在活塞上作用一恒力 Q。如导板的摩擦略去不计，求作用在曲柄轴 A 上的最大水平分力。

10－11　图示滑轮中两重物 A 和 B 的重量分别为 P_1 和 P_2。如 A 物的下降加速度为 $\bar{a}$，不计滑轮重量，求支座 O 的反力。

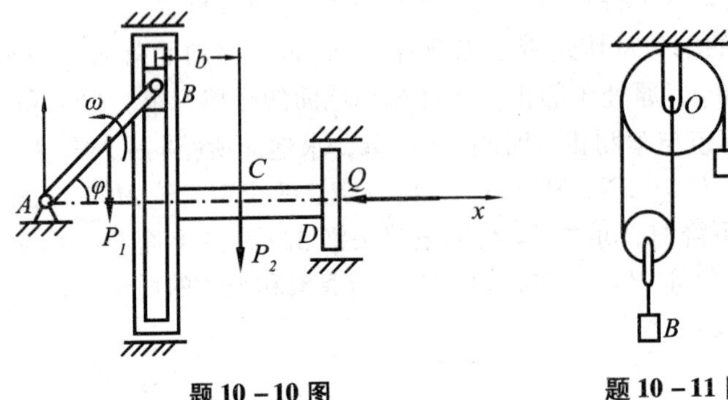

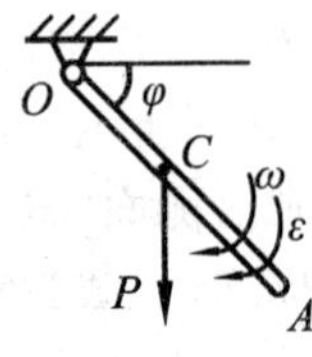

题 10－10 图　　题 10－11 图　　题 10－12 图

10－12　均质杆 OA 长为 $2l$，重 P，绕通过 O 端的水平轴在竖直面内转动，设转动到与水平成角 φ 时，角速度与角加速度分别为 ω 及 ε，试求这时杆在 O 端所受的反力。

10－13　求水柱对涡轮固定压片上的压力的水平分量。已知：水的流量为 Q，比重为 γ；水打在叶片上的速度为 $\bar{v}_1$，方向水平向左；水流出叶片的速度为 $\bar{v}_2$，与水平成 α 角。

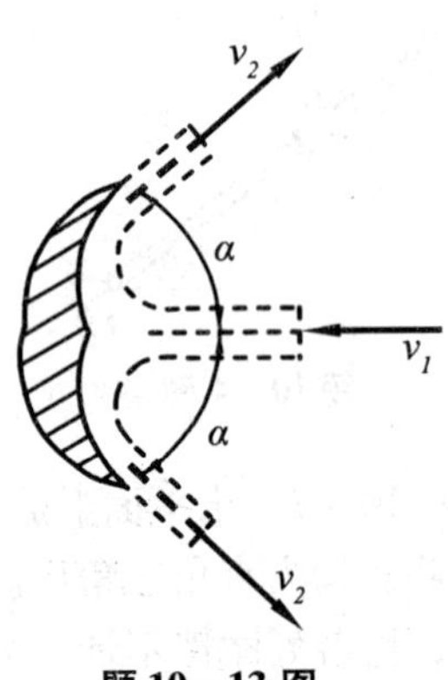

题 10－13 图

第 11 章　动量矩定理

质点系受外力系作用，由静力学知，此力系向一点的简化的结果取决于力系的主矢和主矩。由质点系动量定理或质心运动定理知，外力系的主矢引起质点系的动量或质心运动的变化，那么，外力系的主矩对质点系的运动有什么影响呢？质点系的动量矩定理将解决这个问题。

质点系的动量定理只描述质点系运动的特征之一，不能全面描述质点系的运动状态。例如，一对称的圆轮绕不动的质心转动时，无论圆轮转动的快慢如何，无论转动状态有什么变化，它的动量恒等于零。由此可见，质点系的动量不能描述质点系相对于质心的运动状态，动量定理也不能阐明这种运动的规律，而动量矩定理正是描述质点系相对于某一定点（或定轴、质心）的运动状态的理论。因此可以说，质点系的动量和动量矩是描述质点系运动两方面特征的运动量，两者相互补充，使我们对质点系的运动有一全面的了解。

本章先介绍动量矩定理，然后再讨论刚体定轴转动微分方程和平面运动的微分方程。

11.1　动量矩

11.1.1　质点的动量矩

与力对点的矩相对应，质点的动量 $m\vec{v}$ 对点也有矩。由静力学知，力 $\vec{F}$ 对点 O 的矩定义为矢径 $\vec{r}$ 与力 $\vec{F}$ 的矢积。用 $\vec{m}_O$ 表示，（图 11 - 1）即

$$\vec{m}_O = \vec{r} \times \vec{F}$$

矩矢 $\vec{m}_O$ 在 O 点，垂直于 $\vec{r}$ 与 $\vec{F}$ 所组成的平面。

类似地，质点的动量 $m\vec{v}$ 对 O 点之矩等于矢径 $\vec{r}$ 与动量 $m\vec{v}$ 的矢积。以符号 $\vec{m}_O(m\vec{v})$ 表示，即

$$\vec{m}_O(m\vec{v}) = \vec{r} \times m\vec{v} \tag{11-1}$$

质点对于点 O 的动量矩是矢量，它垂直于矢径 $\vec{r}$ 与 $m\vec{v}$ 所组成的平面，矢量的指向由右手法则确定，（图 11 - 2），它的大小为：

$$|\vec{m}_O(m\vec{v}) = mv \cdot r\sin\alpha = 2\Delta OMA$$

与力对轴的矩相对应，质点的动量 $m\vec{v}$ 对轴也有矩。质点的动量在 Oxy 平面内的投影 $(m\vec{v})_{xy}$ 对于点 O 的矩，定义为质点动量对于 z 轴的矩，简称对于 z 轴的动量矩。对轴的动

量矩是代数量（图 11－2），即

$$m_z(m\vec{v}) = m_O(m\vec{v}_{xy}) = \pm 2\Delta OMA' = x(mv_y) - y(mv_x)$$

同样，质点对于点 O 的动量矩与对 z 轴的动量矩的关系，和力对点的矩与力对轴的矩关系相似。动量 $m\vec{v}$ 对通过点 O 的任一轴的矩，等于动量对点 O 的矩矢在轴上的投影。即

$$[\vec{m}_o(m\vec{v})]_z = m_z(m\vec{v})$$

故

$$\vec{m}_O(m\vec{v}) = m_x(m\vec{v})\vec{i} + m_y(m\vec{v})\vec{j} + m_z(m\vec{v})\vec{k} \tag{11-2}$$

$$\left.\begin{aligned} m_x(m\vec{v}) &= [\vec{m}_O(m\vec{v})]_x = y(mv_z) - z(mv_y) \\ m_y(m\vec{v}) &= [\vec{m}_O(m\vec{v})]_y = z(mv_x) - x(mv_z) \\ m_z(m\vec{v}) &= [\vec{m}_O(m\vec{v})]_z = x(mv_y) - y(mv_x) \end{aligned}\right\} \tag{11-3}$$

在国际单位制中，动力矩的单位用 $kg \cdot m^2/s$ 或 $N \cdot m \cdot s$ 表示。

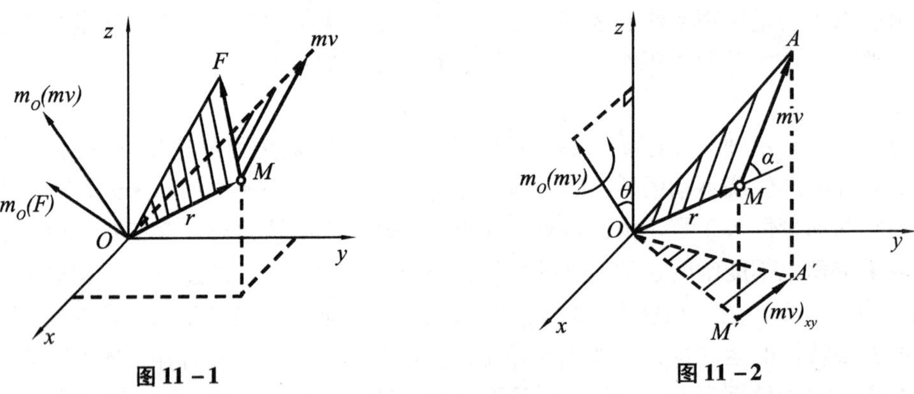

图 11－1　　　　图 11－2

11.1.2　质点系的动量矩

质点系对某点 O 的动量矩等于质点系内各质点的动量对该点的矩的矢量和。用 $\vec{L}_O$ 表示。即

$$\vec{L}_O = \sum \vec{m}_O(m_i\vec{v}_i) = \sum \vec{r}_i \times m_i\vec{v}_i \tag{11-4}$$

质点系对 z 轴的动量矩等于各质点对同一 z 轴动量矩的代数和。即

$$L_z = \sum m_z(m_i\vec{v}_i) \tag{11-5}$$

将式（11－4）投影到 z 轴上得：

$$[\vec{L}_O]_z = \sum [\vec{m}_O(m_i\vec{v}_i)]_z$$

由式（11－3）$m_z(m_i\vec{v}_i) = [\vec{m}_O(m_i\vec{v}_i)]_z$，并注意到式（11－4），得：

$$[\vec{L}_O]_z = L_z \tag{11-6}$$

即，质点系对某点 O 的动量矩矢在通过该点的 z 轴上的投影等于质点系对于该轴的动量矩。

刚体平动时，可将全部质量集中于质心，作为一个质点计算其动量矩。

11.1.3　定轴转动刚体的动量矩

刚体绕定轴转动是工程中最常见的一种运动情况。设刚体以角速度 ω 绕固定轴 z 轴转

动（图 11－3），刚体内任一点 M_i 的质量为 m_i，转动半径为 r_i，则

$$L_z = \sum m_z(m_i\vec{v}_i) = \sum m_i v_i r_i$$
$$= \sum m_i(\omega r_i) r_i = \omega \sum m_i {r_i}^2$$

令 $\sum m_i {r_i}^2 = J_2$，称为刚体对 z 轴的转动惯量。则得

$$L_z = J_z\omega \tag{11-7}$$

即绕定轴转动刚体对其转轴的动量矩等于刚体对转轴的转动惯量与转动角速度的乘积。

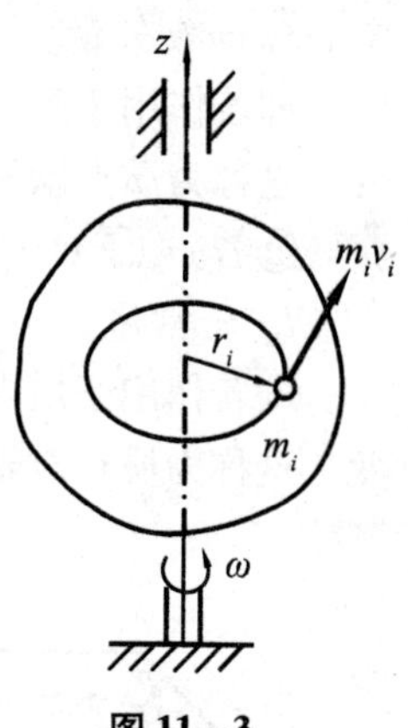

图 11－3

11.2　动量矩定理

11.2.1　质点的动量矩定理

将质点对固定点 O 的动量矩（式 11－1）对时间求导数有：

$$\frac{d}{dt}[\vec{m}_o(m\vec{v})] = \frac{d}{dt}(\vec{r} \times m\vec{v}) = \vec{r} \times \frac{d}{dt}(m\vec{v}) + \frac{d\vec{r}}{dt} \times m\vec{v}$$

上式右端第二项

$$\frac{d\vec{r}}{dt} \times m\vec{v} = \vec{v} \times m\vec{v} = 0$$

根据质点动量定理 $\frac{d}{dt}(m\vec{v}) = \vec{F}$，上式改写为：

$$\frac{d}{dt}[\vec{m}_O(m\vec{v})] = \vec{r} \times \vec{F}$$

即

$$\frac{d}{dt}[\vec{m}_O(m\vec{v})] = \vec{m}_O(\vec{F}) \tag{11-8}$$

上式即为质点的动量矩定理：质点对某定点的动量矩对时间的导数，等于作用于质点的力对该点的矩。

将式（11－8）在各固定坐标轴上投影，考虑矢量对点之矩与通过该点轴之矩的关系，可得

$$\left.\begin{aligned} \frac{d}{dt}m_x(m\vec{v}) &= m_x(\vec{F}) \\ \frac{d}{dt}m_y(m\vec{v}) &= m_y(\vec{F}) \\ \frac{d}{dt}m_z(m\vec{v}) &= m_z(\vec{F}) \end{aligned}\right\} \tag{11-9}$$

这就是质点对固定轴的动量矩定理：质点对某固定轴的动量矩对时间的导数，等于作用在质点上的力对同一轴之矩。

11.2.2　质点动量矩守恒定律

①若 $\vec{m}_O(\vec{F}) = 0$，则由式（11－8）知

$\vec{L}_0$ = 常矢量。

即若作用于质点的力对某点的矩始终等于零，则质点对此点动量矩的大小和方向都不变。这称为质点动量矩守恒定律。

②若 $m_z(\vec{F}) = 0$，则由式（11－9）知

L_z = 常量。

即若作用于质点的力对某轴的矩始终等于零，则质点对此轴动量矩的大小和方向都不变。这称为质点对轴的动量矩守恒定律。

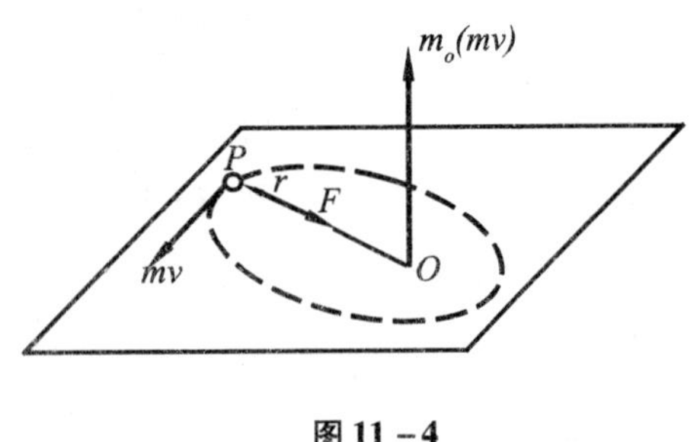

图 11－4

如果作用在质点上的力的作用线始终通过某固定点 O，这种力称为有心力，O 点称为力心。如太阳对行星的引力和地球对于人造卫星的引力就是有心力的例子。若质点 M 在力心为 O 的有心力 $\vec{F}$ 作用下运动，则显然有 $m_z(\vec{F})=0$（图 11－4），根据动量矩守恒定律得：

$$\vec{m}_O(m\vec{v}) = \vec{r}\times m\vec{v} = \text{常矢量}。$$

由此可得在有心力作用下质点运动的两个特点。

① $\vec{m}_O(m\vec{v})$ 垂直于 $\vec{r}$ 与 $m\vec{v}$ 所在的平面。显然 $\vec{m}_O(m\vec{v})$ 是恒矢量，方向始终不变，那么 $\vec{r}$ 和 $m\vec{v}$ 始终在一个平面内，因此，质点在有心力作用下运动的轨迹是平面曲线。

② 点 O 的动量矩的大小不变，即

$$|\vec{m}_O(m\vec{v})| = mvh = \text{常矢量}$$

其中 h 是 O 点到动量矢 $m\vec{v}$ 的垂直距离。

例 11－1 如图 11－5 所示，试求单摆的运动规律。重为 mg 的摆锤，系在不可伸长的软绳上。设绳长为 l。

解 取摆锤为研究的质点，它受的力有：重力 $m\vec{g}$，绳子的拉力 $\vec{T}$。

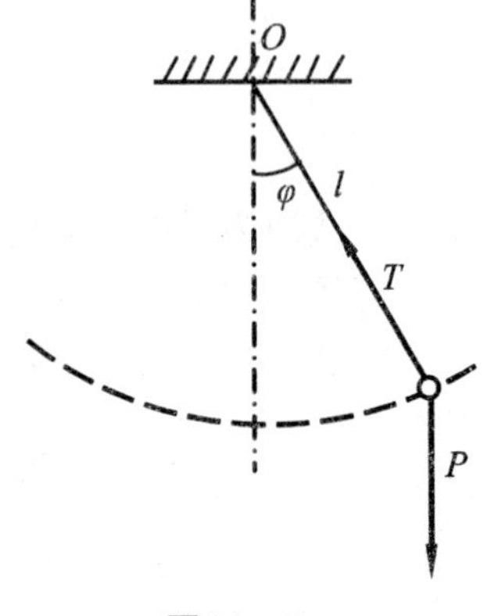

图 11－5

取通过 O 点垂直于图面的轴，并取 φ 角逆时针方向为正，则重力对 O 点之矩为负。应用质点对该轴动量矩定理（11－9）得

$$\frac{d}{dt}m_O(m\vec{v}) = m_O(\vec{F}) \qquad \text{(a)}$$

因 $$m_O(m\vec{v}) = \frac{p}{g}vl = \frac{p}{g}l^2\frac{d\varphi}{dt}$$

$$m_O(\vec{F}) = -mgl\sin\varphi$$

代入（a）式得：

$$\frac{d^2\varphi}{dt^2} + \frac{g}{l}\sin\varphi = 0$$

当单摆作微小摆动时，$\sin\varphi\approx\varphi$，因此上式为：

$$\frac{d^2\varphi}{dt^2} + \frac{g}{l}\varphi = 0$$

解此微分方程，得单摆作微小摆动时的运动方程为：

$$\varphi = \varphi_O \sin\left(\sqrt{\frac{g}{l}} \cdot t + \alpha\right)$$

式中 φ_O 为角振幅，α 为初位相，由初始条件确定，其周期为：

$$T = 2\pi\sqrt{\frac{l}{g}}$$

这种周期与初始条件无关的性质，称为等时性。

11.2.3　质点系的动量矩定理

设质点系由 n 个质点组成，作用于每个质点的力分为内力 $\vec{F}_i^{(i)}$ 和外力 $\vec{F}_i^{(e)}$，则对其中任一质点 m_i 应用质点动量矩定理有：

$$\frac{d}{dt}\vec{m}_O(m_i\vec{v}_i) = \vec{m}_O(\vec{F}_i^{(i)}) + \vec{m}_O(\vec{F}_i^{(e)}) \quad (i = 1, 2\cdots, \mathrm{n})$$

将所有的 n 个方程相加得：

$$\sum \frac{d}{dt}\vec{m}_O(m_i\vec{v}_i) = \sum \vec{m}_O(\vec{F}_i^{(i)}) + \sum \vec{m}_O(\vec{F}_i^{(e)}) \quad (i = 1, 2\cdots, \mathrm{n})$$

由于内力有等值、反向、共线的性质，所以内力的主矩为：

$$\sum \vec{m}_O(\vec{F}_i^{(i)}) = 0$$

上式左端：

$$\sum \frac{d}{dt}\vec{m}_O(m_i\vec{v}_i) = \frac{d}{dt}\sum \vec{m}_O(m_i\vec{v}_i) = \frac{d\vec{L}_O}{dt}$$

故得

$$\frac{d\vec{L}_O}{dt} = \sum \vec{m}_O(\vec{F}_i^{(e)}) = \vec{M}_O^{(e)} \tag{11-10}$$

此式为质点系动量矩定理：质点系对某固定点的动量矩对时间的导数，等于作用于质点系的外力对同一点的矩。

将式（11－10）投影到固定坐标轴上，可得质点系对轴的动量矩定理，即

$$\left.\begin{aligned} \frac{dL_x}{dt} &= \sum m_x(\vec{F}^{(e)}) \\ \frac{dL_y}{dt} &= \sum m_y(\vec{F}^{(e)}) \\ \frac{dL_z}{dt} &= \sum m_z(\vec{F}^{(e)}) \end{aligned}\right\} \tag{11-11}$$

即，质点系对某固定轴的动量矩对时间的导数等于作用于该质系所有外力对同一轴之矩的代数和。

质点系动量矩定理不包含内力，说明内力不能改变其动量矩，只有外力才能改变质点系的动量矩，但内力可以改变质点系内各质点的动量矩，起着传递的作用。

11.2.4　质点系动量矩守恒定律

① 若 $\sum m_z(\vec{F}^{(e)}) = 0$，则由式（11－10）得，$\vec{L}_O$ = 常矢量。

即若作用于质点系的外力对某固定点的主矩始终等于零，则质点系对该点的动量矩矢

的大小和方向都保持不变。这就是质点系对固定点的动量矩守恒定律。

②若 $\sum m_z(\vec{F}^{(e)}) = 0$，则由式（11－11）得，$L_z$ = 常量。

即若作用于质点系的外力对某固定轴之矩的代数和始终等于零，则质点系对该轴的动量矩保持不变。这就是质点系对固定轴的动量矩守恒定律。

必须指出，上述动量矩定理的表达式只适用于对固定点或固定轴。对于一般的动点或动轴，其动量矩定理有更复杂的表达式，本书不讨论这类问题。

例 11－2 图 11－6 所示机构中，水平杆 AB 固连于铅直转轴。杆 AC 和 BD 的一端各用铰链与 AB 杆相连，另一端各系重 P 的球 C 和 D。开始时两球用绳相连，杆 AC 和 CD 处于铅直位置，机构以角速度 ω_0 绕 z 轴转动。在某瞬时绳被拉断，两球因而分离，经过一段时间又达到稳定运转，此时杆 AC 和 BD 各与铅直线成 α 角（图 11－6b）。设杆重均略去不计，试求这时机构的角速度 ω。

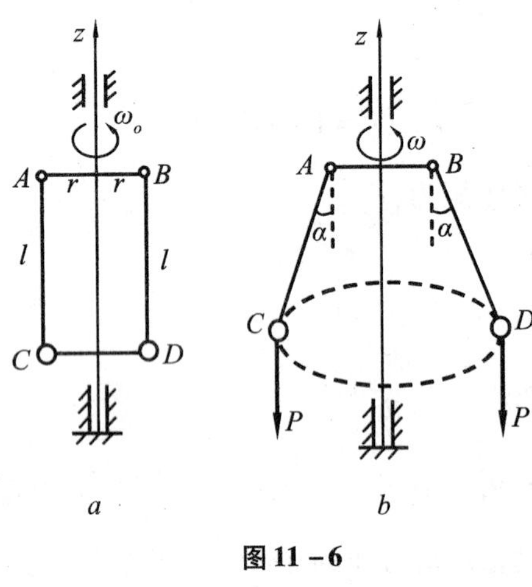

图 11－6

解 取杆和球一起组成的系统为研究对象，所受外力为球的重力和轴承反力。这些力对 z 轴之矩都等于零，所以系统对 z 轴的动量矩守恒。

开始时，系统的动量矩为：

$$L_{z1} = 2\frac{p}{g}v_O r = 2r^2\omega_O\frac{P}{g}$$

最后稳定运转时，系统的动量矩为：

$$L_{z2} = 2\frac{p}{g}v(r + l\sin\alpha) = 2(r + l\sin\alpha)^2\omega\frac{p}{g}$$

因为 $$L_{z1} = L_{z2}$$

即 $$2(r + l\sin\alpha)^2\omega\frac{p}{g} = 2r^2\omega_O\frac{P}{g}$$

于是得：

$$\omega = \frac{r^2}{(r + l\sin a)^2}\omega_O$$

例 11－3 如图 11－7 所示，手柄 AB 上施加转矩 M_O，并通过鼓轮 D 来使物体 C 移动。已知鼓轮可看成匀质圆柱，半径为 r，重量为 $\vec{p}_1$，物体 C 的重量为 $\vec{p}_2$，它与水平面间的动摩擦系数是 f'。手柄、转轴和绳索的质量以及轴承摩擦都可忽略不计，试求物体 C 的加速度。

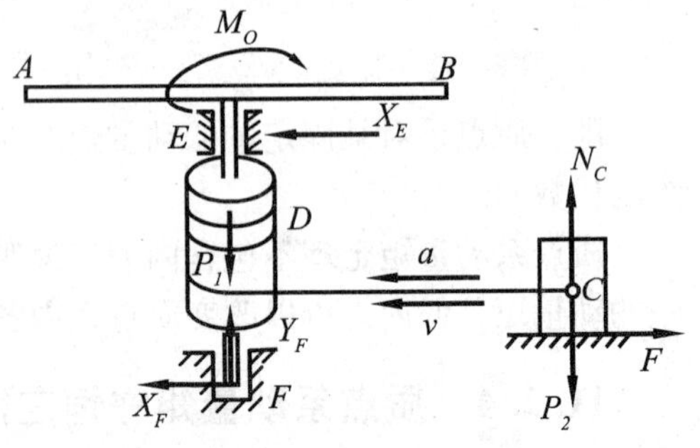

图 11－7

解 选取整个系统为研究的质点系。质点系对通过 z 轴的动量矩为：

$$L_z = \left(\frac{1}{2}\frac{P_1}{g}r^2\right)\omega + \frac{P_2}{g}r^2\omega = \frac{r^2\omega}{2g}(P_1 + 2P_2)$$

作用于质点系的外力除力偶 M_O，重力 $\vec{p}_1$ 和 $\vec{p}_2$ 外，还有 E、F 处的约束反力 $\vec{X}_E$ 和 $\vec{X}_F$、$\vec{Y}_F$，以及支承面对物体 C 的反力 $\vec{N}_C$ 和摩擦力 $\vec{F}$。这些力对 z 轴的动量矩为：

$$M_z^{(e)} = M_O - Fr = M_O - f'P_2 r$$

应用动量矩定理有：

$$\frac{dL_z}{dt} = M_z^{(e)}$$

即：
$$\frac{r^2\varepsilon}{2g}(P_1 + 2P_2) = M_0 - f'P_2 r$$

所以
$$a = r\varepsilon = \frac{2(m_0 - f'P_2 r)}{(P_1 + 2P_2)r}g$$

例 11－4　如图 11－8 所示，一冲击式水平水涡轮，在压力的推动下，水从叶轮外部经叶道流向内部，$\vec{v}_1$ 为水进入叶道的绝对速度，α_1 为 $\vec{v}_1$ 与叶轮外圆切线的夹角；$\vec{v}_2$ 为水流出叶道的绝对速度，α_2 为 $\vec{v}_2$ 与叶轮内圆切线的夹角；已知流经整个叶轮的体积流量为 Q，叶轮的内、外半径分别为 r_2、r_1。求水流作用于水涡轮的转矩。

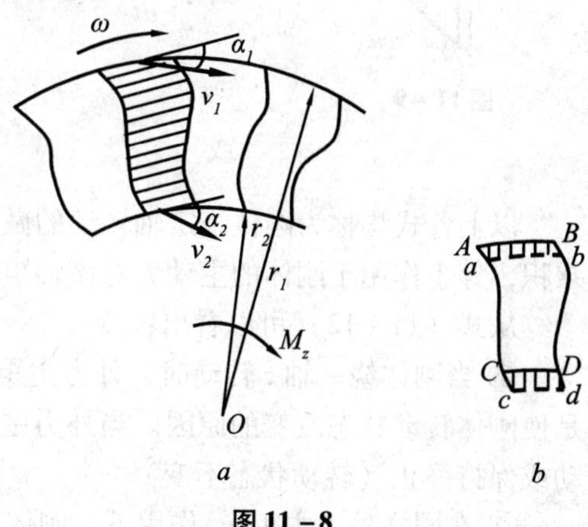

图 11－8

解　欲求水流给涡轮的转动力矩 M_z，可求涡轮的叶片给水流的反力矩 M'_z，因为二者大小相等、方向相反。

取两叶片间的流体（图中阴影部分）为研究的质点系。作用于质点系的外力有重力和叶片的约束反力，因重力平行于 z 轴，故外力主矩等于叶片给水流的约束反力对 z 轴的矩 M'_z。

设在瞬时 t，质点系占据位置 $ABCD$（图 11－8b），在瞬时 $t+dt$，质点系的位置为 $abcd$。设流体是稳定的。则动量矩的增量为：

$$dL_z = L_{abcd} - L_{ABCD} = (L_{abCD} + L_{CDcd}) - (L_{ABab} + L_{abCD}) = L_{CDcd} - L_{ABab}$$

设流体的密度为 ρ，则，

$$L_{CDcd} = \rho Q dt \cdot v_2 \cdot r_2 \cos\alpha_2$$
$$L_{ABab} = \rho Q dt \cdot v_1 \cdot r_1 \cos\alpha_1$$

代入动量矩定理 $dL_z = M_z(\vec{F}^{(e)})dt$ 得：

$$\rho Q(v_2 r_2 \cos\alpha_2 - v_1 r_1 \cos\alpha_1) = M'_z$$

水给涡轮的转动力矩 $M_z = M'_z$，方向如图示。

11.3　刚体绕定轴转动的微分方程

刚体绕定轴转动的微分方程可以由质点系动量矩定理导出。设刚体在主动力 $\vec{F}_1$、$\vec{F}_2$……$\vec{F}_n$ 和轴承反力 $\vec{N}_1$、$\vec{N}_2$ 作用下绕定轴 z 转动（图 11－9）。刚体对转轴 z 的转动惯量是 J_Z，角速度为 ω，于是刚体对于 z 轴的动量矩 $L_z = J_z\omega$。

根据质点系对 z 轴的动量矩定理有：

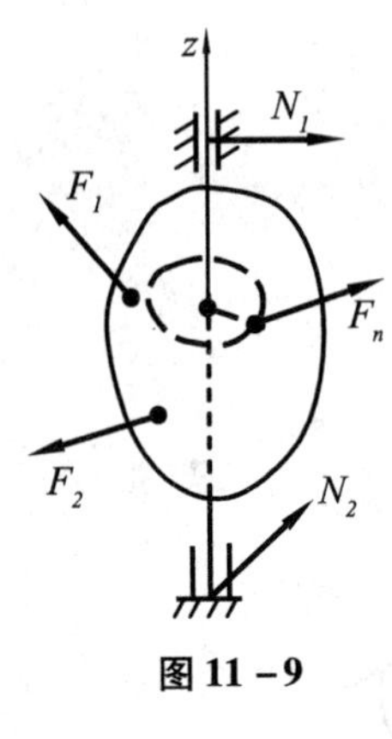

图 11-9

$$\frac{dL_z}{dt} = \sum m_z(\vec{F}_i^{(e)}) + \sum m_z(\vec{N}_i)$$

因为轴承反力 $\vec{N}_1$、$\vec{N}_2$ 对 z 轴的力矩等于零，故

$$\frac{d}{dt}(J_z\omega) = \sum m_z(\vec{F}^{(e)})$$

或

$$J_z\frac{d\omega}{dt} = \sum m_z(\vec{F}^{(e)}) \qquad [11-12\ (a)]$$

由于 $\frac{d\omega}{dt} = \varepsilon$，上式又可改写为：

$$J_z\varepsilon = \sum m_z(\vec{F}^{(e)}) \qquad [11-12\ (b)]$$

或

$$J_z\frac{d^2\varphi}{dt^2} = \sum m_z(\vec{F}^{(e)}) \qquad [11-12\ (c)]$$

以上各式均称为刚体绕定轴转动的微分方程。即刚体对转轴的转动惯量与角加速度的乘积，等于作用于刚体的主动力对该轴矩的代数和。

从式（11-12）可以看出：

① 当刚体绕一轴 z 转动时，外力主矩 m_z 越大，则角加速度 ε 越大。这表示外力主矩是使刚体转动状态改变的原因。当外力主矩 $m_z=0$ 时，角加速度 $\varepsilon=0$，因而刚体作匀速转动或保持静止（转动状态不变）。

② 在同样外力主矩 m_z 作用下，刚体的转动惯量 J_z 越大，则获得的角加速度 ε 越小，这说明刚体的转动状态变化得慢。可见，转动惯量是刚体转动时的惯性量度。这可和平动时刚体（或质点）惯性度量相比拟。转动惯量和质量都是力学中表示物体惯性大小的物理量。

③ 刚体定轴转动微分方程和质点以直线运动的微分方程在形式上相似，求解问题的方法与步骤也相似。

例 11-5 求复摆的运动规律。一个刚体，由于重力作用而自由地绕一水平轴转动（图 11-10）。称为复摆（或物理摆）。设摆的质量为 m，质心 c 到转轴 O 的距离为 a，摆对轴的转动惯量为 J_O。

解 以复摆为研究的质点系。复摆受的外力有重力 mg 和轴承的约束反力。设 φ 角以逆时针方向为正，则重力对 O 点之矩为负。应用刚体定轴转动微分方程（式 11-12c），则

$$J_O\frac{d^2\varphi}{dt^2} = -mga\sin\varphi$$

即

$$\frac{d^2\varphi}{dt^2} + \frac{mga}{I_O}\sin\varphi = 0$$

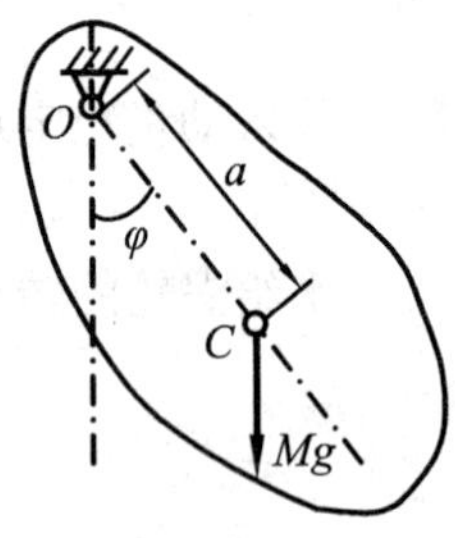

图 11-10

当摆作微幅摆动时，可取 $\sin\varphi \approx \varphi$

令 $\omega_n^2 = \frac{mga}{J_O}$，上式成为：

$$\frac{d^2\varphi}{dt^2} + \omega_n^2\varphi = 0$$

解此微分方程得：　　$\varphi = \varphi_O\sin(\omega_n \cdot t + \alpha)$

式中 φ_O 为角振幅，α 为初位相，两者均由初始条件决定。复摆的周期为：

$$T = \frac{2\pi}{\omega_n} = 2\pi\sqrt{\frac{J_O}{mga}}$$

在工程实际中常用上式，通过测定零件（如曲柄、连杆等）的摆动周期，计算其转动惯量 $J_O = \frac{T^2 mga}{4\pi^2}$。这种测量转动惯量的实验方法，称为摆动法。

例 11－6 传动轴系如图 11－11a。设轴 I 和 II 的转动惯量分别为 J_1 和 J_2，传动比 $i_{12} = \frac{R_2}{R_1} = \frac{Z_2}{Z_1}$ 今在轴 I 上作用主动力矩 M_1，轴 II 上有阻力矩 M_2，转向如图所示。设各处摩擦忽略不计，求轴 I 的角加速度。

解 分别取轴 I 和轴 II 为研究对象，它们的受力情况如图 11－11b 所示。

分别列出两轴对轴心的转动微分方程：

$$J_1\varepsilon_1 = M_1 - P'R_1$$

$$J_2\varepsilon_2 = -M_2 + PR_2$$

式中 R_1 和 R_2 分别为两啮合齿轮的节圆半径，Z_1、Z_2 分别为两齿轮的齿数。

因为 $P = P'$，$i_{12} = \frac{\varepsilon_1}{\varepsilon_2} = \frac{Z_2}{Z_1}$，于是得：$\varepsilon_1 = \frac{M_1 - \frac{M_2}{i_{12}}}{J_1 + \frac{J_2}{i_{12}}} = \frac{(M_1Z_2 - M_2Z_1)Z_2}{J_1Z_2^2 + J_2Z_1^2}$

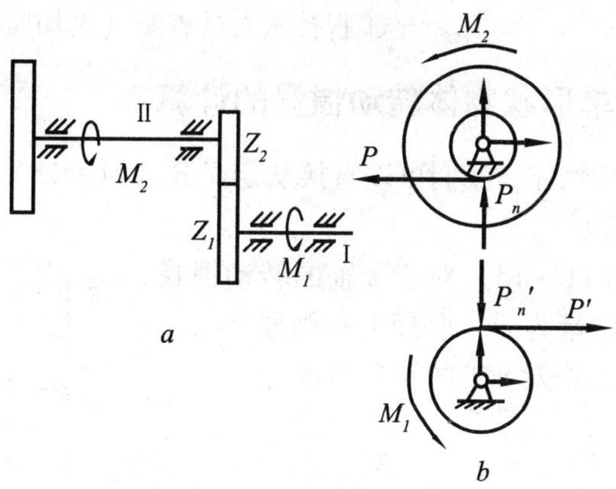

图 11－11

11.4 刚体对轴的转动惯量

11.4.1 转动惯量的定义及一般公式

前面已经讲过，物体的转动惯量是物体转动时惯性的量度，它等于刚体内各质点的质量与质点到轴的垂直距离平方的乘积之和，即

$$J_z = \sum m_i r_i^2 \tag{11-13}$$

假如物体的质量是连续分布的（刚体），则上式可用积分表示：

$$J_z = \int_{\Omega} r^2 dm \tag{11-14}$$

Ω 表示对刚体整个体积积分。

由上述可见，转动惯量的大小不仅和刚体的质量有关，而且和刚体的质量分布有关。质量相同的质点，离转轴越远，对转轴的转动惯量越大。

在工程实际中，对于频繁启动和制动的机械，例如，装卸货物的载重机构，龙门刨床的主电机等，将要求它们的转动惯量小一些。与此相反，对于要求稳定运转的机构，例如内燃机、冲床等，则要求机械的转动惯量较大，以使在外力矩变化时，可以减少转速的波动。机械设备上安装飞轮，就是为了达到这个目的。为了使飞轮的材料充分发挥作用，除必要的轮辐外，把材料的绝大部分配置在离轴较远的轮缘上（图 11－12）。

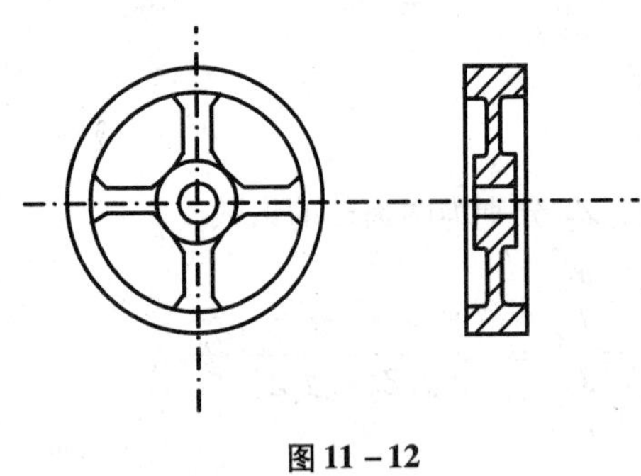

图 11－12

转动惯量的单位是千克·米^2（kg·m^2）。由于这个单位较大，有时采用千克·厘米^2（kg·cm^2）。

在实际应用中，物体的转动惯量，常用它的总质量与某一长度 ρ 的平方的乘积来计算。即

$$J_z = M \cdot \rho^2 \tag{11-15}$$

这个长度 $\rho = \sqrt{J_z/M}$ 称为物体对 z 轴的惯性半径或回转半径。在机械工程手册中列出了简单几何形状或几何形状已经标准化的零件的惯性半径，供工程技术人员查阅（见均质物体的转动惯量表）。

11.4.2 均质简单形状物体转动惯量的计算

对形状简单而规则的物体，我们可以直接从定义式（11－13）或式（11－14）出发，用积分求它们的转动惯量。

① 均质细直杆（图 11－13）对于 z 轴的转动惯量，设杆长为 l 单位长度的质量为 ρ，取杆上一微段 dx，其质量为 $m = \rho \cdot dx$，则此杆对 z 轴的转动惯量为：

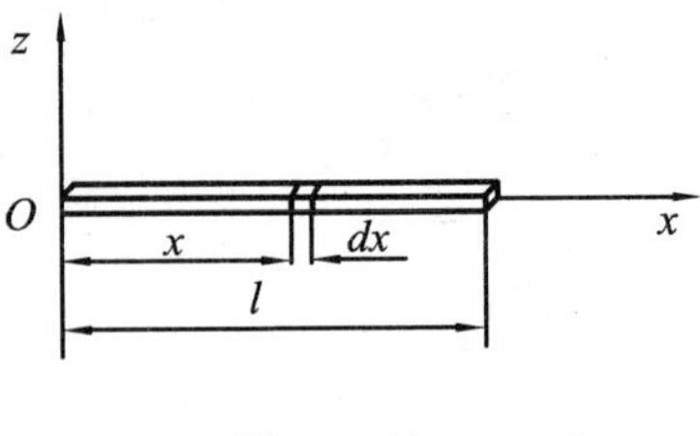

图 11－13

$$J_z = \int_0^l (\rho dx \cdot x^2) = \rho \frac{l^3}{3}$$

由于杆的质量 $M = \rho l$，因此

$$J_z = \frac{1}{3} M l^2$$

② 均质薄圆环（图 11－14）对于中心轴的转动惯量

设圆环质量为 M，半径为 R，将圆环沿圆周分成许多微段，设每段的质量为 m_i，由于这些微段到 z 轴的距离都等于 R。因此，圆环对 z 轴的转动惯量为：

$$J_z = \sum m_i R_i^2 = (\sum m_i) R^2 = MR^2$$

③ 均质圆盘（图 11－15）对中心轴的转动惯量

设圆盘半径为 R，质量为 M。将圆盘分成无数细圆环，其中任一半径为 r，宽度为 dr 的圆环，质量为：

$$m_i = 2\pi r_i \cdot dr_i \cdot \rho$$

其中$\rho = M/(\pi R^2)$，为均质圆盘的单位面积质量。于是

$$J_z = \int_0^R r^2 2\pi r\rho dr = 2\pi\rho\int_0^R r^3 dr = \frac{\rho\pi}{2}R^4$$

因为$\rho\pi R^2 = M$，故

$$J_z = \frac{1}{2}MR^2$$

一些常见的均质物体转动惯量的计算公式已在手册中列成表格，本节表 11－1 就是从中摘出的一部分。同一物体对不同转轴的转动惯量往往是不同的，表中为了注明转轴，在符号 J 后加了下标。

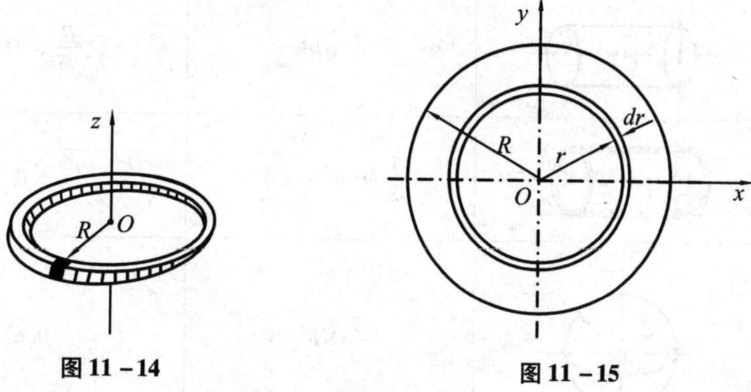

图 11－14　　　图 11－15

11.4.3　平行轴定理

从转动惯量的定义不难看出，同一刚体对不同轴的转动惯量是不相等的。转动惯量的平行轴定理说明了刚体对相对平行的两轴的转动惯量之间的关系，定理叙述如下：刚体对某一轴 z 的转动惯量，等于它对通过质心 C 并与 z 轴平行的轴的转动惯量，加上刚体质量 M 与两轴距离 d 的平方的乘积（图 11－16）。

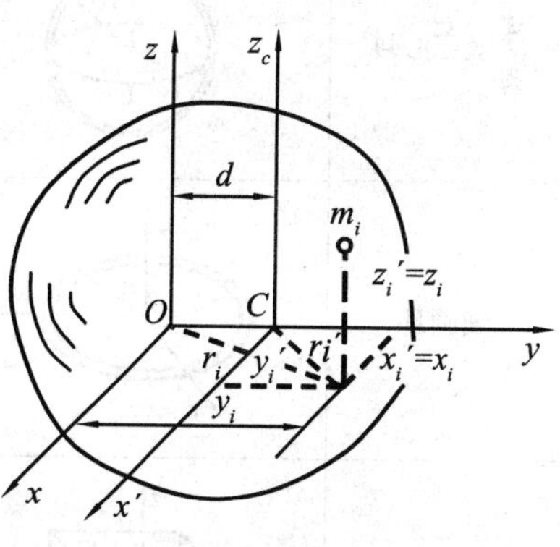

图 11－16

即

$$J_z = J_{zc} + Md^2 \qquad (11-16)$$

证明　作直角坐标系 $Oxyz$，以及与之平行的质心坐标系 $Ox_cy_cz_c$，并设 Oy 轴与 Cy_c 轴重合，则物体中任一点的坐标为：

$$x'_i = x_i,\ y_i = y'_i + d$$

$$J_z = \sum m_i r_i^2 = \sum m_i(x_i^2 + y_i^2)$$

$$= \sum m_i(x'^2_i + y'^2_i + 2'_i d + d^2)$$

$$= \sum m_i(x'^2_i + y'^2_i) + 2d\sum m_i y'_i + d^2\sum m_i$$

表　均质物体的转动惯量

物体形状	简　　图	转动惯量 J_z	回转半径 ρ_z
细直杆		$\frac{1}{12}M\rho^2$	$\frac{p}{2\sqrt{3}}l = 0.289l$
薄圆板		$\frac{1}{2}MR^2$	$0.5R$
圆　柱		$\frac{1}{2}MR^2$	$\frac{R}{\sqrt{2}} = 0.707R$
空心圆柱		$\frac{1}{2}M(R^2 - r^2)$	$\sqrt{\frac{R^2 - r^2}{2}} = 0.707\sqrt{R^2 - r^2}$
实心球		$\frac{2}{5}MR^2$	$0.632R$
薄壁空心球		$\frac{2}{3}MR^2$	$\sqrt{\frac{2}{3}}R = 0.816R$
细圆环		MR^2	R
矩形六面体		$\frac{1}{12}M(a^2 + b^2)$	$\sqrt{\frac{a^2 - b^2}{12}} = 0.289\sqrt{a^2 - b^2}$

因 $Cx_cy_cz_c$ 坐标系的原点为质心 C，故

$$\sum m_iy'_i = My_c = 0$$

又因 $\sum m_i = M$，表示刚体的质量，故

$$J_z = \sum m_i r'^2_i + Md^2$$

$$J_z = J_{zc} + Md^2$$

例如均质细直杆对通过端点并与杆垂直的 z 轴的转动惯量为 $J_z = Ml^2/3$ 。则此杆对通过质心 C 并与 z 轴平行的轴的转动惯量为：

$$J_{zc} = J_z - Md^2 = \frac{Ml^2}{3} - M\left(\frac{l}{2}\right)^2 = \frac{1}{12}Ml^2$$

通常求简单形状物体的转动惯量可直接查表。对形状、结构比较复杂的物体，可先把它分成几个简单形体，求得这些简单形体的转动惯量后再进行适当加减，即可求得原物体的转动惯量。

例 11－7　钟摆简化如图 11－17 所示。已知均质细杆和均质圆盘的质量分别为 m_1 和 m_2，杆长为 l，圆盘直径为 d。求摆对于通过悬挂点 O 的水平轴的转动惯量。

解　摆对于水平轴 O 的转动惯量

$$J_O = J_{O杆} + J_{O盘}$$

式中

$$J_{O杆} = \frac{1}{3}m_1 l^2$$

设 J_C 为圆盘对于中心 C 的转动惯量，则

$$J_{O盘} = J_C + m_2\left(l + \frac{d}{2}\right)^2$$

$$= \frac{1}{2}m_2\left(\frac{d}{2}\right)^2 + m_2\left(l + \frac{d}{2}\right)^2$$

$$= m_2\left(\frac{3}{8}d^2 + l^2 + ld\right)$$

于是得

$$J_O = \frac{1}{3}m_1 l^2 + m_2\left(\frac{3}{8}d^2 + l^2 + ld\right)$$

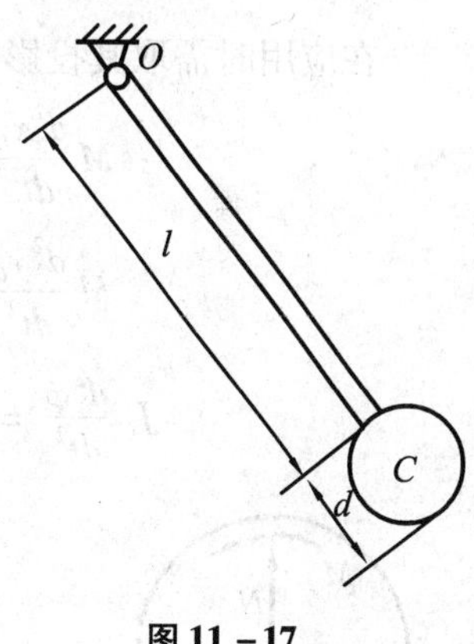

图 11－17

11.5　刚体平面运动微分方程

质点系动量矩定理仅适用于惯性参考系，对于非惯性参考系，一般不成立。但是，如果以质心为原点，建立一随质心平动的参考系，虽然此参考系是非惯性系，但质点系在相对于质心的运动中，对质心的动量矩的变化率与外力系主矩的关系与在惯性坐标系中完全相同。称之为质点系对质心的动量矩定理，即 $\frac{dl_c}{dt} = \sum M_c^e$ 。

由运动学知道，刚体的平面运动可以分解为随基点的平动和绕基点的转动。在动力学中，常取质心 C 为基点（图 11－18），它的坐标为 x_c、y_c ，刚体上的任一线段 CD 与 x 轴夹角为 φ ，则刚体的位置由 x_c、y_c 和 φ 确定，刚体的运动分解为随质心的平动和绕质心的转动两部分。

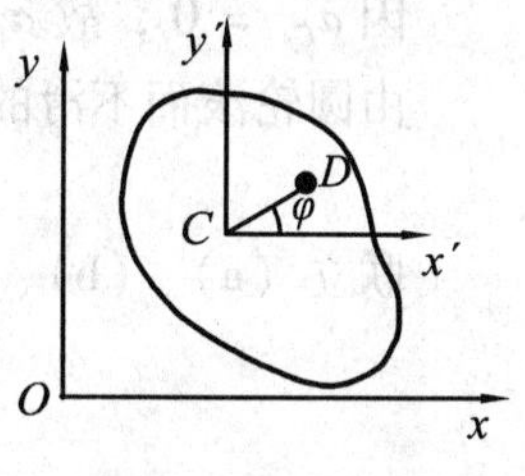

图 11－18

图 11－18 中 $Cx'y'$为固连于质心 C 的平动参考系，平面运动刚体相对于此动系的运动是绕质心 C 的转动，则刚体对质心 c 的动量矩为 $L_C = J_C \cdot \omega$ 。

如果刚体上作用的外力系可以向质心所在平面简化为一个平面任意力系，则在该平面力系作用下，刚体随质心的平动部分可运用质心运动定理，相对质心的转动部分可运用相对于质心的动量矩定理来确定，从而得到刚体平面运动微分方程。

$$\left.\begin{aligned} M\vec{a}_C &= \sum \vec{F}^{(e)} \\ J_C\varepsilon &= \sum m_c(\vec{F}^{(e)}) \end{aligned}\right\} \tag{11-17}$$

或

$$\left.\begin{aligned} M\frac{d^2\vec{r}_C}{dt^2} &= \sum \vec{F}^{(e)} \\ J_C\frac{d^2\varphi}{dt^2} &= \sum m_C(\vec{F}^{(e)}) \end{aligned}\right\} \tag{11-18}$$

在应用时需取其投影式：

$$\left.\begin{aligned} M\frac{d^2x_C}{dt^2} &= \sum X^{(e)} \\ M\frac{d^2y_C}{dt^2} &= \sum Y^{(e)} \\ J_C\frac{d^2\varphi}{dt^2} &= \sum m_C(\vec{F}^{(e)}) \end{aligned}\right\} \quad 或 \quad \left.\begin{aligned} M\frac{v_C^2}{\rho} &= \sum F_n^{(e)} \\ M\frac{dv_C}{dt} &= \sum F_\tau^{(e)} \\ J_C\frac{d^2\varphi}{dt^2} &= \sum m_C(\vec{F}^{(e)}) \end{aligned}\right\} \tag{11-19}$$

下面举例说明刚体平面运动微分方程的应用。

例 11－8 半径为 r，重为 P 的均质圆轮沿水平直线滚动（图 11－19）。设轮的惯性半径为ρ，作用于圆轮的力偶矩为 M 。求轮心的加速度。如果圆轮对地面的静滑动摩擦系数为 f，问力偶矩 M 必须符合什么条件方不致使圆轮滑动？

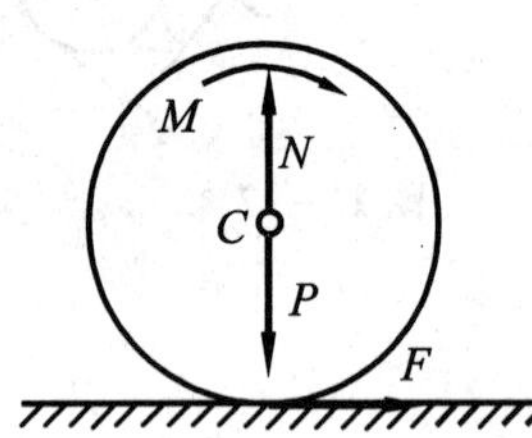

图 11－19

解 以轮为研究对象，轮作平面运动，受力如图示。则根据刚体平面运动微分方程可得：

$$\frac{P}{g}a_{Cx} = F \tag{a}$$

$$\frac{P}{g}a_{Cy} = N - P \tag{b}$$

$$\frac{P}{g}\rho^2\varepsilon = M - F \cdot r \tag{c}$$

因 $a_{Cy} = 0$ ，故 $a_{Cx} = a_C$ 。

由圆轮滚而不滑的条件可得如下补充方程：

$$a_c = r\varepsilon \tag{d}$$

联立（a）、（b）、（c）、（d）求解得：

$$F = \frac{P}{g}r\varepsilon \quad N = P$$

$$\varepsilon = \frac{Mg}{P(\rho^2 + r^2)}$$

$$M = \frac{F(r^2 + \rho^2)}{r}$$

欲使圆轮只滚不滑，还要满足 $F \leqslant fN$，故得圆轮只滚不滑的条件为：

$$M \leqslant fP\frac{r^2 + \rho^2}{r}$$

例 11－8　均质圆轮半径为 r，质量为 m，受到轻微扰动后，在半径为 R 的圆弧上往复滚动，如图 11－20 所示。设表面足够粗糙，使圆轮在滚动时无滑动。求质心 C 的运动规律。

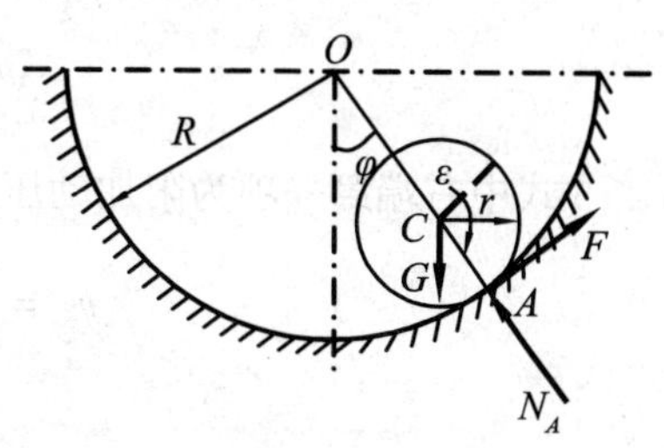

图 11－20

解　圆轮在曲面上作平面运动，受到外力有重力 $G = mg$，圆弧表面的法向反力 N 和摩擦力 F。

设 φ 角以逆时针为正，取切线轴的正向如图，并设圆轮以顺时针转动为正，则图示瞬时刚体平面运动微分方程在自然轴上的投影式为：

$$ma_c^\tau = F - mg\sin\varphi \tag{a}$$

$$m\frac{v_c^2}{R - r} = N - mg\cos\varphi \tag{b}$$

$$J_c\varepsilon = -F \cdot r \tag{c}$$

由运动学知，当圆轮只滚不滑时，角加速度大小为：

$$\varepsilon = \frac{a_c^\tau}{r} \tag{d}$$

取 S 为质心的弧坐标，由图 11－20 知：

$$S = (R - r)\varphi$$

注意到 $a_c^\tau = \dfrac{d^2s}{dt^2}$，$J_c = \dfrac{1}{2}mr^2$ 当 φ 很小时 $\sin\varphi \approx \varphi$，

联立式（a），（c），（d）求得：

$$\frac{3}{2}\frac{d^2s}{dt^2} + \frac{g}{(R - r)}s = 0$$

令 $\omega_n^2 = \dfrac{2g}{3(R - r)}$，则上式成为：

$$\frac{d^2s}{dt^2} + \omega_n^2 s = 0$$

此方程的解为：

$$S = S_0\sin(\omega_n t + \alpha)$$

式中 S_O 和 α 为两个常数，由运动初始条件确定。

如 $t = 0$ 时，$S = 0$，初速度为 v_O 于是：

$$0 = S_O\sin\alpha$$

$$v_0 = S_0\omega_n\cos\alpha$$

解得：

$$tg\alpha = 0,\ \alpha = 0°$$

$$S_0 = \frac{v_0}{\omega_n} = v_0\sqrt{\frac{3(R - r)}{2g}}$$

最后得：

$$S = v_O\sqrt{\frac{3(R-r)}{2g}}\sin\left(\sqrt{\frac{2}{3}\frac{g}{(R-r)}}\cdot t\right)$$

这就是质心沿轨迹的运动方程。

由（b）式可求得圆轮在滚动时对地面的压力为 N'

$$N' = N = m\frac{v_c^2}{R-r} + mg\cos\varphi$$

式中右端第一项为附加动压力，其中

$$v_c = \frac{ds}{dt} = v_O\cos\left(\sqrt{\frac{2}{3}\frac{g}{(R-r)}}\cdot t\right)$$

小 结

(1) 质点系动量矩定理建立了质点系的动量矩变化与作用力之矩之间的关系

质点系的动量矩：

$$\vec{L}_O = \sum \vec{m}_O(m_i\vec{v}_i) = \sum(\vec{r}\times m_i\vec{v}_i)$$

$$L_z = \sum m_z(m_i\vec{v}_i) = \sum m_z(m_i\vec{v}_{xy})$$

$$[\vec{L}_O]_z = L_z$$

定轴转动刚体的动量矩：

$$L_z = J_z\omega$$

质点系的动量矩定理：

$$\frac{d\vec{L}_O}{dt} = \vec{M}_O^{(e)} = \sum \vec{m}_O(\vec{F}_i^{(e)})$$

$$\frac{dL_z}{dt} = M_z^{(e)} = \sum m_z(\vec{F}_i^{(e)})$$

当 $\vec{M}_O^{(e)} = 0$（或 $M_z^{(e)} = 0$）时，$\vec{L}_O$ = 常矢量（或 L_z = 常量），称为动量矩守恒定律。

应用动量矩定理可解决质点系动力学的两类问题。其解题步骤与动量定理相似。但必须注意：

① 计算质点系的动量矩时，必须区分质点和刚体，对刚体要分平动、转动、平面运动，按物体运动情况计算动量矩。一般取固定转轴为矩轴（该轴的约束反力在方程中不出现，如例 11-2 和例 11-3），平面运动刚体可对质心轴取矩。

② 建立对轴的动量矩定理时，除必须注意其正、负号外，各方程中的速度或角速度的大小与方向都必须满足运动学关系。

(2) 刚体绕定轴转动微分方程

$$J_z\varepsilon = \sum m_z(\vec{F}^{(e)})$$

刚体平面运动微分方程：

$$M\vec{a}_c = \sum \vec{F}^{(e)}$$

$$J_c\varepsilon = \sum m_c(\vec{F}^{(e)})$$

在应用上述微分方程解决问题时，要注意：

对于具有多个转轴的系统需要将系统拆成几个单轴。刚体转动微分方程的研究对象只是一个转动刚体，列方程时，一般规定各轴的转向为正，对各轴的力矩与动量矩的正负也按此规定处理（例 11－6）。

(3) 刚体对 z 轴的转动惯量 J_Z 是刚体转动惯性的量度

$$J_z = \sum m_i r^2 \quad 或 \quad J_z = m\rho^2$$

平行轴定理：

$$J_z = J_{zc} + Md^2$$

在计算刚体的转动惯量时，可直接用积分法，也可将刚体划分为多个刚体的组合，应用组合法，或负面积（体积）法。并要注意所有的转动惯量都是对同一轴的。在运用平行轴定理时，必须注意 J_{ZC} 是刚体对于通过质心 c 与 z 轴平行的轴的转动惯量。

思考题

11－1　质点系的动量按下式计算：

$$\vec{K} = \sum m\vec{v} = \sum M\vec{v}_c$$

质点系的动量矩可否按下式计算？

$$L_z = \sum m_z(m\vec{v}) = m_z(M\vec{v}_c)$$

11－2　人坐在转椅上，双脚离地，是否可用双手将转椅转动？为什么？

11－3　图示两轮的转动惯量相同。在图 a 中绳的一端受拉力 G，在图 b 中绳的一端挂一重物，重量也等于 G。问两轮的角加速度是否相同？为什么？

11－4　在什么条件下，图示定滑轮（设为匀质圆盘）两侧绳索的拉力大小才能相等？

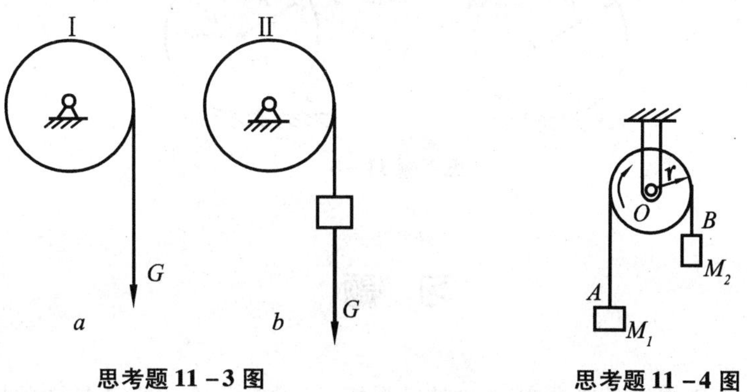

思考题 11－3 图　　思考题 11－4 图

11－5　如图所示的传动系统中，轮 1 的角加速度按下式计算对吗？

$$\varepsilon_1 = \frac{M_1}{J_1 + J_2}$$

11－6　如图示，已知 $J_z = Ml^2/3$，按下列公式计算 J'_z 对吗？

$$I'_z = I_z + M\left(\frac{2}{3}l\right)^2 = \frac{7}{9}Ml^2$$

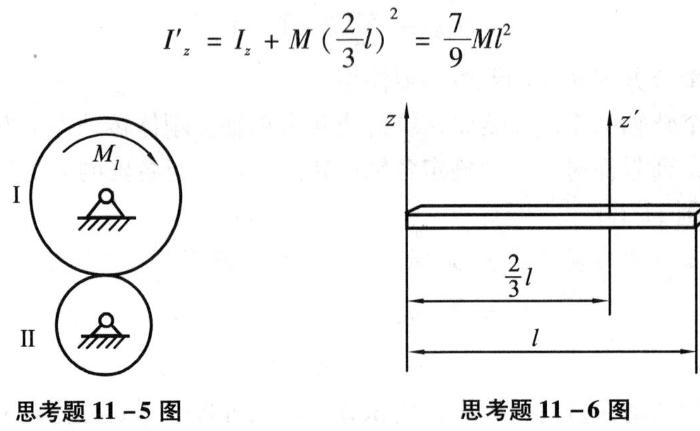

思考题 11－5 图　　　　思考题 11－6 图

11－7　质量为 M 的均质圆盘，平放在光滑的水平面上，其受力情况如图所示。试说明圆盘将如何运动？设开始时，圆盘静止，图中 $r = R/2$ 。

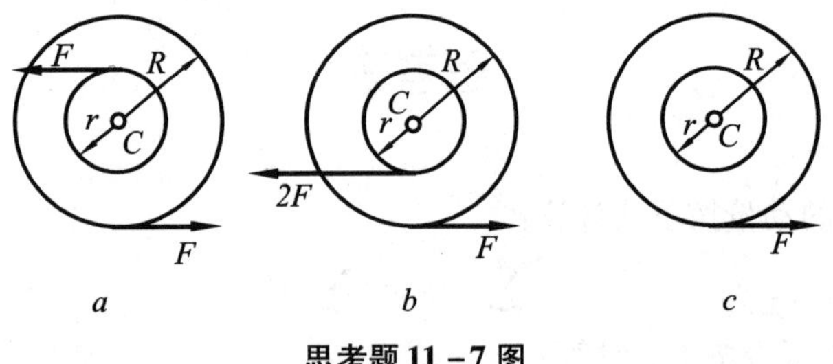

思考题 11－7 图

11－8　一半径为 R 的轮在水平面上只滚动而不滑动。如不计滚动摩阻，试问在下列两种情况下，轮心的加速度是否相等？接触面的摩擦力是否相同？（1）在轮上作用一顺时针转向的力偶，力偶矩为 M；（2）在轮心作用一水平向右的力 $\vec{P}$, $P = \dfrac{M}{R}$ 。

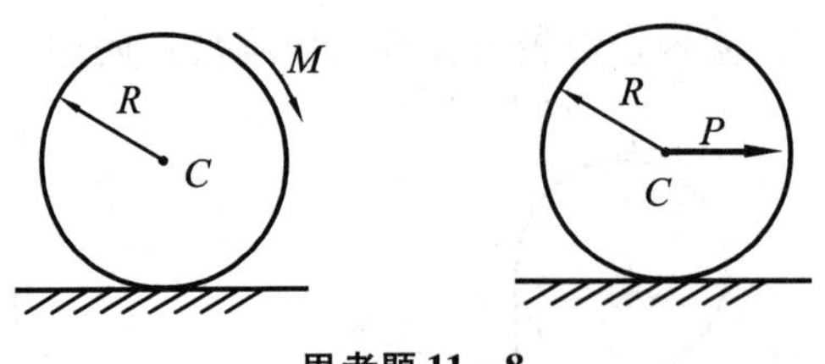

思考题 11－8

习　题

11－1　计算各质点系的动量对 O 点的动量矩，已知 a、b、c、d 各均质物体重 Q，物体尺寸与质心速度或绕转轴的角速度如图示。e、f 中设物体 A 和 B 的重量均为 $\vec{P}$ ，速度为 $\vec{v}$ ，均质滑轮的重量为 $\vec{Q}$ 。

11－2　如图示，均质圆盘，半径为 R，质量为 m。细杆长 l，绕轴 O 转动，角速度为 ω 。求下列三种情况下对固定轴 O 的动量矩。

（1）圆盘固结于杆；（2）圆盘绕 A 轴转动，相对于杆 OA 的角速度为 $-\omega$；（3）圆盘绕 A 轴转动，相对于杆 OA 的角速度也为 $\vec{w}$。

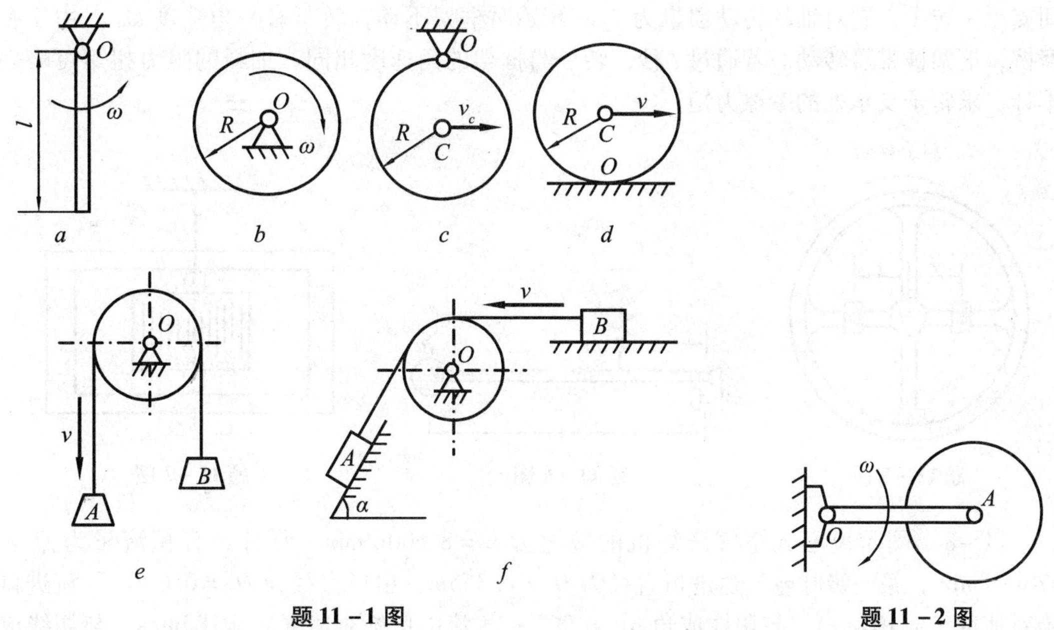

题 11－1 图　　题 11－2 图

11－3　小锤系于线 MOA 的一端，此线穿过一铅垂小管。小锤绕管轴沿半径 $MC=R$ 的圆周运动，每分钟 120 转。现将线段 OA 慢慢向下拉，使外面的线段缩短到 OM_1 的长度，此时小锤沿半径 $C_1M_1=R/2$ 的圆周运动。求小锤沿此圆周每分钟的转数。

11－4　一半径为 R，重 P 的均质圆盘，可绕通过其中心的铅垂轴无摩擦地旋转。另一重 P 的人由 B 点按规律 $s=at^2/2$ 沿到 O 轴半径为 r 的圆周行走。开始时，圆盘与人静止，求圆盘的角速度和角加速度。

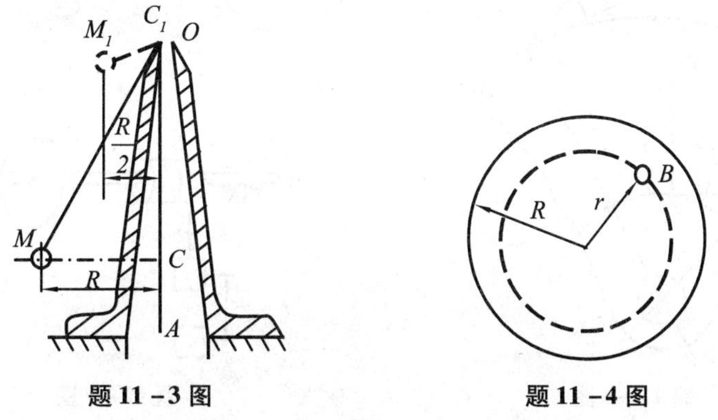

题 11－3 图　　题 11－4 图

11－5　图示飞轮在力矩 $M_O\cos\omega t$ 作用下绕定轴转动。沿飞轮的轮幅有重量为 $\vec{P}$ 的两等重物体，各作周期性运动，设初瞬时 $r=r_0$。问：距离 r 应满足什么条件才能使飞轮以角速度 ω 匀速转动。

11－6　图示均质杆 AB 长 l，重 P。杆的 B 端固连一重 Q 的小球，大小不计。杆上点 D 连一弹簧，刚性系数为 k，使杆在水平位置保持平衡。设初速度 $v_0=0$，求给小球 B 一个铅直方向的微小位移 δ_0 后，杆 AB 的运动规律。

11－7　一框架 AA，以细绳悬挂如图，它对竖直轴线 OO 的转动惯量为 J_1，在框架中间支承一转子，它对轴的转动惯量为 J_2，开始时框架不动，转子有一角速度 ω_0，由于有摩擦，框架被带着转动。若通过 t 秒，转子与框架的角速度相同。细绳的阻力扭矩可略去不计，求转子支承处的摩擦力矩。

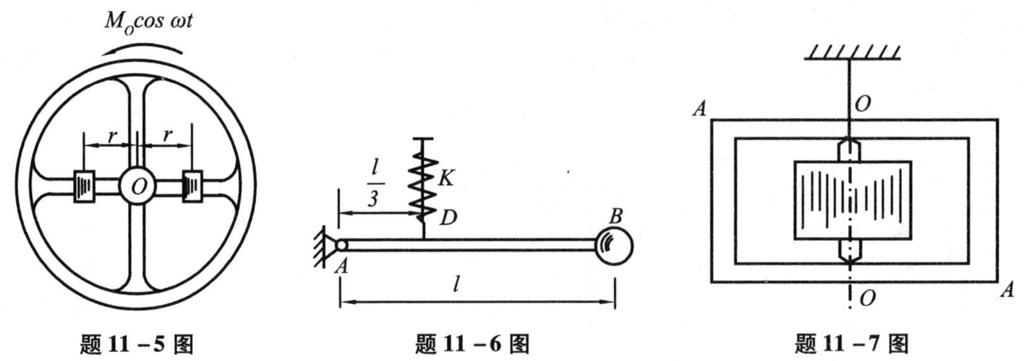

题 11－5 图　　题 11－6 图　　题 11－7 图

11－8　图示离心式空气压缩机的转速为 $n=8\ 600\mathrm{r/min}$，每分钟容积流量为 $Q=370\mathrm{m^3/min}$，第一级叶轮气道进口直径为 $D_1=0.355\mathrm{m}$，出口直径为 $D_2=0.6\mathrm{m}$。气流进口绝对速度 $v_1=109\mathrm{m/s}$，与切线成角 $\alpha_1=90°$；气流出口绝对速度 $v_2=183\mathrm{m/s}$，与切线成角 $\alpha_2=21°31'$。设空气密度 $\rho=1.6\mathrm{kg/m^3}$，试求这一级叶轮的转矩。

11－9　物体 D 被装在转动惯量测定器的水平轴 AB 上，这轴上还固连有半径为 r 的鼓轮 E，缠在鼓轮上细绳的下端挂有质量为 M 的物体 C。已知物体 C 被无初速地释放后，经过时间 T 秒落下的距离是 h；试求被测物体对转轴的转动惯量 J。已知轴 AB 连同鼓轮对自身轴线的转动惯量是 J_0。设物体 D 的质心在轴线 AB 上，摩擦和空气阻力都可略去不计。

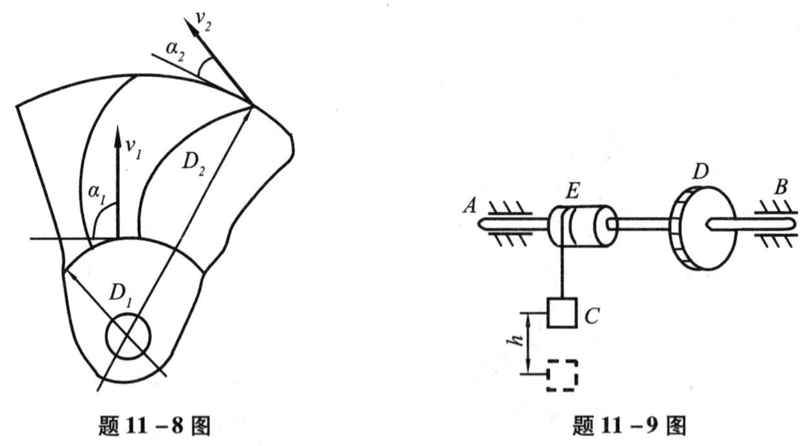

题 11－8 图　　题 11－9 图

11－10　高炉运送矿石用的卷扬机如图示。已知鼓轮的半径为 R，重量为 P，在铅直平面内绕水平的轴 O 转动。小车和矿石总重量为 Q，作用在鼓轮上的力 矩为 M，轨道的倾角为 α。设绳的重量和各处的摩擦均忽略不计，求小车的加速度。

11－11　电绞车提升一质量为 m 的物体。在其主动轴上有一不变的力矩 M。已知：主动轴与从动轴和连同安装在这两轴上的齿轮以及其他附属零件的转动惯量分别为 J_1 和 J_2，

传动比 Z_2∶Z_1 = K；吊车缠绕在鼓轮上，此轮半径为 R。设轴承的摩擦以及吊索的质量均略去不计，求重物的加速度。

11 – 12　两个物体 A 和 B 的质量各为 m_1 和 m_2，且 $m_1 > m_2$，分别挂在两条不可伸长的绳子上，此两绳分别绕在半径为 r_1 和 r_2 的塔轮上，物体受重力的作用而运动。试求塔轮的角加速度及轴承的反力。塔轮的质量与绳的质量均可忽略不计。

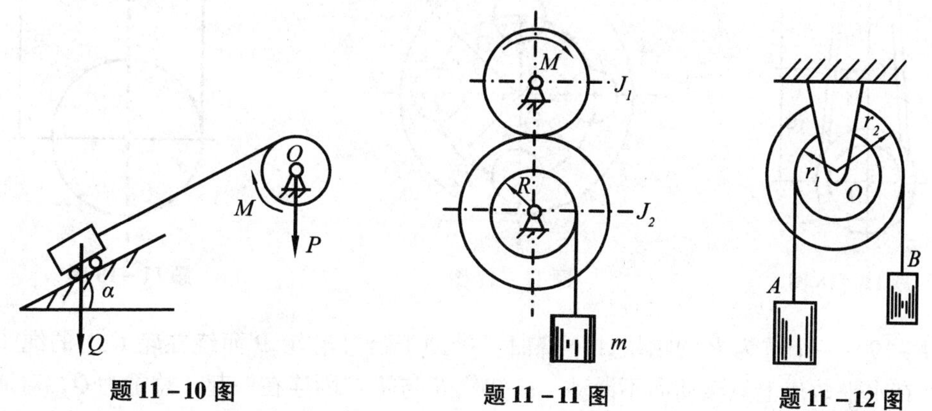

题 11 – 10 图　　题 11 – 11 图　　题 11 – 12 图

11 – 13　圆轮 A 重 P_1，半径为 r_1，以角速度 ω 绕 OA 杆的 A 端转动，此时将轮放置在重 P_2 的另一圆轮 B 上，其半径为 r_2。B 轮原为静止，但可绕其几何轴自由转动。放置后，A 轮的重量由 B 轮支持。略去轴承的摩擦与杆 OA 的重量，并设两轮间的摩擦系数为 f。问自 A 轮放在 B 轮上到两轮间没有滑动为止，经过多少时间？

11 – 14　轮子的质量 $m = 100\text{kg}$，半径 $R = 1\text{m}$，可以看成均质圆盘。当轮子以转速 $n = 120\text{r/min}$ 绕定轴 C 转动时，在杆 A 点垂直地施加常力 $\vec{P}$，经过 10s 轮子停转。设轮与闸块间的动摩擦系数 $f' = 0.1$，试求力 $\vec{P}$ 的大小。轴承的摩擦和闸块的厚度忽略不计。

11 – 15　已知图示均质三角形薄板的质量为 m，高为 h，求对底边的转动惯量 J_x。

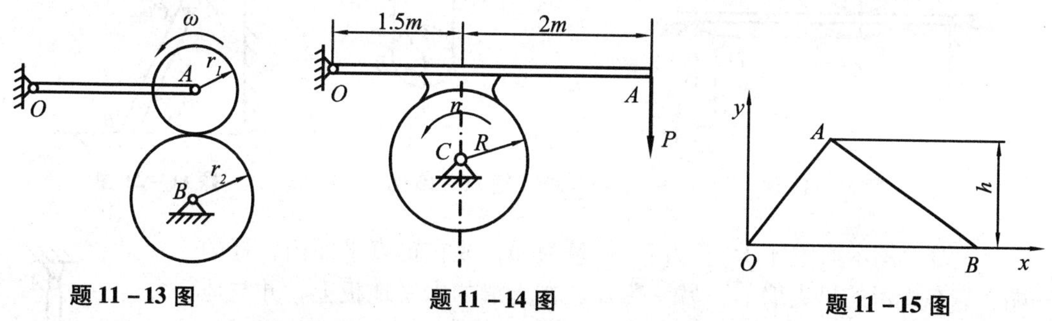

题 11 – 13 图　　题 11 – 14 图　　题 11 – 15 图

11 – 16　图示连杆的质量为 m，质心在点 C。若 $AC = a$，$BC = b$，连杆对 B 轴的转动惯量为 J_B 求连杆对 A 轴的转动惯量。

11 – 17　均质钢制圆盘如图示，外径 $D = 60\text{cm}$，厚 $h = 10\text{cm}$。其上钻有四个圆孔，直径均为 $d_1 = 10\text{cm}$，尺寸 $d = 30\text{cm}$。钢的密度取 $\rho = 7.9 \times 10^{-3}\text{kg/cm}^3$，求此圆盘对过其中心 O 并与盘面垂直的轴的转动惯量。

11 – 18　均质圆柱体 A 的质量为 m，在外圆上绕一细绳，绳的一端 B 固定不动，如图所示。圆柱因解开绳子而下降，其初速为零。求当圆柱体的轴心降落了高度 h 时轴心的速度和绳子的张力。

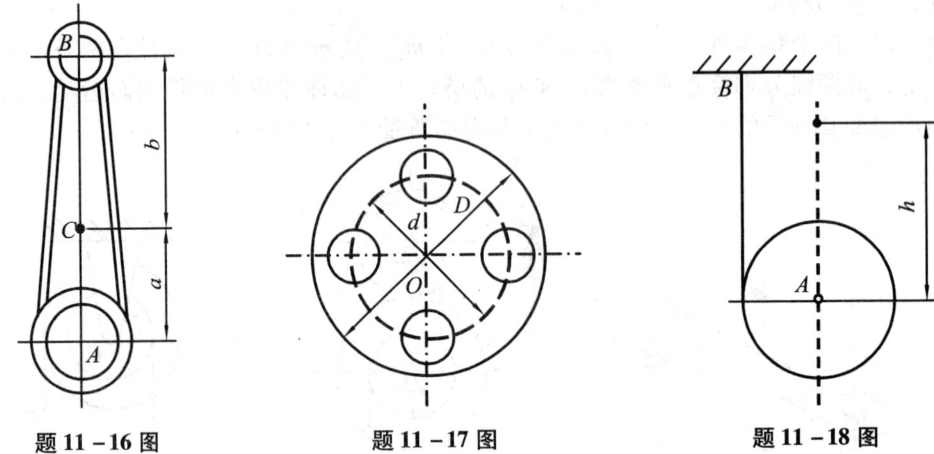

题 11－16 图　　题 11－17 图　　题 11－18 图

11－19　一个重为 P 的物块 A 下降时，借助于跨过滑轮 D 而绕在轮 C 上的绳子，使轮子 B 在水平轨道上只滚动而不滑动。已知轮 B 与轮 C 固连在一起，总重为 Q，对通过轮心 O 的水平轴的回转半径为 ρ，试求物块 A 的加速度。

11－20　滑轮 A、B 重为 Q_1、Q_2，半径分别为 R、r，$r=\dfrac{R}{2}$。物体 C 重 P。作用于 A 轮上的力矩 M 为一常量。试求 C 上升的加速度。A、B 轮可视为均质圆盘。

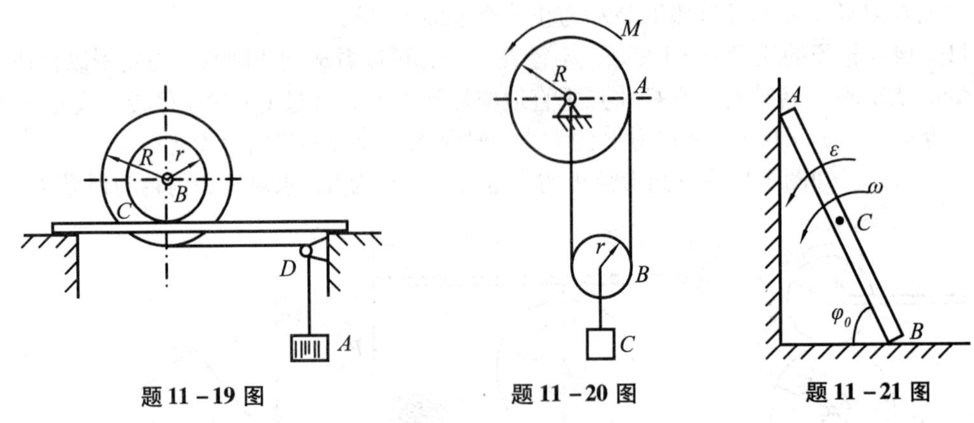

题 11－19 图　　题 11－20 图　　题 11－21 图

11－21　图示均质杆 AB 长为 l，质量为 m，放在铅直平面内，杆的一端 A 靠在光滑的铅直墙上，另一端 B 放在光滑的水平地板上，并与地板面成 φ_0 角。此后，令杆由静止状态倒下，求：(1) 杆在任意位置时的角速度和角加速度。(2) 当杆脱离墙时，此杆与水平面的夹角。

11－22　长 l，重 W 的均质杆 AB 和 BC 用铰链 B 联结。并用铰链 A 固定，位于平衡位置如图所示。今在 C 端作用一水平力 $\vec{F}$，求此瞬时，两杆的角加速度。

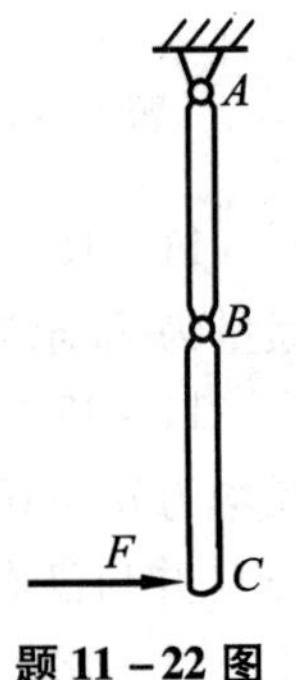

题 11－22 图

第12章　动能定理

前两章是以动量和动量矩来度量物体机械运动量的大小的。本章将从更普遍的角度来研究物体的机械运动，即用动能来度量物体机械运动量的大小，研究物体动能的变化与作用在其上力所作的功之间的关系，建立质点和质点系的动能定理。本章最后还将讨论动力学普遍定理的综合应用问题。

12.1　力的功

若质点在某力作用下经过一段路程，则从对于质点动能变化的影响来看，该力在此路程中的作用效果，用力所作的功来度量。

12.1.1　常力在直线运动中的功

设质点 M 在常力 $\vec{F}$ 作用下沿直线从 M_1 运动到 M_2（图12-1），其位移为 $\vec{s}$，$\vec{F}$ 与 $\vec{s}$ 的夹角为 α，则常力 $\vec{F}$ 在此过程中所作的功，用 W 表示，并定义为：

$$W = F\cos\alpha \cdot s = \vec{F} \cdot \vec{s} \tag{12-1}$$

12.1.2　变力在曲线运动中的功

设质点 M 沿曲线 M_1M_2 运动，质点上作用着大小和方向均随位置改变的力 $\vec{F}$（图12-2）。在微小的路程 ds 上，力 $\vec{F}$ 的大小和方向皆可视为不变，而微小路程 ds 亦可看作直线，如以 $d\vec{r}$ 表示相应于 ds 的微小位移，于是根据功的定义，力 $\vec{F}$ 在路程 ds 上所作的功等于力

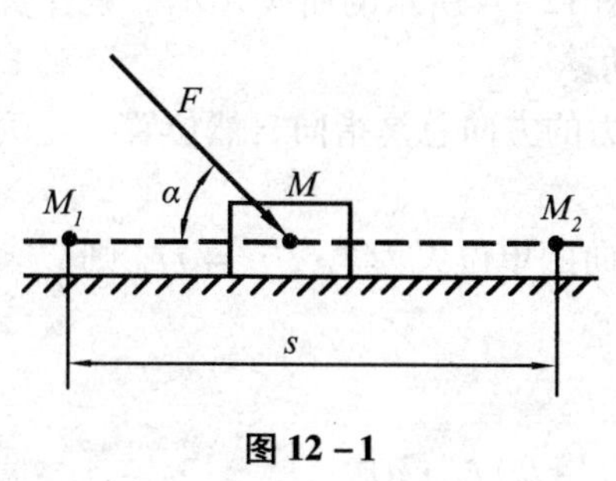

图12-1

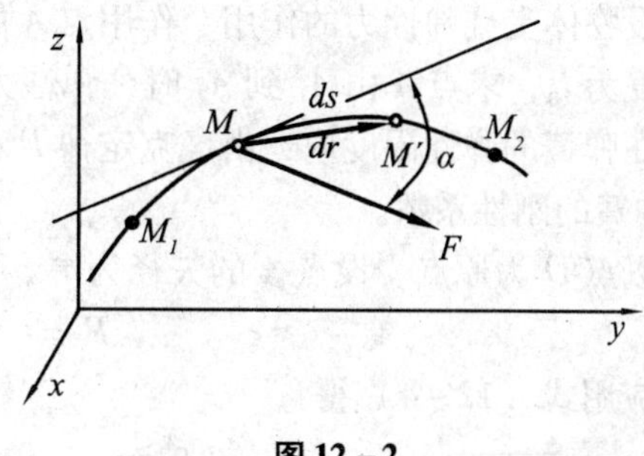

图12-2

$\vec{F}$ 与在微小位移 $d\vec{r}$ 的标量积，称为变力 $\vec{F}$ 的元功；用 δw 表示：

$$\delta W = F\cos\alpha ds = F_\tau ds = \vec{F}\cdot d\vec{r} \tag{12-2}$$

式中 F_τ 为力 $\vec{F}$ 在 M 点沿轨迹切线处的投影。

若将力 $\vec{F}$ 和微小位移 $d\vec{r}$ 分别用直角坐标投影表示，则

$$\vec{F} = X\vec{i} + Y\vec{j} + Z\vec{k}$$

$$d\vec{r} = dx\vec{i} + dy\vec{j} + dz\vec{k}$$

因此，可得元功的解析式：

$$\delta W = Xdx + Ydy + Zdz \tag{12-3}$$

当质点沿轨迹曲线从 M_1 运动到 M_2 时，变力 $\vec{F}$ 所作的功就是一系列微小位移上所作元功的总和，以线积分表示为：

$$W_{12} = \int_{M_1}^{M_2}\delta W = \int_{M_1}^{M_2}\vec{F}\cdot d\vec{r} = \int_{M_1}^{M_2}(Xdx + Ydy + Zdz) \tag{12-4}$$

即为功的解析表达式。

在计算时，将曲线积分化成通常的定积分，即

$$W_{12} = \int_{x_1}^{x_2}Xdx + \int_{y_1}^{y_2}Ydy + \int_{z_1}^{z_2}Zdz \tag{12-5}$$

在国际单位制中，功的单位为 J，即 N·m。

12.1.3 几种常见力的功

(1) 重力的功

设物体在运动中只受到重力的作用，重心的轨迹为图 12-3 所示的曲线 M_1M_2，建立直角坐标系 $Oxyz$，令 Oz 轴平行于重力 $\vec{Q}$，则

$$X = Y = 0,\ Z = -\vec{Q}$$

应用式（12-5）得：

$$W_{12} = \int_{z_1}^{z_2} -Qdz = Q(z_1 - z_2) \tag{12-6}$$

由此可见，重力所作的功仅决定于其重心始末位置的高度差（$z_1 - z_2$）。若（$z_1 - z_2$）> 0，物体的重心下降，重力的功为正值；反之，（$z_1 - z_2$）< 0，物体的重心上升，重力的功为负值。而如果重心始末位置高度相同，则不论物体运动中重心经过了怎样的路径，重力的功都等于零，可见重力的功与运动轨迹无关。

(2) 弹性力的功

设物体受到弹性力的作用，作用点 A 的轨迹为图 12-4 所示的曲线 A_1A_2。设弹簧的自然长度为 l_0，求点 A 由 A_1 到 A_2 时，弹性力所作的功。

在弹簧的弹性限度内，由虎克定律 $F = k\delta$ 得，力的方向总是指向自然位置。比例系数 k 为弹簧的刚性系数。

以点 O 为原点。设点 A 的矢径为 $\vec{r}$，沿矢径方向的单位矢为 $\vec{r}_0$，$\vec{r} = r\vec{r}_0$ 则

$$F = -k(r - l_0)\vec{r}_0$$

应用式（12-4）得：

$$W_{12} = \int_{A_1}^{A_2}\vec{F}\cdot d\vec{r} = \int_{A_1}^{A_2} -k(r - l_0)\vec{r}_0\cdot d\vec{r}$$

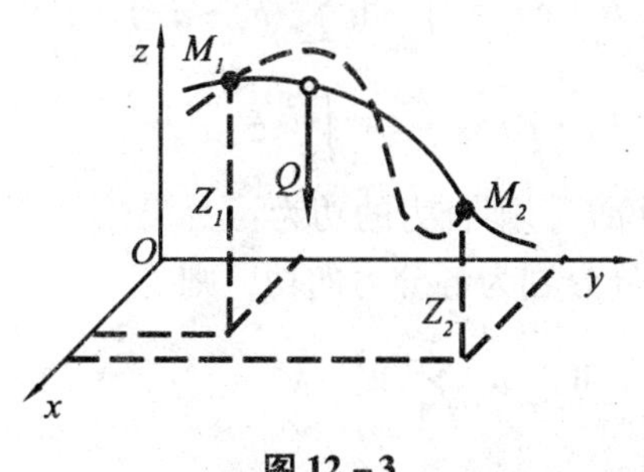

图 12-3

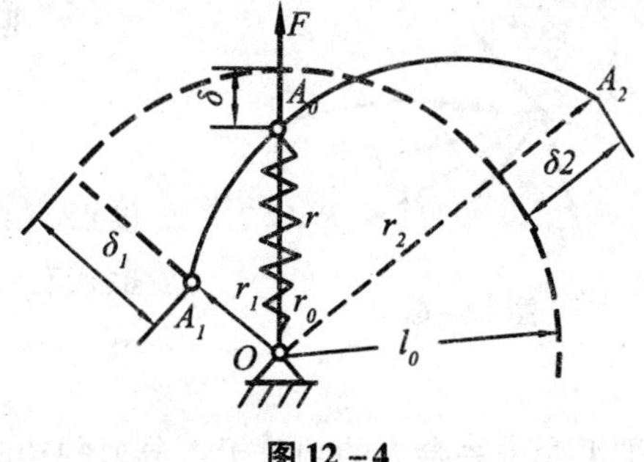

图 12-4

由于 $\vec{r}_0 \cdot d\vec{r} = \frac{\vec{r}}{r} \cdot d\vec{r} = \frac{1}{2r}d(\vec{r} \cdot \vec{r}) = \frac{1}{2r}d(r^2) = dr$

故

$$W_{12} = \int_{r_1}^{r_2} -k(r - l_0)dr = \frac{k}{2}[(r_1 - l_0)^2 - (r_2 - l_0)^2]$$

$$= \frac{k}{2}(\delta_1^2 - \delta_2^2) \tag{12-7}$$

式中 δ_1、δ_2为初始和末了位置弹簧的变形量。

式（12-7）即为计算弹性力作功的普遍公式。由此可知，弹性力的功只决定于弹簧起始和终了的变形量，而与路径无关。当 $\delta_1 > \delta_2$时，弹性力作正功；当 $\delta_1 < \delta_2$时，弹性力作负功。如果弹簧最后返回到初始位置，则弹性力的功等于零。

（3）定轴转动刚体上的作用力的功

设力 $\vec{F}$ 作用在定轴转动刚体的 M 点，此点到转轴 z 的距离为 R，作用力 F 与力作用点 M 处的切线之间的夹角为 α，如图 12-5 所示，则力 $\vec{F}$ 在切线上的投影为：

$$F_\tau = F\cos\alpha$$

当刚体转过一微小角位移 $d\varphi$ 时，由式（12-2），力 $\vec{F}$ 的元功为：

$$\delta W = F_\tau \cdot ds = F_\tau \cdot R \cdot d\varphi$$

式中 $F_\tau \cdot R = M_z$ 为力 $\vec{F}$ 对于转轴 z 的力矩

于是

$$\delta W = M_z d\varphi \tag{12-8}$$

当刚体的转角从 φ_1到 φ_2时，力矩所作的功

$$W = \int_{\varphi_1}^{\varphi_2} M_z d\varphi \tag{12-9}$$

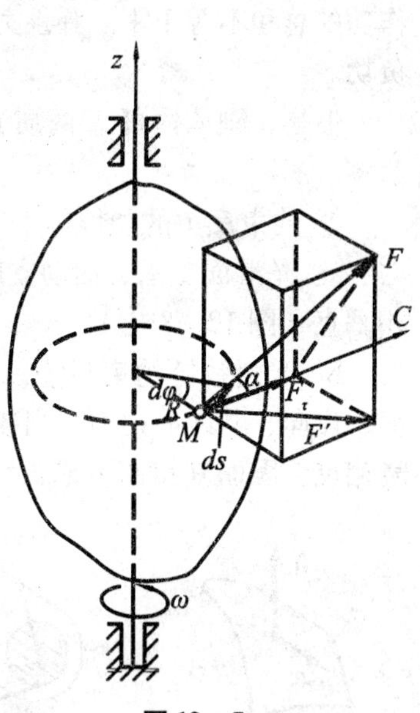

图 12-5

如果作用在刚体上的是力偶，则力偶所作的功仍可用上式计算，其中 M_Z 为力偶矩矢 $\vec{M}$ 在 z 轴上的投影。

（4）汇交力系合力的功

设在物体的 M 点处，同时作用有力 $\vec{F}_1$、$\vec{F}_2$、……、$\vec{F}_n$，如图 12-6 所示，此汇交力系的合力为：

$$\vec{R} = \sum \vec{F}_i$$

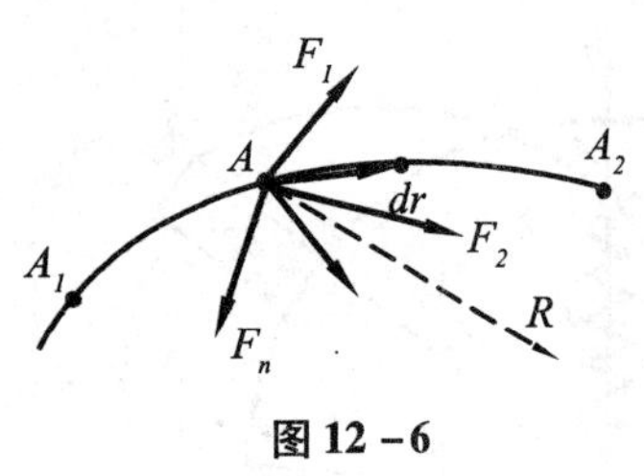

图 12－6

$$W_{12} = \int_{M_1}^{M_2} \vec{R} \cdot d\vec{r} = \int_{M_1}^{M_2} \left(\sum \vec{F}_i \cdot d\vec{r} \right)$$

$$= \int_{M_1}^{M_2} \vec{F}_1 \cdot d\vec{r} + \cdots + \int_{M_1}^{M_2} \vec{F}_n \cdot d\vec{r}$$

设点 M 的位移为 $d\vec{r}$ ，则合力的功为：

上式右端各项积分分别为各分力的功，则

$$W_{12} = \sum_{i=1}^{n} W_i \tag{12-10}$$

即汇交力系合力的功等于各分力的功的代数和。

(5) 不作功的力或内力作功之和为零的情况

① 质点系的内力都是成对出现的，彼此大小相等、方向相反，作用在同一条直线上。如果任两点间的距离保持不变，则质点系所有内力作功的和等于零。证明如下。

设质点系内有两个质点 M_1 和 M_2，彼此间作用力为 $\vec{F}_1$ 和 $\vec{F}_2$，质点的微小位移是 $d\vec{r}_1$ 和 $d\vec{r}_2$（图 12－7）。考虑到 $\vec{F}_1 = -\vec{F}_2$，则内力 $\vec{F}_1$ 和 $\vec{F}_2$ 的元功之和：

$$\sum \delta W = \vec{F}_1 \cdot d\vec{r}_1 + \vec{F}_2 \cdot d\vec{r}_2$$

$$= \vec{F}_1 d(r_1 - r_2)$$

图 12－7

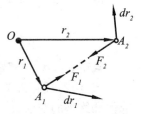

式中 $\vec{r}_1 - \vec{r}_2$ 表示质点系内两质点距离的改变量。在一般质点系中，两个质点之间的距离是可变的。因而，可变质点系内力所作功的总和不等于零。弹性力就是一个例子，当弹簧的长度改变时，弹簧内力作正功或负功。

但是，刚体内任意两质点间的距离始终保持不变，所以刚体内力所作功的总和恒为零。

② 约束反力的功恒等于零的理想情况：

a　光滑面支承、活动支座、轴承、销钉的约束反力，总是和它作用点的微小位移 $d\vec{r}$ 相垂直（图 12－8a、b、c)，所以这些约束反力作功恒等于零。

b　光滑铰链约束反力。对于系统的光滑铰链约束（图 12－9)，其约束反力是一等值、反向、共线的内力，当铰链中心产生位移 $d\vec{r}$ 时，这两个力所作的功大小相等，而符号相反，因而其和亦为零。

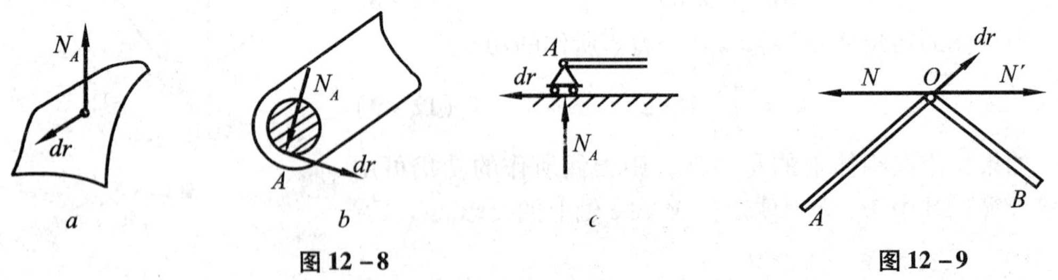

图 12－8　　图 12－9

c　不可伸长的柔绳的拉力。由于柔绳仅在拉紧时才受力，而任何一段拉直的绳子所承受的拉力，和刚体一样。因而其约束反力作功之和等于零。

③ 摩擦力的功：如果摩擦不能忽略，则应将摩擦力当作主动力按一定的方法进行功

的计算。

当物体沿某一固定面作无滑动的纯滚动时（图 12－10），滑动摩擦力 $\vec{F}$ 过速度瞬心 B，$v_B = 0$，因而其作用点位移为零，静滑动摩擦力不作功。

当两物体的接触面发生相对滑动时，因为动滑动摩擦力 $\vec{F}$ 总是与相对滑动位移 $d\vec{r}'$ 方向相反，故动滑动摩擦力作负功。

应当注意，摩擦力所作的功不一定是负功，在某些机构中，运动是靠静摩擦力传递的，对于由摩擦力所带动的从动件，摩擦力所作的功是正功。例如，摩擦轮传动中的从动轮，皮带传动中的从动轮等。

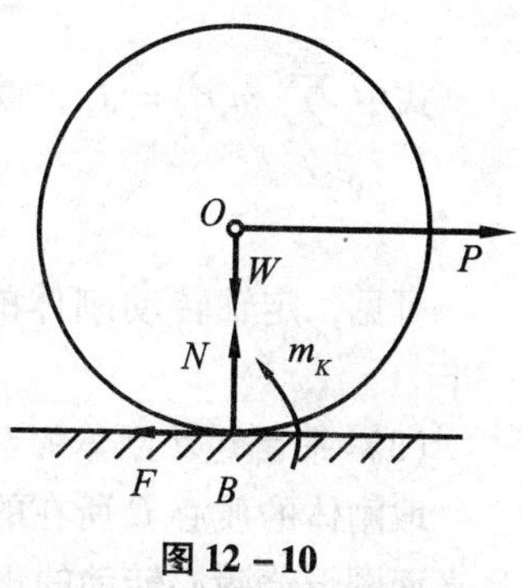

图 12－10

12.2 动　能

12.2.1　质点和质点系的动能

（1）质点的动能

设质点的质量为 m，速度为 v，则质点的动能等于它的质量和速度平方乘积的一半，即 $T = mv^2/2$。

动能是标量，恒取正值。在国际单位制中，动能的常用单位是 J，和功的单位相同。

（2）质点系的动能

质点系的动能等于系统内所有质点动能的算术和，即

$$T = \sum \frac{1}{2} m_i v_i^2 \tag{12-11}$$

12.2.2　刚体的动能

刚体在作不同的运动时，其内各点的速度分布也不同，所以有不同的动能表达式。

（1）平动刚体的动能

当刚体作平动时，其内各点的速度都等于质心 C 的速度 $\vec{v}_c$，则刚体平动的动能：

$$T = \sum \frac{1}{2} m_i v_i^2 = \frac{1}{2}\left(\sum m_i\right) v_c^2$$

$$T = \frac{1}{2} M v_c^2 \tag{12-12}$$

也就是说：平动刚体的动能，等于刚体的质量与速度平方乘积的一半。可见，平动刚体的动能是和它的质量集中于一点时的动能相同。

（2）定轴转动刚体的动能

设刚体以角速度 ω 绕定轴 z 转动（图 12－11），以 m_i 表示刚体内任一点 M_i 的质量，以 r_i 表示 m_i 的转动半径，则刚体的动能是：

$$T = \sum \frac{1}{2}m_i v_i^2 = \frac{1}{2}\sum m_i (r_i\omega)^2 = \frac{\omega^2}{2}\sum m_i r_i^2$$

式中 $\sum m_i r_i^2 = J_z$，就是刚体对转轴 z 的转动惯量。于是，上式可写为：

$$T = \frac{1}{2}J_z\omega^2 \tag{12-13}$$

可见，定轴转动刚体的动能，等于刚体对转轴的转动惯量与其角速度平方乘积的一半。

(3) 平面运动刚体的动能

取刚体的质心 C 所在的平面图形如图 12－12 所示，图形中的点 P 是某瞬时的瞬心，ω 是平面图形绕瞬心转动的角速度，于是作平面运动刚体的动能为：

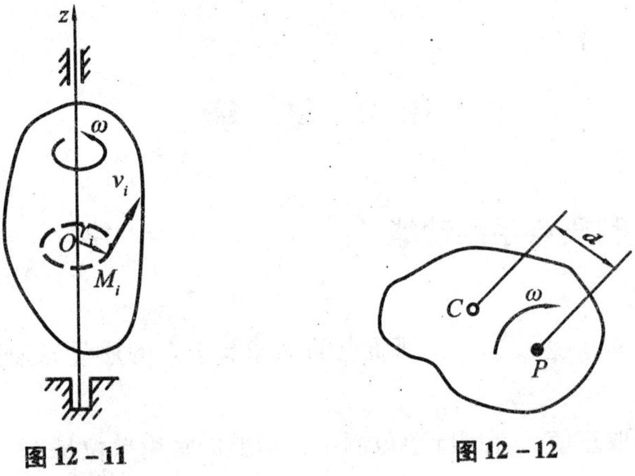

图 12－11　　图 12－12

$$T = \frac{1}{2}J_P\omega^2$$

式中 J_P 是刚体对于瞬时轴的转动惯量。因为在不同时刻，刚体以不同的点作为瞬心，因此上式计算动能很不方便。

设 C 为刚体的质心。根据计算转动惯量的平行轴定理有：

$$J_P = J_c + Md^2$$

式中 M 为刚体的质量。代入计算动能的公式中，得

$$T = \frac{1}{2}(J_c + Md^2)\omega^2 = \frac{1}{2}J_c\omega^2 + \frac{1}{2}M(d\omega)^2$$

因 $d\omega = v_c$，于是

$$T = \frac{1}{2}Mv_c^2 + \frac{1}{2}J_C\omega^2 \tag{12-14}$$

即作平面运动刚体的动能，等于随质心平动的动能与绕质心转动的动能的和。

例 12－1　均质细直杆 AB 的质量为 M，长度为 $2a$，其两端分别沿铅直和水平的固定面滑动（图 12－13），且杆始终在同一铅垂平面内。试以其质心的瞬时速度 $\bar{v}_c$ 表示杆在任一瞬时的动能。

解　杆作平面运动，其速度瞬心 P 为过 A、B 两点分别与两固定面垂直直线的交点。

由几何关系 $PC = AC = a$。故杆子的角速度为：

$$\omega = \frac{v_c}{PC} = \frac{v_c}{a}$$

又知杆子相对于质心 C 的转动惯量为：

$$J_C = \frac{1}{12}M(2a)^2 = \frac{1}{3}Ma^2$$

由公式（12－14）即可求出杆的动能为：

$$T = \frac{1}{2}Mv_c^2 + \frac{1}{2}J_C\omega^2 = \frac{1}{2}Mv_c^2 + \left(\frac{1}{3}Ma^2\right)\left(\frac{v_c}{a}\right)^2$$

$$= \frac{1}{2}Mv_c^2 + \frac{1}{6}Mv_c^2 = \frac{2}{3}Mv_c^2$$

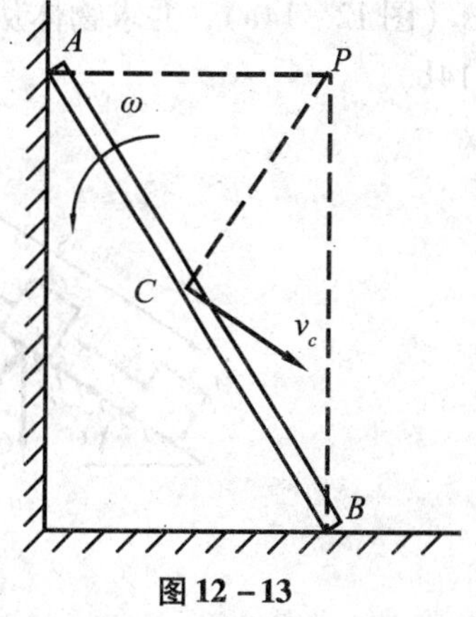

图 12－13

12.3　动能定理

12.3.1　质点的动能定理

动能定理建立了动能与作用力的功的关系。

取质点的运动微分方程的矢量形式：

$$m\frac{d\vec{v}}{dt} = \vec{F}$$

在方程两边点乘 $d\vec{r}$ 得：

$$m\frac{d\vec{v}}{dt}d\vec{r} = \vec{F}\cdot d\vec{r}$$

因 $\frac{d\vec{r}}{dt} = \vec{v}$，于是上式可写成：

$$m\vec{v}\cdot d\vec{v} = \vec{F}\cdot d\vec{r}$$

即

$$d\left(\frac{1}{2}mv^2\right) = \delta W \tag{12-15}$$

上式称为质点动能定理的微分形式，即质点动能的增量等于作用在质点上力的元功。

对（12－15）式积分得：

$$\int_{v_1}^{v_2} d\left(\frac{1}{2}mv^2\right) = W_{12}$$

或

$$\frac{1}{2}mv_2^2 - \frac{1}{2}mv_1^2 = W_{12} \tag{12-16}$$

这就是质点动能定理的积分形式：在质点运动的某个过程中，质点动能的改变量等于作用于质点的力作的功。

由式（12－15）、（12－16）可见，力作正功，质点的动能增加；力作负功，质点动能减少。

例 12－2　物块 A 质量为 m，以初速度 $v_0 = 8\text{m/s}$ 沿倾角 $\alpha = 30°$ 的斜面从 A_1 点向上滑动，动摩擦系数 $f' = 0.36$，静摩擦系数 $f = 0.4$。求物体 A 到达最高点 A_2 时所滑过的距离

s（图 12－14a），并求物体从点 A_2 向下滑动通过原起点 A_1 时的速度 v_1 的大小（图 12－14b）。

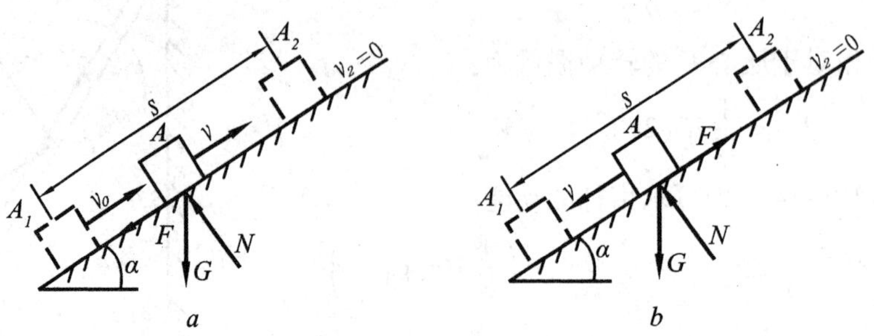

图 12－14

解 当物体上升时，它所受的力有：重力 $\vec{G}$、动滑动摩擦力 $\vec{F'}$ 和法向反力 $\vec{N'}$。力 $\vec{N}$ 不作功；力 $\vec{G}$ 和 $\vec{F'}$ 都作负功，其中 $F' = f'N = f'mg\cos\alpha$。在物体由 A_1 运动到 A_2 的单向路程中，初动能 $T_1 = mv_0^2/2$，末动能 $T_2 = 0$。应用动能定理的积分形式有：

$$T_2 - T_1 = W_{12}$$

即
$$0 - \frac{1}{2}mv_0^2 = -G\sin\alpha \cdot S - f'G\cos\alpha \cdot s = -mg(\sin\alpha + f'\cos\alpha)s$$

故物体向上滑动的距离：

$$s = \frac{v_0^2}{2g(\sin\alpha + f'\cos\alpha)} = \frac{8^2}{2\times 9.8(\sin 30° + 0.36\times\cos 30°)} = 4(\mathrm{m})$$

因为摩擦角 $\varphi_m = \mathrm{tg}^{-1}f = \mathrm{tg}^{-1}0.40 = 21°48'$，可见 $\varphi_m < \alpha$，物体到达 A_2 后不会静止不动，而要开始向下滑动。在物块由 A_2 向下滑到 A_1 的过程中，摩擦力 $\vec{F'}$ 变成沿斜面向上，仍作负功；而重力作正功。因此，由动能定理得：

$$\frac{1}{2}m_1v_1^2 - 0 = mg(\sin\alpha - f'\cos\alpha)s$$

所以
$$v_1 = \sqrt{2g(\sin\alpha - f'\cos\alpha)s} = \sqrt{\frac{\sin\alpha - f'\cos\alpha}{\sin\alpha + f'\cos\alpha}}v_0$$

代入已知数据得：$v_1 = \sqrt{\dfrac{\sin 30° - 0.36\times\cos 30°}{\sin 30° + 0.36\times\cos 30°}}\times 8 = 3.86(m/s)$

可见，当有摩擦时，v_1 恒小于 v_0；只在无摩擦（$f' = 0$）时，v_1 和 v_0 才会相等。

12.3.2 质点系的动能定理

对于质点系中每一个质点，都可根据质点动能定理的微分形式（12－15）写出：

$$d\left(\frac{1}{2}m_iv_i^2\right) = \delta W_i \quad i = 1,2,\cdots\cdots,n$$

将所有的 n 个方程相加可得：

$$\sum d\left(\frac{1}{2}m_iv_i^2\right) = \sum \delta W_i$$

由
$$T = \sum\left(\frac{m_iv_i^2}{2}\right) \text{得}$$

$$dT = \sum \delta W_i \tag{12-17}$$

即质点系动能的微分，等于作用在质点系上所有力的元功之和，称为质点系的动能定理的微分形式。

对上式积分得：

$$T_2 - T_1 = \sum W \tag{12-18}$$

式中 T_1 和 T_2 分别是质点系在某一段运动过程中，起点和终点的动能。式（12－18）称为质点系动能定理的积分形式：质点系在某一运动过程中，起点和终点动能的改变量，等于作用于质点系的所有力在这段过程中所作的功。

按照质点系受力的不同特点，把作用在质点系上的力用两种不同的方式分类，可得到不同的表达形式。

（1）按外力与内力分类

用 $\delta W_i^{(e)}$ 、$\delta W_i^{(i)}$ 分别表示作用在任一质点上的外力和内力的功。

$$\sum \delta W_i = \sum W_i^{(e)} + \sum W_i^{(i)}$$

由于内力的元功之和不一定为零，但刚体的内力元功之和等于零。因此，对于刚体，式（12－17）和（12－18）变成：

$$dT = \sum \delta W_i^{(e)} \tag{12-19 (a)}$$

$$T_2 - T_1 = \sum W^{(e)} \tag{12-19 (b)}$$

（2）按主动力和约束反力分类

分别用 δW_{iF} 和 δW_{iN} 表示质点上作用的主动力和约束反力的功，则

$$\sum \delta W_i = \sum \delta W_{iF} + \sum \delta W_{iN}$$

我们已经知道，在某些情况下，质点系所受的约束反力不作功，或约束反力所作元功之和为零，即 $\sum \delta W_{iN} = 0$ 。因此，式（12－17）或（12－18）又变成：

$$dT = \sum \delta W_F \tag{12-20 (a)}$$

$$T_2 - T_1 = \sum W_F \tag{12-20 (b)}$$

综合式（12－19）和（12－20）又可得到：

$$dT = \sum \delta W_F^{(e)} \tag{12-21 (a)}$$

$$T_2 - T_1 = \sum W_F^{(e)} \tag{12-21 (b)}$$

当然对于作功的内力及摩擦力，只需把它们看作外力或主动力加以处理。

例 12－3　卷扬机如图 12－15 所示，鼓轮在不变力矩 M 作用下将圆柱沿斜面上拉。已知鼓轮的半径为 R_1 ，重量为 Q_1，质量分布在轮缘上；圆柱的半径为 R_2，重为 Q_2，质量均匀分布。设斜坡的倾角为 α ，表面粗糙，使圆柱只滚不滑。系统从静止开始运动，求圆柱中心 C 经过路程 l 时的速度和加速度。

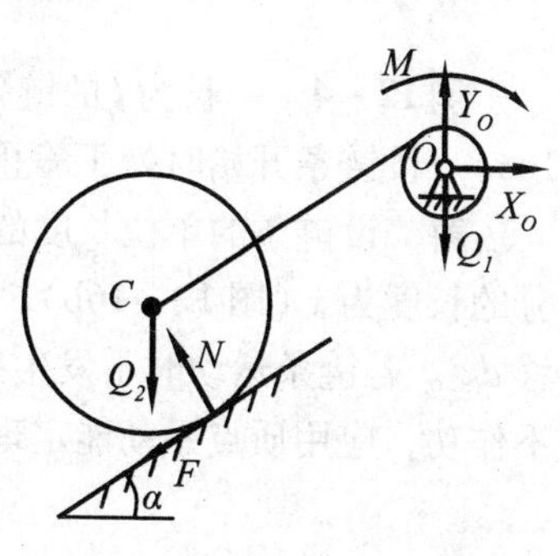

图 12－15

解 以圆柱和鼓轮一起组成的质点系为研究对象。作用于该质点系的力有：重力 $\vec{Q}_1$ 和 $\vec{Q}_2$，外力矩 M，轴承反力 $\vec{X}_O$ 和 $\vec{Y}_O$，斜面对圆柱的作用力 N 和静摩擦力 $\vec{F}$。应用动能定理的积分形式求解。

$$T_2 - T_1 = \sum W_F^{(e)}$$

先计算功：约束反力 $\vec{N}$、$\vec{X}_O$、$\vec{Y}_O$ 及摩擦力均不作功，因此

$$\sum W_F^{(e)} = M\varphi - Q_2 \sin\alpha \cdot l$$

质点系的动能为：

$$T_1 = 0$$

$$T_2 = \frac{1}{2}J_1\omega^2 + \frac{1}{2}\frac{Q_2}{g}v_c^2 + \frac{1}{2}J_c\omega_2^2$$

式中 J_1、J_c 分别为鼓轮对于中心轴 O、圆柱对过质心 C 的轴的转动惯量，

$$J_1 = \frac{Q_1}{g}R_1^2,\ J_2 = \frac{Q_2}{2g}R_2^2$$

又因 ω_1 和 ω_2 分别为鼓轮和圆柱的角速度，$\omega_1 = v_c/R_1$，$\omega_2 = v_c/R_2$，于是

$$T_2 = \frac{v_c^2}{4g}(2Q_1 + 3Q_2)$$

代入质点系动能定理的积分形式得：

$$\frac{v_c^2}{4g}(2Q_1 + 3Q_2) - 0 = M\varphi - Q_2 \sin\alpha \cdot l$$

将 $\varphi = l/R_1$，代入上式解得

$$V_c = 2\sqrt{\frac{(M - Q_2R_1\sin\alpha)gl}{R_1(2Q_1 + 3Q_2)}}$$

将上式平方后，视 l 为变量，对时间求导：

$$\frac{d}{dt}(v_c^2) = 4\frac{(M - Q_2R_1\sin\alpha)g}{R_1(2Q_1 + 3Q_2)}\frac{dl}{dt}$$

因 $\frac{dv_c}{dt} = a_c$，$\frac{dl}{dt} = v_c$，因此上式变为：

$$2v_ca_c = 4v_c\frac{(M - Q_2R_1\sin\alpha)g}{R_1(2Q_1 + 3Q_2)}$$

故

$$a_c = 2\frac{M - Q_2R_1\sin\alpha}{R_1(2Q_1 + 3Q_2)}g$$

例 12－4 一长为 l 的链条置放在光滑的桌面上，有长为 b 的一段悬挂下垂，（图 12－16a）。设链条开始时处于静止，在自重作用下运动。当末端滑离桌面时，求链条的速度。

解 设链条的单位长度的质量为 ρ，则整个链条的质量为 ρl。设任一瞬时链条下垂部分的长度为 x（图 12－16b），此部分重力为 $P = \rho gx$。从此位置算起，链条下滑一微小位移 dx。若链条运动时不发生碰撞。设此时链条的速度为 $\vec{v}$，不考虑摩擦力，桌面约束反力不作功，应用质点系动能定理的微分形式得：

$$d\left(\frac{1}{2}\rho lv^2\right) = \rho gx \cdot dx$$

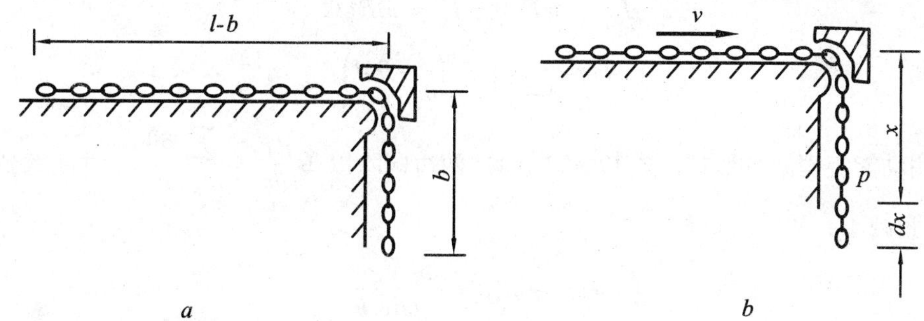

图 12－16

积分得
$$\int_0^{v_1} d\left(\frac{1}{2}\rho l v^2\right) = \int_b^l \rho g x \cdot dx$$

此处 v 为所求的速度。

$$\frac{\rho l}{2}v_1^2 - 0 = \rho g \left.\frac{x^2}{2}\right|_b^l = \left(\frac{l^2}{2} - \frac{b^2}{2}\right)\rho g$$

$$v_1^2 = gl\left(1 - \frac{b^2}{l^2}\right)$$

$$v_1 = \sqrt{gl(1 - b^2/l^2)}$$

如果桌面是粗糙的，设动滑动摩擦系数为 f'，读者可自行分析此时链条末端离开桌面的速度。

例 12－5 均质细直杆 AB 长为 l，质量为 m，上端靠在光滑铅直墙面上，下端与均质圆柱的中心铰链相连（图 12－17），圆柱的质量为 M，半径为 R，放在粗糙的水平面上作纯滚动，其滚动摩阻忽略不计。当 AB 杆与水平线的夹角 $\theta = 45°$时，该系统由静止开始运动，试求此瞬时，轮心 A 的加速度。

解 此题已知主动力，求加速度。以杆 AB 和圆柱为研究的质点系。应用动能定理的微分形式。

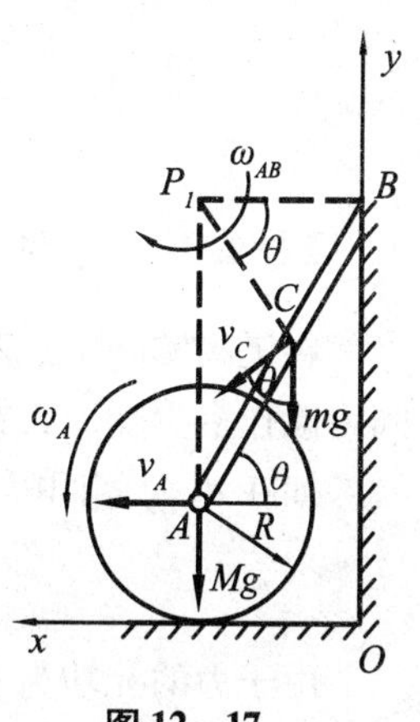

图 12－17

分析整个系统的受力情况知，其主动力的元功为：

$$\sum \delta W_F^{(e)} = Mg \times 0 + mgdy_c = mgv_c\cos\theta \cdot dt$$

由图 12－17 知，P_1 为 AB 杆的瞬心，故

$$v_c = \frac{v_A \times P_1C}{P_1A} = \frac{v_A \times \frac{1}{2}l}{l\sin\theta} = \frac{v_A}{2\sin\theta}$$

故得
$$\sum \delta W_F^{(e)} = \frac{1}{2}mgv_A\operatorname{ctg}\theta \cdot dt$$

系统在任一瞬时的动能：

$$T = T_{AB} + T_A = \frac{1}{2}J_{P_1}\omega_{AB}^2 + \frac{1}{2}Mv_A^2 + \frac{1}{2}J_A\omega_A^2$$

式中：

$$v_A = R\omega_A,\ \omega_A = v_A/R$$
$$v_A = AP_1 \cdot \omega_{AB},\ \omega_{AB} = v_A/AP_1 = v_A/(l\sin\theta)$$

$$J_{P_1} = ml^2/3 \ , J_A = MR^2/2$$

因此
$$T = \frac{1}{12}v_A^2\left(\frac{2m}{\sin^2\theta} + 9M\right)$$

运用动能定理微分形式，式 12－21（a）两边同除以 $dt\ \frac{dT}{dt} = \frac{\sum \delta W_F^{(e)}}{dt}$ 并注意到 v_A 为正时，θ 角减小，故

$$\dot{\theta} = -\omega_{AB} = -\frac{v_A}{l\sin\theta}$$

即
$$\frac{1}{6}\left[\ \cdot\ \cdot\ \left(\frac{}{\sin^2\theta} + 9M\right) - 2v_A^2\frac{m\cos\theta}{l\sin^4\theta}\right]v_A = \frac{1}{2}mgv_A\mathrm{ctg}\theta$$

得
$$a_A = \frac{3mg\mathrm{ctg}\theta - 2mv_A^2\dfrac{\cos\theta}{l\sin^4\theta}}{\dfrac{2m}{\sin^2\theta} + 9M}$$

将 $\theta = 45$ ，$v_A = 0$ 代入上得：

$$a_A = \frac{3mg}{4m + 9M}$$

综合以上各例，总结出应用动能定理解题的步骤：

① 选取某质点或质点系为研究对象。

② 选定应用动能定理的一段过程。

③ 分析力，计算各力在选定过程中所作的功，并求它们的代数和。

④ 分析运动，计算在选定的过程中，起点和终点的动能，或任一瞬时的动能。

⑤ 应用动能定理建立方程，求解未知量。

12.4 功率·功率方程

12.4.1 功率

在工程实际中，不仅要知道机器能作多少功，还需要分析作功的快慢，也就是单位时间内能作多少功。力在单位时间内所作的功称为功率，用 N 表示。

如在 dt 时间间隔内，力的元功为 δW ，则此力的功率就是：

$$N = \frac{\delta W}{dt} \tag{12－22}$$

由于力的元功为 $\delta W = \vec{F} \cdot d\vec{r}$ ，因此力的功率可表示为：

$$N = \frac{dW}{dt} = \frac{\vec{F} \cdot d\vec{r}}{dt} = \vec{F} \cdot \vec{v} \qquad [12－23\ (a)]$$

因力矩的元功为 $dW = M \cdot d\varphi$ ，故力矩的功率为：

$$N = \frac{dW}{dt} = \frac{Md\varphi}{dt} = M\omega \qquad [12－23\ (b)]$$

在国际单位制中，功的单位为 W（1W = 1J/s），1 000W = 1kW。

如以 kW 表示电动机的功率，则电动机的转矩 M（以 N·m）计，转速 n（以 r/min 计）与功率间的关系如下

$$N = \frac{M\omega}{1\,000} = \frac{Mn}{9\,550}(\text{kW}) \tag{12-24}$$

12.4.2　功率方程

功率方程建立了系统动能的变化率与功率的关系。式（12－17）两端同除以 dt 得：

$$\frac{dT}{dt} = \frac{\sum \delta W_i}{dT} = \sum N_i \tag{12-25}$$

即质点系动能对时间的一阶导数等于作用于质点系的所有力的功率的代数和。称为功率方程。功率方程常用来研究机器在工作时能量的变化和转化的问题。

任何机器工作时，必须输入一定的功率，同时机器运转时，因要克服阻力，就要消耗一部分功率。以 $N_{输入}$、$N_{有用}$和 $N_{无用}$分别表示输入功率、有用功率（有用阻力所消耗的功率）及无用功率（无用阻力如摩擦力所消耗的功率）。则式（12－25）又可变为：

$$dT/dt = N_{输入} - N_{有用} - N_{无用} \tag{12-26}$$

即称为机器的功率方程。

12.5　势力场和势能·机械能守恒定律

12.5.1　势力场和势能

前面曾见到一些特殊的力，这些力的大小和方向只决定于受力质点的位置，同时这些力的功也只决定于作用点的始末位置，而与运动轨迹的形状无关，这样的力称为有势力。重力、弹性力、万有引力等都是有势力的例子。而摩擦力，空气阻力等则不是有势力。

在势力场中，由于质点位置的改变，有势力有作功的能力。例如，一个质点的位置，如果高于地面时，相对于地面，重力就具有作功的潜在能力。当它落到地面时，重力作了功。这种由于对某参考位置，质点的位置改变时，有势力所具有的作功能力，称为质点的势能。

为了计算势能，在势力场中选取一参考点 M_0，称为势能零点；质点在位置 M 的势能等于质点从位置 M 移到势能零点 M_0 的过程中，有势力所作的功，并以 V 表示。

$$\begin{aligned} V &= W_{M-M_0} = \int_M^{M_0} \vec{F} \cdot d\vec{r} \\ &= \int_M^{M_0} (Xdx + Ydy + Zdz) \end{aligned} \tag{12-27}$$

根据第一节中功的计算，就可求出相应势力场的势能。

现计算几种常见的势能。

（1）在重力场中的势能

$$V = \int_M^{M_0} -Pdz = -P(z_0 - z) \tag{12-28}$$

式中 $M_0(x_o, y_0, z_0)$ 是势能零点。如果势能零点选在 Oxy 坐标面内，则

$$V = Pz$$

（2）在弹性力场中的势能

$$V = \int_M^{M_0} -F dx = \frac{k}{2}(\delta^2 - \delta_0^2) \tag{12-29}$$

式中 k 为弹簧刚性系数，δ 和 δ_0 分别是势能零点 M_0 和 M 位置处弹簧的变形量。当势能零点选在弹簧原长位置时，$\delta_0 = 0$，就有

$$V = \frac{k\delta^2}{2}$$

选取不同的势能零点，质点在同一位置，就有不同的势能值，因此，讲到势能时，必须指出势能的零点。对于重力，常常取地面或某一固定水平面为势能零点。而弹性力则取弹簧原长位置时，作为势能零点。这样对计算势能较为方便。应该指出，如一质点或质点系同时受到上述几种势力作用，要计算总势能时，可以独立选择每种势力场中的零势位置，分别计算各种势能，然后相加，得到的和即等于总势能。这是因为：应用时仅涉及势力的有限功，而功仅取决于势能的差值，所以各种势力场的零势位置可以独立选择（图 12－18，图 12－19）。

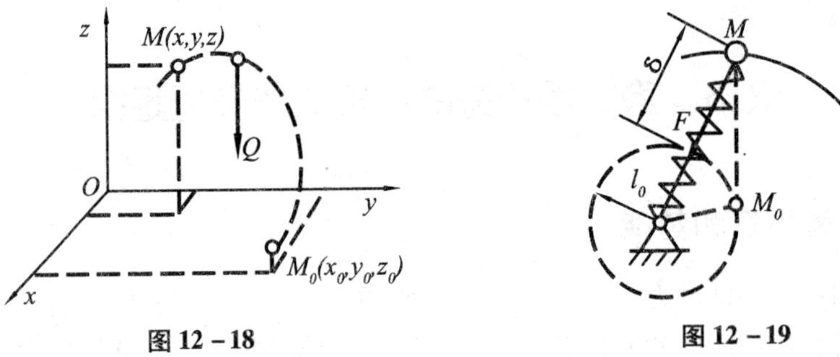

图 12－18　　图 12－19

12.5.2　机械能守恒定律

质点系在某瞬时的动能与势能的代数和称为机械能。如果质点系在运动过程中只有有势力作功，则机械能保持不变，这一规律称为机械能守恒定律。

它可由动能定理导出如下：

设质点系在运动过程的初始和终了瞬时的动能分别为 T_1 和 T_2，有势力在这过程中所作的功为 W_{12}。根据动能定理有：

$$T_1 - T_2 = W_{12}$$

在势力场中，有势力的功可用势能计算，即

$$T_2 - T_1 = V_1 - V_2$$

移项后得：

$$T_1 + V_1 = T_2 + V_2 \tag{12-30}$$

上式为机械能守恒定律的数学表达式，即质点系仅在有势力作用下运动，其机械能保持不变。这样的质点系称为保守系统。因此，势力场又称为保守力场，有势力又称为保守力。

例 12－6　不可伸长的绳子，绕过半径为 r 的均质滑轮 B，一端悬挂重物 A，另一端连接于放在光滑水平面上的物体 C，物体 C 又与固连于墙壁的弹簧相联（图 12－20），已知物体 A、滑轮 B、物体 C 均重 P，弹簧刚性系数为 k，绳子与滑轮之间无滑动，不计滑轮轴 O 处的摩擦，试求物体 A 及滑轮 B 的运动规律。设初瞬时，弹簧为原长，整个系统由静止进入运动。

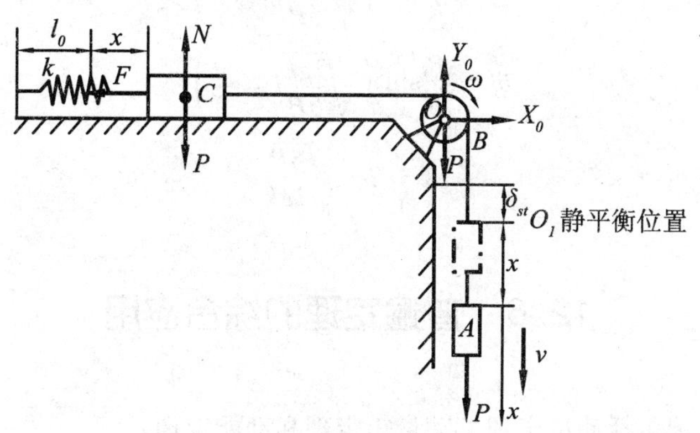

图 12－20

解　以整个系统为研究对象。系统所受的约束反力（光滑面、光滑轴承以及不可伸长的绳索约束）不作功。只有 A 物重力 $\vec{P}$ 和弹性力 $\vec{F}$ 作功，故为保守系统，可应用机械能守恒定律求解。

选取弹簧原长位置为弹性力的零势能位置，选静平衡位置 O_1 为重力势能的零势能位置。δ_{st} 为静变形，$\delta_{st}=P/k$。则在任一瞬时系统势能为：

$$V=-Px-\frac{k}{2}[0-(x+\delta_{st})^2]=-px+\frac{k}{2}(x+\delta_{st})^2$$

$$=-Px+\frac{k}{2}x^2+kx\delta_{st}+\frac{k}{2}\delta_{st}^2=\frac{k}{2}x^2+\frac{k}{2}\delta_{st}^2$$

在同一瞬时系统的动能为：

$$T=T_A+T_B+T_C=\frac{1}{2}\cdot\frac{P}{g}\left(\frac{dx}{dt}\right)^2+\frac{1}{2}\frac{P}{2g}r\omega^2+\frac{1}{2}\cdot\frac{P}{g}\left(\frac{dx}{dt}\right)^2$$

$$=\frac{5P}{4g}\left(\frac{dx}{dt}\right)^2$$

将以上两式代入机械能守恒定律得：

$$T+V=\frac{5P}{4g}\left(\frac{dx}{dt}\right)^2+\frac{k}{2}x^2+\frac{k}{2}\delta_{st}^2$$

初瞬时，$T_1+V_1=V_1=P\delta_{st}$，故

$$\frac{5}{4}\frac{P}{g}\left(\frac{dx}{dt}\right)^2+\frac{k}{2}x^2+\frac{k}{2}\delta_{st}^2=P\delta_{st}$$ 对 t 求导得

$$\frac{5}{2}\frac{P}{g}\frac{dx}{dt}\cdot\frac{d^2x}{dt^2}+kx\frac{dx}{dt}=0$$

即

$$\frac{d^2x}{dt^2}+\frac{2gk}{5P}x=0 \qquad (a)$$

对于轮 B，$\theta = x/r$，因此轮 B 的转动微分方程为：

$$\frac{d^2\theta}{dt^2} + \frac{2gk}{5P}\theta = 0 \tag{b}$$

（a）、（b）两式均为简谐振动微分方程的标准形式，它们的解分别为：

$$x = \frac{P}{k}\sin\left(\sqrt{\frac{2gk}{5P}}t - \frac{\pi}{2}\right)$$

$$\theta = \frac{P}{kr}\sin\left(\sqrt{\frac{2gk}{5P}}t - \frac{\pi}{2}\right)$$

它们的运动周期
$$\mathrm{T} = 2\pi\sqrt{\frac{5P}{2gk}}$$

12.6 普遍定理的综合应用

动力学普遍定理包括动量定理，动量矩定理和动能定理。

每一个普遍定理只建立了力与运动某一方面特征量之间的关系，即：表示运动特征的某些物理量（例如，动量、动量矩或动能），和与之相对应的力的作用物理量（例如，力系的主矢、主矩和力系的功）之间的关系。因此，在选择普遍定理时，就要先分析问题中的已知量和未知量之间的关系，找出特点后，再看适合应用哪个普遍定理求解。

除了分析已知条件和未知量以外，还要分析质点或质点系受力的特点，在应用动量定理和动量矩定理时，作用于质点系的力按内力和外力分类，内力主矢和内力对任一点的矩等于零，它们不能改变质点系的动量和动量矩，因此在分析质点系受力情况时不必考虑内力。在应用动能定理时，因为内力所作功的和在不变质点系情况下等于零，因此也可不考虑内力（作功不为零的内力作为外力考虑）。而大多数情况下，将作用于质点系的力分为主动力和约束反力。约束反力不作功，因而应用动能定理分析系统的速度变化是比较方便的。

普遍定理在应用上可以分为两类。动量和动量矩定理主要用于与过程经历的时间有关的问题，而动能定理主要用于与过程中所产生的位移变化有关的问题。另外，从研究对象的运动类型看，动量定理用于物体的平动和复杂运动物体系统的质心运动。动量矩定理用于物体的转动和复杂运动物体或系统相对质心的转动。动能定理则适用于研究物体或物体系统的任何类型的运动。

普遍定理提供了解决动力学问题的一般方法，而在求解比较复杂的问题时，却往往需要根据各定理的特点，联合运用。

例 12－7 一矿井提升设备如图 12－21a 所示。质量为 m，回转半径为 ρ 的鼓轮装在固定轴 O 上。鼓轮上半径为 r 的轮上用钢索吊有一平衡重量 m_2g。鼓轮上半径为 R 的轮上用钢索牵引载重车，车重 m_1g。设车可在倾角为 α 的轨道上运动。如在鼓轮上作用一常力矩 M_O。求：①启动时载重车向上的加速度；②两段钢索中的拉力；③鼓轮轴承的约束反力。

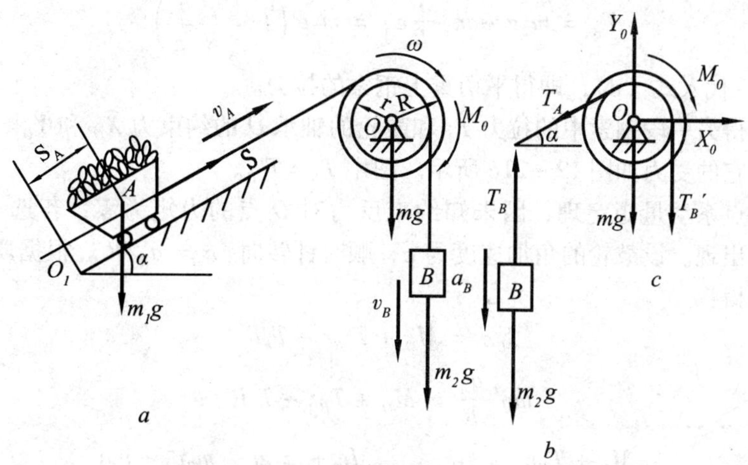

图 12 - 21

解　选取载重车、鼓轮、平衡重和钢索等组成的系统为研究的质点系。质点系受的主动力均为已知力，约束反力都不作功。

①这是已知主动力求运动的问题，可以应用质点系动能定理求解。

设开始时质点系处于静止，鼓轮顺时针转过角 φ 后，车的速度为 v_A，鼓轮的角速度为 ω，平衡重的速度为 v_B。相应地车沿斜面向上走过的距离为 S_A，平衡重下降距离为 S_B。应用质点系动能定理积分形式得：

$$\left(\frac{1}{2}m_1v_A^2+\frac{1}{2}m_2v_B^2+\frac{1}{2}J_0\omega^2\right)-0=M_0\varphi+m_2gS_B-m_1gS_A\sin\alpha \tag{a}$$

式中

$$\begin{aligned}v_B&=\omega r=v_Ar/R\\S_B&=\varphi r=S_Ar/R\end{aligned} \tag{b}$$

将（b）式代入（a）式有：

$$\frac{1}{2}\left(m_1+m_2\frac{r^2}{R^2}+m\frac{\rho^2}{R^2}\right)v_A^2=\left(\frac{M_O}{R}+\frac{m_2gr}{R}-m_1g\sin\alpha\right)S_A$$

因为 S_A 和 v_A 是任意瞬时车的质心的坐标和速度，它们都是时间的函数，故可将上式对时间求导，得

$$a_A\left(m_1+m_2\frac{r^2}{R^2}+m\frac{\rho^2}{R^2}\right)=\frac{M_O}{R}+\frac{m_2gr}{R}-m_1g\sin\alpha$$

车的加速度为：

$$a_A=\frac{M_O/g-m_1R\sin\alpha+m_2r}{m_1R^2+m_2r^2+m\rho^2}\cdot R\cdot g \tag{c}$$

②这是已知运动求约束反力的问题。因所求的约束反力是质点系的内力，应用动量或动量矩定理时，要选择平衡重为研究对象，才能把这个内力暴露出来。平衡重的受力如图 12 - 21b 所示。已知车的加速度为 a_A，平衡重的加速度为 $a_B=a_Ar/R$，方向向下。应用质点系动量定理：

$$m_2g-T_B=m_2a_B=m_2\frac{r}{R}a_A$$

得 $$T_B = m_2 g - m_2 \frac{r}{R} a_A = m_2 g \left(1 - \frac{r}{R}\frac{a_A}{g}\right) \qquad (d)$$

将式（c）代入式（d），即得平衡重上钢索的拉力。

③为了求得另一段钢索中的拉力 $\vec{T}_A$ 和鼓轮的轴承 O 的约束力 $\vec{X}_O$ 和 $\vec{Y}_O$，应选取鼓轮为研究对象，它的受力如图 12－21c 所示。图中 $T_B = T'_B$。

先应用质点系动量矩定理，因未知约束反力对 O 点的力矩为零，若选 O 点为矩心，则约束反力不出现。设鼓轮的角加速度为 ε，顺时针转向，$\varepsilon = a_A/R$。根据质点系对 O 轴的动量矩定理得：

$$J_O \varepsilon = M_O + T'_B r - T_A R$$

$$m\rho^2 \frac{a_A}{R} = M_O + T_B r - T_A R$$

得 $$T_A = \frac{M_O + T_B r}{R} - m\frac{\rho^2}{R^2} a_A = \frac{M_O + m_2 g r}{R} - \frac{m_2 r^2 + m\rho^2}{R^2} a_A \qquad (e)$$

将式（c）代入式（e），即得载重车上钢索的拉力公式。(d) 和（e）中含有 a_A 的项即为附加的动约束反力。

再应用质心运动定理，因鼓轮的质心即轮的中心 O，其加速度恒等于零，故

$$ma_{ox} = X_o - T_A \cos\alpha = 0$$

$$ma_{oy} = Y_o - T_A \sin\alpha - T'_B - mg = 0$$

于是求得：

$$X_0 = T_A \cos\alpha = \left(\frac{M_0 + m_2 g r}{R} - \frac{m_2 r^2 + m\rho^2}{R^2} a_A\right)\cos\alpha$$

$$\begin{aligned} Y_0 &= T_A \sin\alpha + T_B + mg \\ &= \left(\frac{M_0 + m_2 g r}{R} - \frac{m_2 r^2 + m\rho^2}{R^2} a_A\right)\sin\alpha + m_2 g\left(1 - \frac{r}{R}\frac{a_A}{g}\right) + mg \end{aligned}$$

将式（c）代入以上两式中，即为所求的轴承 O 的反力，其中含有 a_A 项为附加的动约束反力。

从上例可以看出，综合应用普遍定理解决动力学问题时，如果系统是一个较复杂的自由系统，且主动力为已知，常首先采用动能定理，并取整个系统为研究对象，列出一个数量方程，即可求得该系统的运动（加速度或速度与位移的关系）。在已知运动后，再应用动量（或质心运动）定理或动量矩定理求某些未知的约束反力。当系统具有两个以上自由度时，未知量常为两个以上，动能定理只能提供一个数量方程，因此常需要再取某些部分为分离体，并应用其他普遍定理，建立足够的方程，联立求解，才能全部解决问题。

小 结

(1) 动能定理

建立质点系动能的变化与作用于其上的力所作功的关系。即

$$dT = \sum \delta W_F^{(e)}, \quad T_1 - T_2 = \sum W_F^{(e)}$$

当已知力与位移或力矩与角位移之间的关系时，就可考虑应用动能定理来求解速度或角速度；求导后还可求得加速度和角加速度。

（2）机械能守恒定律

如质点或质点系只在有势力作用下运动，则机械能保持不变。

机械能 = 动能 + 势能

在应用上述定理时应注意下面问题：

① 计算动能时，应注意区分质点系是流体、刚体或离散的质点系。并区分刚体作平动、转动或平面运动，按相应的公式计算，并注意公式中的速度、角速度均是相对于惯性系的（例 12 –6）。

② 计算功时，除必须注意其正、负号外，还需注意内力和约束反力作功的情况（例 12 –1 和例 12 –6）。

③ 若应用动能定理的微分形式求加速度时，需列出任一瞬时系统的动能与元功的表达式（例 12 –5）。

④ 如所有作功的力都是有势力，可考虑应用机械能守恒定律。并注意势能的大小与零势面的选取有关：在同一系统中，不同的有势力可取不同的零势面（例 12 –6）。

（3）联合求解

对一些比较复杂的问题，往往不只是应用某一定理所能解决的，需要联合应用几个定理求解。在具体问题中，可根据已知量和待求量以及各定理的特点确定。思路如下。

① 已知运动求力的问题：

a. 求约束反力：一般可先考虑用动量定理或质心运动定理，对于质心不在转轴的定轴转动刚体或平面运动刚体可考虑用其微分方程。

b. 求流体动压力：可考虑用质点系的动量定理和动量矩定理。

② 已知力求运动的问题：

a. 求速度（角速度）：可考虑用动能定理（力作用了一段路程），机械能守恒定律（势力场），动量或动量矩定理的积分形式（力作用了一段时间），或应用质心运动定理、动量、动量矩守恒定律。

b. 求加速度（角加速度）：用动量（或质心运动）定理和动量矩定理，刚体转动或平面运动微分方程。对复杂的系统可用动能定理的微分形式两边同除以 dt，即功率方程。

思考题

12 –1　三个质点质量相同，同时自点 A 以大小相同的初速度 $\boldsymbol{v}_0$ 抛出，但 $\boldsymbol{v}_0$ 的方向不同，如图所示。问这三个质点落到水平面 HH 时，三个速度是否相同？为什么？

12 –2　图中所示两轮的质量相同，轮 A 的质量均匀分布，轮 B 的质心 C 偏离几何中心。设两轮以相同的角速度绕中心 O 转动，它们的动能是否相同？

12 –3　重物质量为 m，悬挂在刚性系数为 k 的弹簧上，如图所示。弹簧与被缠绕在滑轮上的绳子连接。问重物匀速下降时，重力势能和弹性力势能有无变化？变化了多少？

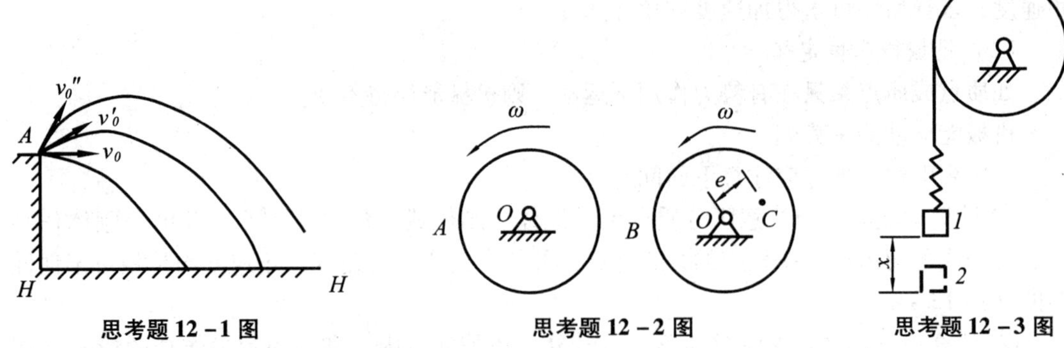

思考题 12－1 图　　思考题 12－2 图　　思考题 12－3 图

12－4　比较质点的动能与刚体定轴转动的动能的计算公式，指出它们的相似地方。

12－5　一质点沿一封闭的曲线运动一周。若作用于质点的力是有势力，该力作了多少功？若非有势力，该力作功如何计算？

12－6　为什么在计算势能时，一定要预先取定零势能点？

习　题

12－1　图示弹簧原长 $l=10\text{cm}$，刚性系数 $k=4.9\text{kN/m}$，一端固定在点 O，此点在半径为 $R=10\text{cm}$ 的圆周上。如弹簧的另一端由点 B 拉至点 A 和由点 A 拉到点 D，分别计算弹性力所作的功。$AC\perp BC$、OA 和 BD 为直径。

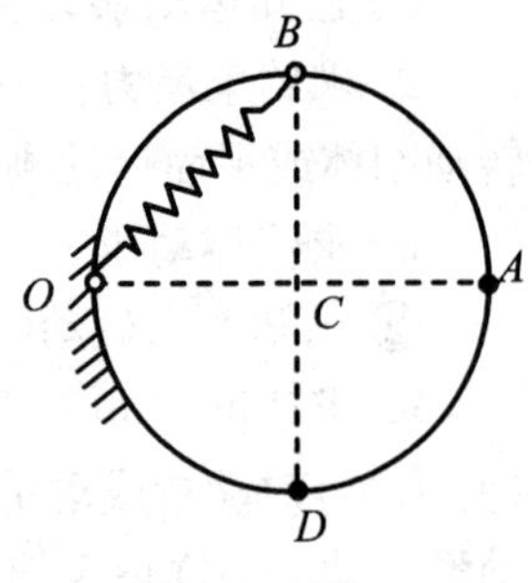

题 12－1 图

12－2　试计算图中各系统的动能。

图 a 中，设物块 A 和 B 各重 P，其速度为 v，滑轮重 Q，其半径为 R，并可视为均质圆盘；滑轮与绳间无相对滑动。

图 b 中，设两齿轮为均质圆盘，分别重 P_1、P_2，半径分别为 r_1、r_2，且轮 I 的角速度为 ω_1。

图 c 中，重为 Q，半径为 R 的均质圆柱，在水平轨道上无滑动地滚动。重物 A 重 P，其速度为 v。小滑轮质量略去不计。

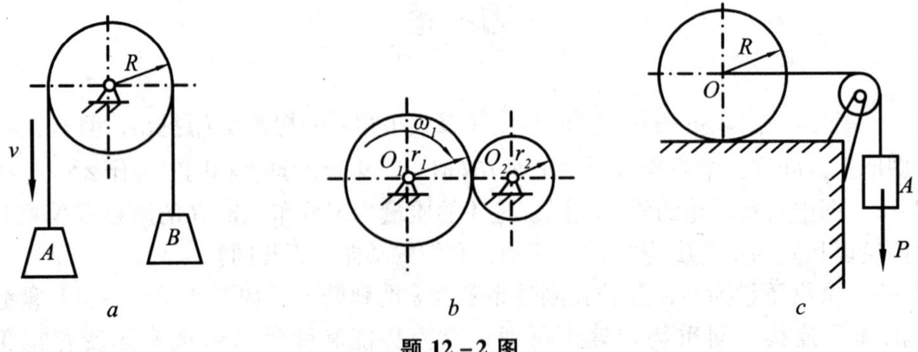

题 12－2 图

12－3 图示坦克的履带重 P，每个车轮重 Q。车轮被视为均质圆盘，半径为 R，两车轮轴间的距离为 πR。设坦克前进的速度为 $\hat{v}$，试计算此质点系的动能。

12－4 图示一物体 A 由静止沿倾角为 α 的斜面下滑，滑过的距离为 s_1，接着在平面上滑动，经距离 s_2 而停止。如果物体 A 与斜面和平面间的摩擦系数都相同，求摩擦系数 f'。

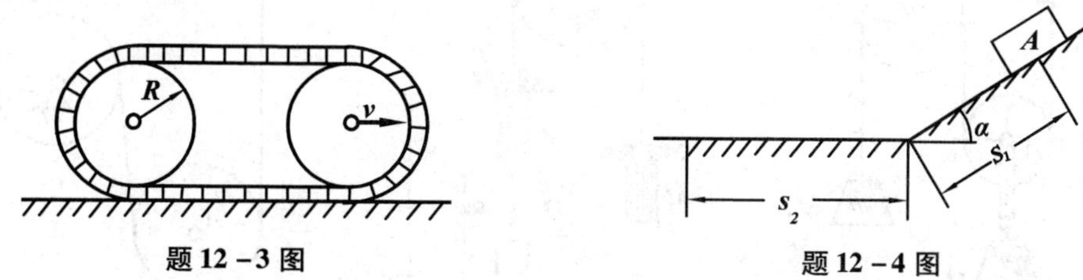

题12－3图　　题12－4图

12－5 质量为2kg的物体在弹簧上处于静止，如图所示。弹簧的刚性系数 k 为400N/m。现将质量为4kg的物块 B 放置在物块 A 上，刚接触就释放它。求：①弹簧对两物块的最大作用力；②两物块得到的最大速度。

12－6 图示轴Ⅰ和Ⅱ（连同安装在其上的带轮和齿轮等）的转动惯量分别为 $J_1 = 5\text{kg}\cdot\text{m}^2$ 和 $J_2 = 4\text{kg}\cdot\text{m}^2$。已知齿轮的传动比 $\frac{\omega_1}{\omega_2} = \frac{3}{2}$，作用于轴Ⅰ上的力矩 $M_1 = 50\text{N}\cdot\text{m}$ 系统由静止开始运动。问Ⅱ轴要经过多少转后，转速能达到 $n_2 = 120\text{r/min}$？

12－7 一不变的力矩 M 作用在绞车的鼓轮上，使轮转动，如图所示。轮的半径为 r，质量为 m_1。缠绕在鼓轮上的绳子系一质量为 m_2 的重物，使其沿倾角为 α 斜面上升。重物对斜面的滑动摩擦系数为 f'，绳子质量不计，鼓轮可视为均质圆柱。开始时，此系统处于静止。求鼓轮转过 φ 角时的角速度和角加速度。

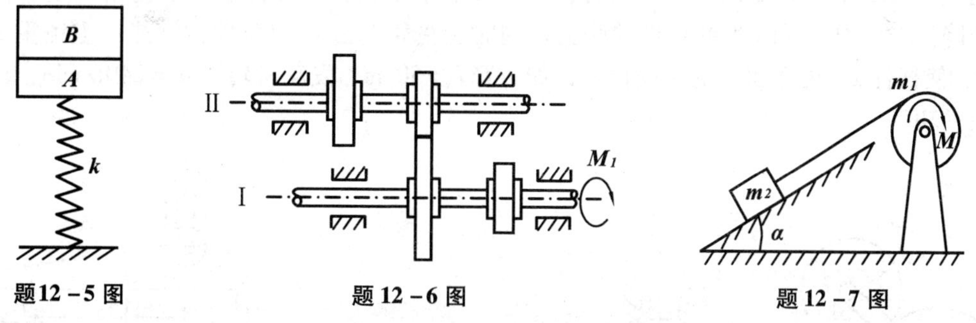

题12－5图　　题12－6图　　题12－7图

12－8 在图示滑轮组中悬挂两个重物，其中 M_1 重 P，M_2 重 Q。定滑轮 o_1 的半径为 r_1 重 W_1；动滑轮 o_2 的半径为 r_2，重 W_2。两轮都视为均质圆盘。如绳重和摩擦略去不计，并设 $P > 2Q - W_2$，求重物 M_1 由静止下降距离 h 时的速度。

12－9 两个重 Q 的物体用绳连接，此绳跨过滑轮 O，如图所示。在左方物体上放有一带孔的薄圆板，而在右方物体 上放有两个相同的圆板，圆板均重 P。此质点系由静止开始运动，当右方重物 $Q+2P$ 落下距离 x_1 时，重物 Q 通过一固定圆环板，而其上重 $2P$ 的薄板被搁住。如该重物 Q 下降了距离 x_2，然后停止，求 x_2 与 x_1 的比。摩擦和滑轮质量不计。

12－10　用动能定理重做 11－19 题。

12－11　A、B 两圆盘的质量都是 10kg，半径 r 都等于 0.3m，用绳子连结如图示。设正在旋转的 B 盘的角速度 w ＝20rad/s，求当 B 盘角速度减到 4rad/s 时，A 盘上升的距离。

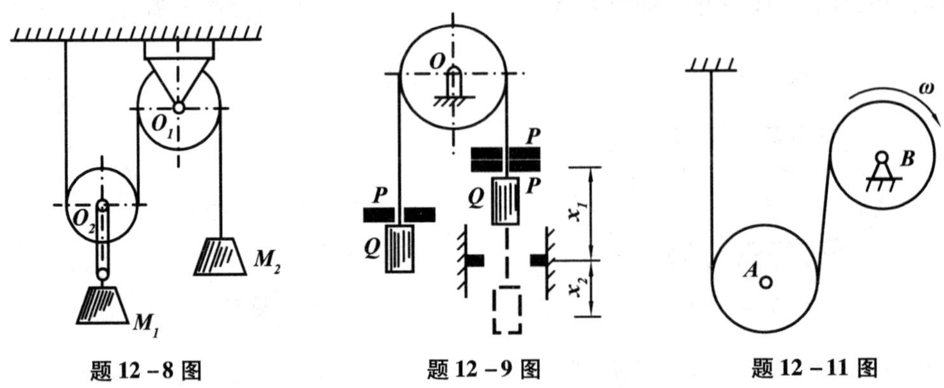

题 12－8 图　　题 12－9 图　　题 12－11 图

12－12　周转齿轮传动机构放在水平面内，如图所示。已知动齿轮半径为 r，重 P 可看成为均质圆盘；曲柄 OA 重 Q，可看成为均质杆；定齿轮半径为 R。今在曲柄上作用一不变的力偶，其矩为 M，使此机构由静止开始运动。求曲柄转过 φ 角后的角速度和角加速度。

12－13　椭圆规位于水平面内，由曲柄 OC 带动规尺 AB 运动，如图所示。曲柄和椭圆规尺都是均质杆，重量分别为 P 和 $2P$，且 $OC=AC=BC=l$，滑块 A 和 B 重量均为 Q。如作用在曲柄上的力矩为 M，设 φ ＝0 时系统静止，忽略摩擦，求曲柄的角速度（以转角 φ 的函数表示）和角加速度。

12－14　如图所示，测定机器功率的动力计，由胶带 $ACDB$ 和杠杆 BF 组成。胶带具有铅直的两端 AC 和 BD，并套住机器的滑轮 E 的下半部，而杠杆则搁在支点 O 上。借升高或降低支点 O，可以变更胶带的张力，同时变更轮与胶带间摩擦力。挂一重锤重 P＝20N，使杠杆 BF 处于水平的平衡位置，如力臂 l ＝50cm，发动机转速 n ＝240r/min，求发动机的功率。

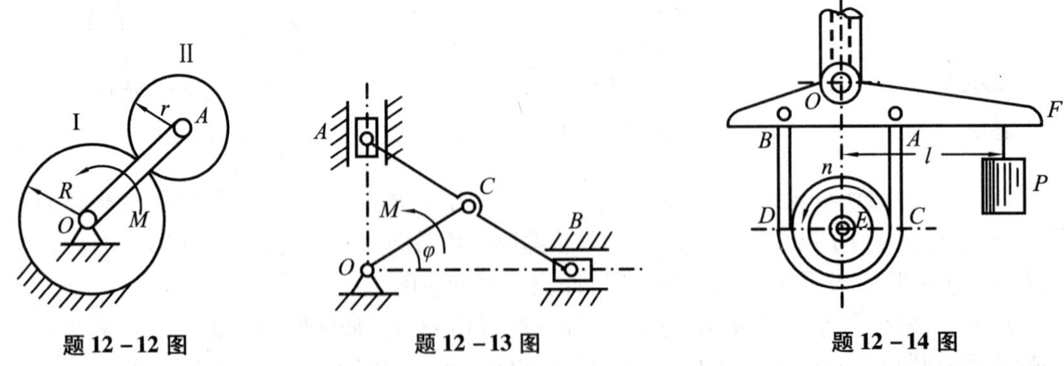

题 12－12 图　　题 12－13 图　　题 12－14 图

12－15　重物 M 悬挂在弹簧上，弹簧另一端则固定在位于铅垂平面内一圆环的最高点 A 处。重物不受摩擦地沿圆环滑下。已知圆环的半径为 20cm，重物重 5kg，在初瞬时 AM_0＝20cm，且为弹簧的原长，重物初速度为零。试问：欲使重物在最低点时对圆环的压力等于零，弹簧刚性系数 k 应多大？

12－16　图示均质直杆 OA，杆长为 l，重为 P，在常力偶的作用下在水平面内从静止开始绕 z 轴转动，设力偶矩为 M。求：①经过时间 t 后杆的动量、对 z 轴的动量矩和动能的变化；②轴承的动反力。

12－17　图示打桩机支架的质量 $m_1=2\mathrm{t}$，重心为 C，支架底宽 $a=4\mathrm{m}$，高 $h=10\mathrm{m}$，又 $b=1\mathrm{m}$。打桩锤质量为 $m_2=0.7\mathrm{t}$。铰车转筒半径 $r=0.2m$，质量 $m_3=0.5t$，回转半径 $\rho=0.2\mathrm{m}$。拉索与水平夹角 $\alpha=60°$。在铰盘上作用一转矩 $M=1\ 962\mathrm{Nm}$。求支座 A、B 的约束反力。滑车 D 的尺寸和质量均可不计。

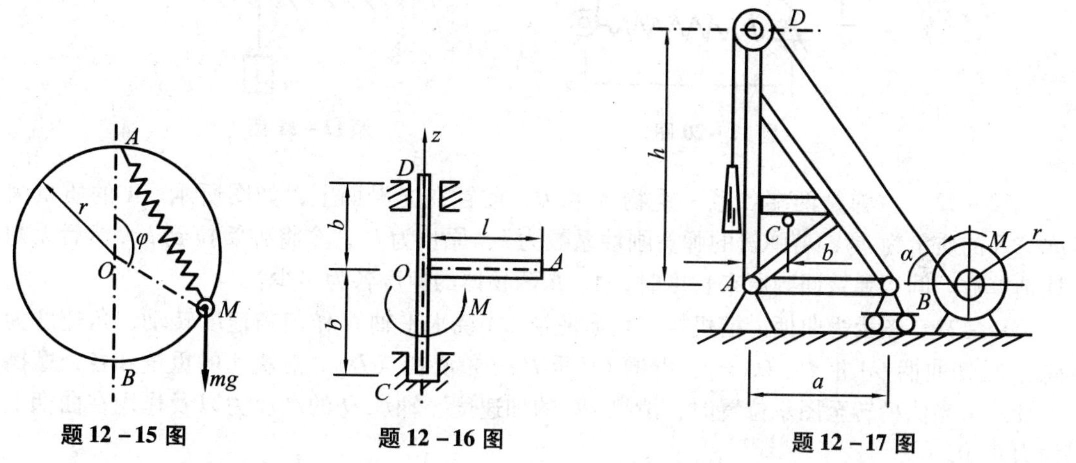

题 12－15 图　　题 12－16 图　　题 12－17 图

12－18　如图所示，轮 A 和 B 可视为均质圆盘，半径都为 R，重为 Q。绕在两轮上的绳索中间连着物块 C，设物块 C 重为 P，且放在理想光滑的水平面上。今在轮 A 上作用一不变的力矩 M。求轮 A 与物块之间绳索的张力。绳的重量不计。

12－19　如图所示为高炉上料卷扬机，卷筒绕 O_1 轴动，转动惯量为 J，半径为 R，其上作用有力矩 M_O。料斗车重 P，运动时受到阻力，阻力系数为 μ（μN 为阻力，$\vec{N}$ 为正压力）。滑轮和钢绳质量以及轴承摩擦均不计。求：①当料斗走过距离 S 时的速度和加速度；②轴承 O_1 的动反力和钢绳的拉力。

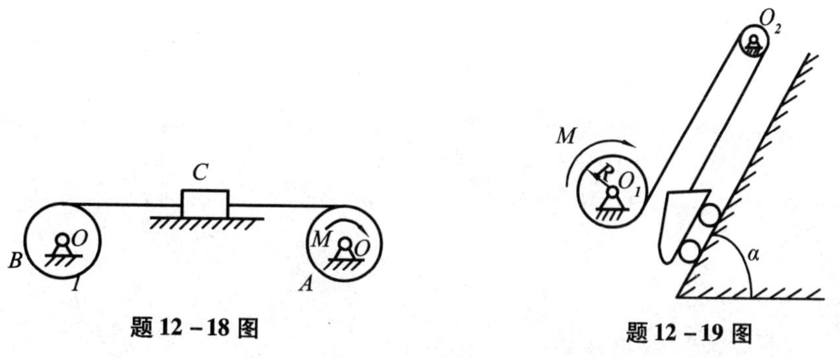

题 12－18 图　　题 12－19 图

12－20　均质圆柱质量 $M=4.1\mathrm{kg}$，半径 $r=1\mathrm{cm}$，在如图位置由静止滚下。弹簧原长 $l_O=7\mathrm{cm}$，弹簧刚性系数 $k=30\mathrm{Ncm}$，其他尺寸如图示。求圆柱运动到水平位置时柱心的速度。

12－21　鼓轮质量为 m，对于中心轴的回转半径为 ρ，置于摩擦系数为 f 的粗糙水平面上，并与光滑铅直墙接触，如图所示。重物 A 的质量为 m_2，求 A 的加速度和鼓轮所受的约束反力。

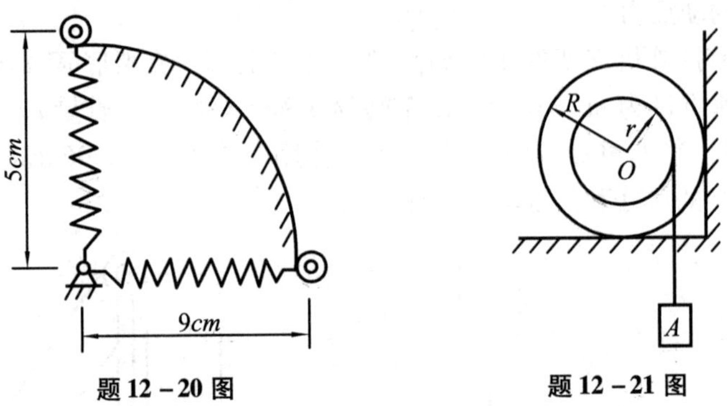

题 12－20 图　　题 12－21 图

12－22　一弹簧两端各系一重物 A 和 B，放置在光滑面上，如图所示。A 的质量为 m_1，B 的质量为 m_2，若弹簧的弹簧刚性系数为 k，原长为 l_0，今将弹簧拉到 l，然后无初速地释放。问当弹簧回到原来长度时，A、B 两物体的速度各为多少？

12－23　图示为曲柄滑槽机构，均质曲柄 OA 绕水平轴 O 作匀角速度转动，角速度为 ω_0，已知曲柄 OA 重 P，$OA=r$，滑槽 BC 重 P_2（重心在点 D）。滑块 A 的重量和各处摩擦不计。求当曲柄转至图示位置时，滑槽 BC 的加速度、轴承 O 的动反力以及作用在曲柄上的力矩 M。

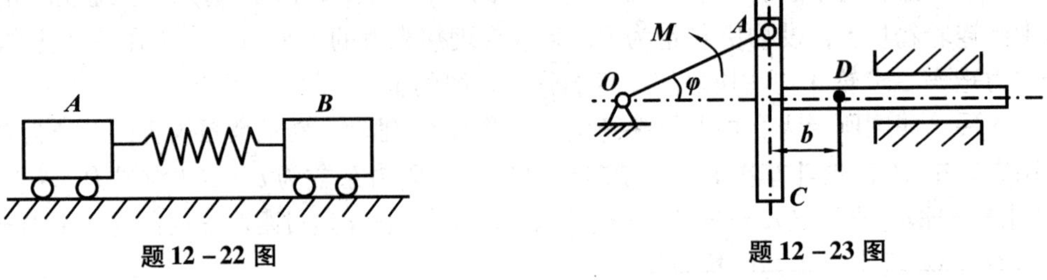

题 12－22 图　　题 12－23 图

附录　习题答案

第2章

2－1　$\theta = 2\arcsin \frac{Q}{W}$

2－2　$F = 5\text{N}, m = 3\text{N}\cdot\text{m}$

2－3　$N = 100\text{N}$

2－4　$N_A = N_B = 750\text{N}$

2－5　$Q = 751\text{kN}$

2－6　$N = 17.6\text{t}$，向左；$M = 28.6\text{t}\cdot\text{m}$，逆时针；$N_{ox} = 17.6\text{t}$，向右；$N_{oy} = 315\text{t}$，向下

2－7　$S_{BC} = 500\text{kg}$

2－8　8.2t

2－9　$S = PL/2\text{h}$

2－10　答案如下表

杆号	1	2	3	4	5	6	7	8
受力（kg）	拉1 155	压578	压1 155	拉1 155	压1 735	压1 155	拉1 155	拉2 310

2－11　247N·m

2－12　$M = \sqrt{3}Fa, \cos(\vec{M}\hat{x}) = 0, \cos(\vec{M}\hat{y}) = -1/2, \cos(\vec{M}\hat{z}) = \sqrt{3}/2$

2－13　$M = 8.5\text{kN}\cdot\text{m}$

2－14　$T_1 = T_2 = 707\text{N}$　$T_3 = 1\ 414\text{N}$

2－15　$F_A = F_B = -26.39\text{kN}$（压）$FC = 33.46\text{kN}$（拉）

2－16　$P_x = 250\sqrt{2}\text{N}$　$P_y = -250\sqrt{2}\text{N}$　$P_z = -500\sqrt{3}\text{N}$

$M_x = -258.8\text{N}\cdot\text{m}$　$M_y = 965.8\text{N}\cdot\text{m}$　$M_z = -500\text{N}\cdot\text{m}$

第3章

3－1　$R'_x = R'_y = R'_z = 0, M_{ox} = -3pa, M_{oy} = -pa, M_{oz} - = -3pa$

3－2　平衡力系

3－3　$R=20N$ 与 Z 轴同向，且作用线的位置由坐标 $X_C=6cm, Y_C=3.25cm$，所决定。

3－4　$R'=3.5kN$，沿 Z 方向，$M_{ox}=2.24kN\cdot m$　$M_{oy}=1.54kN\cdot m$

3－5　$R'=8\,027kN, M_0=6\,121kN\cdot m$

3－6　$F=10kN, \angle(\bar{F},\bar{C}\bar{B})=60°, BC=2.31m$

3－7　$P_t=2M/d, P_a=(2M/d)\cdot tg\beta, P_r=(2M/d\cos\beta)\cdot tg\alpha, P_n=2M/d\cos\beta\cos\alpha$

3－8　$P_t=2M/d, P_a=(2M/d)\cdot tg\alpha\sin\delta, P_r=(2M/d)\cdot tg\alpha\cos\delta, P_n=2M/d\cos\alpha$

3－9
$P_x=-200\sqrt{5}$　$m_x(\vec{P})=0$　$Q_x=-100\sqrt{14}$　$m_x(\vec{Q})=150\sqrt{14}$
$P_y=0$　$m_y(\vec{P})=-200\sqrt{5}$　$Q_y=-150\sqrt{14}$　$m_y(\vec{Q})=-100\sqrt{14}$
$P_z=100\sqrt{5}$　$m_z(\vec{P})=0$　$Q_z=50\sqrt{14}$　$m_z(\vec{Q})=0$

3－11　$N_D=1\,125N, N_B=637.5N, N_A=1\,237.5N$

3－12　$m=3\,860N\cdot m, Y_A=Y_B=-2.6kN, Z_A=Z_B=14.8kN$

3－13　$T_1=2t_2=4\,000N, X_A=-6\,375N, Z_A=-1\,296N, X_B=-4\,125N, Z_B=-3\,900N$

3－14　$P_1=11.3kN, X_A=12.9kN, Z_A=7.2kN, X_B=5.5kN, Z_B=10.6kN$

3－15　$S_1=S_2=-1\,670N, S_3=1\,670N, S_4=S_5=0, S_6=-664N$

3－16　$N_A=15kN, N_B=21kN$

3－17　$P\geqslant 4Q$

3－18　$Q/P=15.89$

3－19　$X_A=0, Y_A=6kN, M_A=12kN\cdot m$

3－20　$Y_A=P+ql, M_A=l(P+\frac{1}{2}ql)$

3－21　$X_A=0, Y_A=-250N, Y_B=3\,750N$

3－22　$(a) X_A=0$　$Y_A=qa$　$M_A=\frac{1}{2}qa^2$　$X_B=0$　$Y_B=0$　$N_C=0$

$(b) X_A=\frac{qa}{2}tg\alpha$　$Y_A=\frac{1}{2}qa$　$M_A=\frac{1}{2}qa^2$　$X_B=\frac{qa}{2}tg\alpha$　$Y_B=\frac{1}{2}qa$　$N_C=\frac{qa}{2\cos\alpha}$

$(c) X_A=\frac{M}{a}tg\alpha$　$Y_A=-\frac{M}{a}$　$M_A=-M$　$N_B=N_C=\frac{M}{a\cos\alpha}$

$(d) X_A=0$　$Y_A=0$　$M_A=M$　$X_B=Y_B=N_C=0$

3－23　$X_A=X_B=120kN, Y_A=Y_B=300kN$

3－24　$N_A=-15kN, N_B=40kN, N_C=-5kN, N_D=15kN$

3－25　$P_{min}=2p(1-\frac{r}{R})$

3－26　$X_A=0, Y_A=-\frac{M}{2a}, X_D=0, Y_D=\frac{a}{M}, X_B=0, Y_B=-\frac{M}{2a}$

3－27
$S_1=2p$(拉)$, S_2=S_6=-2.24p$(压)
$S_3=p$(拉)$, S_4=-2p$(压)$, S_5=0$

3－28　$S_{AB}=0.43p$(拉)

3－29　$S_{CD} = -0.866F$

3－30　$S_6 = -4.333kN$(压), $S_7 = -6.771kN$(压), $S_8 = 14.347kN$(拉)

第 4 章

4－1　$e \leqslant \frac{d}{2}f$

4－2　$b \leqslant 0.75cm$

4－3　$X_{max} = \frac{b}{2tg\varphi_m}$

4－4　$Q = 3.9P$

4－5　$P_{min} = 7\ 360N$

4－6　$S_{max} = 9kN$

4－7　$\delta = 0.937$

4－8　$\alpha < 26.56°$

4－9　$H \geqslant 0.6cm$

4－10　$T_1 = 26kN$，$T_2 = 20.9kN$

4－11　$f = 0.224$

4－12　$P_{min} = 280N$

4－13　$f = 0.8$

4－14　$N = 4.32kN$

4－15　$a \geqslant 16.7cm$

4－16　$N = 2.7G$，$f_{min} = 0.185$

第 5 章

5－1　$v_D = 53.7cm/s$

5－2　$y_B = \sqrt{64 + t^2} - 8$; $v_B = \frac{t}{\sqrt{64 + t^2}}$, $a_B = \frac{64}{(\sqrt{64 + t^2})^3}$; $t = 15s$

5－3　$y = e\sin\omega t + \sqrt{R^2 - e^2\cos^2\omega t}$, $V_y = e\omega\left[\cos\omega t + \frac{e\sin 2\omega t}{2\sqrt{R^2 - e^2\cos^2\omega t}}\right]$

5－4　$v_B = \frac{l\omega(1 + 3\cos\omega l)}{(3 + \cos\omega l)^2}$, $a_B = \frac{l\omega(3\cos\omega l - 7)\sin\omega l}{(3 + \cos\omega l)^3}$

5－5　直角坐标法：$x_c = \frac{al}{\sqrt{l^2 + (ul)^2}}$；$y_c = \frac{uat}{\sqrt{l^2 + (ut)^2}}$；

自然法：$S_c = a\varphi$, $\varphi = \text{arctg}\frac{ut}{l}$, $\varphi = \frac{\pi}{4}$时, $v_c = \frac{au}{2l}$

5－6　$S = 2r\omega t$, $v = 2r\omega$, $a = 4r\omega^2$

5－7　$a_n = 1\ 800m/s^2$, $a_\tau = 6m/s^2$

5－8　$a = \sqrt{b^2 + \frac{(v_0 - bt)^2}{R^2}}$, $t = \frac{v_0}{b}$, $n = \frac{v_0^2}{4\pi bR}$

5－9　$a_\tau = \frac{1}{9}\text{m/s}^2, a_n = \frac{2}{9}\text{m/s}^2, a = 0.25\text{m/s}^2$

5－10　$a = 3.12\ \text{m/s}^2$

5－11　$\rho = 22.36\text{m}$

第6章

6－1　$v_c = 450\omega_0\text{mm/s}$

6－2　$v_c = 992\text{cm/s}$，轨迹是半径为25cm的圆

6－3　$\omega = 2\ (1/s)$，$d = 500\text{mm}$

6－4　$\omega_2 = 24\text{t rad/s}, \varepsilon_2 = 24\text{rad/s}^2, a_B = 12\sqrt{1 + 576t^4}\ (\text{m/s}^2)$

6－5　$\varphi = 4\text{rad}$

6－6　（1）$\varepsilon_2 = \frac{50\pi}{d^2}\text{rad/s}^2$；（2）$a = 30\pi\sqrt{40\,000\pi^2 + 1}(\text{cm/s}^2)$

6－7　$v = 168\text{cm/s}$

6－8　$N = 244$ 圈

第7章

7－1　$v_{CD} = 10\text{cm/s}$

7－2　$\omega_1 = 2.67\text{rad/s}$

7－3　$v_r = 3.98\text{m/s}$；当传送带 B 的速度 $v_2 = 1.04\text{m/s}$ 时，v_r 才与它垂直

7－4　$V_a = 1.58\text{m/s}$

7－5　$\omega_2 = 2\text{rad/s}$

7－6　$v = 51.9\text{cm/s}$

7－7　$\varphi = 0°$时，$v_e = 290\text{cm/s}$，$a_e = 6\,317\text{cm/s}^2$；

$\varphi = 30°$ 时，$v_e = 0$，$a_e = 7\,294\text{cm/s}^2$

7－8　$\omega = \frac{v}{l}$，$\varepsilon = \frac{\sqrt{3}v^2}{l^2}$

7－9　$v_1 = v_3 = \sqrt{2}v_0, v_2 = 2v_0, v_4 = 0, a_1 = \sqrt{a_0^2 + (a_0 + \frac{v_0^2}{r})^2}, a_2 = 2a_0$

$a_3 = \sqrt{a_0^2 + (a_0 - \frac{v_0^2}{r})^2}, a_4 = 0$

7－10　$a_M = 2.24\text{m/s}^2$，方向与 x 轴夹角209°

7－11　$a_{CD} = 34.6\text{cm/s}^2$

7－12　$v_a = 6.57\pi\text{cm/s}$，$a_a \approx 21\text{cm/s}^2$

7－13　$v_r = \sqrt{3}\text{cm/s}, a_r = \frac{1}{\sqrt{3}}\text{cm/s}^2$

7－14　$v_P = 80\text{mm/s}, a_p = 11.55\text{mm/s}^2$

7－15　$v_{BC} = 1.155\omega_0 l$

7－16　$v=\dfrac{l\omega}{\cos^2\varphi},a=\dfrac{2l\omega^2\mathrm{tg}\varphi}{\cos^2\varphi}$

7－17　$v_a=6.32\mathrm{cm/s},a_a=24.1\mathrm{cm/s^2}$

7－18　$v_{CD}=32.5\mathrm{cm/s},a_{CD}=65.67\mathrm{cm/s^2}$

7－19　$v_a=\sqrt{v_1^2+r^2\omega^2},a_a=\sqrt{(a_1-r\omega^2)^2+4\omega^2v_1^2}$

7－20　$a_M=356\mathrm{mm/s^2}$

7－21　$a_1=r\omega^2-\dfrac{u^2}{r},a_3=3r\omega^2+\dfrac{u^2}{r},a_2=a_4=\sqrt{4r^2\omega^4+\dfrac{u^4}{r^2}+4\omega^2u^2}$

7－22　$a_{KA}=2\omega u,a_{KB}=2\omega u,a_{KC}=0,a_{KD}=\dfrac{\omega}{2}u,a_{KE}=2\omega u$

7－23　$v_M=17.3\mathrm{cm/s},a_M=35\mathrm{cm/s^2}$

第8章

8－1　$\omega_{AB}=3(1/s),\omega_{O_1B}=5.2(1/s)$

8－2　$\omega_{ABD}=1.07(1/s),v_D=25.35\mathrm{cm/s}$

8－3　$\omega=\dfrac{v_1-v_2}{2r},v_o=\dfrac{v_1+v_2}{2}$

8－4　$\omega_{DE}=0.5\mathrm{rad/s}$

8－5　$\omega_{OD}=10\sqrt{3}\mathrm{rad/s},\omega_{DE}=\dfrac{10}{3}\sqrt{3}\mathrm{rad/s}$

8－6　$v_F=46.19\mathrm{cm/s},\omega_{EF}=1.33\mathrm{rad/s}$

8－7　$v_{BC}=2.512\mathrm{m/s}$

8－8　$\omega=\dfrac{v\sin^2\theta}{R\cos\theta}$

8－9　$\omega_{BC}=8\mathrm{rad/s},V_0=187\mathrm{cm/s}$

8－10　$\omega_{OB}=3.75\mathrm{rad/s},\omega_1=6\mathrm{rad/s}$

8－11　$n=10\,800\mathrm{r/min}$

8－12　$\omega_{O_1D}=6.19\mathrm{rad/s}$

8－13　$v=1.15a\omega_0$

8－14　$v_{CD}=\dfrac{2a\sqrt{3}}{3}\mathrm{cm/s}$

8－15　$\omega_{AB}=2\mathrm{rad/s},\varepsilon_{AB}=16\mathrm{rad/s},a_B=565\mathrm{cm/s^2}$

8－16　$a_n=2a\omega_0^2,a_\tau=a(2\varepsilon_0-\sqrt{3}\omega_0^2)$

8－17　$\varepsilon_{O_1B}=\dfrac{2}{\sqrt{3}}\omega_0^2$，顺时针方向

8－18　$\omega_{AB}=\dfrac{\sqrt{2}}{l}v_A$，$\varepsilon_{AB}=\dfrac{\sqrt{2}}{l}(\alpha_A+\sqrt{2}\dfrac{v_A^2}{l})$，$v_B=v_A$，$a_B=a_A+2\sqrt{2}\dfrac{v_A^2}{l}$

8－19　$a_B=\dfrac{\sqrt{2}}{2}r\omega_0^2,\varepsilon_{O_1B}=\dfrac{1}{2}\omega_0^2$

8－20 $v_c = \frac{3}{2}r\omega$, $a_c = \frac{\sqrt{3}}{12}r\omega_0^2$

8－21 $a_C = 7\sqrt{3}r\omega_0^2$, $\varepsilon_{BC} = \frac{7\sqrt{3}}{5}\omega_0^2$

8－22 $v_M = \sqrt{10}R\omega_0, a_M = \sqrt{10}R\omega_0^2$

第9章

9－1 （1）$F=2\ 369\text{N}$；（2）$F=0$

9－2 $(1)\text{N}_{max} = m(g + a\omega^2)$；$(2)\omega_{\max} = \sqrt{g/a}$

9－3 （19.6N），2.1m/s

9－4 $T = \frac{p}{g}(g + \frac{l^2v_0^2}{x^3})\sqrt{1 + \left(\frac{l}{x}\right)^2}$

9－5 $2G\omega vr/g$

9－6 $\sqrt{fgR}$

9－7 $(\sin\alpha + f\cos\alpha)\ g/(\cos\alpha - f\sin\alpha)$，$mg/(\cos\alpha - f\sin\alpha)$

9－8 $v_0t\cos\alpha, \frac{eA}{mk^2}(kt - \sin kt) - v_0t\sin\alpha$

9－9 $x = \frac{(3a - bt)t^2}{6m} \quad 0 \leqslant t \leqslant \frac{a}{b}$

9－10 （1）19.6mm；（2）0.31m/s

9－11 48.19°

9－12 $\sqrt{\frac{2k}{m}\ln\frac{R}{r}}$

9－13 $H = \frac{\ln(k^2v_0^2 + 1)}{2gk^2}, T = \frac{\text{arctg}kv_0}{kg}$

第10章

10－2 1 090N

10－3 128m/s

10－4 0.09s

10－5 （1）0.433m/s；（2）638N

10－6 向左13.8cm

10－7 $l = (a-b)/4$，向左

10－8 $R_X = -(P+Q)e\omega^2\cos\omega t/g$，$R_y = -Qe\omega^2\sin\omega t/g$

10－9 $4x^2 + y^2 = l^2$

10－10 $(Q + (P_1/2 + P_2)/gr\omega^2$

10－11 $P_1 + P_2 + (P_2 - 2P_1)a/2g$

10－12 $-Pl(\omega^2\cos\varphi + \varepsilon\sin\varphi)/g$，$P + Pl(\omega^2\sin\varphi - \varepsilon\cos\varphi)/g$

10－13 $N_x = Qr(v_2\cos\alpha + v_1)/g$

第11章

11－2　(1) $m(R^2/2+l^2)\omega$；(2) $ml^2\omega$；(3) $m(R^2+l^2)\omega$

11－3　480r/min

11－4　$\omega=-\dfrac{2Part}{PR^2+2Pr^2}$，$\varepsilon=-\dfrac{2Par}{PR^2+2Pr^2}$

11－5　$r=\sqrt{r_0^2+\dfrac{M_0g}{2P\omega^2}\sin\omega t}$

11－6　$\varphi=\dfrac{\delta_0}{l}\sin\left(\sqrt{\dfrac{gk}{3(P+3Q)}}t+\dfrac{\pi}{2}\right)$

11－7　$J_1J_2\omega_0/(J_1+J_2)t$

11－8　366Nm

11－9　$Mgr^2\tau^2/2h-J_O-Mr^2$

11－10　$a_c=\dfrac{2(M-QR\sin\alpha)}{(P+2Q)R}\cdot g$

11－11　$\dfrac{(KM-mgR)R}{mR^2+J_1K^2+J_2}$

11－12　$\varepsilon=\dfrac{(m_1r_1-m_2r_2)g}{m_1r_1^2+m_2r_2^2}$，$F=(m_1+m_2)g-\dfrac{(m_1r_1-m_2r_2)^2}{m_1r_1^2+m_2r_2^2}g$

11－13　$t=\dfrac{\omega r_1}{2gf\left(1+\dfrac{P_1}{P_2}\right)}$

11－14　270N

11－15　$J_x=mh^2/6$

11－16　$J_A=J_B+(a^2-b^2)\mathrm{m}$

11－17　9.46kg

11－18　$v=2\sqrt{3gh}/3$，$T=\mathrm{mg}/3$

11－19　$a=\dfrac{P(R-r)^2g}{Q(\rho^2+r^2)+P(R-r)^2}$

11－20　$a=\dfrac{2g(2M-PR-Q_2R)}{(4Q_1+3Q_2+2P)R}$

11－21　(1) $\varepsilon=\dfrac{3g}{2l}\cos\varphi$，$\omega=\sqrt{\dfrac{3g}{l}(\sin\varphi_0-\sin\varphi)}$；(2) $\varphi_1=\arcsin\left(\dfrac{2}{3}\sin\varphi_0\right)$

11－22　$\varepsilon_{AB}=-\dfrac{6Fg}{7Wl}$，$\varepsilon_{BC}=\dfrac{30Fg}{7Ml}$

第12章

12－1　$W_{BA}=-20.3\,J$，$W_{BA}=20.3\,J$

12－3　$T=(3Q+2P)v^2/(2g)$

12-4 $f' = s_1 \sin\alpha/(s_1\cos\alpha + s_2)$

12-5 (1) $s = 98N$; (2) $v_{max} = 0.8m/s$

12-6 $2.34\,r$

12-7 $\omega = \dfrac{2}{r}\sqrt{\dfrac{[M - m_2gr(\sin\alpha + f'\cos\alpha)]\varphi}{m_1 + 2m_2}}$, $\varepsilon = \dfrac{2[M - m_2gr(\sin\alpha + f'\cos\alpha)]}{r^2(2m_2 + m_1)}$

12-8 $2\sqrt{gh(P - 2Q + W_2)/(2P + 8Q + 4W_1 + 3W_2)}$

12-9 $x_2 : x_1 = (2Q + P) : (2Q + 3P)$

12-11 1.54m

12-12 $\omega = \dfrac{2}{R + r}\sqrt{\dfrac{3gM}{9P + 2Q}\varphi}$, $\varepsilon = \dfrac{6gM}{(R + r)^2(9P + 2Q)}$

12-13 $\omega = \sqrt{2gM\varphi/(3P + 4Q)l^2}$, $\varepsilon = gM/(3P + 4Q)l^2$

12-14 0.376kw

12-15 $k = 4.9$N/ cm

12-16 (1) $\Delta p = 3Mt/(2l)$, $\Delta L = Mt$, $\Delta T = 3M^2t^2g/(2Pl^2)$;

(2) $R_C^n = R_D^n = 9M^2t^2g/(4Pl^3)$, $R_C^\tau = R_D^\tau = 3M/(4l)$

12-17 $X_A = 4\,320$N, $Y_A = 19\,800$N, $Y_B = 15\,700$N

12-18 $S = \dfrac{M(Q + 2P)}{2R(Q + P)}$

12-19 (1) $a = \dfrac{[M - PR(\mu\cos\alpha + \sin\alpha)]gR}{Jg + PR^2}$

(2) $RO_1 = T = \dfrac{PRM + PgJ(\sin\alpha + \mu\cos\alpha)}{gJ + PR^2}$

12-20 $v = 0.808$ m/s

12-21 $a = \dfrac{m_2r^2 - Rrf(m_2 + m_1)}{m_2r(r - fR) + m_1\rho^2}g$ $N_C = \dfrac{m_2(r^2 + \rho^2) + m_1\rho^2}{m_2r(r - fR) + m_1\rho^2}\cdot m_1g$

$F = \dfrac{m_2(r^2 + \rho^2) + m_1\rho^2}{m_2r(r - fR) + m_1\rho^2}fm_1g$ $N_B = \dfrac{m_2(r^2 + \rho^2) + m_1\rho^2}{m_2r(r - fR) + m_1\rho^2}fm_1g$

12-22 $v_A = \dfrac{\sqrt{m_2k}(l - l_0)}{\sqrt{m_1(m_1 + m_2)}}$, $v_B = \dfrac{\sqrt{m_1k}(l - l_0)}{\sqrt{m_2(m_1 + m_2)}}$

12-23 $a_{BC} = -r\omega^2\cos\omega t$, $R_x = -r\omega^2(P_2 + P_1/2)\cos\omega t/g$

$R_y = P_1[1 - r\omega^2\sin\omega t/(2g)]$ $M = r(P_1/2 + P_2r\omega^2\sin\omega t/g)\cdot\cos\omega t$

主要参考文献

［1］哈尔滨工业大学理论力学教研室．理论力学：上、下册（第五版）．北京：高等教育出版社，1997.

［2］南京工学院、西安交通大学．理论力学：上、下册（第二版）．北京：高等教育出版社，1986.

［3］朱照宣等．理论力学：上、下册．北京：高等教育出版社，1985.

［4］范钦珊等．工程力学．北京：高等教育出版社，1993.

［5］侯运启，杨紫钰．工程力学．郑州：河南科学技术出版社，1994.